LE MONDE

DES

OISEAUX

ORNITHOLOGIE PASSIONNELLE

Paris. — Imprimé chez Bonaventure et Ducessois, 55, quai des Augustins.

Paris.—Imprimé chez Bonaventure et Ducessois, 55, quai des Augustins.

L'ESPRIT DES BÊTES

LE MONDE DES OISEAUX

ORNITHOLOGIE PASSIONNELLE

PAR

A. TOUSSENEL

PREMIÈRE PARTIE

DEUXIÈME ÉDITION, REVUE ET CORRIGÉE

Le monde des animaux est un océan de sympathies dont nous ne buvons qu'une goutte, quand nous pourrions en absorber par torrents.
LAMARTINE.

La femme *est*, l'homme *devient*.
CARUS.

L'amour est le génie de la raison.
MOI.

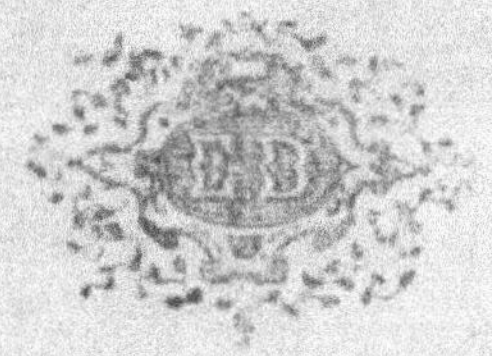

PARIS

E. DENTU, LIBRAIRE-ÉDITEUR
Palais-Royal, 13, galerie d'Orléans.

LIBRAIRIE PHALANSTÉRIENNE
Rue de Beaune, 6.

1859

A MADAME HENRIETTE L.....

Madame,

Personne ne sait comme vous les joies et les tristesses des fleurs, et ne les a entendues soupirer et se plaindre en un langage plus suave et plus harmonieux. C'est vous qui avez dit que le parfum des fleurs est un hymne d'amour comme le chant des oiseaux.

Jamais le mal contagieux qui brûle les pêchers et les vignes ne s'est attaqué à l'espalier ni à la treille que votre regard protége ou que votre main a touchés; et quand la chenille ignoble déshonore les vergers voisins, un génie protecteur semble veiller sur les vôtres, et leur réserver pour l'automne les fruits les plus superbes et les plus savoureux.

Les gens simples qui vous servent croient que vous possédez l'art de charmer le fléau au moyen de paroles apprises dans des livres. Je m'explique mieux le secret de ces faveurs du ciel.

Votre demeure hospitalière est une demeure bénie où le rouge-gorge reste l'hiver, où chaque arbre a son nid et son nid respecté, où tous les rosiers portent des chansons et des roses. Les petits oiseaux, que leur heureuse étoile a fait naître près de vous, appellent leur patrie le jardin des délices; ils en gardent le souvenir dans la terre d'exil, et s'y donnent rendez-vous au printemps pour aimer.

Et, les beaux jours venus, c'est du matin au soir, et du fond de la vallée jusqu'au sommet de la colline sur lequel est assis le manoir romantique, une adorable mêlée de cadences sonores, de réclames attendries, de petits cris joyeux et de battements d'ailes; c'est une lutte sans fin d'infatigables virtuoses, un étrange concert où chaque exécutant, sans nuire à l'harmonie, chante son morceau à part et brode sa fantaisie sur le thème commun. Ce thème universel est le bonheur d'aimer, qui fait le fond de la poésie des oiseaux comme de celle des fleurs et de celle des humains.

Jamais solitude embaumée de l'Isère ou des Vosges n'abrita plus d'heureux que ce riant domaine. L'hymne d'amour y retombe du ciel par la voix de l'alouette et de la farlouse des bois, à mesure qu'il y monte par le gosier perlé des fauvettes et du rossignol. Les professeurs de musique vocale y sont en si grand nombre, que les jeunes élèves ne savent auquel entendre, et répètent fréquemment la leçon du voisin au lieu du grand air paternel. Et vous avez votre part en ces chants d'allégresse, vous, la bienfaitrice et la reine de ce frais paradis.

L'hirondelle gazouilleuse se perche sur l'appui de vos fenêtres et se tait pour vous entendre, lorsque votre voix sympathique prélude à quelque touchante mélodie, et le rouge-gorge qui vous voit passer oublie sa famille pour vous suivre et vous accompagne en chantant jusqu'à l'extrémité de l'avenue ombreuse qui conduit vers la ville.

Or, c'est là le secret de l'éclat et du parfum de vos fleurs, de l'abondance et de l'exquise délicatesse de vos fruits. Les petits oiseaux chanteurs, ennemis nés des insectes, sont les génies ailés à qui Dieu a confié la garde des vergers de l'homme, en même temps que le soin d'égayer sa demeure; et les douces créatures dont vous protégez si charitablement les amours vous payent par leurs services et leur fidélité la tendre sollicitude que vous avez pour elles.

Et je vous ai dédié ce livre du Monde des Oiseaux, *Madame, parce que vous êtes, de toutes les personnes que j'estime et que j'aime, celle que les oiseaux aiment le plus.*

Agréez, etc.

A. TOUSSENEL.

CHAPITRE I

Le monde des Oiseaux, leur politique, leurs lois, leurs mœurs et leurs coutumes. — Raisons de la sympathie des âmes tendres pour l'oiseau.

Les oiseaux aiment beaucoup, quelques-uns aiment toujours. C'est la tribu des créatures privilégiées du Seigneur; car la faveur du ciel se mesure pour chaque être à la puissance qu'il a reçue d'aimer.

Le monde des oiseaux n'est pas seulement celui où l'on aime le plus; c'est le premier où l'on aime; c'est par lui que le verbe d'amour s'incarne dans l'animalité.

Jusqu'à l'oiseau et dans tous les règnes inférieurs, Insectes, Poissons, Reptiles, les générations se transmettent l'existence sans avoir conscience de leur solidarité. La famille n'est pas; la mère et le petit s'ignorent et quelquefois se mangent.

Avant l'oiseau, l'espace n'a pour seuls bruits que les grondements de la foudre, les voix de la tempête, les croassements des amphibiens et les sifflements des reptiles.

Mais avec l'oiseau naissent les chants; l'oiseau est le premier-né de l'amour; à lui remontent les premières joies, les premières tendresses, les premières mélodies.

Et comme Dieu ne fait rien à demi, il a eu soin de prodiguer à ses créatures favorites les dons qui font aimer. Il a répandu à profusion, sur les manteaux du Colibri, du Paon, du Paradis et du Faisan doré, les rubis, les saphirs, les émeraudes, les topazes, les tons les plus brillants et les mieux assortis de la gamme des couleurs. Il a choisi de même, dans la gamme des sons, les notes les plus suaves pour accentuer la voix de l'humble oiseau chanteur. L'oiseau est, après l'homme, la seule créature qui puisse remercier Dieu par ses chansons joyeuses. Mais il faut que le cœur de l'homme et celui de l'oiseau soient contents pour que leur voix chante.

Et comme l'amour est une passion de luxe dont l'épanouissement intégral exige pour conditions premières la richesse, un air chaud, un ciel limpide et bleu, Dieu a doté l'oiseau de la faculté de locomotion rapide qui lui permet d'accompagner le soleil en ses courses et de réaliser l'utopie des printemps éternels. L'hirondelle et la tourterelle, modèles heureux de la tendresse conjugale, ignorent le froid des saisons comme celui du cœur. Une femme de génie a écrit : « Les soupirs des harpes éoliennes qui résonnent dans les chaudes contrées du Midi sont les accords dont la nature amoureuse accompagne les chants des amants. »

L'amour est facile aux oiseaux, parce qu'il n'y a parmi eux ni moins beaux ni moins riches ; c'est comme chez les humains en période d'harmonie.

L'aile, attribut essentiel de la volatilité, est cachet idéal de perfection dans presque tous les règnes. L'être supérieur qui viendra après nous, et qui nous musellera pour nous empêcher de nous mordre, possédera des ailes et un corps glorieux.

Lorsque la liberté, cet incompressible élan de l'âme vers le bonheur, embrase une poitrine d'homme, le premier mouvement de l'inspiré est d'élever son regard vers le ciel, domaine de l'oiseau, et d'ouvrir ses bras comme des ailes, pour prendre possession de l'espace.

Au malheureux détenu de la forteresse maritime à qui pèsent le plus lourdement l'abrutissante monotonie des heures, l'absence des êtres chers et l'oubli du dehors, l'existence qui sourit le plus est celle de l'oiseau.

A l'âge des longs espoirs et des roses pensées, où tout fleurit et chante au dedans de nous-mêmes, où les cloches sonnent dans l'air le nom de l'ange aimé, où les étoiles l'écrivent sur la voûte du ciel ; au temps où les deux moitiés de l'être, entraînées par le courant de leurs électricités contraires, se recherchent et s'aspirent pour faire retour à l'unité primordiale..., alors l'ardente imagination de l'amoureux éprouve le besoin d'incarner dans une forme aérienne l'idéal adoré. Je n'ai jamais aimé sans *lui* prêter des ailes. Les poètes qui inventèrent les anges étaient des amoureux, car tous les anges sont femmes.

Quand vous aviez vingt ans, vous avez quelquefois senti dans le sommeil votre corps allégé quitter le sol et planer dans l'espace, défendu contre la loi de la gravitation par des forces invisibles. C'était une révélation que Dieu vous faisait alors et un avant-goût qu'il vous donnait des jouissances de la vie aromale, cette vie d'où nous sortons et où nous rentrerons un jour, à la fin de cette existence terrestre, qui est à la vie supérieure ce que le sommeil est à la veille. Nous envions le sort de l'oiseau et nous prêtons des ailes à celle que nous aimons, parce que nous sentons d'instinct que, dans la sphère du bonheur, nos corps jouiront de la faculté de traverser l'espace comme l'oiseau traverse l'air. Et il en sera ainsi de tous nos désirs et de toutes nos aspirations, puisque tous nos désirs sont des promesses de Dieu, qui ne peut nous tromper.

L'oiseau, vif, gracieux, léger, reflète de préférence les images adorées, jeunes, suaves et pures.

Jéhova, le dieu des Juifs, dit à son peuple, par la voix d'Isaïe : « Ceux qui ont foi dans Jéhova *prendront des ailes comme l'aigle, et ils voleront partout au lieu de travailler.* » (Chap. XL, v. 31.)

Le bienheureux saint François d'Assise dit aux oiseaux, ses frères : « Aimez Dieu, qui vous a vêtus de plumes, et qui vous a donné le pouvoir de voler dans le ciel. »

Cette perpétuelle aspiration de l'homme, et surtout de la femme, vers les sphères éthérées est donc un des plus légitimes essors de la nature humaine. Les obscurantistes de l'antiquité ont lâchement applaudi à la chute d'Icare, le premier inventeur du ballon, disant que les dieux l'avaient puni pour s'être trop approché du soleil. Les obscurantistes de ce temps-là étaient pétris de la même pâte que ceux d'aujourd'hui, qui souffrent horriblement de voir qui que ce soit s'élever au-dessus d'eux ; mais nous, qui ne sommes ni moralistes ni envieux, et qui valons mieux que nos pères, nous donnerions des larmes à la chute d'Icare, et nous lui dresserions des statues, ainsi qu'à Prométhée, qui découvrit le feu.

Si l'homme, depuis Icare jusqu'à Montgolfier et autres, a constamment tendu à s'emparer des domaines de l'oiseau, qui font partie intégrante de son globe, c'est que Dieu a logé quelque part, dans un secret recoin de son cerveau, l'idée de cette conquête future, pour qu'elle servît de boussole et d'aiguillon à ses efforts scientifiques. La locomotion aérienne est, en effet, la première condition de la réalisation de l'unité et de la fraternité des peuples, but suprême de la science. C'est la locomotion normale et omnimode qui résume toutes les autres. L'aérostat léger, aux proportions immenses, est le char de feu qui passe sur les eaux, le navire qui court sur la superficie des continents, qui se rit de la fureur des éléments et monte sur la tempête, qui méconnait les obstacles, mais respecte partout l'œuvre de Dieu, se dispensant de combler les vallées et de percer les montagnes, à l'instar de la locomotive homicide, que le juif a déshonorée.

Or, le génie de l'homme, docile aux indications de l'instinct, a déjà planté son drapeau dans la région des nues; il a gravi plus haut que l'aigle et le condor, et l'heure n'est pas loin où il régnera en souverain maître aux champs de l'empyrée. Ce jour-là, les douanes, les tyrannies et les nationalités s'évanouiront comme par enchantement sur tous les points du globe, et l'homme n'aura plus rien à envier à l'oiseau, rien que le privilége des ardeurs éternelles. Et encore, qui sait si cette bonne fortune ne lui viendra pas comme le reste? Les femmes seront si adorables, si touchantes et si fières, le mensonge leur sera si odieux, la constance si facile, quand on leur aura rendu le droit de disposer librement de leur cœur!

Puisque c'est Dieu lui-même qui créa pour ses fidèles les types aériens de la Péri, de l'Ange, de la Sylphide, le servant d'amour qui adore la divinité sous ces espèces est un croyant à l'état de grâce, qui fait preuve de soumission aux décrets du Très-Haut. Que celles qui ont des oreilles pour entendre conservent religieusement dans leur mémoire cette définition de l'amoureux.

C'est Dieu qui fait partout du don des ailes le signe d'avénement à la phase d'apogée. Manteaux de gaze translucide aux nuances irisées, agents de locomotion supérieure, les ailes sont tout à la fois chez l'insecte attribut de nobilité, de favoritisme et d'amour.

Dans quelques tribus intéressantes, comme celle des fourmis, où la virginité est tenue en haute estime, le droit de porter des ailes et de s'élever dans les airs n'appartient, parmi les femelles, qu'à la corporation des vestales. Celle qui a aimé se punit elle-même de son innocente faiblesse, en déchirant de ses propres mains sa tunique virginale. Une coutume analogue s'observe au phalanstère, commune harmonienne où règne une pureté incomparable de mœurs, laquelle a exclu de tout temps la fourberie d'amour. Au Phalanstère, où la couronne de roses blanches est l'insigne du vestalat, la jeune fille qui a donné sa démission de vestale et renoncé courageusement aux innombrables priviléges attachés à ce titre le fait savoir plus tard à tous, en paraissant dans une cérémonie publique le front ceint d'une couronne de roses rouges. Déclaration muette et pudique, qui a suffi pour introduire la loyauté dans toutes les relations sociales et pour bannir du foyer des affections intimes le mensonge et l'hypocrisie. Combien ce respect des droits de l'amour heureux qui a besoin de s'envelopper d'ombre et de solitude, combien ce délicat procédé de l'échange des roses me paraissent préférables aux coutumes immorales de ces civilisés sans vergogne, qui n'ont pas honte d'initier le public aux mystères de leurs félicités conjugales, prenant grand soin de publier à son de trompe et à l'avance le jour, le lieu et l'heure où le mariage aura lieu, afin que la victime demeure exposée aussi longtemps que possible aux propos railleurs des jeunes hommes, aux médisances jalouses des jeunes filles, aux sales quolibets des vieillards! Je ne puis m'empêcher d'avertir ici les législateurs de ma patrie que le cynisme des unions légitimes révolte la pudeur de tous les amoureux honnêtes et soulève de dégoût tous les cœurs délicats.

Je fais remarquer en passant que c'est l'histoire de la fourmi qui a prêté à la mythologie moderne le mythe de la Sylphide, mythe gracieux et charmant que Marie Taglioni, la reine de la danse, traduisit autrefois en pirouettes immortelles sur la scène chorégraphique de l'Opéra français. La sylphide est, comme la fourmi ailée, une vierge de l'air à qui les ailes tombent au premier baiser d'amour.

L'histoire du papillon confirme plus vigoureusement encore que celle de la fourmi la théorie du glorieux attribut des ailes.

Quand la chenille immonde, qui ne vit que pour son ventre, a suffisamment dévoré, le souffle de la puissance génératrice qui plane sur les eaux, les forêts et les plaines, pour veiller à la conservation des êtres, l'avertit qu'il est temps d'arrêter le développement de l'*individu* et de songer aux intérêts de l'*espèce*. La chenille avertie s'arrête, et, se fixant à l'extrémité de la tige par elle dénudée, bâtit sa chrysalide où s'accomplit sa transformation mystérieuse. Après quoi l'insecte rampant, qui a dépouillé sa livrée de misère, s'élance de sa prison de soie sous la forme d'un sylphe aérien aux ailes d'or et d'azur, qui ne vit plus que de parfum, de soleil et d'amour, et va demander sa compagne à toutes les corolles des fleurs, moins coquettes, moins parées que lui.

Les savants, qui confessent quelquefois la moitié de la vérité sans le vouloir, reconnaissent eux-mêmes que l'insecte qui revêt la parure des ailes est parvenu à son état parfait; mais c'est à peine s'ils osent convenir avec Dieu et les poëtes que cet état parfait est la phase d'amour.

La métamorphose de la chenille en papillon symbolise le passage de la société limbique (Civilisation), régie par la contrainte et par l'homme, à la société harmonienne, régie par l'attraction et par la femme, et où nul n'obéit qu'à la souveraine de son choix. Le temps où nous vivons est la période mystérieuse et sombre d'incubation de l'harmonie future.

L'analogie, qui est la mère de la poésie et de la science, a représenté longtemps aussi cette métamorphose comme l'image de l'immortalité de l'âme et de la transition des misères de la vie terrestre aux délices de la vie ultra-mondaine. Je regrette de n'être pas libre de m'expliquer à fond sur cette question intéressante; m'étant solennellement juré de garder pour moi tout ce que je savais des ravissements sans fin de l'autre vie, et ne voulant pas qu'on m'accusât de pousser les populations au suicide. Tout ce que je consens à dire, et j'ai peut-être tort, c'est que l'usurier qui a usé indignement les facultés de son âme à gonfler son coffre-fort en ce monde, au lieu de travailler à accroître les trésors de son intelligence, est attaché dans l'autre aux services les plus souterrains et les plus ténébreux, comme les papillons de nuit.

Les personnes curieuses qui désiraient savoir pourquoi il existe des papillons de jour et des papillons de nuit seront heureuses de mon indiscrétion, qui leur donne la clef d'une énigme terrible, celle du dogme religieux des peines et des récompenses après la mort.

La vie de l'oiseau de haut titre n'est qu'un épithalame. L'oiseau n'existe que pour aimer. Sa parure éclatante, ses chants mélodieux, son talent d'architecte, son industrie, son courage, ses ruses, sont autant de dons de l'amour. Le peuple des oiseaux s'est voué corps et âme au culte de Vénus, et la déesse reconnaissante n'a jamais voulu atteler à son char que des coursiers ailés.

L'oiseau, qui est né de l'œuf, affecte naturellement la forme de l'ellipse, courbe d'amour. Le globule du sang, sphérique chez les quadrupèdes et chez l'homme, est elliptique chez l'oiseau.

La chaleur du sang de l'oiseau dépasse de plusieurs degrés celle du sang humain. Les oiseaux dont la température interne est la plus élevée sont les oiseaux du Nord, les oiseaux d'eau surtout.

Tous les oiseaux changent de plumage au moins une fois l'an, ce qui s'appelle muer; beaucoup d'espèces muent deux fois. Les oiseaux ont la grande tenue d'amour et la petite tenue de voyage, le plumage de printemps et le plumage d'automne.

A l'instar du preux chevalier, le mâle ne se fait beau et n'endosse sa plus brillante tenue que pour plaire. Comme le joyeux ménestrel, il n'accorde sa lyre que pour en tirer des chants d'amour. La belle saison passée, adieu plumage, adieu ramage, adieu la passion des beaux-arts. Je ne sais pas sous la voûte du ciel deux êtres plus dissemblables d'extérieur et d'esprit que le Combattant du mois de mai et celui de septembre. Je défie le chasseur vulgaire de reconnaître à première vue dans le simple Chevalier à manteau gris, arpentant pacifiquement à la mi-août les grèves de l'Armorique, le farouche Combattant qu'il a rencontré sous la même latitude, trois mois auparavant, le casque en tête et la lance en arrêt, se mirant, se pavanant, se trémoussant dans sa fraise, et offrant à tout venant la bataille pour l'honneur et les dames... C'est qu'il y a du Chevalier amoureux du printemps au Chevalier rassis de l'automne la même distance, hélas! que de l'adolescent au vieillard.

L'amour, qui a fait don au mâle d'un éclatant plumage et d'un ramage qui s'y rapporte, a été envers la femelle plus magnifique encore. Il lui a attribué le monopole des travaux d'art, le privilége du génie, de la sagesse, du dévouement et du courage. Il a paré l'âme chez l'une de tous les trésors du sentiment et de l'intelligence, comme il avait paré le corps chez l'autre des plus riches couleurs du prisme.

C'est ici le cas néanmoins de relever une erreur grossière, dans laquelle se complaisent une foule de savants superficiels, à propos du mot de beauté. On penche trop généralement, parmi les hommes, à croire que la beauté est, comme le chant, apanage exclusif du mâle chez la gent emplumée. Je concède volontiers le monopole du chant au mâle, parce que je serais au désespoir de ravir le moindre de ses mérites à un sexe qui n'en est pas cousu. Je conviens de bonne grâce que l'espèce humaine est la seule où la femelle gazouille plus agréablement que le mâle; mais, quant à ce qui est de la supériorité de la beauté masculine, je la nie et la nierai jusqu'à la fin des siècles.

D'abord, la meilleure preuve que la femelle est plus belle, ou du moins plus jolie que le mâle, c'est que c'est elle qui attire l'autre. Or, tout le monde sait que la puissance d'attraction est attribut de la beauté. Je dis ensuite que, pour être vêtue avec plus de simplicité que le mâle, la femelle n'en porte pas moins son costume de pierrette, de poule ou de faisane avec infiniment plus de grâce que le pierrot, le coq ou le faisan, et qu'il n'est pas besoin d'étudier si longtemps la mise de la Parisienne pour reconnaître que la simplicité dans le costume est un des plus dangereux artifices de la coquetterie. J'ajoute que la tourterelle, qui porte la même robe que le tourtereau, se distingue cependant de ce dernier par la sveltesse de la taille, la finesse de la tête et la délicatesse des attaches du col; que la même différence existe à l'avantage de la chatte contre le matou, et si j'osais pousser la comparaison plus haut, à l'avantage de la femme contre l'homme.

Je suis désolé d'être obligé de le dire aussi crûment à ceux de mon espèce, mais la plupart de ces civilisés qui décernent au coq le prix de la beauté sur la poule ne sont que des goujats en matière d'esthétique.

Qu'on prenne une sylphide parisienne du type le plus pur et le plus idéal, aussi belle que possible de sa seule beauté. Qu'on la pose en son plus simple appareil sur un piédestal de marbre noir auprès d'un tambour-major de six pieds orné de son colback et de sa canne à ramages et risiblement galonné sur toutes les coutures. Qu'on fasse ensuite venir un coq et qu'on lui demande laquelle des deux créatures, de la sylphide ou du tambour-major mérite le prix de beauté, je parie mille contre un que le stupide animal décide en faveur du géant à canne et à panache.

Vous riez de la stupidité de la brute et vous ne vous apercevez pas que la sentence ridicule qu'elle vient de prononcer n'est que la répétition de celle que les bergers Pâris de l'espèce humaine prononçaient tout à l'heure sur la même question.

Personne n'a stigmatisé peut-être avec plus d'énergie que l'écrivain français la manie de l'empanachage. Personne n'a chargé avec plus de verve que le peintre de la même nation le portrait du Soulouque, du nègre, du barbare qui préfère le voyant au simple, et pour qui l'uniforme rouge anglais réalise le beau idéal du costume. Néanmoins je ne connais pas de nation plus amoureuse au fond des panaches et des oripeaux que la nation française. Notre véritable théâtre national, le seul qui exerce une influence incontestée sur nos votes politiques, n'est pas celui de Molière ni celui de Rossini, mais bien le Cirque-Olympique. Nous nous moquons avec infiniment d'esprit des coqs et des barbares, ce qui ne nous empêche pas de nous laisser faire la loi par ces empanachés, et les barbares sont en majorité chez nous comme chez les bêtes. Ajouterai-je que notre barbarie, je veux dire l'indélicatesse de notre goût, se traduit dans nos sympathies pour les fleurs, et que le dahlia et la rose trémière, qui jouissent en ce moment d'une si grande vogue en France, sont des fleurs ridicules que la même manie de l'empanachage a perdues ?

Il est si vrai que la femelle chez l'oiseau est en tout supérieure au mâle, qu'elle n'a qu'à se baisser pour lui prendre son costume le plus éblouissant et sa voix la plus mélodieuse. On rencontre tous les jours de vieilles poules, paonnes ou faisanes, qui s'amusent à endosser la livrée des mâles quand elles sont trop lasses de la maternité. On a vu aussi des femelles de canaris, voire de rossignols, que l'imprévoyance de leurs propriétaires avait condamnées au célibat, se passionner pour la musique vocale et vaincre dans les combats du chant les plus illustres virtuoses, puis se taire soudainement, pour consacrer leurs facultés à des occupations plus sérieuses, lorsqu'on leur donnait des époux.

Mais laissons de côté la question de la beauté corporelle pour aborder la question de la beauté spirituelle. Ici plus de conteste. C'est la femelle seule chez l'oiseau qui choisit l'emplacement du nid, et ce choix est presque toujours fait avec un discernement admirable. On reproche quelquefois à la mère imprudente de ne pas assez dérober son nid à la curiosité des enfants ; mais on oublie que l'enfant n'était pas né pour être le persécuteur des oiseaux qui vivent dans son voisinage, et qu'il y avait, au contraire, dans l'état primitif des choses, sympathie mutuelle et pacte d'alliance entre eux. Si l'oiseau a été seul à se souvenir de la loi de la nature, ne lui faisons pas un crime de sa trop grande mémoire et de sa foi en nous.

Quand la femelle du loriot d'Amérique choisit pour domicile d'amour la Louisiane, où il fait très-chaud, elle n'emploie pour la bâtisse de son nid que la mousse, le construit à claire-voie et l'expose au nord-est. Quand elle s'établit un peu plus haut, vers la Pensylvanie et New-York, elle tisse ce nid des étoffes les plus chaudes et l'expose au midi. L'observation est d'Audubon, chasseur américain enthousiaste et naïf, dont l'ouvrage coûte mille écus.

C'est la femelle chez l'autruche qui ensevelit, dans le voisinage de l'entonnoir de sable où ses petits doivent éclore, un certain nombre d'œufs qui serviront à leur première nourriture. Ce sont les femelles du moineau républicain qui s'associent pour bâtir ces immenses rotondes où l'on niche, où l'on pond, et où l'on couve en société. La femelle est le lien de sociabilité dans toutes les espèces. Les femelles des albatros, qui sont les plus gros oiseaux de la mer, s'entendent pour bâtir des manières de camps retranchés et palissadés en forme de rectangles, au sein desquels elles déposent leurs œufs qu'elles surveillent à tour de rôle. Les femelles des hérons, qui se réunissent de cinquante lieues à la ronde pour nicher en commun sur les grands chênes, procèdent d'une manière analogue et en vertu des mêmes principes de prévoyance et de solidarité.

C'est la femelle seule qui met en œuvre les matériaux des nids et construit ces édifices aériens si variés de forme et de style, qui charment les regards de l'homme et confondent sa pensée. C'est l'amour maternel qui inspire l'artiste et produit ces merveilles, merveilles de tissage et de céramique, d'architecture ou de maçonnerie. Les femelles des oiseaux sont de tous les états, maçonnes, tailleuses, tisseuses, sculpteuses, mineuses, vannières, potières, filandières, plumassières. Le guêpier niche dans de véritables souterrains qu'il creuse avec ses doigts. L'hirondelle et la sittelle bâtissent en pisé plus solidement que les hommes. Il y a dans le Levant une fauvette charmante qui coud l'une à l'autre avec son bec et du fil les deux feuilles voisines d'un arbuste, pour établir sa famille dans cette poche de son invention. La cisticole de nos marais construit de la même façon à peu près sa demeure invisible. La grive de vigne pétrit avec les matières les moins poétiques et la pâte de bois mort une coupe imperméable, d'une forme aussi élégante que le calice de la tulipe, pour y déposer ses jolis œufs bleus tiquetés de noir. La linotte, le chardonneret, le pinson, travaillent le crin, le coton et la laine, avec une perfection non moins désespérante; et jamais le génie adulateur de l'ébénisterie ne fabriqua pour un fils d'empereur, en naissant Roi de Rome, un berceau plus charmant, plus moelleux et plus doux que cette barcelonnette de laine que la femelle du loriot suspend par quelques fils aux branches du peuplier mobile, comme pour forcer la brise à bercer ses petits.

Tous ces chefs-d'œuvre d'élégance, de solidité, de finesse, sont œuvres exclusives des femelles. Le mâle n'est admis que par faveur insigne, et pour récompense de sa bonne conduite, à coopérer à la confection de l'édifice, en qualité de manœuvre. Il apporte les brindilles, les plumes, les flocons de laine à la femelle, qui les travaille et les dispose de la façon la plus convenable. On ne rencontre d'exception à cette règle générale que chez certaines familles titrées en monoganisme (fidélité), où le mari est le plus parfait modèle de toutes les vertus conjugales. C'est ainsi que le mâle de l'hirondelle a gagné, par ses rares mérites, le droit d'exercer, conjointement avec la femelle, le métier de maçon. On ne saurait s'imaginer combien les petits oiseaux honorent le travail. La glorification du travail est le fondement de toute leur politique. Si les législateurs des sociétés humaines avaient le moindrement conscience de leur mission, ils chercheraient toujours à s'inspirer des leçons de l'oiseau. Je ne connais pour les peuples que deux moyens d'être heureux : le premier, d'être gouvernés par des analogistes ; le second, et le plus sûr, de n'être pas gouvernés du tout.

Le privilége de l'incubation est dévolu à la femelle, comme celui de la construction du nid, et cette nouvelle règle générale souffre encore moins d'exception que l'autre. Il n'y a que les maris passionnés, comme ceux de la tribu des ramiers, des tourterelles, des cigognes, etc., qui soient admis aux honneurs de la fonction auguste. Généralement, le rôle du père de famille ne commence à prendre un peu d'importance qu'après l'éclosion des petits, alors qu'il passe de la fonction de pourvoyeur et de *charmeur* de la mère à celle de nourrisseur en chef de la jeune famille. L'importance du mâle est d'autant plus réelle à cette époque, que la femelle, qui a été réduite par la fièvre de l'amour maternel à un état de maigreur extrême, n'est pas fâchée de prendre un peu de bon temps à son tour, et d'essayer de réparer ses forces, en se débarrassant sur son époux des premiers soins de l'éducation de sa progéniture. Le silence du rossignol au mois de juin s'explique par le poids des charges de famille qui tombent tout à coup sur lui. Chez les canaris, la femelle abandonne complétement au mâle le monopole de l'éducation primaire et l'office de la becquée ; elle se réserve l'éducation secondaire et professionnelle : c'est elle qui apprend à ses pauvres petits à se servir de leurs ailes, dont ils n'useront jamais.

C'est le monde des oiseaux qui offre à l'observation du philosophe les plus nombreux et les plus ravissants exemples de l'ordre dans la liberté amoureuse, de la fidélité conjugale et du dévouement maternel. L'histoire des hirondelles, des pigeons, des perroquets, des moineaux francs eux-mêmes, fourmille d'Artémises et de Niobés inconsolables, qui se laissent mourir de faim et de douleur près du cadavre de leurs époux défunts ou de leurs enfants égorgés, et qui ne font pas de leur deuil l'occasion d'une réclame commerciale, comme tant d'épiciers que l'on connaît.

Qui n'a pas vu la poule, la dinde, la perdrix ou la caille défendre leurs petits, ne peut avoir qu'une médiocre idée de l'héroïsme. Un homme qui déploierait une seule fois, dans le cours de sa carrière de citoyen, la dixième partie du dévouement que ces pauvres bêtes déploient à toute heure de leur existence pour assurer le salut de leur couvée plantureuse, aurait des places d'honneur à tous les théâtres durant sa vie, et des statues dans tous les forums après sa mort. Une perdrix qui traîne l'aile et fait la blessée devant le chien, qui lui saute au visage pour lui crever les yeux ; une pie grièche, qui met en fuite par la vigueur de sa résistance le gamin marandeur qui a médité l'invasion de son domicile ; le cygne qui ne veut pas laisser boire une cavalcade aux eaux de ses petits, toutes ces pauvres mères dont l'existence n'est qu'une longue série d'actes héroïques et de dévouements sublimes, auraient beaucoup de peine à comprendre notre admiration pour l'Athénien Codrus ou le Romain Curtius. « N'est-ce que cela ? » diraient-elles, si on leur cornait aux oreilles, comme à nous, le mérite de ces gens.

Il est inouï que dans une famille de bipèdes à plumes une mère ait abandonné volontairement ses petits, hors le cas de force majeure. Les cas d'infanticide, si communs chez la truie, chez le lapin et chez l'homme, sont si rares chez l'oiseau, que les savants les plus dignes de foi en contestent l'existence. Ces cas d'infanticide, au surplus, ne sauraient, en aucun état de cause, être attribués aux mères. Ils seraient le fait exclusif de la brutalité amoureuse des mâles, qui détruiraient les petits, comme ils cassent les œufs, pour reprendre possession des femelles. Si quelques oiseaux de proie chassent leurs petits de l'aire de trop bonne heure, c'est qu'ils n'ont pas les moyens de subvenir aux frais de leur éducation.

Si l'infanticide est un crime ignoré des oiseaux, la charité, en revanche, s'exerce chez eux, à l'endroit des enfants trouvés, avec une ferveur qui fait honte à notre philanthropisme. Placez à la première fenêtre venue un pauvre petit moineau, orphelin de père et de mère et dépaysé ; aussitôt toutes les mères et tous les pères des alentours viendront, l'un après l'autre, lui apporter la becquée. Les tout jeunes moineaux, sortis du nid à peine, et qui n'ont pas encore de famille, profiteront de l'occasion pour s'essayer à la pratique de la maternité. Noble et touchante inspiration du sentiment de solidarité universelle que l'homme ne manquera pas d'exploiter avec une barbarie sans excuse !

Ainsi agissent la plupart des petits oiseaux amis de l'homme, le pinson, le linot, l'hirondelle. Le préjugé vulgaire qui tendrait à laisser croire que les parents de l'orphelin captif lui apportent du poison, pour le soustraire par la mort aux tourments de la captivité, est un préjugé tout aussi stupide que celui qui suppose que les enfants du bourreau sont condamnés par la loi à hériter de la profession de leur père. Les gouvernants n'ont pas besoin d'employer la contrainte pour trouver un exécuteur des hautes œuvres, un homme tout disposé à en assassiner un autre pour un morceau de pain. (*Homo homini lupus*, a dit Hobbes, en latin : l'homme est un loup à l'homme, et Hobbes a eu raison.) Quand meurt le titulaire d'un de ces offices infamants de guillotineur, l'autorité qui veut lui donner un successeur est toujours sûre d'avoir à choisir parmi des milliers d'aspirants.

Je le répète, les oiseaux ne tuent pas leurs enfants par tendresse ; ces vertus de Romain, de Spartiate ou de Juif, répugnent à leurs mœurs ; ils aiment mieux, comme les gens simples, garder l'enfant morveux que de lui arracher le nez.

Les parents n'empoisonnent donc pas leurs petits, comme tant d'ignorants l'affirment. Seulement, quand ces petits commencent à essayer leurs ailes, et à soupçonner, dans leur geôle, les charmes de la liberté, leurs parents leur apportent des conseils d'évasion en place d'aliments, et les pauvres captifs, qui n'ont déjà que trop de penchant à la tristesse, ne se nourrissant bientôt plus que de désirs et de regrets ardents, finissent par succomber à la double fatigue de l'esprit et du corps.

La charité maternelle va si loin chez l'oiseau qu'elle dégénère en abus et qu'elle aboutit au suicide. Exemples : le rouge-gorge, le proyer, la fauvette, dans le nid desquels la femelle du coucou a déposé son œuf, et qui sacrifient l'intérêt et l'existence même de leur propre famille à la voracité du bâtard parasite introduit en fraude dans leur nid.

Le coucou est l'emblème trop fidèle des fainéants qui sont incapables de tout travail et de toute industrie par eux-mêmes, et que la loi de nature condamnerait à mourir de faim, si le travail n'était pas condamné à nourrir la paresse. Le rouge-gorge et le proyer, qui élèvent le jeune coucou au détriment de leur propre famille, symbolisent les pauvres jeunes filles des champs qui sont obligées de refuser au fruit de leurs entrailles le lait de leurs mamelles, pour le vendre aux enfants des riches étrangères. La femelle du coucou, c'est la femme incomplète qui méprise les joies de la maternité et n'accepte l'amour que sous bénéfice d'inventaire.

Le génie de l'amour maternel, qui révèle à la femelle de l'oiseau ses éminentes facultés de travailleuse et d'artiste, illumine son intelligence des mêmes lueurs. Il lui donne à la fois, et le courage pour défendre sa jeune famille et la prévoyance pour l'abriter contre les dangers qui la menacent.

On n'allie pas avec plus de fermeté que la femelle de l'oiseau la sagesse et l'amour. De ce qu'il y a promesse de mariage et cohabitation entre le tourtereau et la tourterelle, entre le pierrot et la pierrette, n'allez pas vous aviser de croire que l'amant soit investi de tous les droits du mari. Il ne suffit pas au mâle d'une parole en l'air ou d'une cavatine plus ou moins bien filée pour triompher de la résistance de la femelle. Celle-ci n'entend pas raillerie sur la matière, et elle ne cédera aux sollicitations amoureuses de son fiancé qu'après avoir donné les derniers coups de bec à son nid. Comme elle sait que l'amour amènera la famille, elle aura la force de maîtriser ses sens et de retarder sa défaite jusqu'au jour où la possession d'un domicile confortable l'aura complétement rassurée sur les conséquences de sa faiblesse et sur l'avenir des siens.

Tout le monde comprend l'ironie de l'allusion et connaît la classe d'amoureux à laquelle l'oiseau sage fait ici la leçon. Je n'aurai pas la cruauté de retourner le fer dans la plaie et d'envoyer l'épigramme à son adresse. Il est bien facile, en effet, de s'imposer la contrainte, quand on sait que le plaisir n'est ajourné que pour un instant, quand on a pour garanties de son prochain bonheur l'aisance, le printemps, l'abondance des insectes, un domicile à soi... et les oiseaux, qui possèdent tout cela et le reste en parlent bien à leur aise. Mais je voudrais bien savoir comment ils écouteraient la voix de la sagesse et de la prévoyance, s'ils étaient à notre place, à nous autres, pauvres prolétaires, pour qui l'amour est la seule consolation de ce monde et la seule fantaisie de luxe qui ne dépasse pas nos moyens.

La pureté des mœurs de l'oiseau est déjà une raison des affections puissantes que toutes les âmes tendres ont pour lui, surtout les enfants et les femmes. Dieu a mis le cœur de la femme en communion intime avec toute la nature par la maternité, et comme nulle autre histoire n'offre de plus touchants détails de tendresse maternelle que celle des oiseaux, la femme chérit ces douces créatures d'une affection toute spéciale. Les oiseaux le lui rendent bien du reste. Le perroquet et la tourterelle aiment à se percher sur son col et à boire à ses lèvres, et il y a de ces oiseaux qui poussent l'attachement pour leur maîtresse jusqu'à la jalousie.

J'ai dit, et je ne saurais trop souvent le redire, que l'ambition secrète de tous les animaux était de se rallier à l'homme, de l'aimer et de le servir, et que la puissance de l'affection de chaque bête pour son souverain légitime pouvait même servir à mesurer son intelligence et à indiquer le degré que cette bête occupait dans l'échelle de l'animalité. Cette vérité est bien autrement saisissante quand elle s'applique à l'affection des bêtes pour la femme, souveraine légitime de l'homme.

Ainsi, parmi les quadrupèdes les plus intelligents, l'Éléphant, le Dromadaire, le Chien et le Cheval se sont laissés aller, dès les premiers jours du monde, à l'essor de leur dominante affective, et ils ont sollicité un emploi dans la maison de l'homme. Mais il n'est pas une de ces bêtes ralliées, à les interroger toutes, qui ne déclare franchement préférer de beaucoup le service du sexe le plus léger et le plus sensible à celui du sexe le plus lourd et le plus brutal. Il faut entendre avec quel mépris les chevaux d'une jolie femme parlent de ceux d'un banquier. Cet orgueil est très-légitime ; à leur place j'en dirais autant.

On a été jusqu'à prétendre que si beaucoup d'autres nobles bêtes à quatre pattes, comme le Lion, l'Ours, le Zèbre, avaient différé, jusqu'à ce jour, de conclure avec l'homme un traité d'alliance définitive, leur hésitation provenait exclusivement de leur horreur invincible pour le régime d'anarchie et d'anthropophagie sous lequel l'humanité se débattait, régime d'iniquité dont elles attribuaient la prolongation à l'asservissement de la femme. Je n'affirmerai pas que le Lion, le Zèbre et l'Ours soient dans le vrai, bien que je partage complétement leur opinion à cet égard ; mais il est certain que le lion, le zèbre et l'ours ont l'histoire et la tradition pour eux, et qu'ils ont le droit de s'appuyer sur cette double autorité. Les bêtes ont, en définitive, plus d'intérêt que les hommes à se souvenir que la femme était reine aux jours tant regrettés de l'ère paradisiaque, où la paix fut entre l'homme et les bêtes. Et s'il est vrai que le retour du règne de l'harmonie sur la terre se lie indissolublement, dans leur espoir, à l'idée de la restauration de la royauté féminine, il me semble qu'elles ont parfaitement raison de persévérer dans leur hostilité et dans leur refus de concours, jusqu'à ce que la restauration ci-dessus soit un fait accompli.

Ne blâmons pas trop sévèrement les pauvres bêtes de leur obstination systématique et rationnelle. Les bêtes sont comme l'enfant, elles ne savent rien que de Dieu ; et comme Dieu, qui régit les mondes par l'attrait, n'a déposé le cachet de sa puissance que sur le front de la femme, elles vont à la femme comme l'enfant, séduites et subjuguées par le charme souverain de sa grâce et le timbre caressant de sa voix ; et elles se rient des vains discours des hommes qui composent tous les ans des milliers d'affreux volumes, pour établir la supériorité de la laideur de leur sexe sur la beauté de l'autre. Il est impossible, par exemple, que les zèbres, les quaggas, les daws, les hémiones et les chevaux nains, qui se savent destinés à être les porteurs de la future cavalerie enfantine, sympathisent à la politique de nos hommes d'État, qui traitent d'utopies les institutions équestres où elles doivent trouver une position honorable. Ces bêtes attendent, pour se rallier à l'homme, que l'homme se soit rallié à Dieu. Les poneys d'Écosse, qui sont de capricieuses et mutines créatures, dont le plus vif bonheur est de s'échapper de leur box pour faire courir après eux leurs maîtres jusqu'à extinction de chaleur naturelle, reviennent, comme de véritables caniches, à la première voix de la jeune enfant qui les appelle. C'est que le poney est le porteur né de l'enfant, et que ces deux êtres sont faits pour s'estimer et se comprendre.

Le lion ne demande pas mieux non plus que de se laisser rogner les ongles, pourvu que ce soit une jolie fille qui tienne les ciseaux.

Si les archipels d'aujourd'hui étaient peuplés, comme ceux de jadis, de Néréides et de Sirènes, vous verriez les dauphins revenir à l'homme comme jadis, et répondre complaisamment à l'appel de leurs noms. Il ne manque à beaucoup de bêtes que de connaître la femme pour fraterniser avec l'homme.

Le Faucon, qui est la plus noble et la plus intelligente de toutes les créatures ailées, fait commerce d'amitié depuis soixante siècles avec l'homme ; mais toutes ses préférences de cœur sont pour la femme. L'histoire de la fauconnerie est pleine d'exemples remarquables de ces attachements passionnés. Ici, c'est un gerfaut qui ne veut pas voler loin des yeux de sa maîtresse, qui n'obéit qu'à sa voix, qui ne veut pas se poser sur un autre poing que le sien, à l'instar de Bucéphale, qui n'admettait d'autre familiarité que celle d'Alexandre. Une autre fois, c'est un sacre qui renonce à chasser en public et se retire dans un désert, parce qu'il a manqué sa proie devant celle dont il ambitionnait l'estime. On en cite un qui se laissa mourir pour avoir été remplacé dans les bonnes grâces de sa maîtresse par un rival heureux. Aussi le faucon fait-il admirablement dans les vieux tableaux, au poing des châtelaines. Les beaux jours de la fauconnerie sont contemporains par toute l'Europe des beaux jours de la chevalerie. Cet art atteint son apogée, en France, à l'époque où régnaient Diane de Poitiers, Marie Stuart, Marguerite de Navarre, Gabrielle d'Estrées, Marion de Lorme, Anne d'Autriche ; où Catherine de Médicis, la grande chasseresse, réalisant l'idéal de la fable, à la chasteté près, qu'elle n'exigeait pas de ses compagnes, parcourait les forêts, les montagnes et les plaines, suivie de son *escadron volant* de nymphes de vingt ans.

Tous les jolis oiseaux ont au cœur une passion malheureuse pour la femme ; tous désirent ardemment être appelés à orner et à habiter sa demeure. L'exemple de l'apprivoisement des ramiers des Tuileries en dit plus sur ce point que les plus longs discours.

Les ramiers, à l'état naturel, sont les oiseaux des bois les plus défiants, les plus farouches, les plus inabordables; cependant leur humeur sauvage a fondu comme neige à la douce chaleur du foyer d'attraction qui s'appelle, dans toutes les langues européennes, la femme de Paris. Je suis peut-être le premier historien qui n'ait pas craint de révéler aux jeunes beautés de ma patrie cette preuve merveilleuse de la toute-puissance de leurs charmes.

Les ramiers sont les oiseaux chéris de la Vénus aphrodite, de nobles et élégantes créatures qui admettent, avec les socialistes de la meilleure école, que le bonheur est la destinée des êtres et que le bonheur est d'aimer. Un beau jour de printemps, il y a de cela un siècle ou deux, le hasard en amena quelques-uns sous les ombrages du château royal des Tuileries; ils virent et entendirent, et se fixèrent pour toujours dans ces lieux sympathiques à leurs secrètes attractions.

L'influence magique qui retint ce jour-là, sous les marronniers des Tuileries, les oiseaux de Vénus, et qui les y fixa depuis, ne fut pas seulement le charme personnel des hôtesses de céans, mais encore et surtout l'écho des paroles d'amour qui se croisaient sous ces voûtes mystérieuses, et le parfum de jeunesse et de bonheur qui s'exhalait de ce milieu de jolies femmes et de jolis enfants qui viennent là pour aimer, sautiller et jouir. Si l'oiseau voyageur, qui avait le droit de choisir entre vingt capitales, a choisi pour sa résidence de prédilection le jardin de Paris, c'est parce que la beauté qui *l'honore par ses pas* était douée d'un attrait de séduction suprême; c'est parce que la grande allée des Tuileries a été de tout temps la véritable cour d'amour du monde européen. Il y a très-longtemps que tous les hommes de goût de la France et d'ailleurs ont accepté la suzeraineté de la beauté parisienne; mais il manquait à cette opinion unanime de l'homme la sanction de l'opinion du ramier, juge souverain en matière d'amour.

Aujourd'hui, ces ramiers farouches circulent familièrement au milieu des promeneurs. Ils s'humanisent jusqu'à recevoir et à se disputer, comme de simples moineaux-francs, les miettes de pain qu'on leur jette, voire à les venir prendre dans la main et jusque dans la bouche. C'est le spectacle de cette familiarité qui m'a le plus vivement frappé la première fois que j'ai mis le pied dans le jardin de Le Nôtre; c'est encore celui qui m'y attache le plus. Hélas! pourquoi le gouvernement français, qui protége les amours des ramiers dans un jardin gardé et privilégié de sa capitale, n'a-t-il jamais songé à étendre à tous les autres oiseaux et à toutes les autres localités de la France les bénéfices de sa tutelle? L'entreprise est si facile, le succès est si sûr, après la conquête du ramier!

J'aurais le droit de répondre à l'économiste moral et politique qui hausse les épaules de pitié en lisant ce passage, que je n'écris pas pour lui; mais j'aime mieux lui apprendre que l'apprivoisement du ramier, effectué aujourd'hui à Paris, demandait cent fois plus d'efforts, d'intelligence et de temps, que la solution du fameux problème de Malthus, qui l'intrigue depuis vingt-cinq ans, et que j'ai toujours réussi à faire comprendre en moins de deux minutes au plus sourd, à l'aide de la rose double, de la carpe et du lapin.

Le problème de Malthus, hélas! se résoudra bien tout seul, mes pauvres économistes, et vous pouvez prendre note dès aujourd'hui du résultat que je vous annonce; à savoir que la population de la France aura décrû de deux millions d'individus dans dix ans.

Il est bien certain que si l'homme est parvenu, à force de persévérance et d'égards soutenus, à dompter la sauvage humeur des ramiers et à les faire manger dans la main, il réussira sans peine à rallier à son service tous les autres oiseaux, qui ne demandent peut-être qu'à lui voir faire le premier pas pour faire le second. Mais que l'homme n'oublie pas que l'initiative de tout ralliement de ce genre appartient exclusivement à la femme.

Cela est si vrai que, s'il plaisait à quelque stupide pacha de police d'interdire le jardin des Tuileries aux jolis enfants et aux jolies femmes de Paris, pour en faire un champ de manœuvres ou une succursale de la Bourse, tous les ramiers auraient déserté avant six mois leur Paradis perdu. Les ramiers ont quitté le Luxembourg pendant toute la durée de l'époque néfaste où la noble promenade, consacrée aux amours et aux études de la jeunesse, a vu s'élever dans son enceinte d'ignobles baraques de campement, où le pantalon rouge a envahi les allées solitaires, et le commandement : *Joue, feu !* remplacé les éclats de la joie enfantine. A dater de l'invasion, tout ce qui restait de ramiers au Luxembourg prit son essor vers la forêt lointaine, et depuis qu'on leur a fait place nette, ils ont eu mille peines à se décider au retour.

Ainsi, les ramiers affectionnent les Tuileries, parce que les cœurs aimants, dont la colombe est l'emblème, y sont en majorité, et parce qu'il s'exhale de cet ardent milieu un parfum d'amoureux bonheur qui correspond à leurs intimes sympathies, les attache et les charme; et ils abandonneraient les ombrages du grand bassin, si ces allées privilégiées cessaient d'être le rendez-vous habituel d'une société élégante et choisie et s'occupant exclusivement d'aimer.

Je préviens loyalement mes lecteurs que l'histoire des oiseaux, comme celle des abeilles, des fourmis et des fleurs, est un sujet d'étude fécond en rapprochements peu agréables pour l'homme. L'histoire des oiseaux prouve, en effet, que toute grande pensée vient du cœur... et que le cœur tient plus de place chez la femme que chez l'homme... et que, si la femme est moins forte que celui-ci en géométrie et en thème, elle lui est supérieure dans toutes les fonctions où les affectives sont en jeu, comme l'amour et la danse, le drame et l'opéra.

L'histoire des oiseaux a confirmé pour moi une grande vérité que tous les enfants heureux ont pu entrevoir dans leur bas âge, à travers les baisers et les adorations de leur mère, à savoir que de tous les amours, le plus sublime et le plus éthéré est l'amour maternel. Ce n'est pas la faute de l'homme, soyons juste envers lui, si Dieu n'a pas voulu lui graver ce sentiment dans le cœur; mais il est de fait que sa conformation et sa nature s'opposent à ce que ce sentiment germe et se développe en lui. La mère aime *son* enfant, l'homme n'aime que l'enfant d'*une* autre. C'est Abraham qui consentit à faire griller son fils, pour être agréable à son Dieu, et qui ne rougit pas de s'en vanter plus tard, comme d'un acte méritoire. Jamais un Dieu humain n'aurait osé demander à une mère un pareil sacrifice. Je fais observer à ce propos que les dieux de la Grèce étaient plus femmes que celui de la Judée, puisqu'ils infligèrent un supplice épouvantable à Tantale, qui n'avait pas commis d'autre crime que celui d'Abraham, à cette différence près qu'il avait mis son fils à l'étuvée au lieu de le rôtir.

Je ne veux pas renier les dieux de ma jeunesse; donc je ne reculerais pas, au besoin, devant l'apologie de l'amour que symbolise l'ellipse aux foyers convergents; mais la ferveur de mon antique zèle ne saurait m'empêcher de voir que dans cet amour elliptique, le plus sensuel et le plus égoïste de tous, on s'aime chacun pour soi. Or, comme il y a plus de bonheur encore que de mérite à être heureux, je consens à envier le bonheur des amants, mais je ne peux pas admettre qu'on leur décerne pour ce fait un prix de mérite quelconque. Non, l'idéal de la tendresse ne réside pas dans l'amour elliptique. Le beau idéal de la tendresse est d'aimer pour eux ceux qu'on aime et de s'attacher aux gens en proportion des maux qu'ils vous ont fait souffrir. Et je ne connais en ce monde que les mères pour aimer de la sorte, pour idolâtrer leur progéniture en raison directe de la laideur et des imperfections d'icelle, et pour s'attacher de préférence à celui de leurs petits dont l'éducation leur a coûté le plus d'angoisses, de pleurs et d'insomnies.

J'ai vu de jeunes mères, âgées de vingt ans au plus, et parées pour le bal, renoncer à leur toilette et aux espérances les plus légitimes de succès, et dépouiller en pleurant leur armure de bataille pour obéir aux caprices féroces de marmots sans pitié qui s'étaient habitués à ne pouvoir dormir que leur mère *ne fût là et leur main dans sa main*. Et des larmes d'admiration me sont venues aux yeux au spectacle de cette résignation, devant un si cruel martyre. Trouvez-moi d'autres amours pour se faire obéir ainsi.

Trouvez-moi, dans toutes vos histoires, une illusion plus naïve, plus sublime que celle de cette pauvre mère à qui un instituteur désolé écrit pour l'engager à retirer son fils de pension, *attendu qu'on ne peut rien lui apprendre*, et qui trouve dans cette confidence la preuve sans réplique que *son enfant sait tout*. Je ne pardonne pas à l'histoire d'avoir oublié d'enregistrer dans ses annales le nom de la digne femme, plus digne certainement de passer à la postérité que celui de Cornélie mère des Gracques.

La tendresse de ces mères est capable de tout. On s'est beaucoup moqué, dans le monde, de l'admiration enthousiaste du hibou pour ses petits ; c'est à tort. Le hibou est de bonne foi, quand il dépeint à l'aigle, son ami de fraîche date, la beauté sans seconde de sa progéniture. Toutes les vraies mères et tous les oiseaux en sont là. Trop heureux le hibou, emblème de l'imposture religieuse et de l'obscurantisme, s'il n'avait sur la conscience d'autre crime que l'exagération de la tendresse maternelle !

Ce doit être une grande jouissance que celle de l'amour maternel, puisque les dieux furent jaloux jusqu'à la folie furieuse du bonheur de Niobé !

La nature, qui ne crée rien sans motif, a symbolisé le charme tout-puissant de cette affection sainte par le parfum suave et pénétrant qu'elle a donné à la jonquille, emblème de la tendresse maternelle. Beaucoup de jeunes mères, qui préféraient l'odeur de cette fleur adorable à celle de l'œillet et même à celle de la rose, sans savoir pourquoi, me sauront quelque gré peut-être de leur avoir expliqué la raison de leur prédilection instinctive.

L'enfant qui tient encore de sa mère la grâce, la naïveté, la douceur et la voix argentine, inspire aussi à l'oiseau, comme au chien, de vives sympathies. L'amour des oiseaux, en revanche, est la première passion sérieuse de l'enfance. Elle lui vient à l'heure où le besoin de l'éducation de l'âme ou de l'instruction se fait sentir. C'est la première fenêtre qui s'ouvre dans l'entendement de l'homme sur le monde extérieur. Les larmes que l'enfant verse sur la mort du moineau chéri sont pour lui le premier enseignement de la loi de solidarité qui relie tous les êtres.

On accuse les enfants de dépenser trop d'oiseaux. C'est la faute de l'éducation qu'on leur donne, bien plutôt que l'indice de leur méchant naturel. Si les instituteurs de l'enfant, au lieu de travailler à abrutir sa jeune intelligence par des exercices mnémotechniques insipides et rebutants, s'ingéniaient à lui enseigner tout d'abord les arts qui parlent à son cœur, comme l'équitation, le jardinage, l'art d'élever les lapins et les petits oiseaux, on ne tarderait pas à voir sortir de nos écoles une foule d'écuyers valeureux, de savants naturalistes et d'éleveurs experts, dont l'émulation produirait de magnifiques résultats. De telles pépinières fourniraient à en revendre des Bakewels, des Franconis et des Cuviers de douze ans, qui s'attacheraient à la science en raison du succès de leurs efforts ; et alors les pauvres bêtes, objets de leurs affections, ne seraient plus, comme aujourd'hui, les victimes nées de leur ignorance et de leur gaucherie. Si l'enfant de nos écoles paraît être sans pitié pour les petits oiseaux, dont il déniche les nids avec une indifférence barbare, c'est qu'il ne sait pas toutes les peines que leur éducation coûte, de même qu'il prend plaisir à casser les barreaux de chaise, parce qu'il n'en a jamais tourné, et à briser les tiges de fleurs, parce qu'il n'en a jamais planté. Faites de lui un éleveur, un tourneur, un jardinier, vous en ferez en même temps un conservateur exagéré des oiseaux, des bâtons de chaise et des fleurs. Les enfants du phalanstère, qui exercent dès l'âge de sept à huit ans une demi-douzaine de professions honorables, poussent jusqu'au fanatisme l'esprit de conservation, et attachent un certain point d'honneur à faire durer leurs culottes des espaces de temps infinis.

Je ne sache pas de spectacle plus émouvant, plus intéressant pour l'enfant, que celui de l'éducation d'une nichée de chardonnerets, de pinsons, de mésanges. Le souvenir du premier nid d'oiseaux que j'aie trouvé tout seul est resté plus profondément gravé dans ma mémoire que celui du premier prix de version que j'ai remporté au collége.

C'était un joli nid de verdière (bruant de haie) avec quatre œufs gris-rose historiés de lignes rouges comme une carte de géographie emblématique. Je fus frappé sur place d'une commotion de plaisir indicible qui fixa pendant plus d'une heure mon regard et mes jambes. C'était ma vocation que le hasard m'indiquait ce jour-là.

Je sais des gens qui courent après l'or pour acheter des plaisirs, des vins vieux, des femmes jeunes; je sais des épiciers qui se damnent à vendre de fausses denrées à faux poids, pour avoir sur leur fin une voiture insolente qui jette de la boue aux piétons; je connais des imbéciles qui économisent dans leur jeunesse pour avoir une superbe fortune à manger quand ils n'auront plus de dents. Je remercie le ciel d'avoir détourné de mon âme ces ambitions vulgaires. Si j'ai désiré quelquefois les faveurs de Plutus, comme on dit en rhétorique, c'était uniquement pour être maître d'aller chercher des nids dans tous les bois du monde. A l'heure qu'il est, je n'envie encore qu'une gloire, celle des Levaillant, des Audubon et des Adulphe Delegorgue. Au temps où je me faisais de Dieu la plus folle des idées, m'imaginant que l'ordonnateur suprême des mondes était toujours disposé à troubler l'ordre immuable des choses pour faire plaisir au premier venu qui lui adressait sa prière, je ne lui demandais qu'une seule grâce, celle de me laisser donner en mourant mon nom à un oiseau.

Mais Dieu propose, hélas, et le père dispose. Dieu vous avait mis au cœur l'amour désordonné des oiseaux et du vagabondage; Dieu vous avait donné le don merveilleux de percer de l'œil la feuillée la plus obscure pour y découvrir des nids de merles; il avait joint à cette faveur, qu'il n'accorde pas à tous, un besoin prodigieux de mouvement, une inquiétude perpétuelle dans les jambes... Votre père a fait de vous un géomètre ou un receveur des domaines.

Cependant cette passion immodérée des forêts et des eaux, cette faculté divinatoire supérieure qu'exige l'art de trouver les nids, étaient bien pour vous les révélations d'une destinée brillante. Cette ardeur de vagabondage, cette propension décidée à la vie de bohême et à l'étude des choses de la nature, indiquaient que vous étiez né voyageur, cosmopolite, naturaliste, pionnier, chasseur ; que votre place était à vous geler les orteils aux pics neigeux des Andes ou à vous vitrifier le regard à la brûlante réverbération des sables du désert, et non à croupir dans l'infect bourbier des grandes villes, à l'attache d'un bureau. Mais la société marâtre sous les lois de laquelle vous vivez, et qui ne tient pas note de ces révélations mystérieuses, n'a pas jugé à propos de tirer parti de votre dévouement à la science et de cet amour chevaleresque du péril et de l'inconnu qui fait les héros de haut titre. Non-seulement la société a dédaigné de profiter de vos aptitudes précieuses, mais quelquefois elle vous a imputé à crime les indices innocents de vos capacités. Dans votre besoin insatiable de mouvement, elle n'a vu qu'une menace pour la paresse d'autrui ; dans votre passion pour l'étude des vraies sciences, qu'un danger pour l'étude des fausses. En foi de quoi elle s'est insurgée contre la volonté de Dieu qui mesure les attractions aux destinées des êtres ; et elle a brisé sans pitié votre originalité gracieuse, sous prétexte d'assouplir votre nature rebelle. Hélas ! les misérables éducateurs auxquels elle remet le soin de vous défaire ne réussissent que trop bien dans leur tâche de Procuste ; et pour constater le résultat, il suffit de se regarder dans une glace au sortir du collége. Mais il arrive alors qu'à la vue de l'état dans lequel cette éducation civilisée vous a mis, la fureur vous emporte, et que, prenant en exécration cette société à rebours, vous lui rendez guerre pour guerre. Il arrive que vous renouvelez à neuf ans, contre Rome et contre toute espèce d'autorité, le serment d'Annibal, et plus tard que vous vous faites, suivant les circonstances et les localités, braconnier, contrebandier, feuilletoniste..... Et voilà comme les âmes se gagnent au Satan des révolutions !

Et moi aussi, *Anch'io*, j'étais né pour parcourir le monde et pour lire un jour mon nom gravé au-dessous de celui de quelques oiseaux rares dans les galeries vitrées du Muséum d'histoire naturelle ! J'étais né pour gagner le prix de la gazelle mélampyre ou celui du touraco blanc, et non pas des prix de thème ! Et que de fois, hélas ! j'ai maudit la tendresse inconsidérée de l'auteur de mes jours, du fond de mon obscurité et de ma gloire perdue !

Dois-je dire à ce propos que des savants charitables, émus de ma douleur et désireux de l'adoucir, ont donné récemment mon nom à un oiseau, un rapace du Sénégal. Je remercie du fond de l'âme de ce don généreux MM. Jules Verreaux et O. Desmurs, qui sont de grands ornithologistes devant Dieu, et j'adresse le même tribut de gratitude à la mémoire du prince Charles Bonaparte qui fut un vrai prince de la science, et qui a bien voulu me conférer mon diplôme de parrain de la bête en latin (*Nisus Toussnelii*). Je suis certainement aussi fier qu'on doit l'être de savoir que mon nom sert d'étiquette à un oiseau de cœur. Mais ce moule d'élite, hélas ! je ne le connais pas, n'ayant fait que l'entrevoir une fois dans le fond d'une armoire où d'autres l'avaient mis. Et alors je ne saurais m'abuser sur la légitimité de mes titres de parenté avec lui, ni porter aussi haut la tête que si je l'avais inventé.

Alors..., par suite de la fatale direction des études, l'art de trouver les nids n'a plus été qu'une carrière aride semée de ronces et d'épines et féconde en déceptions et en déchirements ; un vrai métier de casse-cou, où le talent le plus exercé pour mener très-haut quelquefois conduit bien rarement à la fortune ou à la célébrité dans le temps où nous sommes. Triste réalité à confesser pour l'observateur persévérant qui fit de cette étude ingrate la principale occupation de sa vie !

Un jour, la raison et les mœurs, plus fortes que la loi, prendront sous leur égide tutélaire les amours de tous les oiseaux amis de l'homme, et l'art de trouver les nids fera partie intégrante de l'éducation de l'enfant. Quelle fête ce sera alors au printemps, dans les buissons, dans les vergers, dans les forêts, dans les plaines ! Quel contraste avec le silence et la désolation de nos bois d'aujourd'hui ! car un bel arbre sans nid, c'est le jardin des Tuileries sans la femme parisienne, la pelouse sans l'enfant, le mois de juin sans les roses, la jeunesse sans l'amour. J'ai rompu sans retour avec le bois de Meudon, pour y avoir passé une journée entière du mois de mai sans entendre chanter le moindre rossignol.

Pour les femmes, les enfants, les amoureux, les poëtes, pour tout ce qui aime enfin et ne trafique pas, la nature est sans charme quand elle est sans oiseaux. L'oiseau est de toutes nos fêtes ; il foisonne dans les jardins d'Alcine comme dans les tapisseries à ramages. L'imagination de l'homme en fait l'inséparable compagnon de ses joies et de ses félicités. Les esprits les plus indifférents par état aux harmonies de la nature partagent même à l'égard de l'oiseau beaucoup d'opinions de l'artiste. J'ai connu des banquiers et des fabricants d'assiettes plates qui tenaient aux faisans de leurs parcs avec autant d'amour qu'à leurs billets de caisse. J'ai trouvé plus d'une fois de splendides volières admirablement meublées dans des villas charmantes habitées par des épiciers en retraite, anomalie qui s'explique par l'habitude qu'ont les gens de cette classe de prendre femme au-dessus d'eux.

Par une raison analogue, mais contraire à la précédente, le signe de la région maudite est l'absence de l'oiseau. Les Arabes, qui sont poëtes, et les Grecs, qui le furent, emploient la même image pour exprimer le caractère de malédiction empreint par la colère céleste aux rives de la mer Morte et à celles de l'Averne. Ils disent qu'aucun oiseau ne passe et ne s'arrête sur ces bords désolés.

La sympathie universelle des âmes tendres pour l'oiseau a deux puissants mobiles dont l'homme jusqu'ici ne s'est pas assez rendu compte, mais sur lesquels il ne m'est pas permis de garder le silence. Voici que nous touchons, en effet, au vif de la morale de ce livre, et que nous allons sonder l'esprit des bêtes dans toute sa profondeur.

Le premier mobile de la sympathie de l'esprit humain pour l'oiseau est un mobile presque instinctif ; c'est la révélation secrète de la loi de solidarité qui nous avertit que la plupart des oiseaux sont des auxiliaires naturels que Dieu nous a donnés pour protéger nos vergers, nos moissons, notre sommeil, ou bien pour égayer nos domiciles, pour charmer nos palais, nos oreilles, nos yeux. C'est une sympathie qui court au-devant de l'analogie passionnelle, laquelle doit restituer un jour à chaque bête son rôle et son utilité spéciale, et faire rentrer tous les ordres d'animaux dans la voie de leurs destinées harmoniques. C'est la sympathie mystérieuse qui enfanta dans les religions anciennes le culte de l'ibis, du crocodile, du chien.

Il n'est pas de peuple, en effet, qui n'ait eu ou qui n'ait

encore ses oiseaux sacrés, à commencer par l'Inde, par la Chine et l'Égypte, c'est-à-dire par les contrées les plus anciennement civilisées du globe, et qui furent le berceau des arts et de la science. Le culte que les Égyptiens vouèrent à l'ibis et à l'épervier était basé, comme celui du bœuf Apis ou du chien Anubis, sur la reconnaissance, l'excuse la plus plausible et la plus dangereuse peut-être de toute idolâtrie. Sans l'ibis et sans l'épervier, destructeurs acharnés des reptiles et des grenouilles que multiplient outre mesure les périodiques inondations du Nil, la vallée de ce fleuve n'eût pas été habitable, et il fût advenu de la fertile Égypte ce qui advint une fois de notre riche colonie de la Martinique, d'où le trigonocéphale expulsa les premiers colons.

Les peuples de l'Amérique méridionale et centrale chargent certaines espèces de vautours, l'Urubu et l'Aura, d'opérer l'enlèvement de toutes les immondices d'origine quelconque qui déshonorent la voie publique, et ces omnivores, non moins intelligents qu'insatiables, remplissent les fonctions répugnantes qu'on leur a assignées avec un zèle et une régularité au-dessus de tout éloge. Il y a des Urubus ambitieux qui ont des actions dans les entreprises de curage de cinq ou six localités différentes, distantes quelquefois l'une de l'autre de 50 à 100 kilomètres (25 lieues), et qui n'oublieraient pas, pour un empire, de se rendre chaque jour, à heure fixe, sur tous les points de leur cantonnement. La périodicité de ces visites est même si régulière qu'elle sert de montre aux indigènes pour mesurer le temps. On cite des Urubus qui ont été ainsi vingt ans sans avancer ni retarder d'une seconde, et Bréguet a fait plus d'un chronomètre qui eût porté envie à cette régularité.

La personne de l'Aura et celle de l'Urubu sont inviolables et sacrées au Mexique, à la Guyane, à la Terre-Ferme et ailleurs. Il en est de même pour le Secrétaire ou Messager du cap de Bonne-Espérance, magnifique espèce ambigüe, que la nature a armée des hautes jambes de la cigogne et du bec crochu de l'aigle, pour qu'elle triomphât plus aisément des reptiles venimeux.

L'Agani ou oiseau trompette de Cayenne a témoigné le plus vif désir de conduire les troupeaux aux champs. Le Héron garde-bœuf d'Algérie ne demande qu'à justifier son titre. Le Cormoran et le Pélican, qui sont les plus habiles de tous les oiseaux pêcheurs, attendent, comme la loutre, que l'homme leur dise un mot pour traiter avec lui.

L'Inde, l'Orient, l'Afrique, ont des vautours; la Russie, des corbeaux familiers qui s'acquittent aussi, tant bien que mal, du service de la petite voirie dans les villes, et de la destruction des mulots et des larves de coléoptères dans les campagnes. L'Allemagne, la Suisse, les Pays-Bas, la Hollande, l'Algérie, la plupart des contrées de l'ancien continent, révèrent la Cigogne, cousine germaine de l'Ibis égyptien, et apte à rendre à l'homme les mêmes services que lui. Un préjugé populaire, raisonnable cette fois, attache un signe de protection divine à l'élection de la cigogne; on dit qu'elle porte bonheur comme l'hirondelle à la maison qu'elle a choisie pour y établir sa demeure semestrielle. La Hollande, amie de la cigogne et du héron, a en outre ses vanneaux, qui protégent ses digues contre la multiplication des tarets perce-bois, mais que les lois de ce pays ne protégent pas suffisamment contre le fusil et le filet. L'hirondelle, douce compagne du foyer domestique du pauvre, et qui a reçu mission de purger l'atmosphère de tous les insectes ailés qui troublent le repos du travailleur, l'hirondelle a sa légende sainte dans les annales poétiques de toutes les nations de l'hémisphère septentrional. Les mésanges et les pinsons, infatigables écheuilleurs des vergers, attendent encore la leur; les ortolans qui défendent la vigne contre l'invasion de la pyrale, le moineau franc, qui fait au hanneton une guerre cruelle, ont droit à notre gratitude au même titre que l'hirondelle, le vanneau et la cigogne.

Toutes ces bonnes créatures sont dans la joie de leur âme, quand elles peuvent déployer au service de l'homme les divers talents que leur a départis la nature. Seulement, il est douloureux de songer que l'homme n'a encore su tirer qu'un bien faible parti de ces dispositions obligeantes, et que, sur sept à huit mille espèces d'oiseaux environ qui peuplent cette planète, on en compte douze à peine qui soient *domestiquées* et vingt *auxiliaires*. Me faut-il avouer que ma patrie, la France, n'a plus un nom à mettre dans la dernière des deux catégories?

Le second mobile de la sympathie de l'espèce humaine pour l'oiseau prend sa source aux plus hautes régions de l'intelligence humaine. Ce n'est plus, comme le premier, une sorte de réaction logique de l'égoïsme; c'est au contraire l'inspiration de l'esprit d'unitéisme, c'est-à-dire du plus noble sentiment qui soit au cœur et au cerveau de l'homme.

Nous admirons l'oiseau pour son obéissance à la loi de Dieu, parce que le ménage de l'oiseau est le plus magnifique exemple du ménage harmonien que nous rêvons pour nous; parce que chez l'oiseau, comme dans toute société politique bien organisée, comme dans la ruche et dans la fourmilière, c'est la galanterie qui distribue les rangs. Nous admirons l'oiseau pour la pureté de ses mœurs, pour la sagesse de sa législation, qui a investi de la direction suprême du mouvement social la femelle, l'être producteur et travailleur par excellence.

Car nous comprenons tous d'instinct que la femme est une créature plus parfaite que l'homme ; et nous ne l'adorerions pas si elle ne valait pas mieux que nous et nous ne la chargerions pas de porter à Dieu nos prières, si nous ne savions pas sa parole plus agréable à Dieu.

Nous croyons à la supériorité de l'essence féminine, parce que cette supériorité nous frappe comme elle frappe les bêtes ; parce que c'est la femme qui porte plus particulièrement le caractère de l'humanité, parce que nous sentons que la femme, qui est sortie des mains du Créateur après l'homme, a été faite pour commander à celui-ci, comme celui-ci est né pour commander aux bêtes qui sont venues avant lui. C'est pour cela que nous cherchons toujours, quand nous sommes jeunes et purs, à deviner les désirs de la femme pour prévenir ses ordres. Si c'est possible, c'est fait ; si c'est impossible, on le fera.

Et dans notre soif ardente de justice et de bonheur, nous honorons l'oiseau du courage qu'il a eu, et que nous n'avons pas encore, de professer hardiment ses opinions passionnelles et de proclamer la supériorité du sexe qui attire sur le sexe qui est attiré.

L'oiseau est, en effet, de tous les êtres parlants le premier qui ait dit :

Le bonheur des individus et le rang des espèces sont en raison directe de l'autorité féminine... et inverse de la masculine.

L'homme n'aurait pas trouvé une formule aussi simple et tenant en aussi peu de mots tant de choses, entre autres le secret des destinées heureuses et la loi du mouvement universel.

En ornithologie passionnelle, nous appelons cette formule la *Formule du Gerfaut*.

Le Gerfaut est un magnifique oiseau blanc chaussé d'éperons d'or. C'est le plus fort, le plus beau et le plus brave des faucons. La race des faucons est une race d'élite aussi remarquable par sa bravoure et son intelligence que par la puissance de son vol, et la première naturellement qui se soit ralliée à l'homme. Le Gerfaut tient la tête dans l'ordre des oiseaux supérieurs, et porte la parole pour l'immense majorité des espèces dans toute occasion solennelle.

La formule du gerfaut est claire comme eau de roche et simple comme bonjour. Il est fort probable néanmoins que jamais la sagesse des hommes n'a écrit dans aucun décalogue, dans aucun traité de législation ou de philosophie, dans aucun code, dans aucune charte, une proposition qui approche de celle-ci pour la sagesse et la fécondité, qui lui soit comparable pour le grandiose et la majesté du principe, pour l'ubicuité et l'immensité des conséquences.

La formule du gerfaut contient toute la science et toute l'histoire de l'avenir,... plus celle du passé,... plus la solution immédiate et radicale de toutes les questions épineuses auxquelles cette pauvre humanité se déchire depuis six mille ans, religion, politique, beaux-arts, littérature, etc., etc.

Je ne jalouse pas la sépulture de Newton, dont la dépouille mortelle a l'honneur de dormir dans le caveau des rois, côte à côte de celle de Georges III l'imbécile; et je m'incline avec respect devant le nom du puissant géomètre qui découvrit que l'attraction sidérale agissait en raison directe des masses et inverse du carré des distances. Mais je me demande ingénument ce que l'on fera pour les découvreurs des lois du monde passionnel, si l'on décerne de tels honneurs aux découvreurs des lois du monde matériel. Car, enfin, il faut bien se pénétrer de cette grande vérité, à savoir... que le mouvement passionnel est tout dans l'univers, et le mouvement matériel pas grand'chose; et que la plus minime découverte de l'ordre pivotal a mille fois plus d'importance pour une humanité que la découverte de tout l'ensemble du système matériel. Les habitants d'une planète comme la nôtre peuvent parfaitement se passer de savoir que leur domicile tourne autour du soleil avec une vitesse de cent mille kilomètres à l'heure. Cette ignorance leur va même d'autant mieux qu'il leur est à peu près impossible de concilier l'idée de cette rapidité prodigieuse avec le fait de leur immobilité apparente; mais ce qui est formellement interdit à ces humains, c'est de vivre heureux une minute en dehors de la connaissance des lois de l'ordre passionnel. Donc, qu'on m'apporte un bout de vérité morale qui réussisse seulement à supprimer le héros, le bourreau et le mouchard, et je proclamerai l'apporteur de cette bonne nouvelle plus grand à lui tout seul que Newton, et Keppler, et Galilée, et Laplace, et que tous les flâneurs du firmament qui s'amusent aux bagatelles des astres. Si le Christ n'avait fait que révéler aux hommes les lois du mouvement sidéral, il est probable que personne de nous ne l'eût reconnu fils de Dieu. Il y a du monde moral au monde matériel toute la différence qui sépare Jésus-Christ de Newton.

Ces considérations, qui ont échappé jusqu'ici à un trop grand nombre de penseurs, sont grandes comme le monde, et il importe d'autant plus d'en signaler la gravité pyramidale que les lois du mouvement matériel sont en antagonisme direct avec celles du mouvement passionnel. Je veux dire que la loi de gravitation ne gouverne que la partie terraqueuse de notre corps, et que notre esprit aspire aussi énergiquement à monter que notre corps à descendre, et que tout ce qui constitue en nous l'essence de la vie aromale, la pensée, l'amour, les fluides électrique, magnétique et autres, est en révolte permanente contre la géométrie. Je ne ne veux pas démontrer sur-le-champ ces deux ou trois propositions, parce que la démonstration pourrait entraîner de gros livres, mais je crois qu'il me suffira d'arrêter au passage les deux premiers faits venus pour constater l'antagonisme des deux mouvements et en déduire logiquement la preuve que la loi newtonienne, très-bonne à consulter pour l'intelligence de la mécanique céleste, n'est propre qu'à égarer les consciences dans la recherche des lois du monde passionnel. J'appelle en témoignage Cupidon et Plutus, deux divinités qui habitent les deux points les plus opposés de l'horizon de ce monde, pour qu'on ne m'accuse pas de ne jamais faire entendre qu'une cloche et qu'un son.

La loi de Newton, ai-je dit, n'est que la loi de l'attraction matérielle, et elle établit que cette puissance agit en raison *directe* des *masses*.

Or, l'idée d'appliquer à l'amour la loi de l'attraction *proportionnelle* au *poids* ou à la *masse* a par elle-même quelque chose de si burlesque, que je ne sais pas si l'on trouverait parmi les géomètres les plus déterminés une seule bouche pour la formuler. Il est certain que l'amour aurait ici beau jeu pour se railler de la géométrie et pour lui riposter que la mathématique sidérale n'a pas le sens commun. On a bien vu quelquefois en Turquie de stupides Schahabahams acheter au poids des odalisques très-lourdes, et prouver par là que, pour certains, l'attraction féminine agit en raison directe du poids et du volume; mais, si la proposition est vraie pour ce pays étrange, il n'est pas moins évident qu'elle est fausse pour le reste du globe.

La loi d'amour statue, contrairement à celle de Newton, que c'est le sexe *le plus léger* qui entraîne *le plus lourd*, et que le *summum* d'attraction des charmes féminins correspond à leur état naissant.

On voit que nous sommes loin de compte avec les géomètres, mais il n'y a pas à s'insurger contre cette vérité. L'expérience est pour elle comme la théorie.

Ainsi, l'on avait quelquefois observé à Genève que certaines jeunes personnes jouissaient de la propriété d'irradiation magnétique au point d'aimanter tous les instruments d'horlogerie qu'elles touchaient, ce qui était on ne peut plus désagréable pour elles. Un recensement opéré naguère par les soins de la science pour établir le chiffre et la puissance de ces piles voltaïques de chair vive, a constaté que cette désastreuse faculté d'aimantation était l'apanage exclusif de l'âge heureux de *quinze à dix-huit ans*, orné d'une sagesse exemplaire. J'ajoute que Cléopâtre et Aspasie, qui n'ont jamais été citées l'une ni l'autre comme des modèles de bonne conduite, mais qui n'en exercèrent pas moins une influence magnétique intense sur les plus *puissants* personnages de leur temps, étaient de mignonnes créatures. La reine d'Égypte tenait dans un panier à bras.

L'application de la loi de Newton aux relations d'amour n'est que risible. Nous allons la trouver désastreuse dans l'ordre économique.

Que de gens écrivent sur les misères des États civilisés et recherchent les moyens de les guérir, qui ne se doutent pas le moins du monde que la plupart de ces misères ont leur source dans ce fait : que le capital est régi par la loi de Newton.

C'est-à-dire que, dans tous les pays, civilisés et barbares, à Paris comme à Londres, à Mexico comme à Constantinople, la puissance d'attraction du capital agit en *raison directe* de la masse et *inverse* du carré de la distance.

Cette formule signifie que l'intérêt du capital est d'autant plus élevé que ce capital est plus fort, et qu'il est plus facile à un misérable juif de quadrupler ses millions sans travailler, qu'à un noble vigneron français de conserver son méchant coin de terre en l'arrosant perpétuellement de ses sueurs.

Si bien que la première réforme à opérer dans la sphère du crédit et de l'organisation du travail consisterait à renverser les termes de la loi de Newton dans son application au capital.

Cette conclusion est si juste que tous les projets de loi sur le crédit foncier, que tous les travaux si méritants de M. Loreau et de M. Vidal, que toutes les propositions d'impôt unique ou d'impôt progressif, la conversion des rentes, la fondation des caisses d'épargne et des caisses de retraite pour la vieillesse sont autant de propositions qui aboutissent net au renversement des termes de la formule de Newton, et qui demandent que cette formule soit changée en celle-ci : *La puissance d'attraction du capital* (intérêt) *est en raison inverse de la masse.*

C'est-à-dire qu'il faudrait pour bien faire que l'intérêt du capital s'en allât diminuant à mesure que ce capital s'en irait grossissant (résultat qu'on cherche à obtenir par l'impôt progressif), de manière que si, par exemple, le capital de l'artisan qui a 1,000 francs à la caisse d'épargne produisait un intérêt de 4 pour 100, celui du banquier qui a 1 million à la Banque ne pût produire qu'un *quart pour cent*, puisque le *quart* est la raison *inverse* du *quadruple*.

Là est en effet le dernier mot de la science économique, le guide-âne des gouvernements, le commencement de la fin du règne de l'usure, le point de départ de l'utopiste pour le voyage d'harmonie. Je ne connais pas de problème de géométrie ou d'économie sociale dont la solution, de près ou de loin, ne découle de la formule du gerfaut.

J'appuie ici sur le danger de l'engouement général pour les sciences *inférieures*, comme l'astronomie purement géométrique, parce que cet engouement a pour conséquence habituelle le dédain des sciences *supérieures*.

Or, la science supérieure, celle dont nous avons le plus besoin, est la science qui nous apprend à marcher dans la voie de nos destinées, et à dépenser de la manière la plus avantageuse et la plus agréable les cent quarante-quatre ans que la nature nous donne de temps à autre à vivre sur cette terre. D'ici à ce que nous connaissions le procédé, nous n'avons que faire de la science de luxe qui nous enseigne que les antipodes marchent la tête en bas et les pieds en l'air, et que notre globe est un fort toton qui pirouette dans l'espace avec une vélocité inconvenante. Dieu s'est ouvert, il y a deux mille cinq cents ans, à Pythagore sur le carré de l'hypoténuse, et, quelques siècles plus tard, il a révélé à Archimède le secret de la pesanteur spécifique des corps. Or, je demande ce qu'il est advenu pour le bonheur de l'humanité de cette double confidence qui n'a pas empêché le monde antique de rétrograder mille ans après de Civilisation en Barbarie et de Barbarie en Patriarcat. Je demande quand viendra le jour où la science du nécessaire aura enfin le pas sur celle du superflu dans les conseils des hommes !

Les hommes, par grand malheur, ont chargé de penser

pour eux des corps savants qu'ils rétribuent convenablement pour cette tâche, et qui pourraient faire de grandes choses, s'ils n'étaient trop généralement composés de gens chauves. Cet inconvénient capital, qui pousse à la paresse et à l'esprit de vieillerie, est cause que les académies accordent volontiers des primes de 500 francs et plus à l'auteur du meilleur mémoire sur les évolutions d'une planète microscopique, mais qu'elles ne feraient pas l'aumône d'un misérable centime à l'auteur de la meilleure histoire des institutions politiques de Saturne ou de Jupiter. Ces pauvres corps savants, par parenthèse, ont été longtemps travaillés d'une manie étrange. La vogue y a été si forte pour un moment aux découvertes ou plutôt aux inventions planétaires, qu'on n'exigeait plus même de l'inventeur pour le décorer et le renter outrageusement qu'il livrât son produit. Je laisse à penser les abus, et les mystifications sans nombre, et les planètes subjectives qui durent naître de tels encouragements.

Soyons justes, soyons généreux même à l'endroit des planètes nouvelles, mais exigeons au moins qu'on nous les montre avant de les payer, et n'achetons pas chat en poche. Donnant, donnant ; la réserve n'est que légitime, c'est la loi de tous les marchés.

J'ai signalé dans le temps la mésaventure arrivée à un de ces prétendus découvreurs qui ne put jamais dire ni le nom, ni la couleur, ni l'odeur de sa planète, ni ses productions.... et qui les ignorerait probablement encore à l'heure qu'il est, sans la charitable assistance d'un analogiste passionnel.

Je le répète une fois de plus, je ne jalouse pas le géomètre, je ne m'inscris pas en faux contre l'illustration des noms propres de la géométrie ; j'exprime simplement le désir que cette science peu agréable ne s'en fasse plus accroire et qu'on la remette à sa place. Je ne méprise pas le génie du calcul non plus ; bien au contraire ; je regrette seulement que ce génie se soit fourvoyé dans l'impasse du mouvement matériel, au lieu de s'élancer hardiment dans la sphère radieuse du mouvement passionnel. Dieu ne demandant pas mieux que de se laisser lire par les gens curieux, et tenant habituellement son livre ouvert au chapitre *bonheur*, j'accuse la myopie de nos chercheurs qui n'ont pas su encore nous déchiffrer ce texte, et qui se sont divertis à des puérilités. On objecte parfois que Dieu est plus mystérieux, plus cachotier, s'il est permis de s'exprimer ainsi, à l'endroit de ses vérités morales qu'à l'endroit de ses vérités physiques. L'accusation n'est pas complétement fondée. Dieu nous inspire à tous le désir d'être aimés avant celui d'être forts en géométrie ou en thème. C'est donc de notre faute, et non de la sienne, si nos regards de taupes n'osent pas suivre par delà les fausses sciences la direction constante de nos propres pensées. Versons des larmes amères sur cette timidité d'optique qui provient bien plus encore de la misère de nos cœurs que du manque de lunettes. On ne sait pas assez que cette misère du cœur est la pire de toutes celles qui pèsent sur un globe. Le retard de la Terre dans la marche générale du tourbillon solaire n'est qu'un retard d'amour.

Or, la formule du gerfaut, qui doit révolutionner la science et redresser l'entendement humain, a été extraite du chapitre en question par ce voyant de premier ordre. C'est une traduction littérale de la loi divine d'harmonie. De là sa portée incroyable.

La formule du gerfaut révèle de prime abord aux âmes tendres, femmes et poëtes, le mystère de leurs sympathies pour l'oiseau.

Cette sympathie est un hommage involontaire et tacite que ces natures privilégiées rendent à la loi d'harmonie ou d'amour, qui n'a pas sur cet infortuné globe de sectateurs plus fervents et plus enthousiastes que le moineau franc, le canari, l'hirondelle et les autres.

Les oiseaux sont les précurseurs et les révélateurs de l'Harmonie.

L'Harmonie est cette phase d'apogée des humanités et des globes qui s'intitule le règne de Dieu dans le *Pater noster*. Pendant toute sa durée, qui occupe heureusement les trois quarts de l'existence des humanités planétaires (soixante mille années sur quatre-vingt-un mille pour nous), l'homme est en accord parfait avec lui-même, avec ses semblables et avec Dieu. Et, comme en cette phase de délices où le bonheur des individus se noie et se confond dans le bonheur collectif, toute passion mène au bien, il s'ensuit que jamais le langage ne ment à la pensée. Nous appelons cette concordance de la parole avec le sentiment l'accord de la *Tonique* avec la *Dominante*.

L'accord de la Tonique avec la Dominante, qui est la base de l'accord parfait dans le monde musical (*ut-sol*), joue un rôle identique parmi les institutions des humanités planétaires. Il constitue la loyauté ou la franchise, qui est le signe caractéristique des sociétés harmoniennes.

Les sociétés subversives, au contraire, la civilisée notamment, sont celles où la Tonique jure perpétuellement avec la Dominante. Ces sociétés se reconnaissent au mensonge, à la fourbe, à l'hypocrisie, vices infects qui dégradent l'espèce humaine et sont étrangers à l'oiseau. Sénèque, l'agioteur millionnaire, qui prêche le mépris des richesses; Messaline l'impudique, qui couronne les rosières; tous ces illustres chevronnés du parjure qui discourent sur l'honneur, et à qui les faux serments comptent comme années de campagne; tous ces coquins, toutes ces coquines sont des créatures perverties chez lesquelles la Tonique (*vertu*) discorde complétement avec la Dominante (*ardeur à la curée*).

Et nos mépris légitimes pour cette canaille ont précisément la même base que nos sympathies pour l'oiseau. Ce qui nous ravit en celui-ci, sans que nous nous en doutions le plus souvent, c'est l'accord constant de sa Tonique avec sa Dominante. Un oiseau ne ment jamais, à moins d'avoir été dressé à ce vice par l'homme. Ce qui nous révolte chez le Robert-Macaire de robe ou d'épée, c'est la discordance scandaleuse de son langage et de ses actes, et le chiffre de ses faux serments.

Ma lectrice ne devine pas encore à quelle conclusion éblouissante je la conduis à travers cette courte discussion sur l'accord de la Tonique avec la Dominante, qui lui semble d'ici un hors-d'œuvre. Je jouis d'avance de l'ébahissement profond dont elle sera frappée à l'aspect de l'horizon magique que va lui ouvrir cette percée.

Car l'Amour est la Dominante de la gamme universelle. Les anciens poëtes avaient constaté le fait en écrivant que l'amour était le dominateur suprême des hommes et des dieux. La science moderne est d'accord sur ce point avec la poésie antique, quand elle fait de l'amour, qu'elle nomme attraction, la puissance génératrice du mouvement universel. Il faut bien que l'amour soit la dominante de la gamme naturelle, puisque la perpétuation des espèces est l'objet quasi-exclusif des préoccupations de la nature.

Mais, du moment que cette vérité est admise et que nous savons la dominante de la gamme universelle, nous tenons la clef de l'accord parfait de Dieu et des harmonies célestes; car la tonique de cette dominante est connue.

C'est la galanterie ou déférence *passionnée* du sexe masculin pour l'autre.

Cela veut dire, entendez bien, que l'Amour est le commencement de la sagesse, contrairement à l'opinion des eunuques et des Burgraves, et que l'amour parfait est celui qui force l'amoureux à fléchir le genou devant sa souveraine et à la reconnaître comme l'arbitre suprême de sa félicité.

Cela veut dire que Dieu ne reconnaît pour siens que ces agenouillés et ne se combine avec les esprits humains qu'à de hautes températures, ainsi que fait l'oxygène à l'égard de certains métaux.....

Cela veut dire encore que l'amour est la clef du bonheur *composé*, qui est d'*aimer* et de *connaître*, et que toutes les questions de science et de classification ne sont que de pures questions de *galanterie ou de préséance des sexes*.

Mais je ne finirais pas d'écrire, si j'entreprenais d'enregistrer l'une après l'autre, en manière de programme, les propositions innombrables que soulève cette façon nouvelle d'envisager l'amour. Il faut bien se borner pourtant, quand on ne veut pas donner à un chapitre la dimension d'un volume. Bornons-nous donc modestement à donner en icelui, et en dehors de notre sujet principal, la solution de cinq à six problèmes sociaux d'intérêt supérieur, et reprenons, sans plus tarder, notre formule fulgurante. N'énonçons plus, prouvons.

CHAPITRE II

Formule du Gerfaut. — Où il est prouvé par le témoignage de tous les règnes que le bonheur des individus est en raison directe de l'autorité féminine et inverse de la masculine.

Le bonheur des individus proportionnel à l'autorité féminine!

Mais c'est l'affirmation première que la nature écrit en caractères de feu sur tous ses horizons. C'est la devise qui se lit sur l'étendard de tous les règnes. C'est la fanfare éclatante que sonnent les anges de lumière aux quatre points cardinaux du ciel. Là où il n'y a qu'à regarder pour voir et qu'à écouter pour entendre, qui peut demander des preuves, sinon les aveugles et les sourds?

J'oublie, hélas! dans l'ardeur de ma foi, que les aveugles et les sourds sont en majorité chez les humains, dans les phases subversives, et que c'est précisément pour guérir ces malheureux de leur infirmité que j'écris. Alors que les clairvoyants et les bons entendeurs qui comprennent à demi-mot soient indulgents à ma surabondance et ne se rebutent pas trop vite de mes banalités.

J'ai coupé en deux parties la féconde formule, espérant que cette séparation me permettrait d'apporter un peu d'économie dans mes preuves. Je débute par la thèse concernant *le bonheur des individus*, pour finir par celle relative au *rang des espèces*.

Cette question de bonheur est si ardue et si controversée ; elle plane de si haut sur tous les intérêts de ce globe et des autres, que je sens le vertige qui me gagne, rien qu'à en mesurer du regard les proportions colossales. Elle est si compliquée, si vaste ; elle débouche sur tant de conclusions inattendues, stupéfiantes, que mon embarras n'est pas moindre de savoir par où l'attaquer que par où la finir. Commençons, s'il se peut, par le commencement.

Pour m'élever jusqu'à la hauteur de l'oiseau, pour prouver que le bonheur des individus est en raison *directe* de l'autorité *féminine* et *inverse* de l'autorité *masculine*, il me suffit d'établir que l'amour est l'état parfait de l'être et l'état de grâce spécial où Dieu lui révèle sa loi. Le maximum d'amour correspond, en effet, au maximum de l'autorité féminine.

Je tiens en main un argument vainqueur, une simple définition de l'amour à l'aide de laquelle il me serait facile de couper court à la discussion ; mais, comme je ne suis pas homme à me priver gratuitement du concours des autorités de tous les règnes sous le futile prétexte d'éviter une redite ou d'économiser quelques phrases, j'entends ne démasquer cette batterie formidable qu'après que chacun aura parlé. Et, pour régler le tour de la parole, je suivrai l'usage établi dans les conseils de guerre, où les derniers en grade opinent les premiers : Minéraux, Végétaux, Insectes, Oiseaux, Hommes. Ces pauvres minéraux ont si rarement occasion de deviser d'amour, que c'est presque faire une bonne œuvre que de leur offrir celle-ci.

Si la chimie passionnelle n'était pas à créer, hélas ! à créer tout entière ; si la chimie, qui est la science des amours et des répulsions des corps, ne s'ignorait pas elle-même au point qu'il n'est peut-être pas encore aujourd'hui de chimiste en renom capable de dire à première vue le sexe d'un métal, d'un gaz ou d'un acide..... ce serait par milliers que je compterais les adhésions aux doctrines du Gerfaut dans l'ordre des composés chimiques. Car les corps simples, croyez-le bien, n'aiment pas moins vaillamment que les plantes et les bêtes. J'en appelle à témoin l'amour désordonné de l'hydrogène pour l'oxygène et pour le chlore. J'en appelle à témoin les haines de ces prétendus corps inertes qui ne sont peut-être pas moins ardentes que leurs feux. Rien n'a fait plus de bruit dans le monde que les démêlés orageux de l'oxygène et de l'azote, ces deux principaux éléments de l'air atmosphérique, ces deux substances de tempéraments si inconciliables qui semblent ne pouvoir vivre l'une sans l'autre, et qui ne sont jamais plus voisines d'une séparation détonnante que lorsqu'elles vous paraissent en plus intime accord. Or, tout le monde sait aujourd'hui que la puissance de la poudre à canon n'est que l'expression de l'incompatibilité d'humeur qui est entre les deux corps simples, unis dans l'acide du salpêtre par un mariage forcé. Ajoutons que le salpêtre lui-même, n'est auprès du chlorure d'azote et de vingt autres tapageurs du même acabit, qu'un modèle de patience, un lézard engourdi.

Explique maintenant qui pourra comment, malgré la violence ostensible des passions qui les brûlent, ces corps que l'on dit si simples ont réussi à tenir secrètes jusqu'ici leurs affinités passionnelles. Je crois bien pour mon compte que le scintillement des diamants, des rubis, des saphirs, n'est qu'un croisement indéfini d'ardentissimes déclarations d'amour, parce que l'analogie m'indique que la passion d'amour est la seule qui rayonne ainsi. Je sais encore que la cristallisation est la fleur des minéraux, que la pureté de l'eau et l'inaltérabilité des pierres précieuses sont les images de la pureté et de la pérennité de leurs feux; mais, comme personne, pas même l'analogiste, n'a le droit de donner pour des preuves ses convictions personnelles les plus mûres et les plus arrêtées, il faut bien que j'avoue ici, en toute humilité, que les autorités dont j'aurais besoin pour étayer la formule du gerfaut sont absentes, et que l'état peu avancé de la chimie et de la minéralogie passionnelles ne me permet pas de soumettre cette doctrine au suffrage universel des corps simples. Mais à quoi pensent donc tant de jeunes chimistes distingués que je connais, de n'avoir pas su encore arracher à chaque substance élémentaire le secret de ses amours? Ce doit être pourtant chose facile, car tous les amoureux sont jaseurs. Un phénomène surtout qui me passe, c'est que les mêmes gens qui ont des yeux pour voir que le diamant est du carbone pur n'en aient plus pour reconnaître que ce carbone ne diffère de l'autre, de l'impur, que par l'éclat et l'ardeur de la passion. Le carbone cristallisé (diamant) est au carbone de cuisine (charbon) ce que le papillon est à la chenille. Poussez ce carbone vulgaire jusqu'à la température où il aime, c'est-à-dire à une température impossible, accompagnée d'une pression adéquate, vous aurez du diamant à bâtir des palais.

Si la cristallisation a trop bien gardé son secret, la fleur a été moins discrète. Linnæus a fait jaser la bavarde et lui a fait dire à peu près tout ce qu'il a voulu. Voici le résumé de sa conversation :

La fleur est l'explosion de l'amour et de la fécondité chez les plantes. Elle est au végétal ce qu'est l'aile à l'insecte. C'est, en même temps que sa parure d'amour, son attribut de perfection suprême et de nubilité. Si l'état parfait de la plante n'est pas celui où elle ravit les yeux par l'éclat de ses fleurs, où elle embaume l'atmosphère des senteurs de sa corolle, il faut dire tout bonnement que les mots n'ont pas de sens. Pourquoi cultive-t-on les plantes, si ce n'est pour jouir de leurs fleurs?

De même que l'insecte, transfiguré dans ses appétits et dans sa forme, s'élève glorieusement dans les airs, ainsi la fleur y verse ses parfums. Le parfum de la corolle est un hymne d'amour comme le feu des rubis et le chant des oiseaux. « La corolle, a écrit Linnæus, est la couche nuptiale des fleurs, » pour dire que le luxe de cette enveloppe radieuse était l'ouvrage de l'amour.

Et Linnæus a dit vrai : ces tentures splendides de l'enveloppe florale, où la richesse du coloris le dispute à la suavité du parfum, sont l'œuvre de la fée bienfaisante qui préside à l'union des cœurs, qui souffle aux individus de tous les règnes la passion immodérée du luxe et des brillants atours, et qui se charge partout, avec une munificence sans égale, des frais du trousseau des fiançailles.

Il est si vrai que la fleur est l'état parfait de la plante, que c'est dans sa fleur seulement et au pourtour de sa corolle que la plante porte écrit son nom propre et son titre caractériel. La fée qui préside à l'hymen ne se borne pas à tisser pour les fleurs des costumes splendides et à baigner les rideaux de la couche nuptiale d'aromes enivrants pour que la brise du printemps en imprègne ses ailes et sème dans l'espace l'encens qui fait aimer : elle varie la senteur et la nuance des pétales suivant la gamme des caractères humains que chaque plante symbolise.

Par exemple, si la senteur du lilas est moins pénétrante que celle de l'œillet, et la nuance de ses pétales plus pâle, cela veut dire que la passion représentée par le lilas (cousinage ou amour enfantin) est moins vive que la passion symbolisée par l'œillet (emblème d'amour adulte, impétueux, débordant). La vigne, emblème cardinal d'amitié, se contente d'embaumer l'atmosphère et dédaigne d'éblouir les yeux, parce que l'affection qu'elle figure prend sa source dans une affinité spirituelle et ne dépend que faiblement des charmes extérieurs. Aussi la fleur parfumée de la vigne est-elle quasi dépourvue de corolle.

Voyez au contraire ce qui se passe chez les fleurs du dahlia, de la balsamine et de la rose trémière, fleurs d'automne, symboles parlants des bourgeoises enrichies qui ne peuvent briller que sur le retour. Toutes ces fleurs cherchent à écraser leurs rivales par le luxe de leurs corolles voyantes et innombrables. Leur toilette est riche et fastueuse, mais c'est une toilette de mauvais goût qui sent sa parvenue. La rose trémière, malgré tout son éclat, est empesée, froide et pharmaceutique. Il n'y a pas jusqu'à son surnom de passe-rose qui ne rappelle l'idée d'une tante Aurore quelconque, moins l'amour des romans. La balsamine est imprenable par défaut de pédoncule ; le dahlia, avec ses pieds larges et sa haute fraise gaufrée et tuyautée, est l'image du collet monté. Comme le parfum manque à ces fleurs, ainsi qu'à leurs emblèmes, les amoureux et les poëtes n'ont jamais songé à faire avec elles ni bouquets ni sonnets. On sait que les jolies femmes n'adorent que les fleurs odorantes, qui gagnent prodigieusement de leur côté à se faner sur leur sein.

Le buis, qui représente le pauvre déshérité, est bien plus éloquent encore en son muet langage. Sa fleur est dépourvue de parfum aussi bien que de corolle, et son fruit ironique représente une marmite renversée. Peinture trop fidèle du ménage du pauvre habitant des campagnes qui ne possède pas même les deux meubles les plus indispensables au bonheur de l'espèce humaine, la marmite et le lit.

L'intérêt que nous portons aux plantes revient si exclusivement à leurs fleurs, et la fleur est si bien pour nous toute la plante, que notre langage a subi de ce fait une altération singulière. Nous disons *la passion des fleurs* et *le marché aux fleurs*, au lieu de la passion des plantes et du marché aux plantes, et certainement la plupart de ceux qui s'expriment ainsi ne comprennent pas toute la portée de leur synecdoque. La synecdoque est une figure de rhétorique à nom barbare qui consiste à prendre la partie pour le tout et qui signifie, dans l'espèce, que la floraison chez les plantes est la phase de l'état parfait. Il serait curieux après tout qu'une plante qui cause si agréablement quand elle est en fleur et qui charme l'esprit en même temps que l'odorat et les yeux, nous parût moins intéressante qu'à l'époque où elle est complétement inodore, incolore et muette.

La plante qui ne fleurit pas est une plante déclassée par les savants de l'Institut eux-mêmes, qui la relèguent au plus bas degré de l'échelle végétale et la désignent ordinairement sous quelque sobriquet injurieux de cryptogame ou d'agame, comme qui dirait sans sexe. Cette plante déshéritée s'appelle lycopode, moisissure. C'est encore le champignon immonde qui pousse sur le fumier comme l'ultramontanisme sur les cerveaux malades.

Ainsi la fleur, poésie de la végétation et miroir des passions humaines, chante de sa voix parfumée l'*Hosanna in excelsis* à l'amour, état de grâce spécial des âmes et des corps, don de lucidité suprême qui fait lire couramment dans le livre de Dieu.

L'histoire universelle des insectes répète mot à mot, comme celle des fleurs, des diamants et les autres, la formule du gerfaut.

Le papillon n'a été créé que pour aimer, pour aimer et pas autre chose. Qui nie que l'état de papillon soit l'état parfait de l'insecte à métamorphose?

L'histoire des abeilles et celle des fourmis n'ont pas même besoin de recourir à l'argument d'amour pour démontrer que le bonheur des individus est en raison directe de l'autorité féminine.

La ruche est, à ma connaissance, la seule république dont la richesse repose sur le travail seul, et n'ait pas pour assises la guerre ou le commerce, une rapine quelconque. Le cas est assez rare pour valoir que nous l'honorions d'une mention toute spéciale, et que nous nous empressions de reporter à qui de droit le mérite d'une telle exception.

Or, il n'y a dans la ruche qu'une seule autorité, responsable de tout ce qui s'y fait de bien comme de mal : c'est l'autorité féminine. Politiquement parlant, le mâle, en cette espèce, est un mythe ; le mâle n'existe pas.

La richesse de la ruche, qui n'a coûté de sang ni de larmes à personne *au dehors*, semblerait démontrer *a priori* que c'est bien là le patron de la république modèle, et que la richesse et le bonheur sont dans la sagesse et dans la supériorité de la politique féminine. Mais la médaille là aussi a son revers, ce bonheur exigeant des victimes *au dedans*.

C'est une femelle qui est reine dans la ruche. Je demande pardon d'être obligé de me servir de cette expression de reine pour me faire comprendre du public illettré, car elle est complétement impropre à caractériser la présidence de la république des abeilles. Ce n'est pas la Reine qu'il faut dire avec le vulgaire, mais bien la *Femelle* ou la *Mère*, attendu que la fonction de cette prétendue reine n'est pas de régner, mais de pondre, et qu'elle seule en a les moyens. Et puis ce mot de royauté emprunté aux institutions politiques des hommes, et qui emporte avec lui l'idée d'oisiveté et de luxe fabuleux, jure avec la sainteté de la fonction maternelle, qui, loin d'être une sinécure chez les abeilles, constitue au contraire la plus pénible et la plus absorbante des occupations. On estime en effet que les plus fécondes de ces mères pondent jusqu'à vingt mille œufs par printemps. On voit par là qu'il ne peut pas leur rester une somme énorme de loisirs. D'ailleurs les malheureuses payent bien cher leur haute position. La reine des abeilles est plus esclave de la loi du travail qu'aucune de ses sujettes; elle est emprisonnée dans l'intérieur de la ruche et gardée à vue par d'impitoyables argousines toujours empressées à la lustrer, à la brosser, à l'aduler et à la nourrir, mais qui ne lui permettent pas de se distraire une minute de son rude labeur. Elle n'est adorée, respectée et servie qu'à titre de travailleuse et de productrice par excellence. La ruche a emprunté une foule d'institutions à la commune harmonienne. Elle est fondée comme celle-ci sur le travail attrayant; on n'y trouve jamais ni oisifs ni improductifs. Elle en diffère seulement en ce que la fonction supérieure s'y décerne à la capacité... abdominale, et en ce que les travailleuses ne peuvent se défaire de la triste habitude de porter sous leurs robes des armes prohibées.

L'ordre et la sagesse que l'homme admire dans le gouvernement des abeilles n'en sont pas moins le fait d'une institution où la femelle est tout. La prévoyance qui caractérise cette espèce semble en effet être l'attribut exclusif de la féminité et de la maternité dans tous les règnes. C'est une vertu en grand honneur dans les institutions politiques de Jupiter, planète pacifique et généreuse de qui nous tenons la vache nourricière et la pomme de calville. Je prie à ce propos les jeunes personnes qui savent toutes ces choses-là, pour me les avoir entendu raconter, de ne pas m'accuser trop précipitamment de redite. D'abord les grandes vérités ne sauraient trop se redire, et ensuite les détails de cette espèce ne sont pas encore assez profondément entrés dans le domaine des idées courantes pour qu'il y ait réellement péril à les rappeler de temps à autre. C'est à force de répéter tous les matins la même calomnie contre l'hydre du socialisme que les journaux du grand parti de la peur ont fini par faire croire à l'existence du monstre et par y croire eux-mêmes. C'est bien le moins que les apôtres du progrès mettent autant de persévérance à semer la vérité que les apôtres de la routine à propager le mensonge.

Point de richesse sans le travail attrayant; point de travail attrayant hors de l'autorité féminine : voilà la formule des abeilles. Elle se rapproche en une multitude de points de celle du Gerfaut, sans être aussi complète.

Et la formule de l'abeille n'est pas de mon invention plus que l'autre. On sait que quand la Femelle ou la Reine des abeilles périt, la république prend instantanément le deuil, que le travail devient répugnant et que les ateliers se mettent en grève; enfin, que l'Anarchie succède à l'Ordre, et que les ouvrières démoralisées se ruent sur les provisions et les pillent, c'est-à-dire que le bonheur des abeilles est proportionnel à l'*autorité* féminine.

Il est difficile de nier les magnifiques résultats de la politique adoptée par les habitants de la ruche. Toutefois, j'accorde volontiers aux mâles de toutes les espèces le droit de protester contre l'infimité et l'indignité du rôle assigné à ceux de leur sexe par cette politique ombrageuse.

Ceux qui ont un peu étudié l'histoire des abeilles savent en effet que tous les mâles d'une tribu sont réservés aux plaisirs du harem de la Sultane-Mère; qu'ils sont là trois ou quatre cents amoureux qui se disputent la possession d'une coquette, et que la première faveur accordée par celle-ci à un seul de ses soupirants devient le signal de l'extermination de tous. Il est clair qu'on pourrait se conduire d'une façon moins indélicate avec ces malheureux ilotes, et je ne suis pas assez partisan des harems féminins des Turcs, où l'on engraisse les odalisques, mais où on ne les tue pas, pour approuver l'institution des harems masculins des abeilles, où l'on extermine les mâles aussitôt qu'on n'a plus besoin de leurs services. Les abeilles ouvrières qui se chargent de la tuerie, et qui sont sans pitié parce qu'elles ont peu de sexe, disent bien, pour repousser l'accusation de barbarie qu'on leur adresse, que les mâles n'ont pas besoin qu'on les tue pour mourir, qu'ils se savent destinés à périr aussitôt que leur mission est remplie, et qu'ils sont tellement familiarisés avec l'idée de cette mort tragique qu'ils courent au-devant d'elle et l'acceptent comme un bienfait, la sollicitent même... Mais je ne sais pas jusqu'à quel point cette version est croyable; et, d'ailleurs, je ne saurais me faire à l'idée de ces pratiques philanthropiques qui consistent à poignarder les gens pour les empêcher de traîner.

On peut donc trouver à redire aux principes politiques de la ruche; mais la prospérité de l'institution n'en est pas moins par elle seule une confirmation glorieuse de la théorie du bonheur proportionnel à l'autorité féminine. Car la ruche est un immense laboratoire où règnent l'autorité et l'ordre, la liberté, l'égalité et la solidarité, où l'amour sacré du travail est poussé jusqu'au fanatisme et où l'expression du bonheur de vivre est écrite sur chaque physionomie. Et s'il a fallu acheter ce résultat par quelques sacrifices regrettables, cela vient de ce que les insectes ne sont pas parfaits d'abord, et ensuite de ce qu'il est difficile de faire une excellente omelette sans casser quelques œufs. Enfin le résultat obtenu justifie en quelque sorte les moyens employés. Il est juste de faire observer d'ailleurs que ces mâles sacrifiés étaient des consommateurs improductifs complétement impropres à l'industrie, et qu'ils ne formaient qu'une fraction minuscule de la population de la république. Ah! si seulement les hommes qui tiennent depuis six mille ans les femmes à la chaîne pouvaient justifier par leur propre bonheur, comme le font les abeilles, la barbarie de leur conduite à l'égard de leurs mères!

Quand on interroge la fourmi, cousine germaine de l'abeille, sur le secret de ses institutions politiques si grandioses, si durables, elle répond comme sa parente par la phrase stéréotypée : *Attribution exclusive de l'autorité aux femelles, garanties naturelles d'attraction.* Peut-être même la fourmi a-t-elle poussé plus loin que l'abeille le culte fanatique de la femelle, car je ne sache pas que les abeilles aient jamais adopté la méthode du palanquin pour voiturer à la promenade les jeunes personnes qui se trouvent dans une situation intéressante, tandis que l'usage de ce véhicule est pratiqué chez les fourmis depuis un temps immémorial. Les abeilles se disputent l'honneur d'apporter le miel à leur reine, et se précipitent sur ses pas pour lui caresser le corsage, pour brosser et lustrer toutes les pièces de son habillement; les fourmis ne se bornent pas à ces attentions délicates. Lorsqu'une de leurs femelles meurt, elles s'empressent autour du cadavre, le tournent et le retournent dans tous les sens, le manipulent, le frictionnent, et ne consentent à se séparer de l'objet de leur tendresse qu'après des heures entières passées à cette pieuse besogne, et après avoir reconnu l'inutilité de leurs effors pour rappeler la défunte à la vie.

La fourmi a été assez longtemps colomniée par les fabulistes ignorants et par les historiens perroquets pour qu'un écrivain courageux croie enfin l'heure venue de prendre sa défense et de lui restituer ses mérites. Non, *la fourmi n'est pas avare*, et *c'est là son moindre défaut*, entendez-vous, mons La Fontaine. La fourmi n'amasse aucune provision pour l'hiver, *ni mil, ni vermisseau*, attendu qu'elle n'en a pas besoin, et qu'elle passe sagement cette saison à dormir comme l'ours et la marmotte; partant, elle n'a jamais rien eu à refuser à la cigale, qui d'ailleurs ne lui a jamais rien demandé, attendu qu'il n'y pas de cigale en hiver, et que la cigale n'attend pas pour disparaître que la bise soit venue. Convenons-en tout bas pour l'honneur du bon La Fontaine, mais son déplorable apologue de la Cigale et de la Fourmi n'est qu'une petite flagornerie à l'adresse des capitalistes philanthropes qui fondent des caisses d'épargne dans le but de propager l'avarice et qui ne demandent pas mieux que de s'autoriser de l'exemple de la fourmi industrieuse pour faire de la morale au peuple, quand ce peuple lui demande du travail et du pain. Ces capitalistes philanthropes sont les mêmes qui trouvent fort étrange que ce soient toujours les malheureux qui se plaignent de l'état social et qui désirent changer de situation. Moi qui suis un homme simple, je comprends cette velléité, et je ne vois rien de bizarre à ce que ce soient ceux qui ont faim qui demandent à manger. La plainte m'étonnerait davantage sortant de la bouche des repus.

Une chose que les fabulistes n'ont pas sue et que les historiens n'auraient pas osé écrire, c'est que de toutes les histoires de ce bas-monde, celle de l'abeille exceptée, mais celle de l'homme comprise, la plus intéressante sous une foule de rapports, la plus curieuse à étudier, la plus féconde en enseignements politiques, est celle de la fourmi. On ne voudra peut-être pas ajouter foi à mes paroles, quand j'affirmerai que les principes les plus avancés du socialisme ont pénétré dans les fourmilières depuis des milliers d'années; mais le fait n'en est pas moins constant ni moins irrécusable. Oui, voilà dix mille ans et plus que ces insectes quasi-microscopiques que nous foulons aux pieds ont résolu, dans leur simple bon sens, toutes les graves questions politiques qui agitent encore si profondément aujourd'hui la pauvre espèce humaine. Voilà dix mille ans que les fourmis, ainsi que les abeilles, ont dit le dernier mot sur la meilleure des formes gouvernementales, après avoir usé à la pratique, lois de Minos, lois de Lycurgue, communautés de Saint-Benoît et d'Icar, royautés absolues, royautés mitigées, théocraties, aristocraties, oligarchies, démocraties masculines et le reste. Et remarquez que l'opinion des fourmis et des abeilles est une opinion sérieuse qui s'étaye sur l'expérience et qui ne varie pas suivant les latitudes comme celle des versatiles humains : erreur en deçà des Pyrénées, vérité au delà. La foi que confessaient les fourmis et les abeilles, dès avant la naissance de l'homme, est encore celle qu'elles confessent à cette heure. Aujourd'hui, comme il y a cent siècles, dans le vieux continent comme dans les nouveaux, la fourmi et l'abeille portent gravée sur leurs étendards la rayonnante devise du travail attrayant. Et comme ces petites bêtes sont des logiciennes de haut titre, elles ont compris d'emblée que le principe du travail attrayant était incompatible avec la fainéantise, le parasitisme et l'oppression des femelles, les productrices par excellence. Puis, conformant leur conduite à leur foi, elles ont décrété sans phrase la suppression des parasites et la supériorité du sexe féminin sur l'autre.

Or, admirez la fécondité magique du principe divin. Il a suffi de ces décrets héroïques pour élever les républiques modèles des fourmilières à des hauteurs de prospérité fabuleuses. C'est le travail glorifié qui enfante ces prodiges d'architecture, de sculpture et d'édilité dont le caractère cyclopéen stupéfie l'observateur au premier regard qu'il aventure dans les détails du labyrinthe d'argile qui sert de domicile à une tribu de fourmis. On a fait beaucoup de bruit de l'audace sans seconde des francs-maçons du moyen âge, artistes inconnus qui bâtirent avec leur truelle et leur foi tant de gigantesques cathédrales, Strasbourg, Rouen, Cologne, merveilles de l'art gothique, où la pierre spiritualisée semble avoir pris dans les mains du sculpteur la souplesse et la flexibilité du roseau. On élève jusqu'aux nues le grandiose génie de Michel-Ange, qui jeta dans les airs le Panthéon païen pour en faire la calotte d'une basilique chrétienne. Enfin, j'ai entendu vanter outre mesure, parmi les chefs-d'œuvre de l'art romain, le pont-aqueduc du Gard avec ses trois étages de voûtes. Or, écoutez ceci, pauvres génies humains, qui vous imaginiez avoir poussé jusqu'à l'impertinence suprême l'élégance et la floriture de l'architecture idéale, et souffrez que ma voix franche rabatte un peu les fumées de votre orgueil.

En vérité, je vous le dis, les plus sublimes hardiesses de l'art gothique, de l'art romain et de la Renaissance, vos voûtes vertigineuses qui ne tiennent en l'air que par la force de l'habitude, vos piliers de fusées volantes, vos flèches évidées qui se balancent au vent, vos triples rangs d'arcades, vos pyramides d'Égypte elles-mêmes ne sont que jeux de goujats limousins auprès des constructions impossibles de telle fourmi dédaignée de nos bois, de nos jardins, de nos plaines, qui jette insolemment cinquante ponts l'un sur l'autre, qui construit des pyramides de la taille de l'Hymalaya, et qui vous bâtit en huit jours une ville fortifiée avec ses ponts-levis, ses fossés, ses places publiques, ses monuments, ses rues et ses portiques, et même des faubourgs à chaque porte.

Artistes à deux pieds sans plumes, inclinez-vous de bonne grâce devant vos maîtres les artistes à six pattes. Politiques, guerriers, législateurs, éleveurs, professeurs de barricade ou de boxe, travailleurs de tous états, allez apprendre votre métier à l'école des fourmis. Il y a là de l'enseignement pour vous tous.

Car, bien avant que le chien eût fait don de la vache et de la brebis à l'homme, c'est-à-dire bien avant qu'il y eût des peuples pasteurs, la fourmi de nos rosiers se livrait avec succès à l'élève et au parcage du bétail, industries qui font aujourd'hui l'Anglais et le Normand si fiers.

Avant qu'il y eût des musées de peinture et d'anatomie comparée, la fourmi de nos bois montait déjà des squelettes de reptiles et de toutes sortes d'animaux pour en décorer ses galeries publiques, et elle avait acquis dans l'art de préparer ces pièces un talent surhumain.

O hommes, mes semblables, qui n'avez qu'à vous baisser pour voir et pour apprendre des plus humbles créatures le secret des destinées heureuses, combien de temps encore le fol aveuglement de l'orgueil vous condamnera-t-il à croupir dans les bas-fonds de la misère? Quelles sanglantes leçons et quelles douloureuses épreuves attendez-vous encore pour proclamer l'avénement de la femme reine et confesser le travail attrayant?

Mais accordons enfin la parole à l'oiseau, qui la réclame

avec impatience pour chanter à son tour les vertus du printemps.

L'oiseau est plus hardi que pas un dans la définition de sa passion dominante. Il appelle l'amour le flambeau de la vertu. Cette définition est fort juste.

L'oiseau nous crie depuis des siècles, sur tous les tons, sur tous les modes, et par-dessus les toits et par-dessus les feuillages, que toute beauté naît de l'amour au *spirituel* ainsi qu'au *matériel;* que toutes les vertus sont du printemps, tous les vices de l'automne.

Comme il a été suffisamment constaté par de précédents détails que c'était l'amour qui donnait au mâle son éclatant plumage et son brillant ramage, à la femelle ses talents d'architecte, sa sagesse, sa prévoyance, son courage maternel, son dévouement sublime; comme personne ne s'est jamais insurgé contre cette attribution, pas même le savant d'Institut, je n'insiste pas sur la démonstration de l'axiome que toutes les vertus de l'oiseau sont de son printemps.

Je demande seulement une chose :

Quand est-ce que la nuit se fait dans son intelligence, et que sa voix se perd, et que ses plumes s'en vont, et que le ventre lui vient?—Sinon quand il cesse d'aimer, quand la passion rectrice qui illuminait son esprit s'est éteinte elle-même...

Quand est-ce qu'il s'adonne à l'ivrognerie comme la grive, à la gourmandise comme le bec-figue, à la paresse comme la caille? Quand est-ce qu'il se laisse prendre à tous les piéges que l'homme tend à ses vices?—Sinon à l'arrière-saison! *Tous ses vices sont de l'automne!*

Tous ses vices sont de l'automne. La sagesse éternelle a parlé par le bec des oiseaux.

Car il y a dans cette simple comparaison des mœurs de

l'oiseau aux diverses phases de son existence plus d'enseignement et de véritable science que dans les quatre cent mille tomes de la philosophie, de la théologie et de la métaphysique, ouvrages bons à chauffer les bains, et qui n'ont jamais servi qu'à faire vivre les philosophes et autres pervertisseurs de l'entendement humain.

Car à nous aussi, fils de la femme, nos vertus sont de notre printemps, nos vices de notre automne. Je voudrais voir pour beaucoup cette sentence de la nature écrite en lettres d'or au frontispice de tous nos monuments.

Car cette sentence de la nature, car cette vérité cruelle n'est que le développement de cette autre qu'il fallait démontrer : que l'amour est l'état parfait de l'Être.—Et la glorification de l'amour entraîne fatalement celle des jeunes,... Et la glorification des jeunes la démolition des vieux,... Et la démolition finale de ceux-ci entraîne celle de toutes les impostures religieuses, politiques et littéraires, y compris les règles de Lhomond. Quand je disais qu'il était difficile de calculer du premier coup d'œil la portée de la formule du gerfaut !

Nous voici arrivés à l'histoire de l'homme par celle de l'oiseau, et là aussi il nous sera facile de démontrer par mille preuves que le bonheur des individus est en raison *directe* de l'autorité *féminine* et *inverse* de la *masculine*. Fasse le ciel qu'aucune considération d'intérêt personnel ne m'arrête en cette tâche courageuse, en m'inspirant pour mes contemporains une pitié coupable ! Car tout n'est pas rose dans le métier d'avocat du bel âge, quand on touche à la fin de son dixième lustre (1853). Et pourtant il faut bien avoir un peu vécu pour savoir ce que c'est que vivre, pour juger et pour comparer.

C'est une femme qui nous console de notre première douleur, qui cueille notre premier sourire, qui guide nos premiers pas; c'est la main d'une femme qui écarte de notre voie le mal et la souffrance, et colore pour nous de teintes roses les premiers horizons de la vie. Notre amour de la justice et des petits oiseaux, notre franchise, notre grâce et notre naïveté sont exclusivement de nos mères, anges gardiens du bonheur et de la pureté de l'enfant, qui ne lui font connaître de l'autorité que le bénéfice et les charmes, et qui jamais ne demandent à la contrainte ce qu'elles peuvent obtenir par la douce persuasion, les caresses et les confitures.

Mais, si le premier bonheur de l'enfant lui vient de la femme, son premier cauchemar est de l'homme, sa première bête noire est le pion. Pion est le nom qu'on donne dans le monde à l'argousin du bagne collégial; c'est une des variétés les plus déplaisantes du genre homme.

Il n'y a qu'une grande douleur et qu'une grande joie dans l'enfance : la grande douleur quand on quitte sa mère pour aller au collége; la grande joie quand on quitte le collége pour se retrouver dans les bras de sa mère après dix mois d'absence.

Je me souviens encore comme si c'était d'hier, malgré quarante ans d'intervalle, du jour où ils m'ont arraché à mes vertes pelouses, au grand air, au vagabondage, aux lapins et aux merles; où ils m'ont pris tout chaud encore des larmes et des baisers de ma mère pour me livrer à des cuistres crasseux, lesquels m'ont tout d'abord cloîtré dans des murs sombres, comme un poulet à l'épinette, mais non pour m'engraisser, les traîtres! Je crois subir encore les tortures effroyables qu'ils m'infligèrent dix ans en châtiment d'une prétendue passion immodérée des fruits rouges, doublée et chevillée d'une répugnance invincible pour le *que retranché*, souvenir odieux qui me remonte au cœur comme un rhumatisme moral par les temps nébuleux. En ces jours-là j'entends encore, et je me répète mot pour mot, les longs discours qu'ils me tenaient de leur voix nazillarde sur les mérites de la sobriété et sur les inconvénients de la pâte ferme, eux, les mêmes misérables qui économisent sur la ration de leurs pensionnaires de quoi garnir somptueusement leur table, et qui ne manquent jamais d'abriter leur cupidité révoltante sous la sainte égide de la morale et des commandements de Dieu. Et ma haine contre ces tortureurs jurés de l'enfance n'a fait que s'aviver avec l'âge, et c'est toujours avec un nouveau plaisir que je saisis l'occasion de leur jeter à la face mes malédictions passionnées. Un pion, que je rencontrai dans le monde dix ans après ma sortie du collége, me disait qu'il n'oublierait jamais le mal que je lui avais fait. « Hélas! ni moi non plus, monsieur, lui répondis-je, car je sais encore tous vos vers de l'*Héloïse*, du *Warwick* et du *Fernand Cortès*. »

Le lâche, abusant de sa position et de la ductilité de ma mémoire, me donnait à apprendre pour la moindre peccadille des tragédies entières de La Harpe et de Colardeau !

La théorie de la supériorité du pain sec sur la tarte aux cerises a été inventée par les hommes; mais il serait très-difficile de citer une seule phrase d'une femme célèbre à l'appui de cette dangereuse doctrine, qui est en opposition formelle avec le fameux précepte de la gastrosophie chrétienne : « Ne faites pas manger à autrui ce que vous ne voudriez pas manger. »

Ce qui prouve que non-seulement le bonheur des enfants est en raison directe de l'autorité féminine et inverse de la masculine, mais que, de plus, tout système d'enseignement national qui ne débute pas par confier à la femme le monopole de l'éducation primaire est un système funeste qui ne peut aboutir qu'à des monstruosités et à des révolutions. C'est précisément parce que Dieu a destiné la femme à jouer ce rôle d'institutrice primaire qu'il lui a départi avec tant de libéralité l'esprit, la sensibilité et la grâce, et qu'il lui a refusé la force musculaire nécessaire à l'exercice des industries pénibles. Il l'a faite gracieuse, douce et charitable, pour nous forcer à nous modeler sur elle à l'âge des impressions faciles ; car Dieu souffre plus qu'on ne pense de notre grossièreté et de notre gaucherie. Mais les hommes qui avaient accaparé la toute-puissance politique pour ceux de leur sexe ont bien compris que pour conserver à la barbe ce fructueux monopole, il fallait lui attribuer aussi le monopole de l'enseignement de l'enfance ; alors ils ont banni la femme de sa sphère d'action légitime. Ceci a été de leur part un trait de haut machiavélisme. On verra dans un autre alinéa de ce traité d'ornithologie passionnelle sous quelle tente s'est retirée la femme, indignement spoliée par l'homme de la fonction auguste que Dieu lui avait assignée.

Donc tout le bonheur de l'enfant gît dans l'autorité de la mère ; mais cette autorité-là a le tort d'être quasi-légitime, quasi de droit divin. L'attachement des deux êtres l'un pour l'autre n'est pas libre ; l'enfant est la chair de sa mère. Le désir de l'adulte aspire vers un autre idéal, parce que la sphère de la liberté illimitée est la seule où l'amour puisse déployer ses ailes, et la liberté illimitée n'est que là où s'exerce sans contrainte la souveraineté de la femme. Bonheur et Liberté et Servage d'amour sont trois mots synonymes ; l'idéal de félicité suprême que rêvent les amoureux étant de demeurer *enchaînés* aux pieds de leur souveraine. *Reprends sur tout mon être un invincible empire. Sois le jour qui me luit, sois l'air que je respire.* Les gens qui parlent ainsi et qui disent ce qu'ils pensent désirent modérément qu'on les délivre de leurs fers, et ils ont bien raison.

Jamais je n'ai demandé à nos gouvernements que de se faire obéir ainsi de fougue et sans gendarmes. Mais les gouvernements, qui sont presque toujours menés par des hommes très-vieux et qui n'ont pas les mêmes moyens de séduction que les jeunes femmes, aiment mieux se faire détester ; d'abord, parce que c'est plus facile, et ensuite parce qu'ils ont la ressource de rejeter sur l'esprit d'insubordination des masses les torts de leur impuissance sénile et de leur incapacité. Et notez que ces mêmes vieux à lunettes n'hésiteront jamais à mettre le feu aux quatre coins du globe pour défendre leurs emplois menacés, tandis qu'il est inouï que ces touchantes martyres, qui meurent si souvent du regret de leur souveraineté perdue, aient jamais eu recours à la force pour faire rentrer les insurgés dans le devoir, sachant que là où il n'y a plus d'amour, la reine perd ses droits.

Je ne suis pas le premier sage qui ait écrit que l'amour était l'état de lucidité suprême qui permettait de lire dans le livre de Dieu. Saint Augustin, qui avait beaucoup aimé et qui n'était pas myope, avait entrevu dès son époque cette faculté d'intuition divine dévolue à l'amour : *Donnez-moi un homme qui aime*, dit le docteur de la grâce, *et il comprendra tout*.

Michelet, un des Pères de l'histoire qui occupera dans l'avenir une place plus brillante que le Docteur de la grâce, a écrit après lui : « C'est le propre de l'amour de savoir sans avoir appris. »

Boileau, qui était un grand poëte, et qui se rendait volontiers justice en se plaçant au-dessus de Racine et au-dessous de Molière sur la liste des illustrations littéraires de son siècle, Boileau, qui a écrit une méchante satire contre les femmes, confesse, dans son *Art poétique*, que ce n'est pas assez d'*être poëte pour exprimer les transports heureux de l'amour, qu'il faut être*, en outre, *amoureux*. Il constate, dans le même volume, que de l'amour *la fidèle peinture... est, pour aller au cœur, la route la plus sûre*. C'est-à-dire que le régent du Parnasse n'admet guère que les amoureux à l'honneur d'enfourcher Pégase, le bidet du local.

Ce double certificat d'aptitude poétique supérieure délivré à l'amoureux par un homme qui ne l'était guère, mais à qui l'on ne peut cependant pas refuser une dose de bon sens peu commune, est une pièce capitale. On ne s'attendait guère, j'en suis sûr, à voir le gerfaut et Boileau voter oui sur la même question.

Lamartine, qui eut le triste sort d'être plus aimé qu'amoureux, écrivait, en son meilleur temps : *Et rien, excepté nos amours, ne mérite un regret du sage.*

Et si l'amour n'était l'état parfait de l'être, le point culminant de la sagesse, pourquoi le sage regretterait-il l'amour ?

Je cite les poëtes de préférence aux géomètres, parce que je les crois plus compétents que ceux-ci sur la question d'amour; étant fort naturel que les gens d'imagination qui traversent fréquemment les régions de l'idéal en sachent un peu plus long sur le chapitre des harmonies divines que les professeurs d'x, gens généralement casaniers. Et puis la géométrie n'est que du cerveau, tandis que la poésie est du cœur. Le géomètre dit ce qui est, le poëte ce qui sera ou ce qui devrait être. Si bien que ceux qu'on nomme les rêveurs sont toujours de quelques milliers d'années en avant des esprits positifs. Qu'est-ce que la vapeur, s'il vous plaît, cette vapeur animée dont le siècle est si fier, à côté de l'hippogriffe de l'Arioste,...

une bête infatigable, qui n'a besoin que d'être remontée comme une pendule pour entreprendre sans hésiter des voyages dans la lune? Qu'est-ce que votre palais des Tuileries avec ses cheminées qui fument, et vos jardins de Versailles où il tombe de la neige et où les arbres perdent leurs feuilles, en regard des jardins et des palais d'Alcine? Et comme la lecture de *Roland furieux*, de *Paul et Virginie*, de *Robinson Crusoé*, ou de *Don Quichotte de la Manche*, est plus intéressante aussi, plus suivie et plus instructive que la démonstration du binôme de Newton!

C'est l'amour qui, dans tous les actes de l'homme comme dans ceux des oiseaux, a créé le plus de merveilles. Et de toutes ces merveilles, la plus rare, la plus regardée et la plus admirée est une image de femme en marbre, en ivoire ou en or. Quand un conteur arabe veut enthousiasmer son auditoire inflammable aux veillées du désert, il n'a qu'à entreprendre le portrait de son héroïne. Alors tous les regards s'allument, toutes les respirations se suspendent, et quand l'orateur a terminé sa description par la formule consacrée : *Gloire à Dieu qui créa la femme*, tous les auditeurs répètent en chœur, avec un accent pénétré, l'expression d'admiration et de gratitude : Gloire à Dieu qui créa la femme!

On dit que c'est le mot d'amour qui sonne le plus doux dans tous les idiomes de la terre : *amour*, *amor*, *êros*, *love*, *liebe*, etc.

Je ne comprends pas qu'on ose dire que l'amour rend aveugle, quand il est prouvé au contraire, par l'expérience universelle des siècles, que l'amour fait découvrir à chaque instant chez l'être aimé une foule de perfections adorables, invisibles à l'œil nu pour tout autre que pour l'amoureux.

L'amour donne du cœur aux poltrons et de l'esprit aux sots ; il double celui des filles.

J'ai vu des écrivains distingués de ma patrie qui avaient trop profité de la lecture d'Hégel faire retour à la lucidité nationale pour plaire à une grisette. J'ai vu des géomètres blessés d'un trait de Cupidon redevenir des hommes, et passer violemment du culte de l'angle aigu à celui de l'ellipse.

Je sais vingt définitions charmantes de l'amour faites par l'homme, car l'homme abandonné à lui-même, c'est-à-dire à la pression de Dieu, a une forte tendance à se préoccuper de cette passion d'amour, et il emploie généralement pour la peindre son style le plus chaud et le plus coloré. Il n'est pas une de ces définitions qui n'apporte un argument de plus à la théorie du gerfaut, tant les esprits supérieurs sont d'accord pour glorifier l'amour.

Un premier Allemand a écrit :

« L'amour est le souvenir de l'unité primordiale de l'être. L'amour est à la fois souvenir et tendance. »

Un second Allemand :

« L'amour est un arbre magnifique, qui a ses racines dans la chair, mais dont les rameaux planent au-dessus du monde matériel et amènent à maturité des fruits impérissables. »

C'est une femme qui a dû penser, en levant ses doux regards bleus vers les nuages : que l'amour était la nostalgie de la patrie céleste.

On lit dans tous les poëtes chrétiens, et même musulmans, que l'amour est un parfum qui ne peut se conserver que dans des vases d'or.

Celui qui a écrit que l'amour était la colonne de feu qui guidait les élus vers la terre promise pourrait bien appartenir au rite juif. Il n'y a pas de religion, si absurde qu'elle soit, qui défende d'aimer. David, qui était un roi saint, et son fils Salomon, qui était un roi sage, ont aimé vaillamment. Le sage possédait, dit l'histoire, trois cents femmes légitimes et sept cents concubines. Trop de femmes pour un homme seul.

J'ai souvenance d'avoir été accablé de très-nombreux sarcasmes, et d'avoir même été officiellement gratifié de l'épithète de cerveau timbré, pour avoir affirmé, dans un de mes moments de lucidité extrême, que l'Amour était le génie de la Raison. Mais je n'en persisterais pas moins à considérer cette définition comme la meilleure de toutes celles qui précèdent, si elle n'était de moi ; car elle a pour elle l'adhésion quasi-unanime des bêtes, des métaux et des fleurs, plus celle de l'histoire de ce globe, comme on l'a vu plus haut.

En effet, si l'amour, la jeunesse, le dévouement, la loyauté, le courage ne sont pas des mots synonymes dans le langage des hommes, ces mots sont liés l'un à l'autre d'un ciment indissoluble dans le langage de Dieu.

La pudeur, qui est le coloris de la vertu, ne fleurit qu'au printemps, et la jeunesse a de telles grâces d'état que sa gaucherie et sa timidité sont des charmes. Mais la nature ne donne la jeunesse à l'homme que pour aimer, et ne tolère pas volontiers qu'on emploie ce temps à autre chose ; à gagner des prix de *sagesse* ou de *vertu*, par exemple, comme tant de malheureux professeurs de philosophie que je connais. Ce bonhomme Jadis de Murger, qui prie un jeune niais de lui prêter sa jeunesse puisqu'il n'en use pas, est un vieillard sensé taillé sur le patron des vrais sages par une main jeune et sûre.

On m'a demandé quelquefois pourquoi la nature, qui paraît attacher tant de prix à l'exécution de ses ordres amoureux, a fait cependant la part d'amour si petite à l'homme, après l'avoir faite si large et si magnifique à l'oiseau. Je me tue de répondre à cette question que l'oiseau a déjà les trois quarts du corps en Harmonie, tandis que l'homme n'y a pas encore mis le premier orteil, — et que, le bien ne figurant jamais que *par exception*, c'est-à-dire pour un *huitième* dans les sociétés limbiques, il suit fatalement de cette loi que l'âge de l'amour ou de la *lucidité morale* ou *du bien* ne peut occuper que le huitième de la vie des civilisés. Heureusement que le contraire a lieu en Harmonie, et que ce n'est par conséquent qu'un peu de patience à avoir. En attendant, hélas! cette limitation fatale de la phase d'amour au huitième de la vie humaine actuelle est cause que les amoureux se trouvent forcément en minorité dans toutes les assemblées législatives de ce monde, et chacun doit comprendre l'excessive gravité de cet empêchement. Puisque l'entrée en Harmonie ne peut être déterminée que par l'avénement de la royauté féminine, et puisque la jeunesse est le seul âge où l'homme, conscieux de ses vrais intérêts, soit disposé à proclamer avec enthousiasme la légitimité des droits de la femme à la couronne, il est bien évident que cette ère fortunée ne s'ouvrira pas que les jeunes n'aient la majorité dans les conseils des peuples. Or, je laisse à imaginer si les vieux, qui jouissent depuis la Chute d'un pouvoir usurpé, et qui y sont plus âpres que le vautour à sa proie, s'en laisseront dépouiller philosophiquement et sans mot dire par la sentence du scrutin, ou si plutôt ils ne remueront pas ciel et terre pour conjurer le péril dont ils sont menacés... Car ces vieux sont les mêmes à qui la calomnie, l'imposture et la corde sont des armes familières, et qui ont déjà inventé contre la nature et contre la femme tant de fausses religions, de fausses morales et de faux codes, autant de tentatives de rébellion contre

Dieu. Et il est impossible de démontrer que l'amour est l'état de lucidité suprême, sans arriver fatalement à conclure qu'il est souverainement impolitique et absurde de confier le gouvernement de quoi que ce soit à des vieux. Le vieux est l'ennemi du bien, dit Célestin Nanteuil.

Bien entendu qu'en m'armant contre le vieillard, ce n'est pas à ses droits, mais à sa tyrannie que je porte la guerre. Je sais les priviléges de cet âge, qui sont de se reposer dans les délices du *far niente*, loin du bruit et de l'agitation fébrile, et d'y jouir doucement de la considération acquise par une vie bien remplie. Je veux faire au vieillard ces riches et plantureux loisirs; seulement je ne veux pas qu'on confonde les égards et la reconnaissance dus aux anciens services avec le respect dû à la femme jeune et belle. Je ne veux pas qu'on dise que l'arbre orné de son feuillage, de ses fleurs, de ses fruits est moins digne de respect que l'arbre chauve. En Harmonie, le mot de *respect* ne s'emploie jamais que de l'inférieur au supérieur et de l'homme à la femme.

Au surplus, quand je compare le sort que les civilisés font à leurs vieillards avec celui que nous faisons aux nôtres en cette même Harmonie, je ne puis me défendre d'une sainte colère à l'endroit de l'hypocrisie de ces impudents philanthropes dont la bouche est toujours pleine de protestations de *respect* et d'*amour* pour les cheveux blancs, mais dont l'imagination desséchée n'a pu encore trouver mieux que Bicêtre et la Salpêtrière, deux ignobles *prisons de fous*, pour loger convenablement ces objets de leur culte.

C'est que dans notre Éden d'Harmonie l'affection est au fond du cœur, et non pas sur les lèvres comme dans votre Enfer, ô civilisés hâbleurs. Nous n'avons pas, comme vous, la mauvaise habitude de vanter outre mesure les privi-léges de l'âge, parce que nous n'admettons pas que l'homme gagne beaucoup à vieillir, et parce que nous avons besoin de tenir notre Tonique d'accord avec notre Dominante. Nous n'appelons pas le vieux Nestor le confident des Dieux parce qu'il a vécu trois âges d'homme et qu'il radote en conséquence ; mais nous le logeons, lui et ses contemporains, en des appartements magnifiques et exposés au midi, dans l'aile la plus paisible et la plus retirée du palais communal. Là, nous le laissons dormir au sein des délices du confort, à l'abri de tout souci et de toute inquiétude, entouré des soins affectueux des enfants et de tous ceux dont il a dirigé les premiers pas dans la carrière du travail attrayant, et qui sont enchantés de lui payer en tendresse et en gratitude sur ses vieux jours les leçons qu'ils ont reçues de lui en leurs jeunes années. C'est un charmant spectacle à faire reprendre goût aux choses de ce monde et à faire désirer de vieillir, que cet exemple édifiant des effets de la loi du contact et du ralliement des extrêmes. Mais la sphère affective des relations du vieillard et de l'adulte se borne à cet échange cordial de bons offices et de reconnaissance. Il est inouï qu'en Harmonie un jeune homme ait jamais consulté un patriarche sur une affaire de cœur, ni que celui-ci ait prétendu s'entremettre dans une question de mariage, à un titre de parenté quelconque, abus qui se renouvelle tous les jours chez les civilisés. Comme on regarde en Harmonie que les vieilles gens n'y voient goutte en amour, on a le bon goût de ne jamais leur parler de ces matières-là.

Donc, la jeunesse, disions-nous, ne vaut que par l'amour, et n'a été donnée à l'homme que pour aimer. On n'est brave, élégant, prodigue de sa bourse et de sa vie, varié dans ses cravates et soigné dans ses chaussures que pour Elle. On n'a besoin de venger une offense et de couper la gorge à un ami que pour *Elle*. Et c'est même une observation très-curieuse, que l'homme joue d'autant plus facilement sa vie que cet enjeu a plus de valeur, et qu'il tient d'autant plus à sa peau que d'autres s'en soucient moins. Il n'y a peut-être pas un seul chauve en France et en Angleterre, où cette espèce est fort commune, qui, s'il était sincère, n'avouât naïvement comme moi qu'il a senti une vertu se retirer de lui avec chacun de ses cheveux.

Où j'admire surtout la sagesse des hommes mûrs, c'est dans leur manière de se tenir vis-à-vis du printemps.

Quand vient le mois de mai, le doux besoin d'aimer se réveille ou s'allume au cœur de tous les êtres. Un désir infini de doubler son existence tourmente les créatures les plus chéries de Dieu, les vierges, les oiseaux et les fleurs. La vie circule à flots sous l'écorce des saules. La terre, nue naguère et sonore sous l'étreinte glacée des frimas, se dilate et se gonfle sous la chaude haleine du midi, et sa puissance génératrice éclate par un débordement fastueux de verdure et de fleurs. La prairie épaissit ses moelleux divans de pâquerettes pour assourdir les pas des amoureux ; la forêt aussi se fait sombre pour protéger les mystérieux promeneurs contre les regards indiscrets. L'amour veloute le gosier des oiseaux en même temps que les pétales des fleurs. Le rossignol, le merle, le rouge-gorge, la fauvette font assaut d'harmonie, pendant que les lilas, les marronniers, l'aubépine luttent de coloris, de parfum, de parure. Le sang bat plus vite aux artères de la jeune recluse de Saint-Denis, qui commence à professer pour la raquette un souverain mépris. Ses lèvres et ses joues s'empourprent chaque jour d'un incarnat plus vif, et le besoin de rêverie lui fait trouver du charme aux allées solitaires dont elle avait peur autrefois. L'auteur de toutes choses a placé sous le sein gauche des vierges une harpe éolienne qui rend des sons divins sous le souffle d'amour, et cette harpe résonne sous les caresses de la brise du soir, qui rapporte à la jeune captive les senteurs enivrantes et les élégies contagieuses qu'elle a ramassées en courant sur les buissons fleuris.

Ce besoin d'universelle expansion est le ressort puissant de la politique de la Nature qui ordonne d'aimer, et, quand vient le printemps, de respirer à deux le parfum des lilas. Et la jeunesse, qui est toujours prête à souscrire aux ordres venus d'en haut, ne demande qu'à profiter des beaux jours pour aimer et jouir, parce qu'elle sent parfaitement que le plaisir est la seule chose sérieuse de l'existence, et que la vie humaine la mieux remplie compte à peine vingt printemps.

Le vieux, malheureusement, n'entend plus de cette oreille-là; sa politique n'est pas celle de la nature, au contraire.

Quand vient le doux mois de mai, le mois des amours et des fleurs, le vieux fait proclamer à son de trompe que le moment est venu... de se rompre les os.

Et le moraliste, qui est un vieux aussi, fait décréter en même temps d'immoralité scandaleuse la promenade à deux et le chant des oiseaux. Car l'unique bonheur des vieux est, comme celui des eunuques, d'empêcher les jeunes d'aimer.

Que vous semble de la folie des jeunes et de la sagesse des vieux?

Comme il avait raison ce Mirabeau, mort jeune, de dire que le peu de sagesse que possède ce monde lui a été apporté par les fous!

Car tous nos grands hommes d'État, toutes nos fortes têtes politiques d'Angleterre, de Russie, d'ailleurs, tous les sages en un mot et sans exception, en sont encore à considérer la question des beaux jours au point de vue exclusif de l'entrée en campagne.

Il y a eu en ce charmant pays de France, en l'an de folie 1840, un ministère sérieux composé d'hommes très-forts et à qui poussa l'idée de faire la guerre, parce qu'il était né le 1er mars, mois du dieu des combats. La politique belliqueuse de ce ministère s'appelait la politique *printanière* dans les pamphlets du temps.

Je sais des écrivains qui écrivent de gros livres, lesquels livres sont très-lus, pour démontrer que la guerre est le plus noble des passe-temps de l'homme. Et la masse stupide est si intimement convaincue que le métier de tueur d'hommes est le plus honorable de tous, que tous les souverains des États civilisés sont forcés de se déguiser en généraux d'armée dans les cérémonies d'apparat pour faire plaisir à leurs peuples. Il n'a manqué à Lamartine qu'un uniforme de général pour étouffer dans son principe la sanglante insurrection de juin 1848, cause de tant de malheurs pour la France. Cette déférence insensée de la vile multitude pour le sabre est arrivée en France à un tel paroxysme, qu'on y voit tous les jours de bons pères de famille, d'estimables bourgeois qui n'y sont pas forcés, habiller leurs enfants en hussards ou en artilleurs, et les faire peindre en ce costume, sans respect pour leur âge. La folie à cet égard est quasi-universelle.

Des hommes ont été jusqu'à associer leur Dieu *bon*, qui n'en pouvait mais, à leurs fureurs sanguinaires, et à lui imposer l'incroyable obligation de bénir les massacreurs à la suite d'une grosse tuerie. Le sacrilége prend même quelquefois un caractère grotesque quand, par exemple, chacune des deux armées qui viennent de se cogner fait chanter le *Te Deum* (Nous te remercions, Seigneur)... car c'est le même Dieu, notez bien, que l'on remercie de la victoire dans l'un et l'autre camp ! J'ai lu beaucoup d'histoires de bêtes, je n'y ai jamais rencontré de pareilles extravagances.

Il est d'autant plus juste d'être dur envers les vieux qu'ils sont, de leur côté, sans pitié pour les jeunes. La sagesse qu'on leur prête par lâcheté et par habitude est une charité mal placée et dont ils font mauvais usage. Ce n'est pas tant la sagesse qui est le fruit des cheveux blancs que l'égoïsme, cet affreux égoïsme à un seul qui, pour vous mettre à l'abri des dangereuses impulsions de l'égoïsme à deux, ou à trois ou à quatre, commence par vous dessécher le cœur comme un vieux parchemin.

La vieillesse, c'est l'âge où l'on ne peut plus apprendre et où l'on ne peut plus oublier, même les tragédies de Ducis, de Piron et de Colardeau.

La vieillesse, c'est l'ennui de soi déteignant sur autrui ; c'est la ruine de l'âme et du corps ; c'est l'hiver qui fait le nez rouge et clôt les lèvres ardentes d'un fermoir de glaçon, l'hiver que la mythologie antique représente si judicieusement sous la figure d'un vieux fortement enrhumé. Or, laissez dire l'hiver, l'hiver qui vous dira, si vous le laissez dire, que la nature est une imprudente qui se ruine chaque printemps en des dépenses folles; .. et que le linceul de neige, dont lui recouvre à peine les noirs squelettes des arbres, leur va mieux mille fois que leur toilette d'amour. Je ne sais rien de plus outrageant pour la majesté divine que de représenter Dieu sous les traits d'un vieillard porteur d'une barbe à frimas. D'abord l'Éternel n'a point de barbe ; ensuite il n'a pas d'âge, puisqu'il est l'Éternel.

Le respect exagéré des vieilles culottes de peau qui a

perdu la France est un préjugé d'autant plus déplorable, qu'il est en contradiction formelle avec le principe même du respect dû à l'autorité de l'âge,... *attendu que les enfants sont toujours plus âgés que leurs pères.*

Cette proposition, qui a le tort de choquer les idées reçues et de paraître paradoxale au premier aperçu comme toute vérité neuve, n'en est pas moins irréfutable, moralement et mathématiquement parlant. Si l'on veut bien convenir, en effet, que l'humanité a aujourd'hui six mille ans de plus qu'au déluge, ce qu'il est difficile de contester, il faut bien reconnaître alors que la génération la plus vieille est la dernière-née. Cette vérité, mise au jour par Pascal et Bentham, et consacrée par l'autorité religieuse du Dalaï-lama, a l'inflexibilité rigoureuse du chiffre. Le Dalaï-lama, qui réside au Thibet, est une incarnation permanente de Bouddha dans l'humanité. Le dieu Bouddha ou Fô est celui de la majorité des Chinois; c'est un dieu qui, par parenthèse, compte plus de fidèles à lui seul que tous les cultes chrétiens, musulmans et juifs réunis. Or, comme le dieu qui sort du corps d'un vieillard pour entrer dans celui d'un enfant ne meurt pas, il s'ensuit que la série de ses incarnations constitue une chaîne insécable dont chaque anneau se compose d'une existence humaine, et que la dernière incarnation ou génération a *vécu la vie de toutes les incarnations antérieures*, et par conséquent que le dernier-né est le plus vieux. Le Dalaï-lama ne parle jamais des actes de ses prédécesseurs que comme de ses actes personnels.

Et le simple bon sens nous fait tous agir et penser comme le grand Lama du Thibet. L'humanité d'il y a six mille ans n'était que l'enfance de la nôtre, comme la nôtre n'est que l'enfance de la période d'Harmonie. La preuve que nous sommes plus vieux que nos pères, c'est que nous savons tout ce qu'ils savaient, plus une multitude de choses et de procédés qu'ils ne connaissaient pas. Je vous demande comment nous recevrions aujourd'hui, à l'Institut ou ailleurs, un Épiménide qui se serait endormi vers l'époque de la guerre de Troie et qui, se réveillant tout à coup de sa longue léthargie, et ne comprenant rien aux usages du présent, voudrait nous ramener aux méchants bateaux plats et aux affreux rôtis de ses contemporains, en vertu de l'autorité de l'âge et de l'expérience. Il est plus que probable que nous inviterions ce marmot à se recoucher au plus vite, au nom de la susdite autorité de l'âge et de l'expérience, et nous ferions très-bien. Cependant la prétention de ce revenant malavisé ne serait ni plus ridicule ni plus inconvenante au fond que celle qu'affichent journellement les pères d'en savoir plus long que leurs fils. L'enfant qui vient au monde trente ans après son père sait, au bout de trente autres années, comme j'ai dit, tout ce qu'a su son père, plus tout ce qui s'est découvert depuis que le père a atteint l'âge où l'on cesse d'acquérir pour commencer à perdre. Par conséquent, les jeunes en savent toujours plus que les vieux; il n'y a même que les vieux de mauvaise foi qui nient la chose. Seulement ces vieux de mauvaise foi sont en majorité.

Si la prétention des vieux à en savoir plus que les jeunes était admissible un seul jour, ce serait la preuve que le monde viendrait de s'arrêter dans sa marche, et que le trésor des connaissances humaines, au lieu de se grossir, s'en irait diminuant. Ainsi, quand le flambeau d'une Civilisation s'éteint quelque part, comme il est arrivé autrefois pour Rome, pour Athènes, pour Memphis; quand une société fait retour, *rétrograde* à la Barbarie, c'est tout simplement que les fils font retour aux us et coutumes de leurs pères, car les Civilisés sont les fils des Barbares, comme ceux-ci sont les fils des Patriarcaux et des Sauvages. Or, il est à remarquer que la plupart des historiens, qui ne sont cependant pas jeunes, ne manquent jamais d'accompagner de leurs sanglots et de leurs jérémiades ces mouvements de recul qui ne sont pourtant que les triomphes des vieux sur les jeunes.

Maintenant, si les jeunes en savent plus que les vieux, on est bien forcé de leur décerner le prix de Sagesse en même temps que celui de Science, puisque le savoir est le véritable fonds de la sagesse; et alors ce serait aux cheveux blancs à s'incliner devant les noirs. Cette conclusion rigoureuse n'a rien qui m'horripile.

La supériorité de l'adulte sur le vieux n'a jamais fait, du reste, question en Harmonie, et si les civilisés n'osent pas encore la proclamer officiellement comme les harmoniens, c'est parce que l'hypocrisie empoisonne leur langue; mais il est trop facile de percer leurs mensonges, et de faire voir au travers que les déclamations des vieux contre les jeunes ne sont que des affirmations solennelles des mérites et des vertus de la jeunesse.

Jamais vieux, en effet, n'a insulté un jeune que du haut de sa jeunesse défunte... Jamais il n'a cherché à établir en principe la supériorité *absolue* de l'âge de soixante ans sur celui de vingt-cinq, mais seulement, notez bien, la supériorité *relative* de l'époque où il avait vingt-cinq ans sur celle où il en a soixante. L'apologie du bon vieux temps n'est pas dans sa bouche une insulte gratuite au bon sens et à l'histoire, c'est tout simplement le regret et la glorification du temps où il aimait.

« Nous portons envie à ceux qui possèdent ce qui nous « agréait et nous appartenait autrefois. Voilà pourquoi « les vieux portent envie aux jeunes. » Cette phrase est d'Aristote.

Les vieux traitent de folie la précieuse faculté exclusivement dévolue à la jeunesse de tout embrasser par la foi, de tout comprendre par le cœur ; mais je ne connais guère de vieux qui ne soient énergiquement disposés à troquer tous les trésors de leur expérience contre ce qu'ils appellent la déplorable inexpérience du jeune âge ; j'en connais même un très-grand nombre qui donneraient encore cinquante de leurs plus belles années de sagesse pardessus le marché. Et je ne crois pas m'aventurer en disant que s'il existait quelque part une fontaine de Jouvence, et qu'on y menât un chemin de fer, ce serait de toutes les lignes ferrées du globe celle qui donnerait les dividendes les plus inattendus et les plus scandaleux. On peut se faire une idée de la presse des futurs voyageurs par le récit de la fameuse émeute des Octogénaires, qui eut lieu à Lisbonne vers 1520, dans des circonstances analogues, et qui nous a été fidèlement rapportée par Lorent Vasco le voyageur, en ses curieux mémoires retrouvés naguère et traduits par Antony Méray (lire *Fortunada*).

Encore une fois, si l'âge de la prétendue folie ne valait pas cent fois mieux que celui de la prétendue sagesse, pourquoi les prétendus sages le regretteraient-ils sans cesse et feraient-ils au besoin des émeutes pour s'en rapprocher.

C'est que le désir, hélas, entre toujours pour moitié dans le regret. Le verbe latin *desiderare*, d'où nous avons tiré *désir*, veut dire *regretter*.

Je voudrais respecter ce chagrin légitime de la vieillesse jusque dans l'injustice de la plainte ; je serais tout disposé personnellement à pardonner à ceux qui n'aiment plus de jalouser ceux qui aiment ; mais c'est un si grand malheur pour les humanités des jeunes globes que cette obstination de la génération qui s'en va à nier la supériorité de celle qui arrive, que la voix du devoir m'empêche d'écouter la pitié. Continuons donc de flétrir de toute notre énergie cette révolte impie des pères contre les fils, qui a coûté et qui coûtera encore à notre infortunée planète tant de larmes et de sang.

Mais reconnaissons d'abord que cette révolte insensée n'est qu'un des accidents naturels de la grande rébellion des sociétés subversives contre Dieu ; que c'est une des gourmes de la Terre dont la Terre se débarrassera à son heure, comme de la croûte de glace qui emprisonne ses deux pôles, et que ce mal enfin a eu sa raison d'être à un instant donné. Je ne cite qu'une preuve de cette nécessité fatale. Où en serait aujourd'hui notre littérature sans cette rébellion et cette tyrannie des pères? Où le Drame, la Comédie, le Roman et le reste auraient-ils pris hors de là la matière de leurs chefs-d'œuvre? Mais que les chefs-d'œuvre de la littérature nous coûtent cher, ô mon Dieu !

Les vieux savants, ceux dont la vue est protégée par un abat-jour vert, et qui protestent dans leurs conciliabules contre la coalition des heureux, des oiseaux et des poëtes, sont des rebelles sans foi et qui mentent à leur propre pensée, quand ils soutiennent que l'état parfait de l'homme est celui où les cheveux s'en vont et où le ventre arrive, contrairement à l'opinion de l'insecte. Et vainement ils décernent des prix avec l'argent des jeunes pour encourager la doctrine de la sainteté et de la supériorité des vieux. La meilleure preuve qu'ils mentent et qu'ils ne croient pas eux-mêmes à la puissance de leur principe, c'est qu'ils sont obligés de payer l'apologie pour trouver des apologistes. Leur vertu est si déplaisante par elle-même qu'ils sont obligés de la doter pour lui procurer des amants. Ne pouvant la faire belle, ils la font riche, à l'instar du statuaire antique.

Et même, si la science officielle tolère parfaitement le mensonge à propos de la vertu et de l'état parfait, quand il ne s'agit que de l'homme, il est juste de reconnaître que ses lâches complaisances s'arrêtent là. Ainsi, du jour où elle a admis que la fleur était l'état parfait de la plante, le papillon l'état parfait de la chenille, et que la corolle et les ailes étaient des attributs caractéristiques de la phase de plein développement, de ce jour-là la Science a pris sous sa protection spéciale les amours des insectes et des fleurs, et malheur à qui aujourd'hui diffamerait ces êtres! Tirez à votre plaisir sur la passion humaine, sycophantes moralistes, la Science constituée vous la livre; mais que nul ne s'avise de toucher aux amours du puceron ou de la lentille, s'il ne veut avoir sur les doigts.

J'ai même entendu quelquefois de ces contempteurs gagés de la nature humaine s'oublier jusqu'à dire que c'était l'amour qui allumait le fanal des lucioles dans les belles nuits d'été, ce qui m'a paru passablement léger pour des hommes graves. Mais, par exemple, pas un de ceux qui expliquent si bien le mystère de la phosphorescence des lucioles n'a pu m'expliquer l'aigrette bleuâtre qui scintille au cimier du casque de la capucine, le soir des jours brûlants où l'orage est dans l'air et où le cœur des jeunes vierges donne cent pulsations par minute. J'ai été obligé de découvrir moi-même que cette fleur originaire du Pérou, et dont la feuille est un soleil, symbolisait le prophète dont la mission est d'illuminer le monde et dont la parole jette souvent des éclairs au moment solennel qui précède le cataclysme social. Je m'accuse d'avoir désiré bien des fois que certains philosophes et certains savants n'eussent qu'une tête, pour me donner le plaisir de les coiffer tous du bonnet d'âne d'un seul coup.

Chateaubriand le poëte, qui eut la singulière chance de

mourir jeune à quatre-vingts ans, a écrit de sa tombe, à propos d'une espièglerie du vieux roi Charles X : « Les « vieilles gens se plaisent aux cachotteries, n'ayant à « montrer rien qui vaille. Je voudrais qu'on noyât qui-« conque n'est plus jeune, à commencer par moi et douze « de mes amis. »

Je ne pousse pas le fanatisme du principe jusqu'à la monomanie du suicide, mais je proposerais volontiers un amendement à la proposition ci-dessus en faveur d'un certain nombre de Burgraves que la pudeur et la loi m'interdisent de nommer.

Le même grand écrivain a écrit :

« L'âge nous flétrit en nous enlevant une certaine *vérité de poésie* qui fait le teint et la fleur de notre visage. »

Je ne crois pas qu'il soit possible de parler plus sagement.

Je ferai, en passant, la remarque que c'est précisément cette vérité de poésie-là qu'il s'agit de reproduire dans le portrait... pour quelle cause on trouve si peu de peintres sur quatre ou cinq mille ouvriers en peinture que la France nourrit aujourd'hui.

Toutes les misères de ce monde lui viennent d'avoir été gouverné, depuis six mille ans, par des vieux. Moïse, qui *damna la femme* et qui eut l'impudence d'affirmer qu'il avait avec Dieu des entretiens secrets, Moïse, qui règne encore aujourd'hui par la superstition sur les dix-neuf vingtièmes des peuples civilisés, Moïse, qui décréta le commandement de l'usure, était vieux quand l'idée lui vint de fabriquer ses dogmes oppresseurs. Et c'est pour cela, je présume, que le vrai Dieu ne lui permit pas d'entrer dans la terre promise.

N'oublions pas de mentionner, à propos de Moïse, que tous les révélateurs de dogmes inhumains commencent par établir la déchéance de la femme. Tous les illustres imposteurs sont en insurrection systématique contre la formule du gerfaut, à l'instar des peuples grossiers.

Jésus-Christ, que le vrai Dieu suscita pour démolir la Bible et qui racheta de leur dégradation la femme, le travailleur et l'esclave, Jésus-Christ, l'ennemi impitoyable de l'usure et du négoce, n'avait que trente-trois ans lorsque les Pharisiens et les Princes des prêtres le clouèrent sur la croix. Et rien ne garantit, hélas! qu'il ne fût pas mort conservateur, s'il eût vécu trente ans de plus.

Presque tous les grands noms de l'histoire sont des noms de jeunes filles ou de jeunes hommes.

Les vierges qui sauvent leur patrie de l'invasion étrangère passent rarement vingt ans.

Tous les grands capitaines de l'antiquité et de l'âge moderne, Alexandre de Macédoine, Jules César, Gustave Adolphe, Charles XII, Bonaparte ont atteint l'apogée de leur gloire militaire avant l'âge de trente ans. Tous les héros de la révolution française, Girondins ou Montagnards, orateurs ou soldats, Vergniaud, Robespierre, Saint-Just, Hoche, Marceau, Joubert, périssent avant l'ère de leur septième lustre. Ceux qui dépassent cette période finissent tristement, comtes ou barons d'empire.

Tous les réactionnaires de nos plus mauvais jours, tous ces méchants professeurs d'histoire, de trahison et d'économie politique, tous ces marchands de phrases renégats dont les noms reviennent si souvent, depuis quinze ans, dans les malédictions du peuple français, sont peut-être encore plus coupables de vieillesse que d'apostasie. Ils ont eu aussi leurs beaux jours, leurs jours de pauvreté, de jeunesse et de cœur, et, à l'âge de trente ans, ils prêchaient comme nous le progrès et la liberté. L'un s'emportait en imprécations généreuses contre les bourreaux de la Pologne et demandait la réintégration de la nation martyre sur le livre de vie des États; l'autre échauffait de sa parole éloquente une jeunesse enthousiaste; l'autre protestait contre la censure, au prix de ses pensions et de ses dignités. Mais l'âge leur est venu à tous avec l'or et le pouvoir, et ils n'ont pas su rester jeunes en prenant des années. Ils ont brûlé ce qu'ils avaient adoré et ils ont fléchi le genou devant le juif qu'ils avaient conspué. Ils ont pratiqué à l'extérieur la politique de l'aplatissement continu ; à l'intérieur, ils se sont ingéniés à corrompre et à établir le tarif des consciences ; si bien que la patrie, malade d'un tel régime, les vomit un jour de son sein par un violent effort. Le ridicule et le mépris se sont attachés au nom de la plupart de ces apostats du libéralisme ; et ces deux sentiments sont plus justes que celui de la haine ; car ces natures vulgaires étaient, je le répète, des transfuges de la jeunesse, plus encore que de la liberté. Aussi, de peur de finir comme eux, ai-je eu soin de rédiger mon testament politique et social le jour où j'ai atteint ma trente-cinquième année, pour protester d'avance et dans toute la plénitude de ma raison contre les défections et les palinodies involontaires que l'imbécillité et la peur, filles de la maladie et de l'âge, pourraient m'imposer au lit de mort.

L'histoire de France fait foi que jamais trahison n'a manqué faute d'un vieux général, ni un assassinat juridique faute de juges édentés. Dans les époques fécondes en bouleversements politiques, les plus vieux fonctionnaires, ceux qui s'intitulent eux-mêmes les piliers de l'ordre social, sont naturellement ceux qui ont sur la conscience le plus de faux serments.

Les trois quarts des révolutions ont péri faute de tomber aux mains des amoureux. Celle de 89 n'a pas tenu parce qu'elle n'avait fait que décréter l'égalité des hommes. Celle de février a vécu ce que vivent les roses, parce que les constituants de 1848 n'ont pas osé réparer l'iniquité de leurs pères.

La liberté du monde saignera bien longtemps des sept plaies que la maladresse des législateurs de la constituante de 1848 a faites à la démocratie française. Longtemps encore les amis de la liberté auront à déplorer l'inconcevable vertige qui poussa tant d'hommes mûrs à remplacer la royauté héréditaire par la royauté présidentielle. Mais la terrible catastrophe n'aura que faiblement surpris le logicien inflexible, qui considérait le mouvement révolutionnaire d'un œil calme, car cette catastrophe était inévitable. Où pouvaient nous conduire, sinon dans le fond des abimes, des guides assez aveugles pour ne pas voir les droits politiques de la femme en plein midi de la révolution?

L'homme inspiré de Dieu qui fonda Fontevrault, vers la fin du XIe siècle, savait mieux la justice que les constituants de 1848, bien que plus jeune que ceux-ci d'environ huit cents ans. Alors que le travailleur asservi se débattait avec peine sous le poids de la féodalité, Robert d'Arbrissel eut l'idée de rallier tous les hommes sous la loi de la femme, pour les pousser au défrichement des terres incultes de la France par la méthode du travail attrayant. C'était un plan fort avancé pour son époque et qui, même de nos jours, serait très-susceptible d'être qualifié d'utopie impraticable et absurde. L'utopie cependant obtint, au moyen âge, un succès prodigieux, auquel le Dieu des catholiques lui-même ne dédaigna pas de s'associer par des miracles, si j'en crois les récits des chroniques locales. En effet, les populations enthousiastes de l'Ouest accoururent à flots pressés sur les pas du saint homme, désireuses de s'enrôler sous la bannière de l'autorité féminine, et quand elles furent arrivées vers la Thébaïde de Fontevrault, Dieu fit jaillir du rocher, suivant l'usage, une source miraculeuse pour indiquer le lieu où devait s'établir la sainte colonie. Aux alentours de la source fut donc bâtie la célèbre abbaye de Bénédictins et de Bénédictines de Fontevrault, qui prospéra si rapidement sous la douce loi de la femme, que la colonie-mère dut essaimer de nombreuses succursales du vivant même du fondateur, et que la France compta un jour cinquante-sept prieurés régis par la règle de Fontevrault. Cette règle, qui me paraît beaucoup plus suivant le cœur du vrai Dieu que le Décalogue de Jéhova, conférait l'autorité suprême et l'administration temporelle de l'abbaye à une Supérieure. C'étaient les femmes aussi qui étaient chargées de l'office de la prière, comme possédant une âme plus pure que l'homme et un organe plus agréable au Seigneur. Les religieux labouraient et rentraient les récoltes, priant par le travail et réhabilitant ainsi la condition du serf attaché à la glèbe; tout était pour le mieux. L'histoire, qui enregistre sottement tant de puérilités royales, a oublié de constater le chiffre des milliers d'hectares que ces valeureux pionniers rendirent à la culture pour mériter les bonnes grâces de leur Supérieure; mais ce chiffre est énorme, et il est bien certain que si jamais ordre religieux eut droit aux bénédictions du peuple, c'est celui des Bénédictines.

Or, Robert d'Arbrissel, le précurseur de Charles Fourier, n'avait fait que mettre en pratique la formule du Gerfaut; et pour cette cause son œuvre a déjà duré près de huit siècles; et nous la verrons quelque jour, galamment transformée suivant la nécessité du progrès, s'incarner glorieusement dans toutes les institutions industrielles de ce globe, pour fournir sa carrière jusqu'aux derniers beaux jours de notre humanité.

Remarquez, je vous prie, que l'abbaye de Fontevrault est sœur de l'abbaye de Thélème, où Rabelais fait aussi régner *la vertu la plus pure*, où tous les amoureux obéissent aveuglément aux moindres désirs des dames de leurs pensées et portent leur livrée en signe de servage.

Ainsi Dieu n'accorde la durée qu'aux seules institutions basées sur le principe de l'autorité féminine, et la refuse aux constitutions barbares qui ne tiennent pas compte des droits imprescriptibles et sacrés de la femme. Ceci est de l'histoire des hommes comme de celle des abeilles et de celle des fourmis. Ceci est la démonstration théorique et pratique du théorème contenu dans la première moitié de la formule du Gerfaut.

Michelet, qui est un grand historien et un voyant de haut titre, Michelet, qui pénètre encore plus avant par le cœur que par le raisonnement dans le secret des choses, a parfaitement expliqué pourquoi la femme avait manqué jusqu'à ce jour à la démocratie.

La femme a manqué à la cause du progrès et viré à la superstition, parce que les chefs de la superstition sont les seuls qui lui aient donné dans leurs rangs une place honorable et fait une destinée proportionnelle à ses attractions.

La société de Jésus, si redoutable aux rois, aux peuples et aux hommes, ne vit que des iniquités de la loi masculine, comme l'absolutisme ne vit que des sottises de la démocratie. Toute la puissance de cet ordre fameux, dont les membres s'intitulent les Chevaliers de la Vierge, lui vient de l'habileté extrême avec laquelle il a su exploiter les ressentiments légitimes de la femme contre une constitution sociale qui l'a mise hors la loi. Voulez-vous frapper au cœur la société de Jésus, le ban et l'arrière-ban de la superstition et de l'ultramontanisme, appliquez à votre politique la formule du Gerfaut.

La femme, qui n'est que sentiment, charité et justice, appartient par essence au parti de la jeunesse, du mouvement, du plaisir et de la liberté. La démocratie ne peut pas, sans commettre un crime de lèse-humanité et sans trahir sa cause, se priver plus longtemps des secours d'un auxiliaire si puissant.

Je termine cette série de preuves, qui m'a coûté tant de phrases, par cette définition victorieuse de l'amour que j'avais gardée pour la fin, et qui rend inutile toute autre démonstration de la première partie de la formule du Gerfaut : *Le bonheur proportionnel à l'autorité féminine.* Écoutez :

L'AMOUR EST LA PARTICIPATION DU FINI A L'INFINI QUI CRÉE...

C'est-à-dire que le maximum d'amour ou d'asservissement de l'homme à la femme correspond au plus haut degré de son ascension vers la sphère du Dieu créateur.

Si quelqu'un connaît pour l'être fini un état plus parfait que celui de participant de l'infini, qu'il le dise. Quant à moi, je déclare que mon ambition s'arrête là.

Ainsi l'amour est l'état parfait de l'être, la phase de sa lucidité extrême, la condition supérieure de sa combinaison avec l'esprit de Dieu.

Ainsi la formule du Gerfaut résout toutes les questions *d'ordre moral*, par la théorie du bonheur proportionnel à l'autorité féminine.

On remarquera que je n'ai fait qu'effleurer la démonstration de la dernière partie de cette proposition, à savoir que le bonheur est en raison *inverse* de l'autorité *masculine*... C'est qu'il m'a paru suffisant de dire les ennuis du collége et l'amertume des racines grecques pour démolir par la base toutes les institutions où les hommes font la loi. Car le collége, avec toutes ses misères, ses âneries et ses pensums, est encore le moins dur de ces bagnes masculins qui s'appellent Séminaire, Régiment, Caserne, Vaisseau, Écoles préparatoires ou spéciales, Prison pénitentiaire, etc., etc., et qui sont des séjours où l'on s'amuse peu, et qui ne valent pas pour l'agrément, le costume et les belles manières, le bal et l'Opéra, *où les femmes sont reines*... J'ai retenu du jeu de barres, que je ne pratique plus, l'habitude charitable de ne pas tuer les morts.

Abordons maintenant la seconde moitié de la formule, plus féconde peut-être encore que la première en solutions mirifiques, éblouissantes, imprévues.

CHAPITRE III

Où il est prouvé par la même méthode que le rang des espèces est en raison *directe* de l'autorité féminine et *inverse* de la masculine.—Solution radicale et inattendue d'une foule de questions insolubles.

De même que la première moitié de la formule du Gerfaut résout toutes les questions d'ordre moral par celle du bonheur..... ainsi la seconde moitié, celle relative au rang des espèces, résout toutes les questions d'ordre scientifique : Classification universelle, Histoire universelle, Esthétique, Littérature, Beaux-Arts, Politique, Religions et Législations comparées !!!

Rien de plus simple cependant, et de moins ambitieux au premier aperçu que cette brève moitié de formule : *le rang des espèces est en raison directe de l'autorité féminine*, ce qui revient à dire que le rang d'une espèce est d'autant plus élevé que le rôle de la femelle y est plus important. C'est tout au plus si la proposition a l'air de vouloir vous révéler le dernier mot de la classification universelle. Mais gardez-vous bien de vous fier à cette modestie apparente. Cette simplicité n'est qu'un leurre, et ce leurre cache un abîme prêt à engloutir le vieux monde. La formule du Gerfaut est même plus et mieux qu'un abîme : c'est un vaste alambic dans lequel la Médée de l'analogie passionnelle s'est amusée à entasser toutes les questions capitales des sociétés limbiques pour les amalgamer et les fondre, et former de leur essence combinée l'embryon d'une société nouvelle. La formule du Gerfaut est, à proprement parler, la formule de la Palingénésie scientifique, économique et sociale.

Je m'effraie quelquefois moi-même de son immensité.

Les gens sérieux qui ne rient jamais, parce que le casier de l'imagination est vide en leur cervelle et qu'il n'y a là rien qui joue, les gens sérieux sont généralement enclins à supposer que les gens d'esprit rient toujours, et que leurs formules de gerfaut ne sont que textes à discours frivoles. L'occasion m'est belle de les faire revenir de leur illusion orgueilleuse, en les forçant de convenir sur l'heure qu'il est plus difficile encore d'assigner une limite à la portée d'une formule analogique bien conçue, que de calculer à vue de nez ce qu'il peut tenir de sagesse ou de folie au fond d'une bouteille d'encre.

Je conviens que c'est un des graves inconvénients de l'analogie passionnelle de ne pouvoir mettre les pieds sur un terrain quelconque, sans en faire partir à la fois cinquante solutions différentes qui vous éblouissent, qui se croisent, et qui s'envolent si bien dans tous les sens qu'il vous est impossible d'en mirer une seule. Les chasseurs qui ont envahi Marly, Saint-Germain ou Vincennes un matin de révolution, peuvent seuls se faire une idée juste de cet empêchement. Toutefois l'inconvénient est moindre encore que de faire buisson creux. Sans doute que cette épée flamboyante de la solution *ubiquitaire* dont l'analogie est armée est bien lourde, bien embarrassante, et difficile à remettre au fourreau quand on l'en a tirée; mais cette épée a l'avantage de trancher tous les nœuds gordiens d'un seul coup, et ce mérite en vaut certainement un autre. Les ennemis de l'analogie l'accusent encore de se perdre au pourchas des rapprochements impossibles, et quelquefois aussi de déserter les oiseaux pour courir après les papillons, les abeilles et les fleurs. Et quand cela serait, voyez-vous le grand mal, et comme on est bien venu à se plaindre des écarts d'une science qui vous enseigne l'histoire complète de l'humanité ou de l'animalité entre deux parenthèses ! Mieux vaut encore, entendez-vous, allonger les récits sans faire de tort à personne que de biseauter les phénomènes comme font les autres sciences pour se donner beau jeu.

Tous les lecteurs sont des ingrats de se plaindre que les chapitres d'analogie ne finissent pas, attendu que le moindre de ces chapitres les dispense d'étudier une centaine de gros livres. Les critiques malveillants ne comprennent pas assez non plus que l'analogie passionnelle, qui considère toutes les sciences comme *la même*, ne doit voir que des détails là où nous voyons des ensembles, et doit dire ajustage là où nous disons, nous, solution de continuité.

Ces considérations préliminaires et ces appels touchants à l'indulgence du lecteur m'ont paru indispensables au début d'un chapitre d'ornithologie passionnelle, où nous devions voir la classification des oiseaux aboutir droit à la question historique, à la religieuse, à l'esthétique, voire à la grammaticale, sans qu'il y eût moyen de prendre un faux-fuyant pour éviter la rencontre.

Pour arriver à démontrer que *le rang des espèces* est en raison directe de l'autorité féminine, il y avait à établir :

1° Que la préséance du sexe féminin est d'ordre naturel et constant dans tous les règnes.

2° Que la nature dans tous les règnes classe les espèces en raison de leur promptitude à obéir à ses commandements, c'est-à-dire en raison de leur galanterie.

Ce que j'ai établi.

Laissons parler les diverses espèces sur cette question de la préséance du sexe féminin, et d'abord écoutons le témoignage des fleurs, puisque les minéraux s'obstinent en leur incroyable mutisme.

La fleur, réduite à sa plus simple expression, se compose de deux parties principales : la fleur femelle, que les savants appellent d'un nom masculin, le *pistil ;* la fleur mâle, qu'ils ont naturellement baptisée d'un nom féminin, l'*étamine*. Les savants n'en font jamais d'autres, et il faut s'attendre à tout de la part de ces parrains barbares, qui ont donné le nom d'un astronome anglais à la planète cardinale d'Amour (Herschell), et celui d'un calculateur français à l'ambiguë de cette cardinale (Leverrier). J'aime à croire que si les savants savaient quels accès d'hilarité folle ces dénominations grotesques ont soulevés dans le temps parmi les rieurs de ces mondes, ils s'empresseraient de retirer leurs épithètes désobligeantes. (Le véritable nom d'Herschell, que j'ai déjà indiqué mainte fois, est *Aphrodite ;* celui de Leverrier, *Sapho*. La première parfume de tubéreuse, la seconde de *tabac*.)

L'étamine peut occuper diverses positions relativement au pistil. Elle peut se souder sur lui et même faire domicile à part ; mais les choses se passent plus délicatement chez l'immense majorité des espèces, surtout chez les espèces les plus belles et les plus estimées.

Dans ces espèces d'élite, la fleur femelle occupe invariablement le centre de la corolle, où elle trône sur l'ovaire, et reçoit avec une majesté pleine de grâce les hommages d'amour de la foule empressée des fleurs mâles. La lionne des salons, la coquette Parisienne de haut titre, ne pose pas plus royalement au milieu de sa cour de dandies à tous crins. Écoutez ce qui se dit et regardez ce qui se passe au sein de la corolle embaumée de la rose. Admirez comme les étamines font cercle autour de leur idole et courbent respectueusement leurs fronts devant sa gloire, et font pleuvoir sur elle un nuage d'encens! Ainsi l'enfant de chœur aux processions de la Fête-Dieu, renouvelées des Grecs, sème l'encens et les fleurs au-devant du saint-sacrement.

Ce nuage d'encens est l'agent mystérieux de la fécondation végétale. Vous le voyez tous les ans, au mois de mai, s'élever en brouillards transparents sur la houle des seigles. Les insectes dorés et les brises du printemps, qui recherchent si ardemment la société des étamines, sont les facteurs que Dieu a chargés de transmettre à distance leurs messages amoureux.

La déférence passionnée de l'étamine pour le pistil (galanterie) est presque toujours la raison de ces attitudes mélancoliques et de ces airs penchés que se donnent certaines fleurs, et qui font que les jeunes filles s'éprennent pour elles de si vives sympathies.

Quand l'étamine est plus longue que le pistil et que la fleur se tient debout, ce qui est le cas le plus fréquent, l'étamine n'a qu'à s'incliner respectueusement et à ouvrir ses anthères pour laisser tomber au-dessous d'elle ses trésors de pollen; mais, si la fleur mâle est plus courte que la femelle, il faut que la corolle se renverse pour que la fécondation ait lieu. Ainsi procèdent un grand nombre de fleurs de la plus haute distinction, les lis, les campanules et mille autres. La Couronne impériale, qui possède tant de droits à notre estime, offre en sa floraison un des plus charmants exemples de galanterie qui se puissent citer. Indépendamment des puissantes raisons d'analogie passionnelle qui forcent la noble fleur à prendre l'attitude de la désolation, un motif plus charnel la pousse à renverser sa corolle : c'est le désir de complaire aux caprices du pistil, dont la hauteur dépasse considérablement celle de ses étamines. On sait que la Couronne impériale, douée d'aromes amers, est l'emblème de l'homme de génie méconnu pendant sa vie et glorifié après sa mort. Par allusion aux tribulations et aux chagrins dont la carrière du savant est semée pendant la durée des périodes civilisées et barbares, la nature éloquente a logé trois grosses larmes au fond du calice de cette fleur. Je maintiens calice pour corolle par pure espièglerie.

Ainsi la galanterie ou la déférence de l'étamine pour le pistil est la tonique générale chez les fleurs. Mais une série n'est complète qu'à la condition d'être fermée par ses ambigus. (Je cherche à exprimer en langage scientifique cette banalité absurde, que toute règle a ses exceptions.) Et de même qu'il se rencontre quelquefois dans nos sociétés des natures féminines exceptionnelles, des Cléopâtres, des Messalines, des Bacchantes, qui foulent aux pieds la pudeur et toutes les vertus de leur sexe, il doit également se rencontrer dans le monde des fleurs des images fidèles de ces organisations; puisque toutes les plantes sont tenues de refléter, comme les autres êtres inférieurs, un caractère quelconque du type supérieur, qui est l'homme. Je dirai donc, pour les personnes qui pourraient l'ignorer, que la mission de symboliser la Bacchante est échue à l'ardente Passiflore de la zone torride, une liane amoureuse aux enlacements frénétiques et surchargée de corolles opulentes, qu'ils ont nommée au Mexique la fleur de la passion. Ici, la fleur femelle ne figure plus la souveraine adorée accueillant avec plus ou moins de faveur ou de coquetterie les hommages empressés de ses servants d'amour. C'est Rachel dans le rôle de Phèdre en proie à Vénus tout entière. C'est madame Putiphar cherchant à entraîner son imbécile Joseph dans une conversation criminelle. C'est la vierge folle, en un mot, qui brise ses attaches pour courir au-devant des baisers de l'étamine, qui se tord pour l'atteindre, et la mord et l'étouffe entre ses embrassements. La Vanille, aux parfums brûlants, est aussi une liane embrassante, originaire de cette contrée de l'Amérique équatoriale, où toute l'énergie des mortels se dépense à aimer. Heureusement pour le sexe féminin que les cas exceptionnels ci-dessus figurés sont fort rares, et qu'ils s'en vont, disparaissant chaque jour avec la liberté et le progrès des mœurs. En Harmonie, la pudeur est de ton chez l'homme aussi bien que chez la femme. La Constance est la règle générale, la Mobilité l'exception. On y rit sur la scène des Richelieu et des Lovelace, comme en civilisation des Cassandre et des Georges Dandin.

Le témoignage des fleurs ne se borne pas, hélas ! à constater que dans le monde végétal la nature affiche tout haut et en toutes circonstances ses préférences passionnées pour le sexe féminin, et son indifférence pour l'autre. Le témoignage des fleurs nous prouve encore que ces préférences dégénèrent presque toujours en partialités iniques, et cette indifférence en dérision cruelle.

Ainsi l'ovaire, qui est en tout et partout l'expression de la féminité, occupe dans la corolle la place pivotale, pour que toute la vitalité de la plante converge à son développement. C'est pour lui faire honneur que les pétales s'habillent de si riche velours et versent tant de parfums dans l'espace. C'est pour lui rendre hommage que les étamines l'entourent comme une garde fidèle, et tiennent penchées sur lui leurs urnes fécondantes. Dévouements et services bien mal récompensés, hélas ! car l'accroissement de volume et de vie que doit recevoir l'ovaire ne lui peut venir que *de la mort de l'étamine et de la corolle*, que la fécondation aura tuées. Elles mortes et leur gloire éclipsée, l'ovaire hérite de leurs trésors, acquiert des proportions colossales, revêt la pourpre et l'or, accapare toutes les teintes harmonieuses, toutes les formes élégantes, s'assimile tous les parfums et toutes les saveurs. Il s'appelle le fruit, en un mot, et il devient pour l'homme non-seulement l'aliment *normal*, mais encore la suprême jouissance du palais, de l'odorat et des yeux. Aussi la nature n'a-t-elle rien trouvé d'assez beau, d'assez délicat, d'assez riche pour parer cette précieuse capsule où repose la graine, espoir des générations à venir... Mais qui s'occupe du destin des pauvres étamines? Personne; pas même les poëtes, qui ne savent guère de la botanique que ce qu'ils en ont appris par les *Métamorphoses* d'Ovide, et qui ne savent pas toujours que les étamines sont de l'étoffe parfumée dont on fait les pétales.

Assurément que s'il est un monde où l'on sache obéir aux lois de la nature et s'associer intimement à ses vues, c'est ce domaine embaumé des roses et des lilas où nous sommes; c'est ce monde de verdure et de fleurs qui s'épanouit avec tant d'allégresse au printemps pour fêter le retour du soleil, qui se colore à l'automne de teintes si affligées et si mélancoliques pour pleurer son départ. Or, vous venez de l'entendre de la bouche des plus pures, de la bouche des plus belles : qu'en ce monde si heureux et si parfaitement uni de mouvement et de pensée avec Dieu, la galanterie chevaleresque est le ton général... Et le parfum de la corolle, sa grâce et sa beauté sont autant de preuves édifiantes de la puissance de cette loi d'harmonie qui régit toute sphère où l'on aime, de cette loi salutaire qui veut que le sexe féminin, foyer d'amour et pivot universel d'attraction, occupe la place d'honneur en toute cérémonie.

Mais c'est l'histoire du règne des insectes qui fait éclater de la façon la plus scandaleuse et la plus affligeante l'indifférence de la nature pour le sexe masculin.

On sait la politique impitoyable des abeilles à l'égard des oisifs et des improductifs, et avec quels procédés barbares les ouvrières traitent ces pauvres mâles, aussitôt que la Reine peut se passer de leurs services. Le sort du Papillon du Ver à soie, du Hanneton, et en général le sort de tous les mâles chez les insectes ailés, n'accuse pas en termes moins vifs la cruauté de la nature envers ces malheureux forçats d'amour. C'est-à-dire que dans l'immense majorité des espèces, l'amour du mâle pour la femelle pourrait scientifiquement se qualifier de *monomanie du suicide*. On citerait des milliers de familles où la nature ne laisse à vivre aux mâles que le temps rigoureusement nécessaire pour aimer. Euripide le *Mysogyne* ne pardonnait pas aux dieux d'avoir fait de la femme un agent indispensable à la conservation de l'espèce humaine ; mais la nature ne partage pas, tant s'en faut, la stupide opinion d'Euripide. Elle semble même ne tolérer le mâle qu'en raison du besoin que la femelle peut avoir de lui.

Et l'infériorité du rôle masculin n'est pas spéciale aux tribus ailées chez les insectes, elle est de règle dans tous les autres ordres. Les femelles d'Araignées croquent leurs amoureux sans scrupule, pour peu que les déclarations d'amour de ceux-ci leur semblent mal rédigées.

Je conçois facilement qu'au spectacle de telles atrocités de nobles cœurs s'insurgent contre les abus de la tyrannie féminine, et que certains, prenant la nature elle-même à partie, ne mesurent pas leurs expressions et la traitent de marâtre. Et plus d'une fois j'ai été tenté de joindre mes malédictions et mes colères aux philippiques passionnées et éloquentes du commandeur da Gama

Machado, un grand seigneur portugais, qui a de l'esprit comme deux vaudevillistes français et de l'originalité comme trois lords; et qui, au lieu d'accepter l'Homme comme le chef-d'œuvre de la création divine, le considère au contraire comme une odieuse plaisanterie, et le place très-bas dans la hiérarchie des êtres et bien au-dessous de l'étourneau... Thèse trop facile, hélas, à soutenir contre l'humain des sociétés maudites! Car il est bien certain que l'être privilégié qui mange quand il a faim, qui boit quand il a soif, qui aime et qui voyage quand le temps est venu de voyager et d'aimer, il est bien certain, dis-je, que cet être privilégié a belle à déplorer le sort de l'infortuné prolétaire des champs ou de la ville, que la misère cloue à son ingrat métier, à son galetas infect, à ses cieux embrumés. Il est certain encore que ces mêmes humains, qui goûtent un plaisir infini à se manger entre eux et à se brûler vifs, à se pendre, à s'empaler, à se crucifier, à se faire périr de mille morts, sont des êtres tout à fait insociables et très-inférieurs aux étourneaux, sous le rapport des qualités morales; étant inouï que jamais oiseau de cette espèce ait mis son semblable à la broche, en ce monde ou dans l'autre, pour dissidence quelconque d'opinion. Mais il n'en est pas moins vrai que l'illustre auteur de la *Théorie des Ressemblances* abuse ici de son esprit et de la situation, en prenant l'homme de la Sauvagerie ou de la Civilisation, phases obscures de l'Humanité, comme type de l'espèce supérieure. M. le commandeur da Gama Machado sait aussi bien que personne qu'un bourreau fanatique, un crucificateur, un brûleur, n'est qu'une brute à face humaine. Il a tort, par conséquent, d'envelopper tous ceux qui n'ont jamais voulu brûler personne dans l'anathème qu'il fulmine contre le rebut de l'humanité.

Après cela, que les insurrections de notre sensibilité contre les barbaries de la nature soient plus ou moins fondées, plus ou moins légitimes, la question n'est pas là. La question est de savoir s'il est vrai que le travail attrayant, l'ordre, l'harmonie et la richesse soient priviléges exclusifs des gouvernements régis par l'autorité féminine. Or, le suffrage universel des nations, des savants et des poetes qui a décerné de tout temps le premier rang parmi les insectes à l'abeille, productrice du miel, et à la fourmi, sa cousine, ne nous permet pas même de poser la question.

Si l'amour ne revêt pas ce caractère de suicide foudroyant chez les mâles des espèces supérieures de l'animalité comme chez ceux des espèces inférieures, encore est-il vrai de dire que ces mâles n'obéissent jamais aux ordres impérieux de la nature sans éprouver des avaries notables. L'amour casse les ailes et les jambes à l'Outarde mâle et au Coq d'Inde, et les rend incapables de se défendre contre les chiens. Le Combattant, le Paon, le Faisan doré, le Canard de la Caroline perdent leur brillant costume aussitôt que leurs femelles dédaignent leurs hommages. Dans une foule d'espèces mammifères, le mâle n'est que la bête de peine de la femelle. Le rut énerve le Cerf, le Sanglier, le Taureau, les amaigrit et leur échauffe la chair au point de les rendre immangeables. Ce n'est pas pour eux, mais bien pour les femelles que la nature fait les mâles si beaux. Le Paon n'a reçu son riche manteau de pierreries que pour éblouir sa maîtresse et glorifier sa puissance ; la femelle du Bruant repousse les hommages du mâle qui a perdu sa queue.

Il n'est pas rare malgré cela d'entendre des professeurs d'ornithologie distingués, et même des chasseurs, s'apitoyer sur les disgrâces imméritées du sexe féminin, et déplorer, par exemple, que la Nature, si prodigue de ses dons envers le faisan, se soit montrée si parcimonieuse à l'égard de la faisane. Je souffre horriblement de ce langage, et ne cache pas qu'il m'est pénible d'avoir à réfuter de semblables erreurs.

Oui, vous avez raison, mes maîtres, la Nature a été bien injuste envers la pauvre faisane, peut-être plus injuste encore qu'envers le roseau de la fable. Elle lui a refusé la voix et l'éperon du mâle et le riche manteau rutilant aux reflets métalliques; elle l'a forcée de se contenter d'une modeste robe grise de la couleur du sol. C'est très-mal à elle, j'en conviens.

Mais il faut dire pourtant que ce mutisme fâcheux auquel la faisane a été condamnée par la nature ne l'expose pas à trahir sa retraite ni celle de ses petits, et que la couleur de sa robe, qui se marie avec celle des herbes et du sol, lui facilite singulièrement les moyens de se soustraire à l'œil perçant de ses nombreux ennemis... Tandis que la voix retentissante du coq lui sert surtout à renseigner chaque soir le renard et le braconnier sur la place qu'il a choisie pour dormir et où l'on pourra venir l'assassiner la nuit,... et que ses voyantes couleurs ont le triste privilége d'appeler sur lui pendant le jour le regard du faucon, du milan, de la buse, du chasseur, qui l'épient et le guettent sans cesse... Quant à l'éperon, qui est sans contredit une arme très-avantageuse, et avec laquelle il est facile de se débarrasser d'un rival, il y a à objecter encore qu'on ne peut guère essayer de couper la gorge à son voisin sans courir la chance de se faire couper la sienne, et que cette éventualité redoutable atténue sensiblement la valeur du privilége.

C'est-à-dire que tous ces dons si vantés que la Nature a versés avec tant de profusion sur le coq sont des dons à la grecque, des dons d'une ennemie perfide qui a parfaitement réussi à dissimuler ses antipathies masculines sous l'apparence d'une libéralité fastueuse.

J'ai vu aussi le cerf dix-cors, le roi de la forêt, se pavaner le matin dans sa gloire et bondir d'assurance, fier de sa riche taille et de son front couronné... qui devait avant la fin du jour expier sa superbe. Et j'ai entendu l'orgueilleux à son heure dernière, haletant, épuisé, accuser amèrement la barbarie du sort qui fit les couronnes si lourdes, et envier le destin de la biche *au front nu* qu'aucun obstacle n'arrête en sa course légère, et qui fuit, rapide comme la flèche, à travers les halliers.

La nature ne se borne pas à témoigner en toute occasion de sa préférence pour la femelle, garantie de la prospérité de l'espèce. Elle fait l'homme complice de sa partialité inique. Ces mêmes chasseurs qui s'apitoient si charitablement sur les infortunes de la poule faisane, de la biche ou de la chevrette, sont tous d'accord pour interdire le meurtre des femelles par l'art. 1er de leur charte.

Et maintenant voulez-vous savoir le pourquoi des prédilections de la nature pour le sexe féminin ? Écoutez :

Tout ce qui a vie en ce monde a deux pôles. Ces deux pôles s'appellent l'Individu, l'Espèce. La vie, qui n'est qu'une portion de l'âme universelle individualisant une forme, la vie constitue entre l'Individu et l'Espèce un antagonisme permanent.

Or, pour la Nature l'Espèce est tout et l'Individu rien, ou du moins peu de chose.

Et comme l'intérêt de *l'espèce* s'incarne dans le sexe *féminin*, tandis que celui de *l'individu* s'incarne dans l'autre, les préférences de la nature pour le sexe féminin sont fatales et forcées.

On sait, en effet, que l'idée d'amour ne correspond

guère chez le mâle qu'à un simple désir de bonheur individuel et passager, tandis que cette même idée éveille inévitablement chez la femelle celle de maternité. La courbe de l'amour masculin est une ellipse, celle de l'amour féminin est une parabole.

Mais les intérêts de l'individu se trouvant en opposition antipodique perpétuelle avec ceux de l'espèce, il arriverait que celle-ci périrait à la longue, si l'individu ne songeait qu'à lui seul. Mais la nature prévoyante a paré à cette éventualité, en faisant de la passion qui entraîne l'individu à la conservation de l'espèce, le plus puissant et le plus irrésistible des mobiles.

Cette puissance irrésistible est celle qui a reçu le nom d'amour dans la langue des fleurs, des bêtes et des hommes.

On voit déjà par le peu de mots qui précèdent que l'amour qui entraîne l'individu à sacrifier son intérêt personnel à celui de l'espèce est en soi une passion éminemment vertueuse, puisque le mot de vertu signifie dans toutes les langues sacrifice de l'intérêt *individuel* à l'intérêt *collectif*, patrie, religion, croyance politique.

L'amour fait explosion chez tous les êtres par la déclaration des sexes. Cette explosion s'appelle cristallisation chez les minéraux, floraison chez les plantes, puberté ou nubilité chez les animaux. Mais elle opère d'une façon fort différente sur chacun des deux sexes, et c'est dans cette diversité du mode d'action de la révolution organique que nous trouverons la justification des prédilections de la nature pour son sexe favori. Prenons près de nous un exemple dans le monde des oiseaux pour nous faire mieux comprendre.

On sait que jusqu'au moment critique de la nubilité, les jeunes oiseaux portent la livrée de leurs mères comme les enfants des hommes; ils se ressemblent tous.

Mais à l'heure où cette nubilité éclate comme une seconde vie qui s'éveille chez tous les êtres, sous le souffle chaud du printemps, le jeune Coq change soudain de tenue, de langage et d'allures. Il endosse le harnais de guerre, chausse l'éperon, orne son chef d'une armure quelconque, aigrette, casque, panache, huppe de chair ou de plume. L'abondance des esprits vitaux qui circulent en son organisme tuméfié injecte d'un sang vermeil et colore d'une riche teinte écarlate toutes les nudités de ses joues, de son front, de son col. L'enfant est devenu un homme. Il prend une voix provoquante et des poses de bataille, en signe de sa virilité. Observez que rien de semblable ne se manifeste chez la Poule.

Pendant que le mâle dépensait en frais de costume, d'apparat, d'ornement, c'est-à-dire en luxe extérieur et *personnel* toute l'exubérance de vie que lui apportait la nature, la femelle consacrait cet afflux de vitalité au développement de ses ovaires. Pendant que celui-là s'absorbait dans l'étude des moyens d'éblouir et de plaire, celle-ci ne songeait qu'à sauvegarder les intérêts de l'espèce. Pendant que le coq aspirait à se montrer, à briller, à combattre et clouait son cartel à toutes les tribunes de la ferme, la poule recherchait la solitude et les retraites sombres. Sa voix ne changeait que pour s'adoucir et se convertissait en un gloussement caractéristique, langage expressif et intime de la maternité.

Vous comprenez maintenant que cette mère Nature, que nous accusions tout à l'heure de partialité inique pour la femelle et d'indifférence barbare pour le mâle, ait ses raisons pour faire comme elle fait. Vous comprenez qu'elle distingue entre les deux façons de procéder à son égard, et que toutes ses préférences soient pour la poule, conservatrice passionnée de l'espèce, vous comprenez pourquoi la préséance du sexe féminin ou *maternel* est une des conditions premières de l'universelle harmonie.

Mais j'ai besoin, pour clore brillamment la démonstration de cette thèse, de demander une dernière preuve, une preuve concluante à l'espèce typique supérieure. C'est-à-dire qu'il me faut passer en revue derechef toutes les histoires des divers mouvements passionnels de l'humanité pour demander à chacune la glorification de la femme et la condamnation de mon sexe : nécessité cruelle, calice douloureux que j'ai vainement essayé de détourner de mes lèvres.

Je prie seulement qu'on me permette de ne plus invoquer en faveur de la préséance du sexe féminin l'Amour, la Poésie, les Beaux-Arts, comme précédemment, et de remettre désormais la démonstration de la thèse à la Science, c'est-à-dire à la Physiologie et à l'Anatomie comparée. Je n'ai qu'une peur, hélas, c'est que personne n'ose plus demander la parole en faveur de la barbe, après que j'aurai contraint Humboldt, Cuvier, Carus, Burdach, Proudhon et une foule d'autres, à confirmer Homère, Phidias et Raphaël.

Un poëte dirait que si Dieu a fait la femme plus petite que l'homme, c'était pour la faire plus parfaite. La science ne s'exprime pas ainsi. La science dit par la voix de Cuvier, en très-mauvais français : « Que l'élévation dans l'échelle animale est en raison de la capacité de la cavité crânienne par rapport au volume du corps, et que le caractère est d'autant plus élevé que la face est plus petite relativement au crâne. »

Or, il a été constaté par des millions d'expériences, de pesées et de contre-pesées, que le poids des os du crâne de la femme est au poids de son squelette total comme *un* est à *six*, tandis que cette proportion n'est chez l'homme que de *un* à *huit!* La portion centrale de l'encéphale et la glande pinéale, où quelques savants logent l'âme, sont proportionnellement aussi plus volumineuses chez la femme que chez l'homme.

Seulement les deux lobes antérieurs du cerveau, qui sont le siége de la raison analytique et de l'apoplexie, sont plus développés chez l'homme.

Cuvier convient encore, et en termes exprès, que la face est plus petite à l'égard du crâne chez la femme, d'où Sœmmering conclut naturellement à la supériorité du type féminin.

Mais comme le don de la pensée ne serait rien sans celui de la parole, Dieu a eu soin de proportionner la perfection de l'appareil vocal chez la femme à l'ampleur du cerveau. Il a fait la trachée-artère féminine plus longue de deux arcades que celle de l'homme (18 au lieu de 16), afin que la voix en sortît plus flûtée, plus sonore et plus argentine, et il a donné à la langue une aisance de jeu et une prestesse de mobilité qui devaient faire le désespoir éternel de l'autre sexe.

Garcia, le maître du chant, qui laissa comme Épaminondas deux filles immortelles, Garcia a écrit : « La voix de la femme, plus belle et plus souple que celle de l'homme, est par excellence l'interprète de la mélodie. »

Le cœur tient aussi plus de place chez la femme que chez l'homme, et le cœur est la source de toutes les inspirations sublimes, le foyer de toute éloquence. C'est pourquoi ce don précieux de l'éloquence est dans les dons exclusifs de la femme. Dieu en faisant la poitrine plate à l'homme lui a évidemment interdit les plus beaux mouvements oratoires. Ce lion de Florence qui a conquis une si belle place dans le traité de la *Morale en action*, où il rendit un enfant aux larmes de sa mère, n'eût jamais fait au père une semblable concession.

La supériorité de la femme, selon d'autres, n'a pas besoin d'être démontrée par poids et par mesures. Elle se lit à première vue dans ces regards purs et limpides, comme les hommes n'en ont pas; sur ces joues veloutées et roses, sur cette peau satinée et fine qui n'offre plus aucun vestige de la pilosité animale; tandis que la peau velue de l'homme offre encore tous les caractères des téguments de la brute. C'est pourquoi la femme seule porte sur sa figure le caractère de l'hominalité.

Et cela est si vrai que l'homme peut rester beau dans le vice, dans l'orgie, dans le meurtre même, tandis que la moindre atteinte portée à la beauté morale de la femme la dégrade et fait pleurer les anges. Si l'abjection est plus repoussante chez la femme que chez l'homme, c'est la preuve sans réplique que la femme tombe de plus haut. Si la flétrissure de ses traits provoque le dégoût, c'est que a forme féminine a été créée pour l'expression la plus sublime de la beauté composée, beauté de l'âme et du corps, et que la puissance d'inspirer le véritable amour n'appartient qu'à cette beauté-là.

La femme a donc reçu en partage la Beauté et l'homme la Force. Or, la beauté semble une irradiation plus directe de la Divinité que la force; car la puissance mystérieuse d'attraction et de fascination qu'elle exerce s'impose sans contrainte comme la volonté de Dieu et nous oblige tous à fléchir le genou.... Tandis que nous ne pouvons reconnaître de tels attributs à la force. Ensuite la Machine et le Chameau peuvent suppléer la force qui est l'apanage des brutes, et rien ne peut suppléer la beauté.

Il est facile aussi de lire dans la grâce infinie des mouvements de la femme, dans l'élégance idéale de ses formes, dans la délicatesse des teintes de sa chair, qu'elle a été créée pour le charme, la danse et le bonheur des yeux, et non pour le travail des bras, qui déshonore le corps et dégrade les traits.... Tandis que la conformation anguleuse et peu achevée de l'homme dénote clairement qu'il a été façonné tout exprès pour les travaux pénibles et surtout pour démontrer la mesure de l'angle BAC, inscrit à la circonférence.

L'homme est plutôt un être pensant qu'un être sentant. C'est pourquoi le sentiment de l'équité est si peu développé chez lui, ainsi que dans ses institutions. On trouve des écrivains pour justifier toutes les sottises et toutes les infamies. Il y en a qui adressent des odes à la peste. L'archevêque catholique vous prouvera, si vous voulez le laisser dire, que le Dieu de la paix et celui de la guerre ne font qu'un. *L'épée est sainte*, disent les chanteurs de *Te Deum*, oubliant que le Christ a ordonné à saint Pierre de remettre le glaive dans le fourreau.

L'homme est le champion de la logique. Or la logique, dit madame de Staël, pousse invinciblement à *n'aimer* que *soi* et à *n'estimer* que l'argent et la Force, les deux plus laides puissances de ce monde.

Newton, qui mourut vierge à plus de quatre-vingts ans, a écrit quelque part que la pauvreté était le plus impardonnable des crimes. Newton n'était peut-être pas un homme, mais ce n'en fut pas moins un grandissime géomètre et un parfait logicien.

L'homme veut paraître avant tout grand et fort.... Ce qui fait qu'il honore par-dessus tout la tuerie homicide et qu'il élève d'abord des statues aux héros.

La femme, au contraire, a plus de sentiment que de

logique.... et le Sentiment *associe* au lieu que la Logique *divise*. Elle ne *discute* pas la justice comme l'homme; elle la *sent*, ce qui vaut mieux..., et elle ne se trompe jamais, parce que le sentiment qui inspire le bon mouvement est le conseil instantané de Dieu et vaut mieux que la réflexion, fruit de l'*expérience* qui suggère le biais. Jamais la raison de l'homme n'a atteint dans ses ascensions les plus élevées à la hauteur des aspirations d'unitéisme qui jaillissent du cœur de la femme en bouquet continu.

La femme ne tient pas à briller par la force. Elle aime mieux intéresser et plaire. Elle ne craint même pas de confesser ses faiblesses, parce qu'elle sait que la faiblesse intéresse. Elle a horreur de l'échafaud, quel que soit le sang qu'on y verse. Les femmes de nos jours n'ont pas encore pardonné à la première république le sang d'André Chénier et celui de la princesse de Lamballe.

L'homme possède en propre l'esprit de suite et d'analyse qui fait réussir dans la Science et aussi dans le Notariat et dans l'Épicerie. L'esprit de suite est cette faculté merveilleuse dont sont doués certains individus de s'absorber tout entiers dans la poursuite d'un but unique et exclusif dont rien ne les détourne et qu'ils finissent nécessairement par atteindre. Le procédé de Newton, qui finit par découvrir la loi de la gravitation en y pensant toujours, diffère peu dans le fond de celui de l'Auvergnat qui finit par devenir millionnaire à force d'entasser sou sur sou. Et c'est pour cela que la richesse est le lot fatal des pauvres d'esprit qui, n'ayant pas les moyens de dépenser leur argent, sont forcés de le garder. Ce brave homme qui prit un soir la farce des *Plaideurs* pour le dénoûment de la tragédie de *Britannicus*, parce que les deux pièces se suivaient, était un géomètre doué de l'esprit de suite à un très-haut degré.

La femme n'a pas l'esprit de suite, l'esprit d'analyse, mais bien l'autre : l'esprit de synthèse qui saisit les rapports des choses et voltige dans les hauteurs de l'espace pour planer à la fois sur tous les horizons ; l'esprit d'embrassement qui s'habille volontiers de paraboles, d'allégories et de métaphores, parce que ces figures sont des mariages d'idées. Ce qui est cause que la femme, si faible en géométrie, en métaphysique et généralement dans les sciences ennuyeuses, est si supérieure en revanche dans le grand art de la conversation aussi bien que dans ceux du chant, de la science dramatique et de la botanique passionnelle, qui exigent l'éloquence, le charme et l'expression, parfums de la parole.

« Si, par le travail, le génie et la justice, l'homme est à la femme comme 27 est à 8, dit Proudhon, la femme à son tour par les grâces de la figure et de l'esprit, par l'aménité du caractère et la tendresse du cœur, est à l'homme comme 27 à 8. » J'accepte ces calculs.

L'homme cherche la lumière, la femme porte en elle la chaleur.

La Femme est la Poésie, l'Homme la Prose....

La religion, dit Carus, est Esprit et Vérité pour l'homme ; pour la femme, c'est Foi et Amour.

La femme bâille et s'endort aux discussions subtiles sur l'infini, parce qu'elle n'a pas besoin qu'on lui démontre ce qu'elle sent. L'homme, à force d'apprendre, tombe dans le scepticisme. La femme, qui est en communion plus intime avec la nature par la maternité, ne perd jamais l'idée de Dieu. C'est pour la même cause que la femme n'éprouve jamais le besoin de se faire apôtre comme l'homme quand elle croit à une vérité religieuse. C'est pour cela encore qu'elle a plus de tolérance et qu'elle n'a jamais songé comme l'homme à se déifier. Or la déification de l'homme par l'homme, qui est le fond de toutes les religions révélées, est certainement le *nec plus ultrà* des extravagances de l'esprit humain. C'est la folie que les humanités des autres globes pardonnent le moins à la nôtre.

Les Grecs avaient donc de puissantes raisons pour faire sortir la sagesse du cerveau du maître des dieux, sous la forme d'une femme.

On objecte à ces raisons-là qu'il est impossible que le sexe féminin soit supérieur à l'autre, puisque l'homme et la femme sont les deux moitiés de l'ÊTRE, et que cette expression de *moitié* implique *égalité*. Égalité, tant que vous voudrez, mes maîtres, mais vous n'empêcherez pas que le sexe féminin ne soit à l'autre ce que le mode *mineur* est à l'ordre *majeur* en musique. Ces deux modes sont bien égaux mathématiquement parlant, puisque leurs gammes ont la même étendue et possèdent le même nombre de notes. Seulement, si les deux gammes sont égales en étendue et en puissance, elles diffèrent, vous en conviendrez, quant à la disposition sériaire des intervalles ; et cette diversité d'agencement interne suffit pour faire que les modulations *naturelles* du mode *mineur* se prêtent mieux à l'expression *des joies et des tristesses du cœur*... et celles du mode *majeur* à l'expression de *l'enthousiasme belliqueux ou bachique*. Ce qui revient à dire que le mode mineur a pour dominante l'Amour et l'autre l'Ambition...

Hélas ! l'existence de l'homme se divise aussi en deux parts, comme le clavier d'harmonie en deux modes :

La première part, qui *monte* de l'enfance à l'âge viril, et qui est régie par l'Amour.

La seconde, qui *descend* de l'âge mûr à la décrépitude, et qui est régie par l'Ambition.

La première, où la femme *règne* sous sa triple couronne de mère, d'amante ou d'épouse, et où l'affection *gouverne*. C'est la phase de beauté et de parfait développement; c'est l'âge du dévouement chevaleresque, du sacrifice et de l'idéalisme, où les impulsions du cœur sont les seules qu'on écoute.

La seconde, où l'Homme règne et où l'intérêt gouverne sous le nom mensonger et trompeur de Sagesse.

Or, la plupart des hommes, a écrit Aristote, sont méchants et dominés par la passion de s'enrichir, et lâches dans le péril.

Laquelle des deux époques est la supérieure, je l'ignore, mais la plus plaisante, je le sais; car je sais qu'il n'y a jamais eu qu'un seul paradis sur la terre, et que ce paradis est l'Amour, et que ce n'est qu'après avoir été chassé de ce séjour de délices que le vieux imagine de décerner des prix à la vertu... par esprit de vengeance.

Burdach se résume ainsi, à la suite de longues considérations sur la matière :

« L'homme est donc plus animal, la femme plus humaine. L'homme est plus *carnivore*, la femme plus *herbivore*, et par conséquent moins impure ; car la carnivorie est une aberration de la nature humaine et un quasi-retour à la nature bestiale.

« La prédominance des appétits carnivores ou herbivores est un des caractères des deux sexes. La femme *forte*, *esprit fort* ou *carnivore*, est une anomalie et une dégradation, CAR LA FEMME NE REVÊT JAMAIS LE CARACTÈRE OU LA FORME DE L'HOMME SANS DESCENDRE ! !

« La forme de la femme porte le cachet de l'union et de la fusion, celle de l'homme le cachet de la séparation et de la distinction. L'homme n'exprime qu'une direction particulière de la vie. La femme est l'image de la vie universelle, de la nature.

« Or, l'amour est la conscience de l'imperfection de l'individualité et le besoin de se compléter en cherchant son contraire. Et la double ivresse des sens et de l'âme, produite par le véritable amour, prouve que le bonheur n'est que dans l'unité. »

Retenez bien cette définition morale de l'amour et la phrase sublime qui la précède : *La femme ne vire jamais à l'homme sans descendre.*

Il est reconnu en histoire que tous les peuples grossiers ont l'habitude de considérer la femme comme une créature inférieure. Il m'est douloureux d'ajouter que beaucoup de philosophes illustres et de Pères de l'Église, Aristote, Platon, saint Thomas d'Aquin, etc., etc., ont donné dans le même travers, et que plusieurs même ont été jusqu'à lui refuser une âme. Que Dieu pardonne aux philosophes et aux Pères de l'Église!

En revanche, les anciens Germains, à qui devait appartenir un jour l'empire de la terre, considéraient la femme comme un intermédiaire entre Dieu et l'humanité. Je répète Tacite.

Auguste Comte, le chef de l'école positiviste, un des plus profonds penseurs de ce siècle, a écrit :

« Supérieures par l'amour, mieux disposées à toujours subordonner au Sentiment l'Intelligence et l'Activité, les femmes constituent spontanément des êtres intermédiaires entre l'Humanité et les Hommes. Telle est leur sublime destination aux yeux de la religion démontrée. Le grand Être leur confie spécialement sa providence morale pour entretenir la culture directe et continue de l'affection universelle, au milieu des tendances théoriques ou pratiques qui nous en détournent sans cesse. »

Alexandre de Humboldt :

« La Nature a pris les femmes sous sa protection spéciale et les a traitées avec la préférence la plus marquée. Semblables aux filles de la maison, elles se pressent autour de leur mère diligente... Tandis que le fils, aveuglé par le sentiment de sa force, s'élance à corps perdu dans le torrent de la vie. La Nature vient plus en aide à la femme qu'à l'homme, quand il s'agit de démêler la vérité ou de résister à la maladie. »

Carus :

« La nature de l'homme et celle de la femme peuvent être excellentes toutes deux; mais la femme *est* et l'homme *devient*. Or, *devenir* est chose incertaine. La masculinité est plus propre à fournir des génies que la féminité, mais elle court aussi plus de chances d'être féconde en idiots et en imbéciles. Toutes les vertus de l'humanité *sont inhérentes* à la femme; l'homme *est forcé de les acquérir*. »

P.-J. Proudhon, le grand justicier, que ses ennemis accusaient d'avoir calomnié et outragé la femme, leur répond en ces termes :

« La femme est la conscience de l'homme personnifiée. C'est l'incarnation de sa Jeunesse, de sa Raison et de sa Justice, de ce qu'il a en lui de plus pur, de plus intime, de plus sublime, et dont l'image vivante, parlante et agissante lui est offerte pour le réconforter, le conseiller, l'aimer sans fin et sans mesure. Elle naquit de ce triple rayon qui, partant du visage, du cerveau et du cœur de l'homme, et devenant corps, esprit et conscience, produisit, comme idéal de l'humanité, LA DERNIÈRE ET LA PLUS PARFAITE DES CRÉATURES. »

Et notez que l'illustre écrivain débute en son apologie par exprimer le regret de n'avoir pas pour peindre la femme le pinceau de Lamartine !

« La première femme, mère d'amour, fut nommée

Héva, Zoé (Vie, selon la Genèse), parce que la femme est la vie de l'humanité, plus vivante que l'homme en toutes ses manifestations. La seconde femme a été dite Eucharis, pleine de grâces... »

Et ailleurs :

« La Beauté est ce qu'il y a de plus divin parmi les hommes, et la femme a reçu en Beauté tout ce que l'homme a reçu en force. »

« La femme est meilleure que nous, et nous ne valons que par elle... »

« Toutes les imprécations contre la femme sont autant d'hommages désespérés rendus à son pouvoir. »

On sait que ce fameux chapitre de l'apologie de la femme se termine par une série de formules adoratrices, copiées sur le modèle des Litanies de la Vierge, et toutes marquées au coin de l'extase amoureuse.

Si c'est là calomnier la femme et outrager en elle le principe de la justice humaine, qui est le respect de la dignité d'autrui, j'avoue que je ne comprends plus rien à la valeur des mots.

Si les bêtes à quatre pattes, les oiseaux et les fleurs sympathisent si volontiers avec la femme, et la respectent et l'écoutent avec plus d'intérêt que l'homme, c'est que la sympathie pour tout ce qui a vie est plus active chez la femme, qui porte en elle le germe de création et de vie, et à qui la Nature révèle mystérieusement l'unité.

Cette puissance de favoritisme ou de rayonnement d'attraction, dévolue par Dieu à la femme, et devant laquelle tout s'incline, hommes et bêtes, n'est pas seulement le caractère qui trahit l'essence supérieure de l'être, c'est encore le signe révélateur de la mission glorieuse, le cachet du vase d'élection.

La vierge de Nanterre, qui chassa les Huns de Paris,

avait le don de charmer les bêtes, comme son homonyme de Brabant, dont les tribulations me firent verser autrefois tant de larmes au spectacle des Ombres chinoises.

Jeanne d'Arc, qui chassa l'Anglais de France, et qui était aussi bergère de son métier, ne pouvait faire un pas dans la plaine sans voir accourir autour d'elle toutes les créatures du bon Dieu.

« *Quand elle estoit petite et qu'elle gardoit les brebis, les oyseaulx des bois et des champs, quand elle les appeloit, ils venoient manger son pain dans son giron comme privez.* » (Journal d'un bourgeois de Paris.)

Jocelyn dit de Laurence :

« *Il* me montre.....

> Les oiseaux qu'il a pris en leur jetant du grain,
> Et les chevreuils privés qui mangent dans sa main ;
> Car soit par préférence, ou soit par habitude,
> Tous ces doux compagnons de notre solitude,
> Biches de la montagne, élans, oiseaux des bois,
> Accourent à sa vue et volent à sa voix. »

Jocelyn ne sait pas encore en ce moment que Laurence est une femme ; mais les biches de la montagne et les oiseaux des bois en savent plus long que l'amoureux, et ils n'ont pas eu besoin, pour distinguer la jeune fille du jeune homme, qu'on leur mît les points sur les *i*.

Les deux Geneviėves, Jeanne d'Arc et les autres, sont autant de créatures ravissantes choisies par Dieu pour accomplir de grandes choses, autant de vases d'élection !

Mais vainement les romanciers de l'un et de l'autre sexe, historiens distingués du cœur, ont mis leur imagination à la torture pour inventer des types masculins de favoritisme. Leurs efforts ont échoué ; les plus heureux n'ont abouti qu'à de vulgaires héros de mélodrame ou de cour d'assises, tous plus ou moins escrocs, corsaires ou assassins; et c'est à grand'peine si dans toute cette bande de Leone-Leoni, de Lovelaces, de Szaffies et d'Horaces Beuzevals, on trouverait un seul fascinateur capable de charmer un pigeon.

Alexandre le Grand, qui charmait les chevaux, et dont le corps exhalait la senteur de la violette, est le plus illustre type de favoritisme dont l'histoire ancienne fasse mention; mais Alexandre avait le malheur d'être roi, et qui peut nous garantir qu'on ne l'a pas flatté, ainsi qu'on a flatté le grand roi Louis XIV, dont le corps n'exhalait pas une odeur de jasmin?

Saint François d'Assise, que les oiseaux du lac Rieti suivaient avec amour, et qui était obligé d'aller reporter dans les bois les faons des biches qui s'obstinaient à se réfugier dans ses bras; saint François d'Assise, qui faisait nicher les tourterelles partout où il voulait, voire sur son bâton, qu'il avait soin toutefois de transformer préalablement en orme ou en chêne touffu; saint François d'Assise, qui fut vaincu par un rossignol dans une lutte musicale; saint François d'Assise, qui avait l'oreille de toutes les bêtes, eut malheureusement la faiblesse de céder aux exigences de son époque et de faire des miracles, ce qui a tué sa gloire; car depuis qu'il a été démontré que jamais miracle ne s'était accompli en ce monde sans l'autorisation de la police, cette risible prétention d'opérer l'impossible est devenue une très-mauvaise note dans l'opinion publique.

Je ne connais qu'un seul homme dans l'histoire moderne qui ait possédé à un degré remarquable la puissance de favoritisme : c'est Léonard de Vinci, qui mourut au château d'Amboise ou de Fontainebleau dans les bras de François Ier. Léonard de Vinci ne fut pas seulement un peintre de la taille de Raphaël et de Rubens, un grand sculpteur et un grand architecte comme Michel-Ange, un grand ingénieur comme Vauban, un grand compositeur comme Rossini, un grand instrumentiste comme Listz : Léonard de Vinci joignit à tous ces génies le don plus singulier et plus rare de captiver à première voix les coursiers les plus indociles, de se faire suivre et accompagner par tous les oiseaux dans les bois, de passionner pour ses propres goûts tout ce qui l'approchait, hommes ou femmes. L'arrivée de Léonard de Vinci à la cour galante de François Ier (1515) fut le signal d'une révolution radicale dans le costume des deux sexes ; et pour la première fois dans l'histoire, on vit des femmes, des femmes de Paris, emprunter à un homme, à un étranger, à un vieux, des moyens d'ajouter à l'éclat de leurs charmes. Les biographes de Léonard n'ont pas assez admiré cette page glorieuse de la vie du grand artiste.

Enfin je lis dans une petite brochure rose, intitulée : *de la Prééminence de la Femme*, par M. le docteur Guilmot, de Lille :

« Le savant et vénérable Deleuze, homme judicieux, méthodique et fort peu enthousiaste, surtout recommandable par sa véracité, dit, dans son *Instruction pratique sur le magnétisme animal*, qu'en trente ans d'exercice du magnétisme, il n'a vu l'*extase* se produire que quatre fois. En cet état, tandis que les cinq sens sont engourdis d'un sommeil de mort, la perceptivité prend une extraordinaire transcendance, et cet état est tellement supérieur aux autres degrés de somnambulisme, il ouvre de si brillantes percées sur les régions lumineuses de la vie ultramondaine, qu'être témoin, ajoute Deleuze, d'un pareil spectacle est le plus grand bonheur qui puisse arriver à un homme en toute sa vie. Or, l'on voit plus de femmes que d'hommes atteindre les hauts degrés du somnambulisme, plus de femmes aussi passer à l'extase, reprend le docteur Guilmot; donc la femme, je le répète, est plus *éthérée* que l'homme, plus voisine, pour ainsi parler, des intelligences célestes et plus en rapport avec elles. »

Le savant qui s'exprime ainsi est un ancien chirurgien-major de la garde impériale, naguère médecin en chef de la maison de Loos, et qui n'est plus, comme lui-même l'affirme, dans l'âge du madrigal et des tendres illusions.

Je trouve dans le même écrit cet argument triomphant, que j'extrais d'une foule d'autres non moins forts :

« Pour comble, enfin, dans cet ordre de preuves, c'est au sein de la femme que le Messie, le Dieu incarné des chrétiens, daigna revêtir la forme humaine. C'est au sein de la plus pure des vierges que le Christ prit un corps, à l'exclusion absolue de toute participation de l'homme. L'homme, *être inférieur*, en ce sens qu'il est moins dégagé de la matière, l'homme, immédiatement sorti du limon originaire, eût de son souffle seul térni le vase d'élection! »

J'en resterai là, si l'on veut, de ma démonstration, la jugeant pour mon compte suffisante, et ne pouvant guère décemment invoquer un autre témoignage après celui de Dieu. Je prie seulement celles et ceux qui me lisent, de considérer que les trois quarts au moins des pièces justificatives qui précèdent émanent *littéralement* des Maîtres de la Science, des Sages et non de moi.

Ainsi tous les règnes témoignent des préférences passionnées de la nature pour le sexe féminin, conservateur par excellence et *tuteur né* de *l'espèce*.

Ainsi la préséance du sexe féminin est d'institution divine et d'ordre providentiel; ce qu'il fallait démontrer.

Mais cette preuve n'est encore que la première base de

notre argumentation et la moitié de la moitié de notre tâche. Nous avons conquis le principe, reste à tirer les conséquences.

La première conséquence à tirer du principe de la préséance du sexe féminin est celle-ci :

Puisque c'est Dieu lui-même qui a dévolu la préséance au sexe féminin dans tous les règnes, il est clair que plus une espèce honorera ses femelles... plus elle agira conformément à la volonté de Dieu et s'élèvera dans l'échelle !

Et que, *vice versâ*, plus elle honorera ses mâles, plus elle se dégradera...

Or, ceci est tout simplement une des clefs de la classification universelle des êtres organisés...

Et comme Dieu est un et ne se déjuge pas, il s'ensuit que ce qui est vrai des bêtes et des fleurs l'est également des hommes.

Et que la classification des bêtes entraîne fatalement celle des peuples, et, à la suite, celle de leurs Littératures, de leurs Arts, de leurs Législations, de leurs Religions !!

Remarquons, en passant, qu'il n'y a que les analogistes et les simples pour tenir compte ainsi des indications de la nature en matière de classification universelle. Tandis que les faux savants, aveuglés par l'orgueil et qui n'ont foi qu'en eux, dédaignent de s'astreindre aux faciles prescriptions de la méthode naturelle, et préfèrent distribuer les êtres à leur guise. Aussi arrive-t-il que la nature, pour récompenser les premiers de leur humilité, leur révèle gracieusement le secret de ses lois, qu'elle cache obstinément aux seconds.

Un chapitre spécial ayant été consacré à la classification dans ce livre, il nous est interdit d'appuyer avant l'heure sur ce sujet immense. Mais rien ne nous empêche de vider sur-le-champ, et sans désemparer, les grandes questions qui s'y rattachent, et qui tiennent, depuis que le monde est monde, toutes les sociétés en émoi. Et d'abord, faisons savoir pourquoi tous les savants, et parmi eux des génies de premier ordre, ont manqué jusqu'ici la classification botanique et zoologique.

CHAPITRE IV

De la formule de Lhomond et de son influence désastreuse. — Application de la formule du Gerfaut à l'histoire universelle des peuples, des Littératures et des Religions, etc., etc.

Si tant de savants illustres, si tant de génies de premier ordre ont manqué jusqu'ici la classification botanique et la zoologique, c'est surtout pour avoir trop goûté le principe de Lhomond !

Ce Lhomond fut un cuistre, particulièrement répulsif aux jeunes gens de huit à quinze ans, qui eut l'impudence d'écrire dans un affreux bouquin : que *le masculin était plus noble que le féminin*, et qui s'imagina atténuer les torts de sa sottise et de son irrévérence, en concédant plus tard que *le féminin était plus noble que le neutre.* L'heure est enfin venue de faire justice de cette théorie scandaleuse qui a perdu tant de jeunes intelligences et perverti tant de magnifiques entendements.

La formule de Lhomond est le contre-pied de la formule du Gerfaut, terme pour terme. En prouvant contre celle-là, nous ne faisons donc que prouver en faveur de celle-ci.

Il y eut au siècle dernier, en Suède, un homme de génie du nom de Linnæus, savant de son métier et poete à ses heures, et analogiste comme pas un. Le poete découvrit un beau jour le mystère des amours des plantes, et il écrivit que la corolle était la couche nuptiale des fleurs ; mais là s'arrêta son génie pour le malheur des hommes. Semblable à Christophe Colomb qui, débarqué sur la terre d'Amérique, croyait fouler encore le sol de l'ancien continent, Linnæus ne s'aperçut pas qu'il venait de découvrir un nouveau monde. L'œil de son corps ne vit pas aussi loin que l'œil de sa pensée, et Dieu, pour le punir de sa myopie, lui ravit comme à son émule la gloire de baptiser de son nom sa découverte immortelle, et réserva cet honneur à un autre Vespuce.

Certes, ce n'était pas la hardiesse du génie, ni le savoir et l'amour du nouveau, qui manquaient à Linnæus ; mais les grands explorateurs sont ainsi faits pour la plupart que tel qui a franchi avec bonheur les écueils les plus impraticables et les passes les plus périlleuses de l'Océan scientifique se butte à un grain de sable en terre ferme et se casse le cou. Linnæus, originaire des froides contrées du Nord, où la langue des morts est toujours honorée ; Linnæus, qui n'avait pas craint de donner des sens et des passions aux fleurs, n'osa pas s'affranchir des préjugés grossiers de la grammaire latine dont on l'avait imbu dès sa plus tendre enfance. Le respect du rudiment fut plus puissant chez lui que le respect de Dieu, et sa gloire fut perdue.

Dominé par la déplorable influence de cette éducation classique qui a stérilisé tant de génies inconnus, le grand naturaliste suédois, qui croyait naïvement à la supériorité de noblesse du genre masculin, prit pour caractère générique de sa classification botanique l'étamine,... l'étamine, la fleur mâle, l'organe le plus ténu, le plus inconsistant et le plus fugitif de tous les organes de la plante, et il éleva sur cette fragile base son triste et stérile système. Comme vous aviez raison, ô Boileau Despréaux, d'écrire que ce n'était pas assez d'être poëte pour bien comprendre l'amour!

Linnæus, hélas! n'était que poëte. Cependant le principe de sa classification était si fécond et découlait si purement de la vraie science, c'est-à-dire de l'amour, qu'il a suffi à Bernard de Jussieu de corriger les imperfections du système de son devancier et de le compléter pour faire ce qui a été fait de mieux jusqu'ici en matière de classification. Je sais parfaitement que Bernard de Jussieu et son neveu Laurent, qui lui prêta main-forte, étaient d'honnêtes savants aussi et qui n'entendaient pas plus que Linnæus à l'amour, et qui ont fait de la méthode passionnelle sans le savoir; mais le résultat auquel ils sont parvenus n'en est pas moins remarquable. S'ils n'ont pas eu plus que le naturaliste suédois la conscience de la grandeur de leur œuvre, c'est que l'amour, qui n'égare jamais ses fidèles, les a guidés à leur insu dans la voie de la sagesse et sans se dévoiler à leurs yeux. Ainsi se conduisit autrefois la déesse Minerve à l'égard du jeune Télémaque, qu'elle pilota pendant nombre d'années sous la figure de Mentor.

Le système de classification botanique de Linnæus a péri par suite du respect exagéré de son auteur pour les doctrines de M. Lhomond, c'est-à-dire par suite de l'option de l'étamine comme type de sériation. Celui des de Jussieu a vécu, parce que ses auteurs ont simplement tenu plus de compte de l'ovaire que de l'étamine. Que cet exemple redoutable du châtiment cruel infligé à un grand homme en punition de son irrévérence involontaire envers le sexe féminin demeure toujours présent à la mémoire du classificateur, et lui serve éternellement de préservatif contre le poison de la grammaire latine.

Voyez maintenant à quoi tiennent la gloire des humains et les destinées de la science. Que Linnæus eût vivement aimé et qu'il eût deviné par une illumination soudaine de l'amour toute l'absurdité de la règle latine des genres;... qu'il eût reconnu avec le gerfaut que la vérité se trouvait dans la règle contraire, tout changeait aussitôt dans le monde et dans la science. Le poëte de génie ne se bornait pas à écrire que la corolle était le lit nuptial des fleurs, il ajoutait que cette corolle était une cour d'amour où trônait royalement l'ovaire; il affirmait avant tous les analogistes à venir que dans les relations d'amour le rôle pivotal appartient au sexe féminin, et que la galanterie est la loi de l'ordre divin. Le dernier mot de la classification universelle était trouvé, la science et la philosophie marchaient à pas de géant, et le nom du Christophe Colomb suédois resplendissait à tout jamais dans les siècles futurs du même éclat que l'étoile Sirius dans nos cieux d'aujourd'hui.

Mais il n'a pas aimé, et tout cet avenir de gloire et de services éclatants s'est enfui comme un songe, et le génie plantureux qui contenait en virtualité tant de merveilles s'est allé briser les ailes contre un affreux bouquin. Il est bien certain que l'amour, qui prouve que le féminin est plus noble que le masculin, est le seul antidote à prendre contre l'intoxication par les préceptes de la grammaire latine, où il est écrit que le masculin est plus noble que le féminin.

Encore si Linnæus était le seul que M. Lhomond eût perdu en l'entraînant dans sa rebellion contre Dieu! mais la science contemporaine a une perte bien autrement grande à pleurer.

Remarquez que quand j'accuse M. Lhomond d'avoir perdu Linnæus, je fais abus de la prosopopée. La prosopopée est un trope qui sert habituellement à faire parler les morts, et que j'ai peut-être tort d'employer ici à faire parler les gens qui ne sont pas encore nés, car ce n'est pas la même chose. Le lecteur, en effet, serait en droit de ne pas comprendre comment M. Lhomond, dont la notoriété fut postérieure à la chute de Linnæus, et qui n'a pas été connu de lui, aurait pu lui faire tant de mal, si je n'avais soin de déclarer à l'avance que M. Lhomond n'est pas pris ici pour un homme, mais pour un rudiment. La science, je le répète donc, a mieux que Linnæus à pleurer.

Il y a eu de nos jours en France un savant plus universel que Linnæus, plus poëte que Keppler, aussi hardi et aussi révolutionnaire dans ses conceptions scientifiques que Fourier dans ses utopies. J'ai nommé Geoffroy Saint-Hilaire, le véritable créateur de la science zoologique et du Jardin des Plantes, l'homme de ce dernier demi-siècle qui a réuni au plus haut degré le génie de l'ensemble et celui du détail, le même qui a découvert dans la tératologie le mystère des créations successives et la loi de la progression indéfinie des êtres, et qui a réhabilité la mémoire d'Hérodote, faussement accusé pendant près de trois mille ans d'avoir trompé le monde sur la question du trochylus. J'ai ignoré longtemps pourquoi la nature, qui écrit partout ses décrets, n'avait pas voulu se laisser lire par Geoffroy Saint-Hilaire, par l'homme qui eut la gloire de porter pendant vingt ans sur ses épaules tout le monde de la philosophie et de la science, qui pratiqua dans la zoologie la même opération qu'Hercule dans les écuries d'Augias, qui étouffa dans une lutte immortelle le monstre de la superstition moïsiaque vainement défendu par Bossuet, Cuvier et les jésuites, qui intéressa l'Europe et Gœthe à ses triomphes, et finalement démontra que les globes ne se font pas de rien, mais bien de quelque chose. Longtemps je me suis demandé comment en ce vaste cerveau qui avait logé tant de sagesse avait pu trouver place cette idée incroyable que la femelle, le moule conservateur par essence du type primitif, la femelle qui ne déroge jamais, pût n'être que le résultat d'*un temps d'arrêt dans le développement du mâle*, préjugé renouvelé des Grecs et des Arabes. Un détail révélé par M. Flourens dans l'éloge de Geoffroy Saint-Hilaire, prononcé à l'Institut (en 1853), m'a tiré de mes perplexités et m'en a appris plus que je n'en désirais savoir.

Geoffroy Saint-Hilaire, dit le panégyriste, *eut le bonheur d'avoir pour maître et pour ami Lhomond, auquel il dut beaucoup, et dont les sages principes....* Ma plume se refuse à transcrire les termes de cette indécente plaisanterie.

Les sages principes de Lhomond! Sans doute, vous voulez dire *le masculin plus noble que le féminin*. Je vous comprends. De là à considérer la femelle *comme un mâle manqué* ou un *temps d'arrêt dans le développement du mâle*, il n'y a qu'un pas, en effet. Les deux idées étaient connexes et la grammaire a déteint sur la zoologie. Comprenez-vous comme moi toute l'atrocité de l'ironie contenue en ces paroles : *Geoffroy dut beaucoup à Lhomond.*

Geoffroy doit entre autres choses à Lhomond sa seule grande erreur, l'erreur qui lui a fait manquer la découverte de la loi de la classification.

La cause de l'erreur de Geoffroy Saint-Hilaire saute aux yeux. Le maître qui déchiffra si brillamment les mystères de la série a pris comme tout le monde le phénomène pour la substance......

Si ces paroles semblent obscures, je m'explique... Geoffroy Saint-Hilaire eut le tort d'accepter comme des signes de supériorité manifeste, chez les bêtes, la grandeur de la taille, la richesse du costume et la sonorité de la voix. Et sur cent personnes qui liront ce chapitre, il s'en sera trouvé quatre-vingt-dix-neuf pour le moins qui, avant cette lecture, partageaient complétement l'erreur de Geoffroy Saint-Hilaire ; ce qui prouve qu'en matière d'histoire naturelle, on ne saurait trop se défier du témoignage des yeux. Cependant cette erreur monstrueuse et quasi universelle ne tient pas une seconde devant le raisonnement, et les faits eux seuls la réfutent.

Il est à remarquer d'abord que l'opinion de la supériorité des mâles est née généralement d'observations faites sur des oiseaux *domestiques* appartenant à la famille des gallinacés, coq, faisan, paon, dindon, etc., espèces peu morales, vouées au culte impudique de la polygamie, et chez lesquelles le mâle l'emporte considérablement sur la femelle en poids et en beauté. La théorie du rudiment de Lhomond n'a jamais invoqué de plus puissant argument que le coq.

Mais si, au lieu de porter exclusivement sur des espèces *esclaves*, comme le coq et le dindon, l'observation eût porté sur des espèces *auxiliaires*, c'est-à-dire ralliées à l'homme par un lien supérieur, il est plus probable que le mal que je déplore ne fût point arrivé. En effet, les races d'élite parmi les oiseaux, les espèces les plus remarquables par le courage, l'intelligence et la docilité, les premières en rang, les plus éminentes, en un mot, par toutes les qualités de l'esprit et du cœur, sont celles où la femelle l'emporte sur le mâle en force et en beauté. Dans la grande et illustre famille des faucons, la femelle est beaucoup plus grande que le mâle, et c'est elle naturellement qui porte le nom de l'espèce : le Gerfaut, le Lanier, le Sacre. Le mâle, qui est plus petit d'un tiers que sa femelle, porte pour cette cause le nom de *tiercelet*. On dit *tiercelet* de *pèlerin*, de *lanier*, ou bien encore *pèlerinet*, *laneret*. On ne voit pas bien *à priori* dans ces races supérieures comment la femelle, qui est d'un tiers plus grosse que le mâle, pourrait n'être que le résultat d'un temps d'arrêt dans le développement de celui-ci. Cette théorie, pour être spécieuse, a donc besoin de ne pas sortir des espèces disgraciées où le mâle l'emporte sur la femelle par l'ampleur de la taille et l'éclat du costume.

Et ces dernières races sont, par malheur pour Geoffroy Saint-Hilaire, les races lourdes, épaisses, les races sans génie, oublieuses de leurs ailes, et vouées par nature à l'esclavage et à la broche. C'est le Coq, c'est le Dindon, c'est la riche tribu des pulvérateurs (gallinacés) tout entière, gent de basse-cour et d'épinette, très-estimable sous le rapport de la délicatesse de la chair et prenant facilement la graisse, mais race sans noblesse, sans imagination, sans ressort. Je n'ai jamais pu pardonner aux parrains de la République française d'avoir laissé infliger à leur infortunée filleule pour emblème national un roi de basse-cour qui vit sur le fumier ; et j'avais bien mes raisons de redouter que ce triste attribut ne lui portât malheur comme au gouvernement qui l'avait précédée. Le Coq vire au Chapon par une tendance fatale. Un peuple spirituel et sensé doit s'abstenir autant que possible de faire des révolutions et de se mettre dans la peine pour donner le pouvoir à des hommes de phrases, très-faibles sur l'analogie.

Personne ne me reprochera, j'aime à le croire, d'être un ingrat qui oublie tout ce que la grasse famille des pulvérateurs, ces *ruminants* de l'ordre des oiseaux, a fait pour l'homme, et dans quelles proportions colossales ses diverses variétés figurent comme éléments de nos jouissances gastrosophiques et cynégétiques. Je sais tout ce que l'homme doit à la poule domestique, à la faisane, à la perdrix, à la caille; j'estime ces espèces à leur haute valeur, et suis prêt à leur payer en toute circonstance le tribut de la gratitude de l'estomac et de celle du cœur. Je proclame volontiers ces femelles les modèles des mères; j'ai fait adopter le principe de l'inviolabilité des faisanes et des chanterelles dans toutes les chasses où j'ai été le maître, et je voue encore aujourd'hui quiconque les fusille aux mépris des gens de bien. Je vais même à cet égard plus loin que la raison : je déclare que je ne conçois pas le bonheur de l'existence hors de la société des volailles. Mais toutes mes sympathies personnelles et toutes mes gratitudes de chasseur et de gastrosophe ne sauraient altérer la nature des choses et faire que ce qui est ne soit pas; et je ne puis pas, moi historien des bêtes qui me respecte, me résigner à commettre un mensonge pour flatter le coq gaulois. Je ne puis pas assimiler un matamore de basse-cour qui trône sur le fumier, un gladiateur inintelligent qui se donne en spectacle et trempe dans des paris, au vainqueur du milan qui trône dans la nue. Je voudrais mentir d'ailleurs, que l'analogie m'arrêterait et briserait ma plume.

Car le Coq est l'emblème du Tambour-major empanaché et maître d'armes, tapageur et mauvais coucheur, Lovelace de bas lieu.

Et le Faucon est l'emblème du chevalier Bayard.

Le Faucon est l'auxiliaire le plus indépendant et le plus glorieux de l'homme. On lui fera attaquer le lion quand on voudra.

Or, il y a entre l'esclavage abrutissant auquel s'est *résigné* le coq pour éviter une liberté plus dangereuse et le *ralliement spontané* du faucon, *qui n'a pas besoin de l'homme pour vivre*, il y a toute la distance qui sépare l'ilotisme passif de la domesticité passionnée, une passion adorable dont l'amour seul offre l'exemple en civilisation, et que les amoureux ont décorée précisément du nom de galanterie.

Le Faucon est au Coq ce que le chevalier Bayard est au bourreau des crânes, qui se baisse en passant sous l'arc de triomphe de l'Étoile, de peur d'offenser de son colback les voûtes du monument.

Voilà cependant les autorités que Geoffroy Saint-Hilaire a été obligé de citer pour justifier sa funeste théorie de l'infériorité des femelles, empruntée à Lhomond, son ami et son maître.

Laissons de côté pour un moment ces comparaisons de races, pour pénétrer au fond même de l'erreur, et démontrons par des arguments sans réplique les égarements du prince de la science.

Nous avons mis précédemment en regard la conduite de la poule et celle du coq à l'époque de la puberté; nous avons vu comment la poule consacrait à l'intérêt de l'espèce l'exubérance de vitalité que le coq employait à l'ornement de son individu. Or, ce qu'on aura peine à comprendre, c'est que Geoffroy Saint-Hilaire et les autres aient appelé ce développement normal des ovaires, qui est la condition première de la conservation de l'espèce, un temps d'arrêt dans le développement du mâle!

Entendez-vous? Cette noble abnégation de la femelle qui ne veut rien distraire pour sa toilette et sa coquetterie particulière des trésors qu'elle reçoit de la nubilité... c'est là ce que des savants n'ont pas craint de signaler comme le caractère de l'infériorité sexuelle!

Il y avait pourtant ici un fait qui tranchait catégoriquement la question de préséance des sexes, et j'admire que les moins clairvoyants ne l'aient pas encore aperçu.

Ce fait, c'est la faculté qu'ont toutes les *vieilles poules, malades d'esprit ou de corps*, de se métamorphoser en coqs quand elles ne sont plus propres à autre chose, c'est-à-dire quand elles ont perdu la faculté de pondre.

Il arrive tous les jours, en effet, qu'une poule sur le retour, soit par fatigue des tribulations de la maternité, soit pour cause d'avaries graves dans ses ovaires, renonce tout à coup aux attributs de son sexe, abdique l'humilité et la douceur, et revêt le caractère batailleur et le costume éblouissant du coq. Le fait est acquis à la science ; il a été observé dans toutes les espèces de gallinacés domestiques, paon, faisan doré ou argenté, coq vulgaire. Une poule qui chante le coq n'est pas rare dans nos basses-cours ; une faisane non plus dans nos bois. La femelle du faisan doré, celle du paon, ne se gênent jamais pour échanger leur costume plus que modeste contre la parure resplendissante de l'autre sexe. La moindre blessure à l'ovaire sert de prétexte et d'excuse à ces travestissements. D'où il résulte clairement que l'état de coq est un pis-aller pour la poule.

Je demande alors à M. Lhomond et à tous ceux qui marchent sous sa bannière de m'expliquer comment un état maladif, un état qui résulte toujours d'une avarie majeure et d'un affaiblissement quelconque des facultés morales et physiques d'un individu, peut être considéré sérieusement comme une promotion de cet individu à un grade supérieur !!...

L'argument est embarrassant, n'est-ce pas ? et d'autant plus embarrassant, que, s'il est permis à la femelle invalide de se métamorphoser en mâle, la réciproque est formellement interdite à celui-ci, nouvelle preuve que le féminin est plus noble que le masculin. Mais les savants sont comme les lézards verts : quand ils ont mordu à l'erreur, ils ne démordent pas facilement. Au lieu de répondre directement à la question, ils biaisent, et ils finissent par trouver dans ce fait même de métamorphose volontaire qui tue leur opinion une raison pour y persévérer.

Puisque la femelle peut changer de sexe à volonté, disent-ils, c'est une preuve que le sexe féminin n'est que transitoire et que la femelle n'est qu'un arrêt de développement du mâle. Son ambition de passer à la masculinité est la révélation de son infériorité.

Mais d'abord laissez-moi vous dire, ô illustres savants que vous êtes! que cette expression de changer de sexe dont je me suis servi comme vous est une expression vicieuse, et que la femelle ne change pas de sexe, mais seulement de costume et de voix dans sa métamorphose, et qu'elle y perd son sexe sans en reconquérir un autre. Pour que son ambition révélât son infériorité, il faudrait que cette ambition la tourmentât dans son état de santé parfaite, et c'est le contraire qui est vrai.

Et puisque la métamorphose de la femelle en mâle provient de l'arrêt de développement des ovaires,... vous voyez bien que c'est le mâle qui est le résultat de l'arrêt de développement de la femelle, que c'est le mâle qui est une femelle manquée!

C'est vous-mêmes qui venez de vous percer d'outre en outre avec votre propre argument!

Comme c'est bien le cas de rappeler ici le terrible aphorisme de Burdach : « La femelle ne vire jamais au mâle sans descendre! »

Et comme le grand naturaliste allemand a raison cette fois sur le grand naturaliste français!

Le temps n'est plus où les savants paraient avec amour leur nom d'une docte particule en *us*, et les esprits les plus avancés de ce siècle commencent à comprendre les vices de l'enseignement classique. Beaucoup conviennent même que l'étude de plusieurs langues vivantes, qui sont d'une utilité extrême dans le commerce de la vie, remplacerait avec avantage l'étude d'une seule langue morte, qui n'est plus guère propre qu'à inspirer des songes de tragédie et des inscriptions tumulaires. Enfin c'est depuis trente ans bientôt à qui jettera la pierre à l'Université, fille des rois. J'ai suivi l'exemple de tout le monde, mais j'ai l'orgueil de croire que personne n'avait encore indiqué aussi traîtreusement que moi le côté vulnérable de la place. Espérons tous que la langue latine ne se relèvera pas du coup que je lui ai porté.

Les simplistes, qui accusent les auteurs latins de créer des générations de rhéteurs et de révolutionnaires, ne voient pas qu'il n'en saurait être autrement de l'étude d'un idiome qui a décrété en principe que le masculin était plus noble que le féminin. Et le moyen qu'une langue qui commence par se mettre en insurrection contre Dieu et la femme soit plus respectueuse à l'endroit des institutions des hommes? La honte et le malheur sont l'apanage naturel du fils qui outrage sa mère.

Je parle sérieusement et suis de bonne foi quand j'accuse M. Lhomond d'hérésie et quand je lui reproche d'être cause du malheur de Linnæus et de Geoffroy Saint-Hilaire. A Dieu ne plaise que je m'en aille de gaieté de cœur appeler les foudres de l'excommunication majeure sur un homme qui ne les mérite pas; mais le mot d'hérésie n'a pas deux significations sur la terre : c'est le crime de rébellion contre Dieu, et nous avons vu que le rudiment tendait de tous ses essors à consolider cet état de rébellion, qui est le caractère normal des sociétés subversives.

Il n'y a qu'une vérité, d'ailleurs, comme il n'y a qu'un mensonge. La vérité est tout ce qui s'accorde, le mensonge ou la fausseté tout ce qui discorde avec Dieu; et lorsque Dieu affirme pour la botanique ou pour l'ornithologie, c'est comme s'il affirmait pour l'ordre universel, moral ou matériel. Dieu est un et ne se dément pas. Ne nous fatiguons pas de redire ces grandes vérités.

Or, la vérité en classification ornithologique étant que le rang des espèces est en raison directe de l'autorité féminine, et cette formule étant diamétralement opposée à celle du rudiment, il s'ensuit que le rudiment est en opposition radicale et universelle avec Dieu. Il s'ensuit encore que si la formule du gerfaut est une clef d'or qui ouvre toutes les serrures, la formule du rudiment est un éteignoir qui fait la nuit dans tous les entendements. On conçoit parfaitement, en effet, que la nature répugne à confier à ses ennemis avoués le secret de ses lois.

Paroles perdues, hélas! Au moment précis où je fulminais ainsi l'anathème contre le rudiment impie, les souteneurs des études classiques, des études païennes, sollicitaient et obtenaient du pouvoir l'autorisation d'élever une statue à l'auteur, à M. Lhomond lui-même, sur la place du Marché de sa ville natale, capitale de la Picardie!!!!... Je ne suis pas d'Amiens et n'aurai pas, par conséquent, à répondre devant Dieu de la statue de l'auteur du rudiment. C'est la seule réflexion qui me console de cette folie nouvelle de mes contemporains. Raison, tu n'es qu'un mot!

Voyez donc, cependant, quelle adorable science que cette analogie passionnelle, qui non-seulement fait lire aux simples le texte écrit de la loi divine, mais qui leur fait découvrir dans l'unité de cette loi un procédé infaillible pour discerner la vérité de l'erreur et un autre pour ranger chaque chose à sa place, leur révélant à la fois la double loi de l'ordre matériel et de l'ordre moral ! Je ne sais pas si l'on pourrait trouver parmi toutes les académies françaises, morales ou politiques, un immortel en état d'expliquer pourquoi le latin est contraire en principe à la loi de Dieu, et de faire découler de cette explication le classement méthodique de toutes les littératures, de tous les peuples, de toutes les religions ; mais ce que le plus illustre et le plus savant de tous les académiciens ne vous dira jamais, mît-il cinq lustres à vous répondre, le dernier des analogistes va vous le dire à la seconde, et sans hésitation aucune.

Je préviens le lecteur que la formule du gerfaut, que nous venons de reprendre sans le vouloir, débuche ici sur la question de la littérature comparée : « Le rang des littératures est en raison directe de l'importance du rôle qu'y joue la femme et de la place qu'elle y tient. » Écoutez :

La langue latine est contraire en principe à la loi de Dieu, parce qu'elle subalternise le féminin au masculin ; et puisqu'elle se conduit ainsi, c'est une langue fausse. C'est une langue impudique, obscure et déloyale, facile à la peinture de toutes les infamies, et prêtant volontiers son concours aux fraudes pieuses. Les trois quarts des miracles se sont faits en latin, et aussi les spoliations, extorsions et donations pour cause de fin du monde : *Adventante mundi vespero.*

La langue latine est une langue *mâle* qui a vécu ce que vivent les mâles, et qui n'a pu servir d'expression qu'à une législation barbare comme celle des Romains, laquelle maintenait la femme en état de servage conjugal et donnait au père droit de mort sur son fils.

Le latin est une langue particulièrement répulsive à la femme, et qui n'a dû conséquemment enfanter aucun chef-d'œuvre, même au temps de sa plus haute splendeur, attendu que les chefs-d'œuvre littéraires consistent exclusivement en peintures d'amour, romans, drames, comédies. Or, il n'existe ni drames, ni comédies, ni romans en latin, par la raison qu'il était impossible d'en faire. Ce qu'on appelle improprement les comédies de Térence sont des œuvres bâtardes baignées d'une atmosphère glaciale qui vous donne l'onglée et vous empêche totalement de tourner le feuillet. Virgile, malgré son immense talent de style, n'a jamais pu nous faire croire à l'amour de Didon pour le pieux Énée, un héros assommant pétri des quatre semences froides, et qui se dit fils de Vénus, je ne sais pas pourquoi, car sa principale occupation semble être de faire du chagrin à sa mère. Parmi les érotiques latins, d'ailleurs, Virgilius Maro y compris, je n'en vois pas un seul qui n'ait sali l'amour. S'il est vrai que la littérature soit l'expression de la société, toute la littérature romaine doit être dans Sénèque, dans le Digeste et dans les Pandectes.

Vénus et Cupidon, Diane et l'Aurore, Junon et Minerve, Hélène, Léda, Procris et les mille autres personnifications de la beauté féminine tiennent dix fois plus de place dans la poésie des Grecs que dans celle des Romains. Donc la littérature grecque dépasse de cent coudées la romaine, où il n'y a pas une femme. Et cette première application de la formule à la littérature antique va se représenter comme une conclusion inévitable au bout de toutes les comparaisons des littératures modernes.

Donc Shakspeare doit être le plus grand de tous les poëtes de l'humanité, puisque c'est lui qui a créé les types les plus divins et les mieux réussis de la femme, Ophélia, Cordelia, Desdemona, Julietta, Titania, etc., etc. Shakspeare écrivait sous le règne d'une femme.

Molière, Byron, l'Arioste et ceux qui viennent après, n'ont fait toute leur vie qu'aimer, et leur adoration pour la femme s'est traduite en chefs-d'œuvre dans leurs chants immortels.

La littérature française, qui est la plus riche et la plus conquérante de toutes les littératures de l'âge moderne, ne doit son éclat irradiant qu'à la prédominance du principe germain sur le principe latin dont elle est infectée. J'ai dit, d'après Tacite, que les Germains considéraient la femme comme un être intermédiaire entre Dieu et l'homme. Ils l'environnaient d'une vénération infinie, et prenaient ses conseils dans toutes les grandes occasions. De là, conclut cet historien immense, la pureté des mœurs de ce peuple, sa fidélité à la foi jurée, sa valeur indomptable dans les combats...

Quel hommage rendu par Tacite à la puissance des principes du gerfaut !

Là est, en effet, tout le secret de l'influence de la littérature française. Le respect traditionnel du Germain pour la femme a été le salut de la France, qui avait à lutter contre l'influence de l'abominable héritage qu'elle avait reçu de Rome, le code du servage conjugal et l'atroce principe grammatical que le masculin est plus noble que le féminin. Il a fallu que nos mœurs chevaleresques fussent plus fortes que nos lois pour assurer à notre littérature la domination de la terre.

La langue française a été tirée de la barbarie par les femmes vers la première moitié du XVIIe siècle. C'est en ce temps-là qu'on la voit s'épurer, se clarifier, se délatiniser, et finalement *changer de sexe* sous l'influence des

Précieuses. Les Précieuses, dont le nom est encore impopulaire de nos jours et dont les services immenses ont été longtemps méconnus, étaient de très-grandes dames, ornées de mérites infinis et qui formaient l'élite de la société parisienne. Elles firent naturellement leur langue à leur image, une langue chaste et pudique, grande dame et coquette, et superbement attifée ;... spirituelle et jaseuse, et plus souple aux caprices et aux broderies de la conversation raffinée, et plus remplie de délicatesses exquises, et plus riche en expressions des choses du cœur que pas une,... une langue si ennemie du pathos que le mérite de ses écrivains se mesure à la limpidité de leur style; si pure que toutes les autres la prennent volontiers pour arbitre; si honnête que pas une imposture religieuse n'a osé s'en servir.

La langue française est donc quant à l'esprit, à la tenue, aux allures, tout l'opposé de la romaine sa mère avec laquelle elle n'a plus que la ressemblance extérieure des traits. C'est pourquoi je proteste au nom de la vérité et du bon sens contre cette banalité odieuse, stéréotypée à l'usage des prud'hommes de la pédagogie et des niais, à savoir qu'il est impossible d'être très-fort sur l'orthographe française quand on ignore le latin. Double et triple mensonge! car la science de l'orthographe est avant tout une science pratique qui vient exclusivement de la mémoire des yeux, et une science qui *se perd par l'étude* et par l'âge au lieu de se fortifier. Mensonge, car les jeunes filles un peu bien élevées et qui n'ont jamais su, Dieu merci, un seul mot latin, écrivent et parlent leur langue dix fois plus purement et plus correctement que nous, élèves-martyrs de Lhomond. La langue latine, je vous le répète, n'est qu'une langue de cuistres, de faux dévots et de feuilletonistes fourbus, bonne tout au plus à masquer l'ignorance des pédants et à servir de sentine aux mots sales. Pour quelle cause je déclare, sur mon âme et conscience, que la continuation de l'enseignement public de cet idiome mort est une des grandes hontes et des calamités de ce temps. Attendu que nous ne pouvons plus ignorer aujourd'hui que les langues sont les véhicules les plus rapides du progrès, et que les révérends Pères de la Foi, qui ont fait de l'enseignement du latin le pivot des études classiques, n'ont jamais eu d'autre but, en procédant ainsi, que d'arrêter la marche des idées modernes, en condamnant les lettrés à l'emploi quasi-exclusif d'un idiome enterré depuis vingt siècles, et impropre, par conséquent, à propager comme à traduire les dogmes de l'esprit nouveau.

Mais rien n'est parfait dans ce monde, pas même les langues de création féminine. Et il manque à là langue française, la plus riche de toutes peut-être en modulations du mode mineur, la presque totalité des notes du clavier majeur. Je veux dire que la langue française est aussi pauvre sous le rapport de l'expression scientifique qu'elle est riche sous celui de l'expression dramatique, artistique et sentimentale. Et ce malheur était inévitable, hélas !

Les créatrices de la langue française, si supérieures qu'elles fussent en une foule de points aux hommes de leur siècle, ne pouvaient, en effet, doter leur œuvre que des dons qui étaient en elles ; et comme elles n'avaient pas la science, qui est dans les dons de l'autre sexe, elles omirent naturellement de s'occuper du vocabulaire d'icelle. Alors la création du langage scientifique revint aux hommes, et le flot de la barbarie recommença de couler. On sait de quels noms odieux, mal sonnants ou grotesques les savants ont déshonoré les plus charmantes individualités des trois règnes. L'honneur de l'idiome national a saigné là par tous les pores.

Et ce n'est pas seulement le vandalisme de ses nomenclatures que je reproche à la science. Il y a un tort plus grand encore que celui d'infliger de vilains noms aux oiseaux et aux fleurs : c'est de n'en pas donner du tout aux êtres qui en ont le plus besoin. C'est, par exemple, de n'avoir pas même su créer des appellations acceptables pour les types génériques des règnes, comme l'oiseau, le poisson, etc. Car, étymologiquement et scientifiquement parlant, *oiseau* ne veut pas plus dire *bête qui vole*, que *poisson bête qui nage*. Et c'est une honte pour une langue, aussi bien que pour la science, de ne pas posséder un seul substantif légitime, honnête et euphonique pour désigner clairement une créature *ailée* et qui *vit dans les airs*, qui porte une robe de *plume*, *fait un nid*, *pond* et *couve* et *abecque ses petits*, ou bien une créature qui *porte des nageoires*, *des écailles*, et *vit au sein de l'onde*. Or il n'y a pas, dans tout le vocabulaire zoologique de France, un seul mot disant cela, comme mammifère dit bête qui porte des mamelles, qui *respire par des poumons* et *allaite ses petits*. C'est que *mammifère*, qui est un titre générique excellent, a été pris de la féminité, qui porte seule le cachet du règne, chez les insectes comme chez les fleurs, chez les animaux comme chez l'homme.

L'Académie française, qui a refusé à l'un de ses derniers élus la permission d'employer le verbe *stériliser* dans son discours de réception, aurait bien mieux à faire, dans l'intérêt des belles-lettres, que de barrer le passage aux mots neufs et jolis comme *stériliser*, dont j'use pour mon compte sans remords depuis que j'écris. Ce serait, par exemple, de fonder un concours pour la refonte totale de son langage scientifique et le comblement des lacunes de son vocabulaire.

C'est une très-haute question littéraire que celle du sexe des langues et qui renferme d'étranges secrets sur les causes inconnues de la misère et de la richesse des idiomes; et pour cela j'appelle les investigations de la critique sur le sujet neuf et fécond que Boileau-Despréaux semble avoir effleuré, quand il exprime si bien la différence caractéristique qui est entre le génie des deux langues latine et française :

> Le latin dans les mots brave l'honnêteté,
> Mais le lecteur français veut être respecté.

Boileau qui a toujours raison quand il demeure lui et ne va pas demander aux Romains de la décadence leur opinion sur les femmes de Paris, Boileau déduit nettement, de cette comparaison si juste, que la langue française est femme, et que la pudeur, qui est la plus incendiaire des vertus féminines, fait partie de son apanage. Or, c'est à cette sensibilité exquise, à sa clarté et à sa grâce que la langue française doit le secret de son influence irrésistible, et qu'elle devra de devenir l'idiome universel de l'humanité avant un demi-siècle. Elle conservera même ce privilége jusqu'à la première période d'Harmonie; mais alors sa parenté malheureuse avec la romaine sera cause qu'on lui fera bien des misères et qu'on lui reprochera de se parler du nez comme la portugaise, de mâcher ses lettres, d'être sourde, et finalement qu'on la répudiera. La vraie langue universelle, celle de pleine phase d'Harmonie ou d'Apogée, sera souple et pudique comme la française, riche et melliflue comme la grecque, pleine, sonore et majestueuse comme l'espagnole, molle et douce à chanter comme l'italienne. Elle se chantera et ne se parlera pas, et elle différera essentiellement de tous les idiomes civilisés et barbares en ce que le féminin y sera plus noble que le masculin.

Si le peuple français avait le bon esprit de s'entendre dès aujourd'hui pour ne parler aucune langue étrangère et pour n'aller à aucun peuple, il forcerait bien vite tous les autres peuples de venir à lui. C'est même le moyen le plus sûr et le plus économique qu'il possède de réaliser sa chimère, qui est d'attacher à son char une foule de nations.

Ainsi, la grave question de la littérature comparée se résoud par cette simple formule entrevue par le grand Corneille : Dis-moi comme tu aimes, je te dirai ce que tu vaux (comme tu *aimes*, c'est-à-dire comme tu *honores la femme*).

Avais-je tort d'affirmer que ni l'Académie française, ni celle des Inscriptions et Belles-Lettres, ni même le Conseil supérieur de l'instruction publique, n'avaient encore considéré l'enseignement de la langue latine sous son véritable point de vue? Parlons de l'Art maintenant.

On a écrit de tout temps que l'Art et la Poésie étaient sœurs. Le fait est vrai, toutes les deux sont filles de Vénus. Un puriste dirait *frères* au lieu de *sœurs* et *fils* au lieu de *filles;* mais j'aime mieux commettre trois fautes contre la grammaire que de me résigner à prononcer des mots qui blessent la pudeur. Tant pis pour l'art si ses parrains l'ont reconnu pour être du genre masculin, je n'endosserai pas la responsabilité de leur sottise.

Il est si vrai que l'art est du genre féminin que le domaine de l'art est celui où la formule du gerfaut s'applique de la façon la plus intolérante et la plus tyrannique : *Tant vaut l'amour, tant vaut l'artiste,* dit l'histoire de l'art.

La raison de ce despotisme est bien simple, et se trouve dans la définition même de l'art.

L'art est l'incarnation de l'idéal. Or, je vous l'ai dit déjà, il n'y a jamais eu et il n'y aura jamais pour l'homme qu'un idéal, l'idéal féminin, l'Ange, la Vierge-Mère. Et Virginité et Maternité sont deux aspects si ravissants, si poétiques de la même figure, que l'homme est entraîné par les aspirations de son éternel amour à les rallier bon gré mal gré dans un seul et même type, dans un type divin. La Vénus de Milo est une vierge-mère comme celle du Paradis chrétien. La muse inspiratrice s'appelle partout du nom de la femme adorée.

Pygmalion, qui souffla une âme à une statue de marbre, et Orphée, qui attendrit les Mânes par sa lyre, sont peut-être les deux artistes qui ont démontré le plus vaillamment la puissance prodigieuse de l'art. Or Pygmalion et Orphée ne personnifient qu'un seul type, celui de l'amant passionné. C'est le feu de l'amour divin allumé dans leur cœur qui anima le marbre et faillit ravir une proie à l'avare Achéron.

Que vous parliez d'épopée, de pinceau, de ciseau ou de lyre, la question de classification ne change pas. Je la tiens emprisonnée dans la formule de la classification ornithologique. Le pivot de série autour duquel s'échelonnent les innombrables produits de l'intellect humain demeure là impassible, immuable, *indifférent*.

La mélodie est la voix de l'amour, ainsi qu'il est prouvé par le chant des oiseaux et parce que la passion d'amour est passion foyère d'enthousiasme ou de composite.

La musique est le plus divin et le plus puissant des arts, parce que c'est la langue universelle et éloquentissime de la passion d'amour.

L'Opéra est le plus enchanteur et le plus enivrant de tous les spectacles, parce que l'Opéra est la scène par excellence des triomphes féminins.

La danse est le langage expressif et muet de l'amour. L'art de la danse est si essentiellement féminin que l'homme y est déplacé, sinon souverainement ridicule. Le plaisir excessif que les hommes éprouvent à voir une jolie danseuse déployer ses talents provient de ce que Dieu, qui tira l'homme du *limon* et la femme de l'*homme*, prit soin de corriger sur sa seconde épreuve les vices de la première.

Sculpture, peinture, ciseau, pinceau, appellent invinciblement les noms harmonieux de Phidias et de Raphaël, les deux artistes qui comprirent le mieux l'idéal de la beauté féminine. Une statue de Vénus dont on ignore l'auteur s'attribue à Phidias. Les vierges d'Italie, de France et d'Angleterre rêvent d'amants aux yeux bleus ayant nom Raphaël.

Cet artiste géant qu'on nomme Michel-Ange est peut-être un génie plus sublime et plus surhumain que les deux autres ; mais parce qu'il n'a sculpté que des *Moïse* et peint que des *Jugement dernier*, le monde le connaît moins et moi je le conteste. L'auréole qui brille à son front ne peut avoir la même intensité d'éclat que celle qui couronne le statuaire du Parthénon et le peintre des Madones. Dieu refuse au génie lui-même la puissance de détourner l'admiration humaine de sa tendance irrésistible vers son idéal exclusif, la femme reine de beauté.

On m'objecte que Phidias a sculpté des figures masculines, le Thésée, le Jupiter, que Michel-Ange a peint des figures de femmes, et que ces ouvrages sont des chefs-d'œuvre. Je ne dis pas le contraire ; mais qui s'occuperait de Phidias, s'il n'eût fait que des hommes ! Qui voudra jamais croire aux femmes de Michel-Ange, le peintre du hideux !

L'histoire de l'avenir, oublieuse des conquêtes et des noms des tyrans, ne mentionnera peut-être aux âges d'harmonie que deux races d'élite, les deux races d'essence féminine auxquelles la Providence avait remis le soin d'illuminer le genre humain et de le racheter par la Charité du mal de la Misère et du mal d'Ignorance. Ces deux races, vers lesquelles les regards des nations sont déjà tournés aujourd'hui et dont le radieux génie brille comme un double fanal au milieu de l'obscurité des temps, sont la race Grecque et la race Française, unies à travers la distance par la noble culture de l'intelligence et des arts, fécondes toutes deux en apôtres et en martyrs de la sainte liberté. Bien des races éminentes les égalent en bravoure et les surpassent même dans l'art d'égorger, d'asservir et de pressurer les peuples, comme la Romaine et l'Anglaise. Mais Dieu n'a donné à aucune autre comme à elles le privilége de vaincre les vainqueurs et de conquérir par l'idée. Pour tout ce qui sent, pour tout ce qui pense, pour tout ce qui aime, l'humanité n'a que deux patries, Athènes dans le passé, Paris dans le présent. Et la puissance d'absorption et d'irradiation intellectuelle dévolue à ces deux races leur vient de ce qu'elles ont été les premières à adopter en principe dans la poésie et dans l'art la formule du gerfaut.

Comme l'Athénien et le Français sont marqués au faucon, le Romain et l'Anglais le sont à l'aigle. L'aigle est vaillant aussi et monogame, et il s'élève plus haut que le faucon dans les airs, et la nature l'a armé d'un bec plus fort et de serres plus terribles. Mais il n'use que pour lui de la puissance de ses armes ; il ne se rallie pas au service de l'humanité, il s'isole dans son orgueil et finit par mourir misérablement de faim au milieu de ses richesses. Révélation prophétique du supplice terrible que la justice divine réserve aux conquérants parjures et aux larrons insatiables!

Or, l'art grec consiste tout entier dans la divinisation de la femme, ou, si vous aimez mieux, dans la féminisation de toutes les vertus et de toutes les beautés, ce qui est la même chose. C'est-à-dire que si l'on ôte au peuple grec son culte frénétique et respectueux de la beauté féminine qui le fait s'incliner devant Laïs sortant de l'onde; que si l'on retire de sa mythologie Vénus, mère de l'Amour et des Grâces, le peuple grec n'est plus et que la cité de Minerve se confond aussitôt avec les autres cités mortes dans l'oubli du cercueil. Je dis que le divin Phidias et le divin Homère perdent du même coup leur immortalité. Je dis que la sculpture des Grecs est Vénus Aphrodite, et Vénus toute seule.

Et cela est si vrai que les types de beauté masculine les plus ambitieux de l'art grec n'osent pas porter la barbe, parce qu'ils sentent que cet ornement léonin ne les sépare pas suffisamment de la brute. Cela est si vrai que ses Méléagres, ses Antinoüs, ses Apollons, ses Bacchus visent à l'*hermaphrodite* pour se rapprocher autant que possible du type féminin. Le plus beau de tous les Apollons antiques s'appelle l'Apolline. Le Jupiter et l'Hercule, qui sont presque les seuls à ne pas rougir de leur sexe, ont du moins la pudeur de se montrer constamment en puissance de femme, pour honorer l'amour. La tradition du travestissement s'est, du reste, fidèlement conservée jusqu'à nous. Quand nous avons besoin d'un trop joli chérubin à la scène, nous donnons le rôle à une femme.

Et ce qui est vrai de l'art grec est tout aussi vrai de la

comédie française, et de l'esprit français, et de tous les autres esprits, de quelque lieu qu'ils soient. Tout ce qui s'est fait de beau, comme tout ce qui s'est fait d'un peu grand dans ce monde, s'est fait sous l'influence de l'autorité féminine ou de l'adoration de la femme. Littérature, poésie, beaux-arts, tout ce qui s'appelle le progrès, tout noble essor de l'intelligence humaine, tend virtuellement à la glorification de la femme. Le roman et la comédie, ces deux vastes écoles d'enseignement mutuel où s'instruisent les peuples, ne sont que d'éternelles protestations de la raison humaine contre le régime de contrainte qui pèse sur la femme. Le *divin* Platon, qui se félicitait d'être *Grec* et non pas *barbare,* d'être *homme* et non pas *femme*, était lui-même un barbare qui n'a jamais fait que de belles phrases pour justifier son surnom de divin. Un faiseur d'utopies qui chasse de sa république idéale les musiciens et les poëtes est un maniaque absurde, qui ne mérite pas plus d'être appelé divin que le législateur *qui admet la promiscuité des femmes* n'a droit de donner son nom à l'amour *céladonique* (spirituel). *Divin* Platon et amour *platonique* sont des termes impropres, inconvenants et ridicules, et contre lesquels je proteste de toute mon énergie, attendu que les hommes vraiment divins, c'est-à-dire inspirés de Dieu comme Fénelon et Vincent de Paul, considèrent tous les hommes comme des frères et respectent la liberté d'amour. Si l'idéal de nos réunions de plaisir est le bal où la femme est reine, si le poëte est le roi de la scène qui procure à l'esprit les jouissances les plus délicates, si la musique est la voix des fêtes, je comprends qu'un utopiste, embrasé de l'amour de ses semblables, invente des républiques pour multiplier outre mesure les institutions ci-dessus, le poëte, le musicien et le reste. Mais qu'on veuille faire du neuf pour démolir le peu de gaieté qui subsiste en ce monde et pour porter l'ennui à la septième puissance, voilà ce qui me passe et ce que je considérerai toujours comme le dernier degré sous zéro du bon sens.

Je cherche toujours et ne rencontre pas dans tout le personnel de l'Académie des beaux-arts un seul sculpteur, un seul compositeur, un seul peintre qui ait jamais soupçonné la connexion intime qui lie la question d'art à celle de la classification ornithologique. Je demande qu'on me cite aussi le nom du maître assez osé pour dire publiquement devant des hommes ce que les oiseaux disent tous les jours devant Dieu par leurs chants, leurs nids, leur parure, ce que le grand Corneille avouait ingénument lui-même : « La première condition du génie est d'aimer. »

Je viens d'écrire, sans le vouloir, en traitant la question d'esthétique, l'histoire de deux grands peuples ; je ne serais même pas étonné d'avoir écrit du même trait de plume un discours abrégé de l'histoire universelle.

Car la formule du gerfaut contient aussi en substance la méthode de classification historique *supérieure*, c'est-à-dire une méthode qui permet de faire tenir commodément en une demi-page le travail immense de Bossuet, surchargé du travail immense d'une foule d'autres historiens.

Laissons parler Fourier (*Théorie des quatre mouvements*, page 178) :

Les progrès sociaux et changements de périodes s'opèrent en raison des progrès des femmes vers la liberté, et les décadences d'ordre social en raison des décroissements de la liberté des femmes...

L'extension des privilèges des femmes est le principe général de tout progrès social.

Et plus loin :

« Les Japonais, qui sont les plus industrieux, les plus braves et les plus honnêtes d'entre les Barbares, sont les moins jaloux et les plus indulgents pour les femmes.

« Les Otahitiens, pour la même cause, furent les meilleurs de tous les Sauvages.

« Les Français, qui sont les moins persécuteurs des femmes, sont aussi les meilleurs d'entre les Civilisés.

« On peut de même observer que les plus vicieuses nations ont toujours été celles qui ont le plus asservi les femmes, témoin la Chinoise, qui est la lie du globe, la plus fourbe, la plus lâche, etc. »

C'est-à-dire que la galanterie décerne les rangs chez les hommes comme chez les bêtes, et que la femme baisse ou élève les peuples suivant qu'elle est elle-même humiliée ou glorifiée.

Ceci est la traduction littérale de la formule du gerfaut. Ou bien c'est la formule du gerfaut appliquée à la comparaison des peuples.

Ainsi les peuples ne valent qu'en raison du respect dont ils entourent la femme ; et il en est de même des législations et des religions.

Comme voilà qui simplifie l'étude de l'histoire !

Aidés de la formule et de son commentaire, nous pouvons désormais marcher droit et sans crainte d'erreur à travers le dédale des faits de tous les temps.

Pour pénétrer au fond de l'histoire de chaque peuple, nous laissons de côté le chiffre de ses impôts et celui de l'effectif de ses troupes. Nous ne nous occupons pas davantage du nombre des victoires que ses généraux ont gagnées, encore moins du nombre d'hectares qu'enclavent ses frontières. Nous cherchons au code civil l'article *droits de la femme*, et, suivant que ces droits sont plus ou moins étendus, nous concluons à l'enfance, à l'apogée ou au déclin de ce peuple. Une simple visite au Harem du Grand Seigneur nous en apprend plus sur l'histoire de la Turquie que les trente volumes d'Hammer, dont la composition a coûté à son auteur trente années de recherches. Quels tintouins, quels efforts désespérés de mémoire épargnés pour l'avenir à la jeunesse studieuse, et notamment à tous les ambitieux qui aspirent au baccalauréat ès-lettres, laminoir obligé du barreau, de la médecine et de l'enregistrement !

Pour l'histoire universelle ou l'histoire comparée, procédé plus expéditif et plus infaillible encore. Le premier des empires n'est plus celui où le soleil ne se couche jamais, mais celui où la loi fait le sort le plus doux à la femme. Les peuples sont entre eux comme leurs femmes. Alors les rangs se donnent à la galanterie et à la finesse du pied. C'est le peuple français qui prend la tête. O France ! ô ma patrie ! quand cesseras-tu de t'enivrer de la fumée de la poudre à canon pour voir clair en ta gloire ?

On peut appliquer la méthode aux États puissants d'aujourd'hui pour en vérifier la justesse.

Dieu a livré le monde aux races de souche germanique qui honoraient la femme.

La plus puissante de ces nations est l'anglaise, où le sceptre est aux mains d'une femme, et où les plus illustres monarques s'appellent Élisabeth, Anne, Victoria. Le gouvernement anglais est jusqu'ici le seul où un premier ministre (M. Disraëli) ait osé soutenir en public qu'il y aurait justice à accorder le droit de suffrage à la femme, qui devait être capable de *voter* puisqu'elle était capable de *régner*.

L'Empire russe, qui *était naguère* le plus puissant

après le britannique, est un empire de sang-mêlé, mais où les souverains s'appellent aussi Élisabeth et Catherine.

Si la fortune de la France, aussi haute en ce moment que celle de l'Angleterre et plus haute que celle de la Russie, a été longtemps inférieure, c'est la faute de la loi salique, qui, sous prétexte d'empêcher le sceptre de tourner en quenouille, nous a soumis au régime avilissant des maîtresses et nous a ôté les *grande* Élisabeth et les *grande* Catherine pour nous infliger les Maintenon, les Pompadour, et les Cotillon II et les Cotillon III.

La France ne peut remonter au premier rang qu'en remettant les soins de sa destinée à ses femmes, qui sont aussi supérieures à celles de Russie et d'Angleterre que ses hommes politiques sont inférieurs à ceux de ces derniers pays.

On peut voir par ce simple parallèle que toute l'histoire est là où je viens de le dire, là et non pas ailleurs. On peut consulter, phase par phase, les archives de l'humanité, chacune répondra à son tour par la formule du gerfaut.

Quant à la question religieuse, je n'aurai pas besoin de faire une grande dépense de dialectique pour démontrer qu'elle tient à côté des autres dans la formule du gerfaut. Et il me suffira pour ce d'affirmer la supériorité de la religion du Christ sur celle de Moïse.

Or, qu'est-ce que la religion de Moïse ?

La religion de Moïse est une religion révélée *qui pivote sur l'indignité de la femme*, où notre première mère est représentée comme complice de Satan, où la femme enfin *perd le monde*.

Tandis que dans la religion du Christ *la femme est réhabilitée* et s'appelle Mère de Dieu, Notre-Dame-de-

Délivrance, Notre-Dame-de-Bon-Secours. C'est la patronne et la consolatrice de tous les affligés, qui aiment bien mieux s'adresser dans leurs afflictions à une femme qu'à un homme. C'est la *Rédemptrice du genre humain.*

Je crois sincèrement qu'il y a plus de véritable science historique dans les quelques lignes qui précèdent que dans tous les écrits de MM. Bossuet, Rollin, Crevier, Lebeau, Hammer. Je vais plus loin, j'affirme que toute l'histoire du passé de l'humanité pourrait tenir moins de place encore et se borner au simple rapprochement du sort de l'Yankee et de celui de l'Iroquois.

Pourquoi l'Iroquois et l'Yankee occupent-ils aujourd'hui les deux degrés extrêmes de l'échelle sociale ?

Pourquoi le dernier des Iroquois va-t-il mourir de faim et disparaître de la surface de ce même sol où l'Yankee a su trouver les éléments d'une prospérité fabuleuse ?

— Parce que chez ces Iroquois, friands de chair humaine, la femme était esclave, dégradée et assujettie à tous les travaux pénibles; tandis que la North-Amérique, vers laquelle en ce moment l'Europe entière émigre, est la seule terre où la femme ait été affranchie de toute rude corvée, où elle soit honorée et considérée à l'égale de l'homme, où l'on ait commencé à lui restituer la jouissance de ses droits politiques.

Ainsi la seconde moitié de la formule du gerfaut, relative au rang des espèces, résoud toutes les questions d'ordre scientifique, politique, historique, esthétique, religieux, etc.

Et la formule entière ne se borne pas à révéler aux esprits curieux les secrets du passé. Elle sait l'avenir et enseigne l'issue pacifique des difficultés du présent.

Elle dit que puisque le bonheur des sociétés humaines

se mesure à l'échelle des libertés de la femme, la politique, qui est l'art de rendre les gens heureux, consiste exclusivement à étendre ces libertés. Un enfant qui vient de naître trouverait cette conclusion.

Et que le salut de la société n'est pas dans la conservation des anciens abus, comme le prétendent les vieux, ni dans la *banque d'échange* comme Proudhon l'a rêvé longtemps, et encore moins dans le *circulus* de Pierre Leroux, attendu d'abord qu'une société ne peut pas être sauvée par un mot latin et ensuite parce que ce salut est ailleurs... Et qu'un espoir plus ridicule encore serait de l'attendre d'une troisième ou quatrième *restauration* du droit divin monarchique. Elle dit que le salut de la société gît exclusivement dans la restauration du droit divin de la femme, à laquelle il a été réservé de mettre fin au régime de la force et de l'imposture, en écrasant la tête du serpent.

Un jour, lorsque la science aura pénétré dans les secrets de Dieu par la brèche que je viens d'ouvrir et laissé entrevoir l'unité du principe qui régit le monde moral et le monde physique, lorsque ces deux mots de mathématiques et de justice ne réveilleront plus qu'une seule et même idée dans le cerveau des hommes, alors un académicien se lèvera pour dire que la découverte du procédé sériaire était le pont aux ânes de la science ; et il s'étonnera que ses collègues des temps antérieurs, qui possédaient la notion du clavier sidéral et celle du clavier musical, ne soient pas arrivés à la découverte deux ou trois siècles plus tôt; et il démontrera, enfin, que le nombre des familles des minéraux, des fleurs, des oiseaux et des autres bêtes est le même que celui des familles humaines répandues sur le globe et que celui des touches du clavier sidéral.

Et ce révélateur *opportun* des lois de la série sera comblé de renommée et d'honneurs pour être arrivé en son temps; et le bouquiniste fâcheux, qui vit dans la poussière des livres oubliés, sera le seul à protester contre le triomphateur du jour et à revendiquer le mérite de la découverte pour l'utopiste obscur mort depuis de longues années dans la mémoire des hommes, et à qui la même audace n'avait valu hélas! que les rires dédaigneux de ses contemporains.

CHAPITRE V

De l'oiseau considéré sous le rapport physique.

Le monde des oiseaux, que nous venons de parcourir, est un monde passionnel. Il nous reste à examiner le monde matériel, car l'homme de la civilisation n'a pas moins à envier et à emprunter à l'oiseau sous le rapport physique que sous le rapport moral ; et bon nombre de nos institutions d'harmonie sont calquées sur les institutions modèles de ce règne emplumé.

L'oiseau, créé pour vivre dans l'élément le plus subtil et le plus pur, est nécessairement de tous les moules de la création dernière le plus indépendant et le plus glorieux. La charpente des plus fins voiliers de l'air est une merveille de légèreté et de grâce, un modèle désespérant d'économie de ressort et de solidité dont chaque pièce est évidée, polie, percée à jour avec une délicatesse extrême. Les deux sens qui mettent le plus rapidement l'être en communion avec le monde visible et le monde aromal, la Vue et le Toucher, atteignent chez l'oiseau un degré de sensibilité exquise ; à ce point que toutes les autres créatures sentantes sont en droit d'accuser la nature de partialité envers lui.

L'oiseau vit plus dans un temps donné que tous les

autres êtres. Car vivre, ce n'est pas seulement aimer, c'est aussi se mouvoir, agir et voyager. Les heures du martinet de nos églises, qui franchit en soixante minutes une distance de quatre-vingts lieues, sont plus longues que celles de la tortue, parce qu'elles sont mieux remplies et qu'il y tient plus de choses. Les hommes d'aujourd'hui, qui vont d'Europe en Amérique en huit jours, vivent quatre fois autant que ceux du dernier siècle, qui mettaient un mois et plus à faire ce trajet. Cette sensation de bien-être indicible que l'aéronaute éprouve dans ses rapides traversées atmosphériques, lui vient d'une révélation interne de son orgueil qui lui affirme qu'il a conquis le temps et subjugué l'espace. Le génie de l'homme a triplé la durée de l'existence humaine. L'homme qui a cinquante ans aujourd'hui a plus d'années à vivre que n'en reçurent à leur berceau Michel-Ange et Voltaire.

Indépendamment de ce que l'oiseau vit plus que tous les autres êtres dans le même temps, l'âge semble glisser sur lui sans y laisser d'empreinte, ou plutôt l'âge ne fait qu'aviver ses couleurs et ajouter à la sonorité des cordes de sa voix. La vieillesse embellit l'oiseau au lieu de l'enlaidir comme l'homme, *dont la figure, dans sa décadence, prend une expression vulgaire qui permet à peine la pitié... L'incarnat de la vie ne se change pas pour lui en livides couleurs, et ses yeux éteints ne ressemblent pas à des lampes funéraires qui jettent de pâles clartés sur un visage flétri.*

Non-seulement chaque nouvelle mue apporte un nouveau lustre au costume de l'oiseau, mais les vieux, dans toutes les espèces, muent beaucoup plus tôt que les jeunes, c'est-à-dire sont encore plus affolés de parure, ce qui est cause que Ruy Gomez de Sylva commet une faute d'ornithologie effroyable lorsqu'il dit à Dona Sol, pour la mettre en défiance contre l'amour des jeunes hommes :

> .... Tous ces jeunes oiseaux
> A l'aile vive et peinte, au langoureux ramage,
> Ont un amour qui mue ainsi que leur plumage.

Le brave oncle se trompe, mais non pas sa nièce, qui devine parfaitement que les amours des jeunes sont bien plus sûrs et moins trompeurs que les amours des vieux.

J'ai déjà dit que les petits des oiseaux ressemblent tous à leur mère jusqu'à la puberté, comme les enfants des hommes. La règle offre peu d'exceptions. Le sexe ne se révèle chez eux qu'après leur première mue ; ils n'aiment, pour la plupart, qu'à leur second printemps. On parle de moineaux francs qui anticiperaient sur ce terme. La chose se concevrait plus facilement du moineau franc que de toute autre espèce. Le fait n'est pas prouvé, néanmoins.

L'oiseau est un navire modèle construit de la main de Dieu et dont les conditions de rapidité, de docilité et de légèreté sont absolument les mêmes que pour le navire bâti de la main de l'homme. Il n'y a pas dans le monde deux objets qui se ressemblent plus, mécaniquement et physiquement parlant, que la carcasse de l'oiseau et celle du navire. C'est la même physionomie, quant à l'ensemble ; ce sont les mêmes dispositions de détail, les mêmes moyens d'action. Le sternum, ou la partie saillante de la poitrine de l'oiseau, figure si exactement la quille, que les Anglais, peuple maritime, lui en ont conservé le nom. Les ailes sont les rames, la queue le gouvernail. Et de même que la vélocité et la docilité de la fringante yole, qui glisse sur la crête des vagues sans se mouiller les flancs, dépendent de la hardiesse de sa quille, de la longueur des rames et de la puissance des bras qui mettent celles-ci en jeu, ainsi la rapidité de l'oiseau et la sûreté de son vol sont en raison directe de la saillie de sa carène sternale, de la longueur de ses rémiges et de la puissance de ses muscles pectoraux. Le martinet, le faucon et la frégate, dont il faut, bon gré mal gré, s'habituer à m'entendre répéter les noms, sont *quillés* jusqu'au gouvernail et portent l'aile taillée en faux, tant sont longues les pennes qui leur servent d'avirons. Le squelette de l'oiseau-mouche, qui est aussi un voilier de premier ordre, semble un modèle réduit du plus hardi canot de la flotte d'Asnières. Convenablement décorée, gréée et illustrée de paillettes d'or, de rubis, d'arabesques, cette coque élégante fournirait un char de parade magnifique pour une fée Mab des eaux.

Plus de quille, au contraire, plus de carène sternale chez les oiseaux sans ailes que leur pesanteur cloue au sol. Le sternum chez l'autruche, le nandou, le casoar, se réduit à une simple plaque osseuse en forme de bouclier, qui n'occupe que la partie antérieure de la poitrine. Le développement osseux qui manque ici se compense par le développement prodigieux du bassin.

L'analogie matérielle qui existe entre l'aile de l'oiseau et l'aviron du navire est si frappante qu'elle a forcé toutes les langues à marier les deux mots. Virgile avait dit en latin le *rémige des ailes* (remigium alarum), et depuis lors ce terme de rémige a été employé pour désigner les pennes les plus externes de l'aile, celles qui jouent ostensiblement le rôle de rames. Un savant de Genève, un vrai chercheur, Huber, qui a fait de curieuses observations sur le vol des oiseaux de proie, a même usé de la métaphore pour établir une distinction caractéristique entre ces espèces supérieures qu'il a divisées en deux classes principales, celle des *Rameurs* et celle des *Voiliers*. Rameurs sont les faucons, chez lesquels la première ou la seconde penne de l'aile est la plus longue, et qui peuvent, à l'aide de cette longue rame et de leur longue quille, piquer droit dans le vent et rompre le courant de l'air, comme le batelier habile dompte le courant du fleuve à l'aide de l'aviron. Les simples voiliers sont les aigles, les vautours et les buses, dont les ailes ne sont pas assez aiguës pour entrer dans le vent et ressemblent à des voiles. L'infériorité de ces voiles dépend de ce que ce n'est plus ni la première ni la seconde de leurs pennes qui a la plus grande dimension, mais bien la troisième ou la quatrième, ce qui donne nécessairement à l'aile une forme arrondie. L'oiseau rameur est à l'oiseau voilier ce que le bateau à vapeur, qui se joue des vents contraires, est au navire à voiles, qui ne peut courir vent debout.

Les os de l'oiseau de haut vol, comme ses plumes, sont des tubes remplis d'air en communication intime avec un réservoir pulmonaire d'une capacité prodigieuse et avec des cellules aériennes pratiquées entre les muscles de l'intérieur, et qui sont autant de vessies natatoires à l'aide desquelles l'oiseau peut enfler considérablement son volume et diminuer proportionnellement sa pesanteur relative. Chez les oiseaux chargés d'une lourde armure de tête, comme les toucans et les calaos, la nature a ménagé entre cuir et chair un si large intervalle qu'il en résulte une désadhérence quasi-complète de la peau, ce qui fait que ces oiseaux se dépouillent avec la même facilité que le lapin. Les grèbes, les plongeons et tous les oiseaux d'eau, qui sont condamnés à demeurer quelque temps dans un milieu irrespirable, jouissent également à un puissant degré de cette faculté d'emmagasiner l'air à l'intérieur et de se dépouiller tout d'une pièce. L'art charmant du fourreur a su tirer de cette facilité d'écorchement un merveilleux parti.

« Les bronches ne s'ouvrent pas seulement dans les tubes et dans les cellules des poumons. Elles communiquent encore avec les cellules aériennes par de larges orifices situés sur la surface des poumons. Ces poumons ne sont pas suspendus librement commme chez les mammifères dans une cavité thoracique fermée. Ils constituent des masses spongieuses placées en dehors de la cavité du péritoine et appliquées sur la paroi dorsale du tronc à côté de la colonne vertébrale. Ils s'étendent dans la cavité viscérale commune, depuis la seconde vertèbre jusqu'aux reins. »

Au lieu que le sang aille au-devant de l'air comme chez l'homme et chez les autres mammifères, c'est l'air qui va au-devant du sang chez l'oiseau et qui le rencontre partout. De là une ubiquité de respiration et une rapidité d'hématose qui expliquent l'infatigabilité des ailes de l'oiseau. Les muscles ne se fatiguent pas, parce que le sang toujours vivifié leur apporte à chaque seconde une nouvelle vigueur.

On sait que les bêtes à quatre pattes qui se forcent, comme le cerf et le lièvre, succombent bien plus par l'épuisement des poumons que par la fatigue des jarrets. La puissance de locomotion de l'oiseau, dont les cavités aériennes ne se vident presque jamais, est une preuve indirecte de cette vérité bien connue des veneurs. Mais, quand un oiseau plongeur a dépensé sa provision d'air en restant trop longtemps sous l'eau, il ne peut plus replonger avant d'avoir rempli de nouveau ses magasins; alors le chasseur n'a qu'à l'empêcher de gonfler ses outres pour le prendre à la main. De même, comme l'air dont l'oiseau se sert pour se ballonner est chaud, ce qui contribue à le rendre encore plus léger, il suffit de faire à un oiseau un trou par lequel cet air chaud puisse fuir, pour l'empêcher de s'élever.

Il existe entre les diverses parties du corps de l'oiseau une sorte de pondération et de balance qui fait qu'aucun organe, qu'aucun membre ne peut prendre un développement exagéré sans que tout aussitôt, par une espèce de compensation équilibrée, un autre organe ou un autre membre ne perde en pareille proportion. Ainsi des ailes démesurées coïncident généralement avec des pieds très-courts. Exemples : la frégate, le martinet, l'oiseau-mouche, déjà nommés. Des pieds pattus, c'est-à-dire couverts de plumes, correspondent également avec la brévité de ces supports. Exemples : le pigeon pattu, le coq de Java, les lagopèdes, les tétras. La bécasse, qui a les jambes plus courtes que la bécassine, les a, par la même raison, mieux couvertes. De très-longues jambes, comme celles des échassiers, consonnent avec un petit corps : grue, héron, flammant, échassier, etc. Les autruches aux jambes de chameau et aux vastes flancs n'ont point d'ailes. Le cygne, le pélican, l'albatros, qui sont d'énormes oiseaux pourvus de grandes ailes, sont bas sur jambes. La nature économise toujours sur une partie quelconque du corps de l'oiseau ce qu'elle a dépensé de trop sur une autre. Les bons marcheurs sont mauvais voiliers, et réciproquement ; les coureurs et les plongeurs de premier ordre sont privés de la faculté de s'élever dans les airs ; les myopes, comme les hiboux, ont l'ouïe très-fine ; les clairvoyants sont volontiers durs d'oreilles. Les oiseaux les moins bien partagés sous le rapport du costume et de la taille sont d'excellents chanteurs. Dieu a donné à l'alouette, au rossignol et au rouge-gorge, qui sont des espèces victimes, le don de poésie pour se consoler de leurs peines.

L'incubation, qui est le premier mode d'exercice de la vraie fonction maternelle dans l'animalité, a été dévolue à l'oiseau par privilége spécial. Elle s'accomplit au moyen d'un organe particulier placé sur la face inférieure de l'abdomen. C'est un réseau très-compliqué de veines et d'artères qui tapissent toute la partie du corps qui se trouve en contact avec les œufs et qui se dénude au moment de l'incubation pour favoriser la communication directe de la chaleur maternelle à l'embryon.

L'incubation, par cela même qu'elle est une fonction spécialement dévolue à l'oiseau, devait être le caractère qualificatif du règne qui aurait dû s'appeler des *couveurs* ou des *incubateurs*, ou d'un nom approchant. Quiconque n'a pas travaillé la matière ne saurait se faire une idée des tribulations innombrables qui résultent pour l'histoire des bêtes de l'absence de ce substantif générique important.

Le plus exquis de tous les sens de l'oiseau est celui de la vue. L'acuité et la perspicacité de la rétine sont en raison directe de la rapidité du vol. L'aigle, le faucon, le vautour et tous les oiseaux de proie, à l'exception des oiseaux de nuit, embrassent de leur regard un horizon immense, dix fois plus étendu que celui de l'homme. Le martinet, au dire de Belon, aperçoit distinctement un moucheron à la distance de 500 mètres, fond dessus avec la rapidité de la foudre, et l'enlève avec une dextérité sans égale. Le milan, qui plane dans les airs à des hauteurs inaccessibles à nos débiles yeux, aperçoit facilement le poisson mort qui flotte à la surface des ondes ou le mulot imprudent qui se dispose à sortir de son trou.

Dieu fait bien ce qu'il fait. S'il n'eût proportionné la justesse du coup d'œil de l'oiseau de proie ou de l'hirondelle à sa vélocité, cette vélocité extrême de l'oiseau ne lui eût servi qu'à se casser la tête. Rien n'est plus commun que de voir les grives et les alouettes se rompre le cou en donnant dans la pantière, grand filet vertical qu'on tend au crépuscule sur la route de ces oiseaux. Tous les jours des perdrix s'assomment contre les fils de fer des télégraphes électriques, et les gardiens de nos phares font moisson quotidienne de cadavres de bécasses durant la saison des passages.

Ces malheureuses bécasses sont des voyageuses de nuit qu'attire la lumière du fanal et que leur myopie extrême ne sait pas préserver des dangers de l'abordage contre la cage de verre du perfide appareil.

Le mécanisme de l'organe de la vision chez l'oiseau explique cette faculté qu'il possède d'embrasser du regard des horizons de quarante à cinquante lieues de rayon, suivant le degré de transparence de l'atmosphère où il plane. L'oiseau a l'œil beaucoup plus grand et beaucoup plus ouvert que tous les autres animaux. L'oiseau n'a pas de cils; mais, indépendamment des deux membranes palpébrales (paupières) dont il jouit comme nous, il en possède une troisième, qui circule entre les deux autres, couvre tout le globe de l'œil, le parcourt sans cesse pour le tenir propre et brillant comme un verre de lorgnette, et lui sert à la fois de frottoir et de rideau contre l'éclat des rayons lumineux. Le globe de l'œil chez les oiseaux de proie n'est pas simplement mobile, comme chez nous, de haut en bas et de gauche à droite; il peut se projeter en avant ou se retirer en arrière, à l'instar du cylindre de nos lunettes d'approche, ce qui permet à la pupille d'agrandir indéfiniment le champ de ses investigations et à la rétine de trouver commodément son point.

Cette puissance d'embrassement de l'espace par la vue commence à vous donner la clef de ce fameux problème de la fixité de direction des oiseaux dans leurs migrations périodiques. Tous ces routiers de l'air qui transhument deux fois par an du pôle à l'équateur et retour, portent gravée dans le cerveau en traits ineffaçables une carte itinéraire qu'ils ont levée dès le commencement des choses, à l'aide de points nombreux de triangulation et de repère espacés de cinquante en cinquante lieues au-dessus des régions à parcourir. Cette série de points de repère naturels guide aussi sûrement les oiseaux de passage à travers l'océan des airs, que les poteaux de la grand'route nos soldats gagnant leur couchée.

Cette série se composera, suivant les circonstances, de cimes de montagnes, de volcans, de cours d'eau, voire de clochers de cathédrale dans les pays de plaine. Une cigogne native de Strasbourg qui a passé la mauvaise saison dans les parages de l'équateur, et qui veut regagner au printemps le foyer maternel, ne peut guère s'égarer en route. La première étape à franchir est le désert des sables; or, les limites du désert sont tracées par les sommets sourcilleux de l'Atlas qui sépare la région des palmiers de celle du froment. Notre voyageuse pique droit vers ces derniers monts, et descend aux plages de la Méditerranée vers Alger, Tripoli, Tunis. La voilà hors d'Afrique... Maintenant, du sein de la mer bleue surgit un bloc pyramidal immense qui s'empanache de fumée pendant le jour et de flammes durant la nuit : c'est l'Etna, dont la base s'appelle la Sicile. La Sicile, la plus grande des îles méridionales de l'Europe, est la plus importante des stations de la grande ligne du Nord. De ce point, regardez vers l'Est cette arête azurée qui sillonne l'horizon jusqu'à perte de vue : c'est la crête des monts Apennins, la vertèbre dorsale de la Péninsule italique. Le chenal de la navigation aérienne est creusé entre cette arête orientale et celle que dessine vers l'ouest la cime du Monte-Rotondo. Des promontoires de la Sardaigne et de la Corse à la corniche de Gênes le chemin est tout droit et l'étape légère. Mais voici que déjà scintillent dans le lointain par delà les rampes maritimes les aiguilles diamantées des pics de la Savoie. Ces pics-là sont voisins des monts géants des Alpes, générateurs des glaciers d'où le Rhin s'échappe; le Rhin c'est la Patrie. La pèlerine est arrivée au terme de sa course, car cette flèche menaçante de 432 pieds de haut qui se dresse vers le ciel est le grand mât de la nef gothique qui commande la vallée du fleuve. Des palmiers de Bournou aux pénates chéris du Munster, le voyage de l'oiseau n'a duré qu'une ou deux semaines, y compris les séjours aux stations principales.

Sans doute voilà bien expliquée, pour l'oiseau de passage à l'envergure puissante, pour la cigogne munie de fortes études géographiques et qui passe de jour, voilà bien expliquée la fidélité à l'itinéraire de la direction pivotale des grandes émigrations. Mais la démonstration s'applique mal aux habitudes des espèces paresseuses, des cailles à l'aile pesante, des râles qui font à pied les trois quarts de la route, des fauvettes qui voyagent en buissonnant, de toutes ces espèces enfin que la peur des mauvaises rencontres force à passer de nuit. La science géographique la plus vaste, même étayée sur une perspicacité de nerf optique incomparable, est surtout impuissante à rendre compte de ces merveilleux retours du pigeon de volière, qui, transporté en vase clos à des distances de trois cents lieues de son pays natal, à travers des contrées qui lui sont inconnues, n'en reprend pas moins sans hésiter, aussitôt qu'il est libre, le chemin de ses foyers.

Cette rectitude merveilleuse de jugement du pigeon belge, qui a la propriété de stupéfier le vulgaire, s'explique tout aussi facilement que le retour ou le départ de la cigogne. Seulement le phénomène appartient à une série de sensations combinées où la vue n'est plus seule en jeu, et il semble sortir de la catégorie des faits spéciaux d'optique pour entrer dans une autre.

J'ai parlé avec enthousiasme de la perfection du sens de la vue chez l'oiseau, mais peut-être me suis-je trompé en affirmant que c'était le plus parfait de ses sens; peut-être l'organe du tact est-il doué d'une subtilité de perception plus exquise.

En effet, l'air étant le plus variable et le plus mobile des éléments, l'oiseau a dû recevoir de la nature un don de sensibilité universelle qui pût lui fournir les moyens d'apprécier et de pressentir les plus minimes perturbations du milieu qu'il habite. Aussi tous les volatiles sont-ils armés d'une impressionnabilité nerveuse qui résume les diverses propriétés de l'hygromètre, du thermomètre, du baromètre et de l'électroscope. Le lièvre, qui sait la veille le temps qu'il fera le lendemain, et le rhumatisme goutteux, qui procure au vieux guerrier l'agrément de prévoir ses douleurs, ne jouissent que d'une sensibilité obtuse en regard de celle de l'oiseau. Jamais tempête qui surprend le baromètre du savant et la barque du pêcheur n'a surpris l'oiseau de mer. Les fous, les cormorans, les goëlands et les mouettes sont instruits quarante heures à l'avance, par la voie du télégraphe électrique qui gît en chacun d'eux, du jour et du moment précis où l'Océan doit entrer en ses grandes colères, entr'ouvrir ses abîmes verdâtres, et cracher au front des falaises l'écume de ses flots. Et le même avertissement qui ramène à la côte la masse des fuyards va réveiller en sa demeure souterraine la noire satanite, l'épouvantail du marin, sinistre messagère des naufrages qui aime à se mirer dans le sillage du navire en détresse, et qui redevient invisible aussitôt que la tourmente a cessé. Tel oiseau est chargé de prédire le printemps et tel autre l'hiver. Le coq de basse-cour, vivante horloge des champs, sonne régulièrement certaines heures du jour et de la nuit : ce qui n'était pas une raison suffisante pour en faire un emblème religieux de vigilance et pour le jucher au haut des cathédrales où la tête lui tourne. Le corbeau et le rossignol annoncent l'approche de l'orage par une expression particulière qu'ils semblent avoir empruntée tous les deux au vocabulaire de la grenouille, créature éminemment nerveuse et qui a beaucoup contribué à fonder la science du galvanisme. Le pinson, qui fait si volontiers élection de domicile sur les pommiers des grandes routes du Nord et dans les vergers attenant à l'habitation de l'homme, a l'air de n'avoir adopté ces deux postes que pour exercer plus commodément sa mission charitable. Cette mission consiste à annoncer le beau temps par sa ritournelle triomphale, et le mauvais par une note attristée et plaintive. Quand le temps n'est pas sûr, le pinson recommande au voyageur de prendre son parapluie ; il retient la ménagère imprudente de se hâter d'étendre sa lessive.

Il n'est pas d'oiseau voyageur qui ne dise à premier tact les quatre points cardinaux de sa localité. L'oiseau de France sait, par exemple, d'une façon positive que le nord souffle le froid, le midi le chaud, l'est le sec, l'ouest l'humide. C'est déjà plus de connaissances météorologiques et astronomiques qu'il n'en faut pour diriger sa marche sans le secours du soleil ni des yeux.

Cela est si vrai que les preneurs de cailles du midi de la France n'ont jamais besoin d'entourer de leurs filets que la face de leur champ qui regarde la mer, quand a lieu le passage d'automne, c'est-à-dire quand les cailles se dirigent vers le midi.

Voici qui suffit déjà pour nous rassurer sur le sort de l'oiseau voyageur. Ajoutons à cette considération météorologique que les oiseaux qui émigrent de nuit s'embarquent rarement seuls, et qu'ils ont presque toujours la chance de rencontrer en route une foule de voyageurs qui ont déjà plusieurs fois accompli leur tour de France, d'Italie et d'Espagne, et qui se font un véritable plaisir de piloter la jeunesse.

L'impressionnabilité tactile des plumes et de la chair de l'oiseau est si vive qu'elle persiste même après la mort. Le cadavre d'un martin-pêcheur, convenablement empaillé et suspendu par un fil dans la boutique d'un drapier, ne sert pas seulement à préserver les étoffes de la voracité des mites ; il remplit de plus le double office de baromètre et de boussole, indiquant comme l'aiguille aimantée la direction du nord, comme le tube barométrique les variations de la pesanteur de l'atmosphère.

Ceci posé, reprenons l'histoire du pigeon messager.

Le pigeon domestique, transporté de Bruxelles à Toulouse dans un panier couvert, n'a pas eu, il est vrai, le loisir de relever de l'œil la carte géographique du parcours: mais il n'était au pouvoir de personne de l'empêcher de *sentir*, aux chaudes impressions de l'atmosphère, qu'il suivait la route du midi. Rendu à la liberté à Toulouse, il sait déjà que la ligne à suivre pour regagner ses pénates est la ligne du nord ou du froid. Donc il pique droit dans cette direction, et ne s'arrête que vers ces parages du ciel dont la température moyenne est celle de la zone qu'il habite. S'il ne retrouve pas d'emblée son domicile, c'est qu'il a remonté perpendiculairement à l'équateur et qu'il a trop appuyé sur la gauche ou sur la droite, Bruxelles et Toulouse ou l'autre ville ne se trouvant pas exactement sous le même méridien. En tout cas, il n'a plus besoin que de quelques heures de recherches dans la direction de l'est à l'ouest pour relever ses erreurs ; et c'est ce travail de rectification qui explique la différence qu'on observe entre les heures d'arrivée des divers courriers expédiés. La rencontre des pirates qui croisent dans les hautes régions des nues, et qui s'appellent le faucon, le milan, l'épervier, est encore une des causes qui empêchent tous les pigeons d'être de retour au toit natal à heure fixe. Les bons pigeons messagers font habituellement vingt-cinq à trente lieues par heure. C'est moins vite que certains chemins de fer ; mais on ne peut pas exiger d'un oiseau qui a ses besoins et ses inquiétudes la même régularité et la même rapidité que d'un railway inerte et sans passion.

Les chiens, qui n'ont jamais prétendu rivaliser avec les navigateurs de l'air sous le rapport de l'érudition géographique et de la mémoire des yeux, mais qui possèdent en revanche la mémoire du nez que n'ont pas les seconds, les chiens ne s'y prennent pas autrement que les oiseaux pour retrouver leur route. Un chien de chasse prudent qui s'embarque en diligence ou en chemin de fer pour une expédition lointaine n'oubliera jamais de prendre des notes, à l'aide du regard et du nez, sur l'aspect général du pays qu'il traverse, sur les accidents d'arbres, de rochers, de fleuves, de collines, sur la *senteur* des lieux. Qu'une circonstance fatale le prive quelques jours plus tard de son maître, à soixante lieues de chez lui, il ne sera nullement en peine pour retrouver le chemin de son domicile. Les documents dont il s'est muni, et qu'il a eu soin de classer par ordre dans son cerveau, lui en donnent les moyens. Ce chien caniche qui revint de Lille à Paris en une nuit, bien qu'il n'eût fait le voyage qu'une seule fois dans sa vie, était une bête sage qui avait procédé comme je viens de dire. Mais j'ai connu un chardonneret qui faisait mieux que cela encore, et qui partait toutes les semaines de sa petite ville, située en Picardie, pour s'en venir à Paris faire préparer l'appartement de son maître. Castagno, mon chien braque, le même qui se ruina le cœur à force de se meubler l'esprit, ne voulait voyager qu'en lapin. Quand on résume de sang-froid toutes ces merveilles de la sagacité animale, on est effrayé de la somme prodigieuse d'esprit qu'il a fallu que Dieu départît à l'homme pour le racheter des imperfections de sa nature physique et le mettre en mesure de tenir contre les bêtes.

C'est la sensibilité exquise du tact de l'oiseau qui lui a valu dans l'antiquité tant d'hommages, de considération et de respect de la part des mortels. On ne peut guère imaginer pour des oiseaux un sort plus brillant que celui des poulets sacrés de Rome, qui étaient non-seulement largement entretenus, logés et nourris aux frais du gouvernement, mais qui avaient en outre à leur service un collége de médecins appelés *augures*, dont l'unique fonction était de leur tâter le pouls et de les maintenir en gaieté. Si l'institution a péri, ce n'est pas par la faute des poulets, mais bien par celle des augures, qui en étaient venus à ne plus pouvoir se regarder sans rire.

Néanmoins cette sensibilité exquise du tact qui fait de l'oiseau un sujet magnétique si précieux et si lucide l'expose en retour à des désagréments nombreux, notamment au rhume de cerveau, infirmité désastreuse à laquelle les oiseaux chanteurs ne sont pas moins enclins que les gendarmes, et dont on les guérit comme ceux-ci, à l'aide de la réglisse. Il est bien rare aussi que l'homme, la pomme de terre et le blé soient frappés d'une contagion soudaine sans que l'épidémie n'ait d'abord sévi sur l'oiseau. Il est fatal, en effet, que les créatures les plus délicates soient les premières victimes de ces fléaux empoisonneurs dont la cause est inconnue du vulgaire et surtout des médecins. Et comment ceux-ci, qui ne savent pas que le fluide magnétique est le sang des planètes, comprendraient-ils des maladies qui résultent de l'interception de la circulation magnétique !

Il y a maintenant une raison péremptoire qui explique la supériorité de la finesse du tact chez l'oiseau. L'oiseau est, de tous les êtres animés, celui qui aime le plus et qui le dit le mieux ; par conséquent le sens du toucher, qui joue le principal rôle dans les phénomènes d'électricité et d'amour, devait être marqué dans cet ordre au coin de la suprême perfection. Quelques mystiques de génie ont même attribué la faculté de divination des oiseaux à une sensibilité particulière qui les mettrait en rapport avec des courants électriques qui sillonnent l'atmosphère, et dont la direction leur serait parfaitement connue. Je ne vois pas un argument scientifique à opposer à cette théorie.

L'oiseau unit encore à ce don précieux de tactilité exquise deux autres facultés non moins brillantes, la Mémoire et l'Imagination. Il rêve et compose en rêvant.

Après l'organe de la vision et celui du toucher vient par rang d'importance le sens de l'audition. La finesse de l'ouïe de l'oiseau appert suffisamment de la passion d'une foule d'espèces pour la musique vocale. On verra quelque jour, par l'histoire du pinson et par celle du rossignol, jusqu'à quel degré d'incandescence cette mélomanie peut monter. La sensibilité du nerf auditif était une nécessité de nature, non pas seulement pour les oiseaux chanteurs, qui ont posé l'enseignement de la musique vocale comme un des premiers devoirs des pères envers leurs fils, mais encore pour toutes les espèces qui vivent en société ou qui émigrent en grandes bandes, et qui ont besoin de pouvoir faire entendre à des distances considérables leurs cris de ralliement ou de détresse. On conçoit encore que le suprême distributeur d'harmonie ait, dans une pensée de justice, traité l'oiseau de nuit plus favorablement que l'oiseau de jour sous le rapport de la perfection de l'appareil acoustique. Des savants mal renseignés ont accusé plusieurs oiseaux d'être complétement sourds, et notamment le gros-bec, qu'on nomme pinson royal dans quelques contrées de la France. L'accusation doit être calomnieuse, du moins quant au gros-bec, car le gros-bec a une voix, et Dieu l'aurait fait muet si son langage n'eût pas dû lui servir à se faire entendre des siens. Parce qu'un oiseau n'est pas fanatique de la musique et méprise l'appeau du pipeur, ce n'est pas un motif suffisant pour le déclarer atteint et convaincu de surdité complète. Passe pour dur d'oreille, et encore...

Il y a lieu d'appliquer ici, du reste, une loi physiologique universellement admise et qui précise mathématiquement l'importance des fonctions de l'ouïe dans l'ordre des oiseaux. C'est la loi de correspondance intime et invariable qui existe entre les organes de la voix et ceux de l'audition chez tous les animaux. Or, les oiseaux sont les Stentors de la nature. On sait que le taureau, qui est un quadrupède énorme doué d'une immense capacité thoracique, ne mugit pas plus fort que le butor, oiseau de nos étangs qu'on appelle *bœuf d'eau* en Lorraine (en latin *botaurus*). La note de l'oiseau est douée d'une acuité et d'une portée de son qui feront à jamais le désespoir des espèces mammifères, celle de l'homme y comprise. Une grue qui trompette à deux ou trois mille mètres de la surface du sol, vous tire la tête en haut tout aussi violemment que l'appel d'un ami qui vous souhaite le bonjour du balcon d'un cinquième étage, tandis que le Mirabeau tonnant qui voudrait haranguer le peuple parisien du haut des tours de Notre-Dame risquerait fort de n'être pas entendu d'une seule de ses ouailles. Enlevez-vous dans les airs, au moyen d'un aérostat, avec un vieux lion de l'Atlas dont les rugissements formidables emplissaient naguère d'effroi les solitudes algériennes, et quand vous aurez atteint la simple hauteur d'un kilomètre, forcez votre compagnon de voyage à nous lancer ses notes de poitrine les plus retentissantes; ces notes s'éteindront dans l'espace avant d'arriver jusqu'à nous,... ce pendant que le milan royal qui planera dans les régions supérieures, à un kilomètre plus haut, ne nous laissera pas perdre une seule inflexion de ses miaulements de chat, diminutifs du rugissement du lion. C'est chose facile que de se faire entendre comme l'homme sous une cloche à plongeur, ou, ce qui revient au même, dans l'*enceinte* d'un forum où le son reste prisonnier, où l'orateur parle debout, appuyé sur le sol dont la densité conduit ou répercute les vibrations sonores, tandis que l'oiseau qui parle des hauteurs de la nue se trouve placé dans les plus détestables conditions d'acoustique, n'émettant pas un son qui n'irradie immédiatement dans toutes les directions au plus grand préjudice de l'effet utile. Si l'on veut bien considérer encore que le son aspire naturellement à monter et non pas à descendre, et que les chasseurs de chamois qui escaladent les pics sont forcés de hausser le verbe à mesure qu'ils s'élèvent, on finira par se faire une idée nette et précise de la puissance téléphonique des cordes vocales de l'oiseau qui traverse les déserts du ciel à une lieue au-dessus de nos têtes. Il est plus que probable que la nature a dépensé plus de génie dans la construction du larynx d'un roitelet ou d'un rossignol que dans celle des gosiers de tous les mammifères.

Beaucoup d'oiseaux semblent même avoir été munis d'un double larynx, l'un supérieur, l'autre inférieur; et ce dernier est surtout très-développé chez les espèces qui ont la faculté d'imiter le chant des autres, comme les pies-grièches, les merles-moqueurs. D'autres fois, la trachée est si longue qu'elle est obligée de se creuser un domicile hors du cou, ce qui arrive par exemple pour la grue, le cygne et le phonigame, oiseaux à voix retentissante qui sont les Saxhorns de là-haut.

Ici s'arrêtent enfin, et il en était temps, les libéralités de la nature à l'égard de l'oiseau. Ici nous abordons une double sphère sensitive où la perfection des organes cesse d'appartenir à l'oiseau pour passer au chien et à l'homme. Je veux parler des deux sens du goût et de l'odorat.

Les animaux se repaissent, dit Brillat Savarin ; *l'homme mange, l'homme d'esprit seul sait manger.* Cet aphorisme gastrosophique d'une vérité rigoureuse s'applique bien plus exactement aux oiseaux qu'aux mammifères, car ce dernier ordre renferme encore quelques gastrosophes de haut titre, tandis que l'ordre des oiseaux ne compte guère que de gros mangeurs. Les oiseaux-mouches, qui vivent du miel des fleurs, et qui symbolisent la jeunesse dorée, sont peut-être les seuls volatiles qui se montrent délicats sur le choix de leur nourriture. Un éléphant fait parfaitement la différence de l'affreuse piquette d'Argenteuil au produit du Château-Margot. L'ours distingue tout aussi bien que nous la cresane de la sorbe. Sa préférence pour la fraise et pour le miel est connue ; c'est une fine mouche que l'odeur du sang écœure tant que la saison lui fait litière de produits plus délicats. Le chien d'arrêt qui a l'habitude de manger dans la porcelaine a de la peine à s'habituer à la gamelle du chien courant. L'oiseau n'a point de ces faiblesses de goût. Il mange par appétit et par désœuvrement bien plus que par gourmandise, il s'engraisse par ennui et pour passer le temps bien plus que par envie de mourir gras, but secret de l'ambition de tous les Lucullus. Il n'a pas, en un mot, la conscience de la finesse exquise que son embonpoint donne à sa chair, et Dieu soit loué de son ignorance...! Pour la plupart des espèces qui aiment à ceindre leurs reins et leurs poitrines d'une blanche écharpe de graisse, ce vêtement délicat, ainsi que nous le démontrerons plus tard, n'est qu'une précaution contre le froid, une provision de combustible, une manière de gilet de flanelle; ou bien encore un porte-manteau de voyage muni de provisions de bouche.

L'autruche, qui occupe un des degrés inférieurs de l'échelle des oiseaux, a le goût tellement obtus qu'elle engloutit sans distinction tout ce qu'on lui jette, cailloux, chiffons, ferrailles. Il y en eut une, au Jardin des Plantes, qui avala un fragment de vitre et se déchira l'œsophage.

L'absence du sens gastrosophique chez l'oiseau s'explique sans beaucoup de peine par l'imperfection même de l'organe du goût. On sait que ce sens réside, chez les mammifères, dans les papilles du palais et de la langue, et que ces papilles ont besoin d'être lubrifiées par un liquide provenant de la glande salivaire sous-maxillaire pour accomplir leur fonction gustative. Or cette glande sous-maxillaire, qui fournit le liquide indispensable à la perception des saveurs, est totalement absente chez l'oiseau, aussi bien que la glande parotide, qui fournit le liquide nécessaire à la mastication. La seule glande salivaire que possède l'oiseau est donc la sublinguale, qui se borne à sécréter la matière visqueuse favorable à la déglutition. Cette explication physiologique tranche nettement la question.

J'ajoute que ce défaut de goût s'accorde merveilleusement avec l'appétit prodigieux de l'oiseau, appétit dont il a besoin pour subvenir aux énormes dépenses de chaleur animale que nécessite l'entretien de sa constitution supérieure. Il ne faut pas s'étonner de voir des canaris perpétuellement occupés à manger dans leur cage, et des geais en bas âge qui consomment en un seul repas le tiers de leur poids de fromage blanc. L'oiseau est une locomotive de première vitesse, une machine à haute pression qui brûle plus de combustible que trois ou quatre machines ordinaires. L'oiseau ne mange pas seulement pour vivre, comme l'homme de la zone équatoriale; il mange encore pour tenir allumé son foyer de chaleur interne, comme l'homme des pays froids, qui consomme autant que dix Arabes, et qui éprouve surtout le besoin de consommer des corps gras, corps combustibles par excellence. Or, la nature, comme on peut le voir par l'exemple du porc et du tapir, a toujours soin de marier la grossièreté du goût à la puissance de caléfaction des viscères. Il faut songer encore que les dix-neuf vingtièmes de ces oiseaux sont chargés de détruire des tas de mauvaises graines, de mauvaises bêtes et de mauvais insectes qui mettraient à néant tous les travaux de l'homme, si la prodigieuse puissance de régénération dont est douée cette triple vermine n'avait pour correctif, chez les espèces ailées, un besoin de la dévorer sans cesse renaissant. Le monde serait inhabitable pour l'homme sans l'oiseau.

La langue de l'oiseau ne ressemble aucunement non plus à celle des mammifères. Elle est ordinairement couverte d'une espèce d'enveloppe lisse et parcheminée enduite d'un vernis épais, et cette couverture et cet enduit sont deux obstacles matériels apportés à la sensibilité de l'organe. La langue charnue est une exception dans le règne ; la langue armée de crochets, de tenons, de dards ; la langue sèche, engaînée, empennée, rigide, y est au contraire la règle générale. C'est plutôt un instrument de préhension qu'un organe destiné à percevoir les saveurs. L'habitude commune à beaucoup d'oiseaux de faire macérer leur nourriture dans l'eau avant de l'avaler n'est pas un raffinement de gourmandise, mais un simple procédé pour attendrir les substances trop dures.

Reste le sens de l'odorat, qui peut rivaliser quant à l'imperfection avec le précédent.

D'abord, les narines de l'oiseau sont creusées dans la mandibule supérieure du bec, et la substance des mandibules est une substance cornée parfaitement insensible. Quelques espèces seulement, comme les courlis et les bécasses, qui se servent de leur bec en guise de sonde pour fouiller dans la vase et dans la terre humide, paraissent posséder au bout de cet organe une sorte de sensibilité qui les avertit de la présence d'un ver. Mais ces becs sensibles sont très-rares et parfaitement reconnaissables à leur structure molle et spongieuse et au renflement qui se remarque à l'extrémité de leur mandibule supérieure. En outre, chez tous ces sondeurs de vase, la narine est un sillon profond creusé dans toute la longueur du bec. Mais il est évident que cette faculté de sentir le lombric sous le sol est dépendante du sens du tact plutôt que de celui de l'odorat.

Les oiseaux n'ont pas de nez par le même motif qui fait qu'ils n'ont pas de goût. Il n'est pas nécessaire que des bêtes qui sont destinées à manger beaucoup de choses et à trouver tout bon aient au-devant de l'estomac, comme nous, une sentinelle vigilante qui fasse des difficultés pour laisser passer l'aliment. Par conséquent, tout ce qui a été dit de la finesse d'odorat du corbeau et du vautour, qui éventeraient la poudre ou les cadavres à des distances incroyables, est absurde. Il y a d'abord une excellente raison pour que les corbeaux ne sentent pas la poudre, c'est que la poudre ne sent rien avant d'avoir brûlé. J'ajoute que si les corbeaux avaient la perception de cette odeur, cette odeur les attirerait au lieu de les faire fuir, attendu que les corbeaux et les vautours sont des oiseaux de carnage qui aiment par-dessus tout la curée des batailles, et qui se plaisent à la fumée de la poudre comme au bruit du canon. Une fois que les fils du dernier roi avaient commandé un simulacre de petite guerre aux environs de Fontainebleau pour faire plaisir aux bourgeois de Paris, race éminemment friande de ces spectacles puérils, un vieux corbeau du pays qui avait fait la campagne de 1812 s'imagina reconnaître dans les manœuvres de l'armée de parade la répétition de ces drames meurtriers qui lui avaient procuré tant de riches aubaines au bon temps. En conséquence, il fit part à ses collègues de la forêt et de tous les alentours de l'heureuse chance qui leur advenait, leur recommandant expressément d'aiguiser leurs becs et leurs ongles. Et l'on vit aussitôt tous les croque-morts accourir et voltiger par masses épaisses au-dessus des deux camps, excitant par leurs vociférations enflammées les deux armées qui se trouvaient en présence à en venir aux mains. Ce ne fut pas leur faute si le sang ne coula pas, et rien n'égala leur dépit et leur rage quand ils s'aperçurent que la démonstration n'était pas sérieuse et qu'on s'était joué indignement de leur crédulité. Ce jour-là, il fut facile aux quelques milliers de badauds qu'avait attirés la parade de vérifier que la peur de la poudre était le moindre des défauts de maître corbeau.

Il me reste pour clore ce chapitre à déshabiller l'oiseau de la tête aux pieds ; car je ne veux pas engager mes lecteurs dans le dédale de la nomenclature ornithologique sans m'être entendu préalablement avec eux sur le nom de chacune des pièces qui composent la charpente extérieure et l'armure de l'oiseau. La détermination du sens précis des mots est une œuvre préliminaire obligée pour tout écrivain qui respecte son public, et je n'aspire nullement à la gloire de ces braves professeurs de philosophie allemande qui se croiraient déshonorés d'être compris de leurs auditeurs, et qui s'enveloppent avec tant d'art d'une phraséologie nébuleuse pour se mettre à l'abri de ce désagrément. J'abrégerai d'ailleurs la besogne en traitant du même coup la question de vocabulaire et celle d'anatomie externe.

J'appelle le bec un bec, conformément à l'usage vulgaire, et parce que cette expression me semble moins prétentieuse que celle de *rostre*, dont l'étymologie latine, *rostrum*, signifie tribune aux harangues ou éperon de galère antique. Néanmoins j'admettrai quelquefois ce dernier substantif sous la forme terminale adjective pour éviter les périphrases. Ainsi, je dirai comme tout le monde *curvirostre*, *rectirostre*, pour désigner un oiseau à bec recourbé ou à bec droit.

Le bec se compose de deux mandibules (mâchoires), l'une supérieure, l'autre inférieure, la première ordinairement plus longue que la seconde. Les mandibules s'insèrent dans le crâne ; l'endroit où l'insertion a lieu est dit la base du bec. La mandibule supérieure est généralement fixe chez les oiseaux comme chez l'homme ; elle n'est mobile à l'égal de l'inférieure que chez certaines espèces, comme le perroquet et le chat-huant, maudites engeances qui symbolisent l'apôtre de superstition et le sophiste, gens toujours prêts à parler et jamais à se taire.

Le bec est la véritable enseigne de la profession industrielle de l'oiseau.

Le bec est dit, suivant sa forme, droit, arqué, pointu, crochu, en ciseaux, en cuiller, en spatule, en poignard. Un bec unguiculé est celui dont la mandibule supérieure se termine par un crochet en forme d'ongle comme chez la pie-grièche, le geai, le merle.

Les narines, qui sont deux orifices fort simples percés dans la mandibule supérieure du bec à une distance plus ou moins grande de la base, ont conservé le nom qu'elles portent parmi nous. Elles sont fréquemment garnies de petites plumes rigides qui affichent la prétention de ressembler à des poils de mammifères.

La cire est une membrane épaisse, nue et ordinairement colorée en jaune, qui entoure la base du bec chez les oiseaux de proie et qui déborde chez les petits oiseaux en nourrice.

La moustache est une bande colorée ordinairement noire qui part aussi de la base du bec pour s'étendre en arrière des deux côtés de la face ou sur les joues. Exemples : la mésange à moustache, le geai, le faucon pèlerin. La moustache se transforme en bride quand elle se prolonge à travers la face, et descend sur le cou, comme chez la perdrix rouge.

Il y a des oiseaux qui portent la moustache frisée et retroussée, comme l'outarde. D'autres individus, comme le gypaëte, portent à la fois la moustache et la mouche impériale, autrement dite barbiche. Cette barbiche est un pinceau de filets rigides qui s'attachent au menton, c'est-à-dire au-dessous de la mandibule inférieure.

Le tour du bec est une zone circulaire comprise entre les yeux et la racine du bec. C'est cette bande écarlate qui encadre si gracieusement la face du chardonneret, et fait lire sur sa physionomie la noble ambition qui l'anime.

Les yeux de l'oiseau sont dégarnis de cils, mais pourvus de sourcils qu'on appelle la bande sourcilière. Le tour des yeux est cette raie écarlate demi-circulaire qui accentue d'un si vif éclat le regard des coqs de bruyère et d'une foule d'autres oiseaux. La membrane transparente de l'œil a nom l'iris, comme chez les autres animaux. L'orbite est souvent dénudée et colorée en rouge par l'afflux du sang artériel.

Le front est la partie antérieure de la tête. Le sommet de la tête s'appelle le bonnet, le chapeau, le vertex; la partie postérieure ou occiput comprend le chignon, qui en est la saillie, et la nuque, qui descend du chignon sur le cou.

La diversité des coiffures de l'oiseau est chose merveilleuse, parce que la forme et la couleur de la coiffure sont toujours en rapport avec la richesse ou la pauvreté du mobilier intellectuel qu'elle recouvre. La plupart ont reçu de jolis noms qu'elles ont eu le bonheur de conserver jusque dans la langue scientifique, parce qu'elles ont été baptisées par la femme, et parce que la femme, à qui Dieu a donné la beauté pour s'en servir, a eu de tout temps grand soin de rehausser l'éclat de ses charmes par les emprunts qu'elle a pu faire à la toilette des oiseaux et à celle des fleurs. Voilà pourquoi nous aurons l'auréole, la couronne, le diadème, l'aigrette, la huppe et même le nom des coiffures d'hommes, le casque, le cimier, le capuchon, la calotte, le panache. Non-seulement nous aurons la couronne et l'aigrette, mais bien la série des couronnes, des aigrettes et des huppes, etc., couronnes de roi et d'empereur, de duc, de marquis, de baron, etc.; aigrettes flamboyantes qui menacent le ciel, aigrettes repentantes qui aspirent vers le sol; huppes relevées, huppes fuyantes, crête de chair, casque de cuir bouilli, casque d'ivoire, calotte grecque, calotte noire, camail, capuchon et capuche, etc., caroncules nues et colorées, de toutes formes; pendeloques, barbillons, etc.; car chacun des insignes ci-dessus subit, au gré de l'espèce et des individus, des modifications innombrables. Donc ici point de noms inconnus, point de termes barbares. La géographie de la tête de l'oiseau, à l'exception des seuls mots d'occiput et de vertex, parle une langue convenable.

La nature ne pouvait déployer tant d'imagination et de luxe dans la parure du chef de l'oiseau sans décorer à l'avenant le col, support élégant de la tête. Les parures du col s'appellent le collier, la cravate, la fraise, le camail. Les oiseaux enclins au duel, comme le coq domestique, le faisan et le chevalier-combattant, se couvrent volontiers les épaules et le col d'une housse mobile en guise de cotte de mailles. Seulement la plupart de ces ornements magnifiques sont pièces intégrantes de la grande tenue d'amour, et s'en vont à la mue d'été.

Le col chez les oiseaux commence à l'insertion de la colonne vertébrale dans le crâne, et se termine à l'insertion d'icelle dans le thorax.

La gorge est la partie antérieure du col la plus voisine du bec. C'est cet enfoncement qui est coloré d'une tache noire chez une foule d'oiseaux, notamment chez le moineau franc, la caille, l'ortolan de roseau.

Au bas du col et sur le devant du corps est situé le plastron qui couvre la poitrine. Le plastron est au corps de l'oiseau ce que la proue est au navire. La nature aime à marquer la séparation de cette partie antérieure d'avec le reste de la carène sternale par des zones colorées.

Exemples : le rouge-gorge, la gorge-bleue, le ganga, la canepetière, la pie.

Le dos est la partie supérieure du corps comprise entre l'intervalle des ailes, depuis leur origine jusqu'au croupion. Le croupion est l'extrémité postérieure du corps que recouvrent les ailes à l'état de repos, et qui se laisse voir pendant le vol. La charpente de cette pièce qui se redresse en éventail au bout de la carcasse a été douée chez certaines espèces d'une grande puissance musculaire ; c'est à cette partie externe que s'attachent les pennes de la queue. Le croupion porte à sa partie supérieure un corps glanduleux sécrétant une matière huileuse destinée à lustrer les plumes de l'oiseau.

L'aile de l'oiseau se divise, comme le bras de l'homme, en trois parties principales : l'humérus ou os supérieur, qui s'insère au thorax et va de l'épaule au coude ; le radius et le cubitus réunis, qui vont du coude au poignet et forment l'avant-bras ; enfin le poignet ou la main, qui se compose des quatre doigts et du pouce.

Les plumes les plus fortes et les plus longues, celles qui sont spécialement destinées à soutenir l'oiseau dans les airs, sont dites *pennes*. Celles qui s'attachent aux quatre doigts, et qui sont les plus extérieures et les plus longues, constituent l'aile proprement dite ; elles sont habituellement au nombre de dix, et s'appellent les rémiges ou les pennes *primaires* et *métacarpiennes*. Le fouet de l'aile s'entend de la réunion de ces pennes externes. On coupe le fouet de l'aile à l'oiseau quand on veut l'empêcher de voler.

Les plumes qui partent du pouce sont excessivement courtes et dites *pollicíales* (du latin *pollex*, pouce). Elles constituent un aileron bâtard quasi-inutile. Ce pouce se transforme en un ongle semblable à celui de la chauve-souris chez certaines espèces d'oiseaux, comme le courlan et le talève. Ce même ongle sert encore au jeune martinet pour se traîner sur son grabat dans son bas âge; mais c'est à peu près le seul parti que les oiseaux tirent de cet organe.

Les pennes qui s'insèrent au cubitus sont dites *cubitales* ou *secondaires*. Leur nombre varie de dix à dix-huit; elles sont séparées des pennes métacarpiennes par un certain intervalle. Ces pennes secondaires prennent chez certaines espèces un développement considérable; c'est ce développement anormal qui contribue le plus à la magnificence des ailes de l'argus.

Les pennes de l'humérus sont courtes et peu nombreuses; on en compte rarement plus de quatre. Elles sont dites *tertiaires* ou *internes*.

Les grandes plumes de la queue portent aussi le nom de pennes.

Cette division des plumes en pennes et en plumes proprement dites n'a rien d'arbitraire. Le tissu des pennes des ailes et de la queue diffère complétement de celui des plumes qui couvrent le corps, et ce tissu constitue un système de voilure plus audacieux et plus admirable encore que tout le reste du mécanisme de l'oiseau, qui est une merveille d'architecture.

Ces pennes se composent d'abord d'une tige médiane résistante et flexible d'une substance cornée et luisante au dehors, spongieuse au dedans. Cette tige est convexe et polie à la surface supérieure, et creusée d'un sillon longitudinal à sa face inférieure; elle s'insère à ses diverses racines au moyen d'un tuyau transparent, vide, arrondi et terminé en pointe. L'air arrive à l'intérieur au moyen d'une ouverture invisible percée à la jonction de la partie creuse du tuyau et de la tige. Cette tige, qui figure assez bien un mât garni de ses vergues, est bordée à droite et à gauche dans toute sa longueur de barbes contiguës perpendiculaires à sa direction, et qui s'attachent l'une à l'autre au moyen d'innombrables barbules qui se croisent dans tous les sens. Ce lacis finit par former un tissu agglutiné et feutré aussi léger qu'imperméable, et assez solide pour que l'oiseau s'en puisse servir comme d'une rame et d'un parachute. L'oiseau frappe l'air de sa rame pour se créer un point d'appui par la pression, et s'élance dans l'espace. Les autres plumes ne présentent pas cette contexture résistante. Les plumes de l'autruche, qui n'ont point à remplir d'office de rame ni de parachute, puisque l'autruche ne vole pas, sont complétement dépourvues de barbules, ce qui leur permet de friser et d'offrir à la coquetterie des deux sexes un riche contingent. Je dis la coquetterie des deux sexes, parce que les plumes d'autruche sont aussi recherchées par les guerriers de l'Orient que par les dames d'Europe. Le commerce de cet article donne lieu, pour le port de Marseille, à un mouvement de fonds de 40 à 50,000 francs par an.

Les petites plumes écussonnées qui couvrent l'insertion des pennes et bordent les muscles de l'aile sont dites les petites couvertures des ailes. On donne le nom de scapulaires à celles qui couvrent les épaules et forment un ourlet sur l'humérus. Ces plumes sont souvent colorées des nuances les plus vives. Immédiatement au-dessous d'elles s'insèrent d'autres plumes qui descendent plus bas sur les ailes, et s'appellent les grandes couvertures des ailes. On les désigne quelquefois aussi sous la dénomination de tectrices. Les grandes couvertures des ailes présentent souvent en leur milieu une plaque rectangulaire ou ovale qui se découpe brillamment sur le fond par la disparate des couleurs. Cette plaque, qui est rectangulaire chez la plupart des oiseaux d'eau, a nom le miroir. Le canard sauvage, la sarcelle, l'épeiche, le chardonneret, ont des ailes à miroir.

Les pennes de l'aile sont également couvertes en dessous par de courtes tectrices qui sont dites tectrices inférieures.

Les ailes sont dites *aiguës,* quand les pennes les plus extérieures sont en même temps les plus longues; *obtuses,* quand ce rang de longueur appartient à la troisième ou à la quatrième penne; *rondes* ou *surobtuses,* quand la penne la plus longue est celle du milieu.

L'aile suraiguë s'entend de celle dont la première penne dépasse en dimension toutes les autres, oiseau-mouche, martinet.

La rapidité des ailes est en raison de l'acuité des rémiges, mais leur force n'est point en raison de la longueur des supports. La largeur et la brévité combinées du bras qui donnent au martinet et à l'oiseau-mouche leurs ailes suraiguës, étroites, infatigables, offrent les meilleures conditions de solidité et de vitesse.

Les pennes de la queue sont dites les pennes *caudales* ou simplement *rectrices.* Elles sont habituellement au nombre de douze, rangées symétriquement, et elles se comptent par paires. Les deux pennes du milieu sont celles dont la dimension varie le plus; elles prennent parfois un développement considérable, comme chez le faisan, le coq, le guêpier, le paille-en-queue, etc. Elles sont les plus courtes chez les oiseaux à queue fourchue, comme le milan, le chardonneret, l'hirondelle de cheminée. M. de Blainville a donné à cette paire de rectrices le nom de *coccygiennes,* sous je ne sais quel prétexte scientifique. C'est un très-vilain nom, auquel je préférerais infiniment celui de *capricieuses,* d'*excentriques* ou de *fantasques,* qui aurait l'avantage d'exprimer une idée, puisque cette paire de rectrices est celle qui se livre aux écarts les plus extravagants.

Les noms de la queue sont aussi multipliés que les caprices de sa forme. Il y a des queues en éventail, comme celles du paon, du dindon, de l'argus; des queues en forme de lyre, comme celle de la lyre magnifique; tectiformes ou en forme de toit, comme celle du coq domestique; des queues étagées, comme celles des pies et des pics, bifurquées ou fourchues, arrondies, etc.

Les plumes qui couvrent la partie supérieure de la queue à son origine sont dites les tectrices caudales supérieures; les plumes correspondantes au-dessous, tectrices caudales inférieures.

Le ventre, en langage anatomique, est toute cette partie *molle* qui commence où finit le sternum, promontoire de l'enveloppe osseuse de la poitrine, pour se terminer à la naissance de la queue. En langage de chasse, ce mot s'entend plus généralement de toute la partie qui se trouve audessous de la ligne de flottaison chez l'oiseau d'eau.

Les flancs sont les parties latérales abritées par les ailes à l'état de repos.

Les membres inférieurs de l'oiseau se divisent en quatre parties fort distinctes, dont l'ensemble représente bien au fond une disposition analogue à celle des membres inférieurs de l'homme, mais dont les divisions présentent des différences si grandes qu'il est difficile de ne pas se tromper à première vue à la comparaison. Ainsi la plupart des personnes étrangères à la science de l'anatomie comparée commettent journellement la méprise de prendre pour la jambe du coq cette partie du membre inférieur, habituellement nue, qui s'attache immédiatement au pied; et l'on dit en langage vulgaire d'une personne peu favorisée sous le rapport des mollets, qu'elle est *jambée comme un coq*. Or cette locution pittoresque couvre une erreur profonde : les coqs appartiennent précisément à la famille de volatiles la mieux partagée en mollets. Cette erreur vient de ce que le vulgaire confond la jambe avec le tarse, et de ce que le tarse, qui est le cou-de-pied chez nous, prend chez les mammifères, et surtout chez les oiseaux, un développement beaucoup plus considérable. Mais procédons par ordre.

Le membre inférieur se divise donc chez l'oiseau en quatre parties distinctes, la cuisse, la jambe, le tarse et le pied.

La cuisse, qui s'insère au bassin, offre une analogie parfaite avec celle de l'homme sous le rapport de la conformation intérieure. Elle n'a qu'un os situé dans la partie médiane et qui s'appelle le fémur, et elle s'articule avec la jambe au moyen d'une charnière mobile qui figure exactement le genou; seulement sa direction, au lieu d'être verticale comme chez l'homme, est presque parallèle au sens longitudinal du corps, et au lieu de sortir presque entièrement du corps, elle y demeure presque complétement renfermée, et c'est la jambe proprement dite, avec laquelle elle fait un angle obtus, qui semble tenir à sa place le rôle que joue la cuisse chez les bipèdes sans plumes. La jambe est cette partie que nous appelons le pilon dans le poulet; elle est très-développée chez les oiseaux coureurs et ordinairement couverte de plumes. Elle s'articule avec le tarse au moyen d'un second genou qui a accaparé ce titre. Le tarse, qui est presque toujours nu au contraire, est la portion du support qui sépare le pied de la jambe. Il est essentiellement dépourvu de chair, mais possède en échange de robustes tendons qui communiquent le mouvement du corps au pied et réciproquement. De la hauteur et surtout de la vigueur de ce tarse dépend rapidité de tous les animaux coureurs, l'autruche et le lévrier y compris.

Le genou remplit sa fonction de charnière avec une docilité merveilleuse, et tous les grands échassiers, comme la grue, la cigogne, ainsi qu'une foule de palmipèdes, profitent de cette complaisance pour dormir sur une seule jambe, spectacle qui vous surprend toujours et vous force involontairement à rêver. Le mécanisme qui permet à la cigogne d'affecter cette pose pittoresque est fort simple. L'os supérieur s'insère dans l'inférieur comme un moignon d'invalide dans sa jambe de bois, et les deux os s'emboîtent pour former un seul support vertical continu qui a pour appui sur le sol le large pied du palmipède ou de l'échassier.

Le genou est renflé dans quelques espèces, comme chez l'œdicnème, qui prend son nom de cette disposition particulière, à l'instar du roi Œdipe, dont le nom veut dire pieds gonflés. Quelques oiseaux coquets, comme le mâle de la poule d'eau, portent une jarretière ou un bracelet de couleur au-dessus du genou ; car il faut bien le reconnaître, l'homme et la femme elle-même n'ont pas inventé un seul moyen de s'embellir dont les oiseaux ne leur aient suggéré l'idée ou taillé le patron.

Le propre du tarse est d'être nu, celui de la jambe d'être couverte. Mais cette règle générale admet de nombreuses exceptions. Il n'est même pas rare de voir dans la même famille des espèces qui portent des pantalons tombant jusque sur les doigts des pieds, tandis que d'autres s'en tiennent à la culotte. Les plus grands échassiers ont, outre le tarse, une partie de la jambe nue. Quelques espèces, en revanche, ont le tarse emplumé. Les oiseaux de proie nocturnes, qui sont naturellement plus douillets que leurs cousins germains, les éperviers et les aigles, portent des gants fourrés qui leur couvrent les doigts jusqu'à la naissance des ongles. Les lagopèdes, (*pieds de lièvre*), qui ne sont pas des oiseaux amis du luxe, mais qui vivent dans les neiges, ont les doigts garnis de duvet, en dessus et en dessous.

Le tarse est dit *squammeux*, quand il semble couvert d'écailles comme chez le balbusard; *réticulé*, quand la peau qui le recouvre offre à l'œil une certaine ressemblance avec les mailles d'un filet; *éperonné*, quand il est armé d'ergots et d'éperons.

Le pied de l'oiseau, dans sa forme normale et dans son développement le plus parfait, se compose de quatre doigts, trois en avant, un en arrière : ce dernier s'appelle le pouce; il fait habituellement opposition aux trois premiers.

Le doigt du milieu, dit le *médian*, est ordinairement le plus long des trois. Le doigt qui regarde l'extérieur est dit le doigt *externe*, celui qui regarde l'autre pied l'*interne*.

Cette disposition n'est que générale et non universelle. Dans l'ordre des oiseaux d'eau comme dans celui des oiseaux de rivage, et parmi beaucoup d'autres espèces appartenant à d'autres ordres, le pied possède bien ses quatre doigts, mais le pouce ne fait pas opposition aux trois doigts de devant. Tantôt il s'insère à l'arrière, mais à une élévation trop grande pour être utile à la marche; tantôt à droite, tantôt à gauche; quelquefois même il pousse l'esprit de fantaisie jusqu'à se diriger vers l'avant.

Quelquefois les quatre doigts du pied s'accouplent par paires, deux à l'avant, deux à l'arrière : c'est la disposition particulière qu'ont adoptée les grimpeurs.

Non-seulement la disposition relative des doigts n'est

pas fixe, mais le nombre même de ces doigts varie. Ainsi un grand nombre de familles et d'espèces ne possèdent que trois doigts. En ce cas-là, et le plus fréquemment, c'est le doigt de derrière ou pouce qui disparaît. D'autres fois, mais plus rarement, le doigt de derrière persiste et l'avant ne se compose plus que du médian et de l'externe. Quand le pied n'a que deux doigts, comme chez l'autruche, il ne reste plus que le médian et l'externe.

Les ongles sont dits *rectilignes* quand ils ne font qu'une même ligne droite avec le doigt et qu'ils posent à plat sur le sol. Les qualifications de *crochus* et de *tranchants* portent leur signification avec elles. Un ongle *rétractile* est celui qui a la faculté de se replier dans son étui comme la griffe du chat ou le crochet à venin de la vipère. Les oiseaux de proie les mieux armés n'ont pas seulement les ongles tranchants, crochus et rétractiles, ils les ont encore *canaliculés*, c'est-à-dire creusés en gouttière pour laisser écouler le sang.

Les oiseaux de proie et les perroquets ont des mains prenantes; leur tarse par conséquent devrait prendre le nom de bras.

Les bigarrures qui décorent les diverses parties du plumage de l'oiseau ont reçu leurs différents noms de leur forme. Ainsi la poitrine du faucon-pèlerin à sa sixième mue est historiée de *larmes* ou de *virgules;* celle de l'autour et celle du coucou sont *striées* de bandes transversales. Une strie est une rangée d'écussons contigus qui finissent par s'articuler et par former une ligne droite ou une barre. Ces barres, en se multipliant, ont grand soin de conserver leur symétrie et leur parallélisme pour flatter le regard. Elles sont dites longitudinales quand elles courent dans le sens de la longueur de l'oiseau, et transversales quand elles courent dans le sens de la largeur. Il y a des oiseaux de proie qui, après avoir porté la barre transversale ou la longitudinale dans leur jeune âge, prennent l'autre dans l'âge adulte. Les perdreaux et les faisandeaux *piquent la maille* à leur première mue, qui a lieu à leur premier automne; mais la plupart des oiseaux de luxe ne revêtent leur plumage de noces qu'au printemps. La grive, la farlouse, le becfigue, ont le plastron *grivolé* ou marqué de *grivolures*. Ce dernier mot, n'en déplaise aux puristes, me va mieux que celui de grivelures, qui devrait vouloir dire voleries. Il y a des mouchetures, des perlures, des aiglures, des plaques, des épaulettes, des flammèches, etc. Il y a des pennes et des plumes rubanées, zébrées, lancéolées, écussonnées en manière de boucliers, imbriquées à la façon des tuiles ou des écailles de poisson. Les plumes *ocellées* sont celles qui sont couvertes d'yeux, comme celles de la queue des paons et des argus. J'aurai soin d'ailleurs d'expliquer le sens de toutes les expressions bizarres ou exotiques que mon respect pour les droits acquis des mots me forcera d'employer. Je pousserai même la déférence pour le vieux langage jusqu'à baptiser quelquefois une série, un groupe, un genre, d'un triple nom français, grec et latin, afin que chaque lecteur en trouve un à sa guise. Néanmoins je me servirai de préférence du latin francisé, et je n'aurai guère recours à la langue grecque que dans les cas extrêmes, ou par raisons d'euphonie. C'est ainsi que dans la classification d'après la forme du pied, où le mot doigt devra fréquemment revenir, j'aimerai à faire usage du vocable *dactyle*, qui veut dire doigt en grec, parce que ce mot sonne mieux à l'oreille que le mot latin *digitus* et le mot français *doigt*, lesquels sont complétement dépourvus d'harmonie terminale. Je ferai observer du reste que ce mot grec si commode a déjà passé dans la langue scientifique latine, qui écrit aujourd'hui *dactylus* sans scrupule.

Les renseignements qui précèdent étant plus que suffisants pour donner l'intelligence complète de tout ce que j'ai à dire, j'en reste là de ce chapitre, abandonnant volontiers aux maîtres de la science répugnante le monopole du scalpel et le droit d'entrer plus avant dans les entrailles de mon sujet.

CHAPITRE VI

Aspect général de l'oiseau de France. — Sa patrie, ses voyages.

L'oiseau définit la patrie : le pays où l'on aime, *ubi amor*. Cette définition me va mieux que celle du juif cosmopolite, *ubi fœnus*.

La patrie n'est pas non plus, comme disent les dictionnaires, l'endroit où l'on est né, attendu que nul ne choisit l'endroit de sa naissance. La patrie est avant tout la terre de l'élection du cœur. C'est la femme qui fait la patrie.

L'oiseau de France sera donc pour nous l'oiseau qui niche en France et passe en cette contrée la saison des beaux jours. On verra un peu plus loin pourquoi *terre natale* et *patrie* ne peuvent être synonymes dans la langue de l'oiseau.

Trois cent dix espèces d'oiseaux environ ont la France pour patrie, c'est-à-dire aiment en France, y nichent et s'y reproduisent.

Parmi ces trois cent dix espèces indigènes, un très-petit nombre, trente à quarante, sont sédentaires. On appelle sédentaires les oiseaux qui vivent et meurent au lieu qui les vit naître, comme la perdrix et le moineau franc.

Les deux cent quatre-vingts autres espèces sont dites voyageuses ou émigrantes, parce qu'elles quittent leur patrie tous les ans, à époque fixe. On les désigne en langue vulgaire sous le nom d'oiseaux de passage; mais cette qualification s'appliquant également aux oiseaux qui ne font que passer en France, je la repousse pour défaut de précision. Les espèces émigrantes ou voyageuses seront pour nous celles qui quittent leur patrie en même temps que le soleil et le suivent vers l'autre hémisphère, comme les cailles et les hirondelles. Pour cette cause, je demanderai la permission de les désigner quelquefois sous la dénomination d'*estivales*, c'est-à-dire qui passent en France leur semestre d'été.

Par une raison analogue, j'appellerai *hivernales* les espèces qui ont le nord pour patrie et que la rigueur du froid oblige à hiverner dans nos climats tempérés comme pour remplacer nos espèces fugitives. De ce nombre sont les cygnes, les oies sauvages, les pinsons des Ardennes et une foule d'autres oiseaux qui séjournent dans les régions arctiques pendant la saison des amours, et qui ne font que camper en France. Ces espèces-là sont les vraies passagères, les seules qui méritent chez nous le nom d'oiseaux de passage. J'en compte une cinquantaine, appartenant pour la plupart à la série des oiseaux d'eau ou à celle des oiseaux du rivage.

Ainsi la France nourrit temporairement ou à demeure environ trois cent soixante espèces d'oiseaux. Des ornithologistes patriotes ont porté ce chiffre à quatre cents.

Il arrive quelquefois encore qu'une tempête, un coup de vent terrible, des intempéries extrêmes, jettent sur nos plages méditerranéennes un oiseau égaré, dépaysé, perdu ; mais je n'ai pas cru devoir former une catégorie spéciale pour les rares naufragés dont j'aurai soin néanmoins de signaler les apparitions à leur heure.

Trois cent soixante ! c'est un chiffre harmonique, mai

un chiffre bien faible, si on le compare à celui des espèces qui vivent au Sénégal, à la Guyane, au Brésil et dans l'Inde. Mais il y a lieu de répéter, à propos de la faune des oiseaux de France, ce que j'ai déjà dit de la faune de ses mammifères : *Non quantæ, sed quales* (la qualité et non la quantité). Les oiseaux de France se recommandent plus en effet par les mérites de leur voix et les qualités de leur chair que par l'éclat et la variété de leur costume.

Les oiseaux s'habillent mieux dans le Midi que dans le Nord. La zone équatoriale est la zone de luxe pour tous les produits de la terre, et c'est là seulement que les oiseaux qui aiment à se couvrir de rubis, de topazes et de saphirs, peuvent se livrer sans crainte à leur amour désordonné de la parure ; parce que la flore de ces contrées heureuses, modulant sur tous les tons, fournit aux plus riches toilettes un fond éblouissant comme elles. Alors ce luxe de costume, qui serait extravagant et dangereux en Suède, concorde tout simplement à l'universelle harmonie dans les plantureuses forêts vierges du Brésil, du Mexique et d'ailleurs, où l'éclat de toutes les robes de la faune locale s'éteint dans la splendeur du manteau de pourpre et d'or qui revêt toutes choses, et qui empêche de scintiller les mouchetures du jaguar, les anneaux du boa, les brillants du collier de l'oiseau-mouche, les feux du lophophore. Mais dans les contrées disgraciées du soleil, où la nature n'admet que trois nuances, le gris terreux, le blanc de neige et le vert de feuille, la couleur de la robe des oiseaux et de celle des quadrupèdes doit fatalement, et pour des raisons analogues, virer du gris au blanc.

Les oiseaux de France semblent tenir du caractère industriel, progressif et voyageur de la population humaine des zones tempérées. Ils sont humbles d'habits et de taille.

Néanmoins la faune tropicale serait fort mal venue à accuser de pauvreté la faune d'un pays où chantent avec amour le rossignol, l'alouette, le rouge-gorge, le roitelet, le merle, le pinson, les fauvettes ; où s'engraissent avec béatitude le becfigue, l'ortolan, la caille, la bécasse, la bécassine, la grive, le râle, le faisan et le chapon du Mans et la poularde de Bresse, et tant d'autres créatures dodues et succulentes dont Dieu a semé cette prétendue vallée de misère et de larmes pour nous punir d'un crime que nous n'avions pas commis.

J'ai dit ailleurs les dons heureux dont la faveur du ciel a comblé ma patrie, ses femmes au parler séducteur, aux allures de sylphides, délices du genre humain, charmes de l'esprit et des yeux. Je n'ai point à revenir sur ces détails intéressants dont la répétition m'amuse, mais froisse l'étrangère. J'ai dit ses vignobles fameux, les amours du soleil ; ses raisins parfumés dont la chair savoureuse communique au gibier qui s'en nourrit un fumet supérieur ; ses vins dont le bouquet exquis allume en tous climats la poésie et les chants ; ses vins, source de désirs et de regrets sans fin pour qui les a goûtés. On sait pourquoi la France est le pays où l'on aime et où on boit le mieux. L'histoire des voyages des oiseaux nous dira à son tour pourquoi la France est le seul pays où l'on mange...

La France est le seul pays d'Europe où l'on mange, parce que la France est le seul pays d'Europe où le gibier-plume aime à être mangé.

Mais la solution de ce problème délicat se relie si intimement à l'histoire des migrations périodiques des oiseaux, d'où elle découle en manière de conclusion triomphante, que la logique me condamne à couper court dès le premier mot à la question gastrosophique, pour revenir à la question des passages, n'étant pas de bonne logique, à mon sens, que la conclusion précède les prémisses. Reprenons donc, puisqu'il le faut, notre premier récit : jetons un coup d'œil rapide sur l'ensemble des évolutions mystérieuses de l'oiseau ; assistons un moment, spectateurs attentifs, à ces grandes manœuvres des armées aériennes qui s'opèrent tous les six mois au-dessus de nos têtes, au printemps et à l'automne ; observons le défilé de chaque corps principal ; dessinons à larges traits la carte itinéraire des bandes voyageuses en fixant sur le sol l'ombre de leurs ailes, et marquons d'un signe particulier les étapes, les lieux de réfection, les séjours [1]. Cette étude importante nous permettra de dresser en courant l'inventaire des richesses ornithologiques et cynégétiques de la France, sujet immense de joie et de tristesse, de consolation et de deuil,... après quoi nous reviendrons à la solution de la question culinaire.

Il est dans l'ordre des oiseaux voyageurs appartenant à nos zones tempérées des espèces ennemies du repos que

[1] L'auteur eut une fois l'idée de faire exécuter ce plan en une manière d'atlas cynégétique, qui se fût composé d'une série de cartes itinéraires des oiseaux. Nul doute que l'adjonction de cet Appendice au présent recueil n'en eût augmenté l'intérêt. L'auteur avait même eu ce singulier bonheur de rencontrer pour ce travail le concours gratuit et empressé de deux officiers distingués de l'état-major, tous deux dessinateurs habiles, rompus aux difficultés de l'œuvre et passionnés pour l'étude de l'histoire naturelle. Cependant il dut renoncer à l'entreprise, sur l'observation qui lui fut faite que l'atlas demandé eût exigé à lui seul un volume et un volume de format plus grand et plus cher que celui du texte, et que les gravures, pour bien faire, eussent dû être coloriées. Du reste le sujet prête et l'idée serait bonne à reprendre pour le cas de l'édition de luxe du *Monde des Oiseaux* qui nous a été quelquefois proposée. Qu'il nous soit permis, en attendant, de nous emparer de la circonstance pour remercier nos deux amis, les capitaines B.... et de V...., de l'offre cordiale de leur précieux concours, témoignage probant de leur sympathie pour notre œuvre.

la passion désordonnée du changement de lieu pousse chaque année du pôle nord au pôle sud, et qui ne s'arrêtent réellement dans leurs courses que là où leur manque le sol. Or cette passion, comme on pourrait le croire, n'est pas exclusive aux familles que la nature semblerait avoir plus spécialement appropriées à cette destinée vagabonde. C'est ainsi, par exemple, que la caille au vol lourd et pénible, et qui ne voyage que la nuit, rivalise pour l'amour des expéditions aventureuses avec les plus fins voiliers de l'air, les hirondelles et les étourneaux, qui voyagent de jour. La caille quitte au mois d'août les rivages du Cap Nord et de la mer d'Archangel, et s'avance dans l'hémisphère austral jusqu'aux derniers confins de la mer du Midi, jusqu'au cap de Bonne-Espérance, deux ou trois mille kilomètres par delà l'équateur, traversant de bout en bout le continent d'Europe et le continent africain, séparés l'un de l'autre par une mer. Dieu a voulu qu'il en fût ainsi pour que chaque contrée de la terre eût sa part de cette manne céleste qu'il fait pleuvoir indifféremment sur les continents et les îles, sur les déserts brûlants et les vertes prairies.

Plus vagabonds, plus aventureux et plus capricieux encore que les cailles et les étourneaux sont les oiseaux de rivage à la vaste envergure, qui ne peuvent tenir en place et prétextent des moindres affollements de la girouette pour entreprendre immédiatement des voyages de long cours; oiseaux inquiets et remuants, qui, pour trop fréquenter les grèves, semblent avoir pris à la mer qui les baigne quelque chose de l'inconstance et de la mobilité de ses flots.

Beaucoup de ces espèces voyageuses s'arrêtent en deçà de l'équateur, comme les tourterelles, les râles, les bécasses; quelques-unes même en deçà de l'Atlas, comme les bisets et les palombes. D'autres, comme le rouge-gorge et la grive, n'osent pas même tenter la traversée de la mer d'Afrique, et passent la rude saison dans les contrées les plus méridionales de l'Europe, Andalousie, Portugal, royaume de Naples, îles de l'Archipel, de l'Adriatique ou de la Méditerranée. D'autres encore, comme l'émerillon, la crécerelle, les foulques, les canards, l'outarde, le pinson, etc., qui ont vu le jour dans les provinces du nord ou du milieu de la France, choisissent tout simplement pour leurs quartiers d'hiver nos provinces du Midi. Il est telles espèces, enfin, comme l'alouette, dont les migrations ne vont pas plus loin que d'un département à l'autre, quelquefois même d'un arrondissement à l'arrondissement contigu. Ces espèces-là vagabondent plutôt qu'elles n'émigrent. L'oiseau des cimes neigeuses, comme l'accenteur des Alpes, qui se borne à descendre pendant l'hiver au rez-de-chaussée du pic qu'il habite pendant l'été, ne peut pas être non plus réputé voyageur.

Or, à mesure que les espèces frileuses et délicates de poitrine abandonnent nos climats pour aller retrouver ailleurs les insectes, les graines et les fruits que font éclore et mûrir les rayons du soleil, la même cause, comme je l'ai déjà dit, peuple de nouveaux hôtes nos régions désertées. Le froid qui chasse de nos forêts, de nos eaux et de nos plaines les becs-fins et la caille, y ramène la bécasse, les oies et les canards, et cette masse innombrable de palmipèdes étoffés que nourrissent dans leurs roseaux les lacs marécageux de la Finlande, de la Laponie, de la Suède, ces antiques officines de barbares qui ne vomissent plus aujourd'hui, grâce à Dieu, que des nuées de gibier-plume sur les douces contrées du Midi. Ces grands oiseaux, les grues, les oies, les cygnes, traînent naturellement à leur suite les rapaces qui les mangent.

Les émigrations périodiques dont je parle n'ont pas toutes lieu du nord au sud et réciproquement. Toutes ces nuées de voyageurs ne suivent pas une ligne géométrique parallèle au méridien ; car plus d'une raison s'oppose à cette unité de direction. Quelquefois, ces émigrations se font du nord-ouest au sud-est. Ainsi nous voyons fréquemment une foule d'oiseaux de France en partance pour l'Afrique, dériver par les Alpes vers le Tyrol, la Lombardie, la rive orientale de l'Adriatique, et atterrir aux plages de Tripoli et de l'Égypte, au lieu de passer par l'Italie, l'Espagne et les îles de la Méditerranée pour aborder le littoral africain par Maroc, Alger, Tunis, qui semblent les points naturels d'arrivée et de départ du convoi en ligne directe. Les mêmes anomalies se peuvent observer au retour. Ces anomalies ont pour cause première la variation des vents qui soufflent dans les hautes régions de l'atmosphère vers l'époque des départs ; car les navigateurs de l'air sont tenus de conformer leur marche aux caprices des vents, comme les navigateurs des ondes ; et cette obéissance forcée explique en partie la prétendue inconstance des oiseaux voyageurs. Il a été constaté en outre par l'expérience que la plupart de ces oiseaux aimaient à cheminer par les nuits sereines, à la clarté du flambeau de la lune. L'obligation d'attendre la coïncidence de ces deux conditions de départ, lune et vent favorables, donne une raison de plus de l'irrégularité de l'époque des passages périodiques, dont la date varie quelquefois d'un mois à six semaines entre une année et l'autre. Une multitude de circonstances locales, provenant des intempéries outrées, telles que débordements, inondations, sécheresses excessives, froids ou chaleurs extraordinaires, sont également de nature à déterminer un changement de front ou du moins une demi-conversion dans la marche de l'armée volante. Parfois l'apparition fortuite de nombreux insectes ou l'abondance extraordinaire de certains fruits, de certaines graines dans tel canton forestier, dans tel bassin de fleuve, aura suffi pour y appeler une masse de volatiles ambulants à peu près inconnus dans le pays avant ce jour et qu'on n'y reverra pas de toute la durée d'une vie d'homme. Ainsi les martins-roses et le faucon à pieds rouges, qui affectionnent les grillons d'un appétit tout spécial, n'apparaissent dans les plaines du Midi qu'à la suite d'une éruption formidable de ces insectes, et l'on compte quelquefois une dizaine d'années d'intervalle entre deux apparitions de martins-roses. Il en est de même du bec croisé du Nord. La présence de cet oiseau dans nos provinces méridionales ne s'explique jamais que par la générosité insolite de quelque arbre vert qui aura porté fruit cette année par hasard. J'ai remarqué que les pigeons ramiers de la Lorraine émigraient peu, malgré les plus grands froids, dans les années à glands, années, par parenthèse, qui commencent à devenir extrêmement rares en France, où la terre semble s'user pour le chêne comme elle est usée déjà pour l'aulne et pour le châtaignier. Les années d'inondations désastreuses, comme celles de 1836, 1840, 1846 et 1856, voient affluer sur les eaux de nos fleuves transformés en petits bras de mer, des types de palmipèdes qu'on aurait crus exclusifs aux lacs hyperboréens des deux continents d'Amérique et d'Asie, et qui ne se déplaceraient certes pas de la sorte sans de graves motifs de curiosité. Il m'est arrivé trop souvent, comme à tous les chasseurs, de prédire de furieux passages de rouges-gorges, de cailles ou de bécassines, à la suite de certains dérangements atmosphériques et de me tromper lourdement. Quelquefois aussi le sort a voulu que l'événement dépassât mes prophéties. J'avais annoncé en 1841, dans le *Journal des chasseurs*, une simple nuée de marouettes, il en tomba un déluge.

Toutes ces raisons, et plusieurs autres qui sont demeurées des secrets entre les bêtes et Dieu, expliquent d'une manière satisfaisante pourquoi les printemps et les automnes qui amènent parfois de si prodigieuses quantités de cailles, de pluviers et de bécassines, sont suivis de printemps et d'automnes qui leur ressemblent si peu.

Il est très-naturel encore que les oiseaux voyageurs, qui ont été créés pour vivre et passer un semestre sous une certaine latitude, s'amusent à visiter en flânant tous les points de la vaste zone qui leur fut assignée pour demeure par décret du Très-Haut. Les voyages ont servi de tout temps à fortifier l'intelligence et les muscles. Aussi les oiseaux émigrants, qui sont à belle école pour s'instruire, sont-ils généralement d'une force prodigieuse sur la géographie. Nos pigeons de colombier, qui s'en vont de Paris à Bruxelles en droite ligne, et qui *reconnaissent* à première vue des pays *qu'ils n'ont jamais traversés*, comblent d'admiration le badaud civilisé, pour qui l'idéal de la science est de savoir par cœur le nom des principales capitales de l'Europe et des fleuves qui les baignent. Mais que sont ces tours de force, encore une fois, en regard des exercices de cinquante autres espèces? Il est telle cigogne de la Frise qui sait la latitude, le nom et la hauteur de toutes les cathédrales de l'Europe, de la Baltique à la Méditerranée, qui donnera rendez-vous à une amie sur le faîte d'un édifice, à deux mille kilomètres et à quinze jours de distance, et qui se croirait déshonorée de ne pas arriver, heure militaire, au lieu dit. Il y a telle bécasse de l'Islande, tel canard du golfe de Bothnie, qui savent mieux que pas un de nous le gisement de chaque flaque marécageuse de nos forêts, de nos plaines, pour y avoir barboté avec agrément pendant une seule demi-heure de leur vie, et qui retomberont dessus les yeux fermés, à dix ans de distance, sans hésitation ni détours. Et remarquez que la bécasse et le canard sauvage travaillent de nuit, tandis que le pigeon tant admiré ne travaille que de jour; remarquez que la bécasse et le canard feront des traites de quatre à cinq cents lieues au besoin, et sous la seule impulsion du caprice, tandis que le pigeon domicilié chez nous a pour stimulants de vitesse les deux plus puissants mobiles du cœur de tous les êtres, l'amour et la famille.

Tout le monde connaît l'histoire de cette famille de rouges-queues qui nicha pendant vingt ans, de mère en fille, dans le corps de pompe d'une maison, subit un changement forcé de domicile de trois ans par le fait de la destruction de la machine hydraulique, et s'y réinstalla de nouveau quand des réparations convenables eurent remis les lieux en état. Ceci n'est plus simplement un miracle de la mémoire des yeux élevée à la trente-deuxième puissance, mais bien un fait d'enseignement oral, une transmission d'idée par le langage, un souvenir du souvenir d'autrui. Je crois un peu, comme la nièce de Descartes, que sa fauvette avait du sentiment.

Nous disons donc qu'il n'y a pas émigration proprement dite quand les voyages des oiseaux ont lieu de l'est à l'ouest, parallèlement et non perpendiculairement à l'équateur; quand il n'y a, en un mot, que simple déplacement au milieu d'une zone isotherme et non changement de climat. Ce déplacement ne peut plus être considéré que comme une simple promenade provoquée par le besoin d'exercice qui tourmente la gent emplumée, et qui est cause que l'on retrouve à l'autre bout du monde et sur la majeure partie des points du parallèle de la France la plupart des oiseaux vagabonds de ce pays. Les naturalistes Van Siebold et Burger, qui avaient été chargés par le gouvernement hollandais d'une mission scientifique au Japon, trouvèrent dans ce pays, de mœurs et de costumes impossibles, cent dix espèces au moins de nos oiseaux indigènes.

Il faut bien se figurer, du reste, que cette expression de l'autre bout du monde, qui conserve encore pour quelques immobilistes d'entre nous une signification romanesque, n'a rien que de très-banal et de très-vulgaire pour des oiseaux comme l'épervier, l'étourneau et la bécassine, qui font sans se gêner leurs trente lieues à l'heure, partent au vent qui leur va, stationnent où bon leur semble. Un voyage à l'autre bout du monde, c'est tout bonnement, pour la plupart de nos oiseaux bons voiliers, un simple déplacement de quelques jours, puisqu'il n'est pas de martinet de nos églises, bien portant, qui ne fasse en se jouant ses trois à quatre cents lieues par jour. Les cailles elles-mêmes, qui seraient les oiseaux voyageurs les plus lourds si le râle et le grèbe n'étaient pas inventés, les cailles, si paresseuses devant le chien en septembre, opèrent leur traversée avec une vitesse minima de quinze et vingt lieues à l'heure; à preuve qu'on retrouve encore dans leur jabot, lors de leur débarquement en Sicile, en Sardaigne ou en France, les graines recueillies en Afrique la veille, à quelques centaines de lieues de là. Il n'est pas rare que les chasseurs de la région des grands lacs d'Amérique tuent le soir des pigeons qui ont déjeuné le matin avec du riz de la Caroline, à trois cents lieues plus au sud.

Cette habitude qu'ont prise un certain nombre d'oiseaux voyageurs d'aller digérer leur nourriture à un millier de kilomètres de l'endroit où ils l'ont prise, a fourni pendant très-longtemps à la science botanique les seuls renseignements qu'elle possédât sur la flore de l'intérieur du continent africain. C'est aussi par le témoignage d'une cigogne qui eut le courage de rapporter à Bâle en Suisse une flèche dont elle avait été traversée de part en part vers les bords du lac Tschad, que les armuriers de Londres ont acquis la certitude que le fusil à piston n'avait pas encore pénétré chez les noirs habitants de cette contrée mystérieuse.

Je me suis laissé dire que quelques oiseaux de long vol s'étaient sentis piqués au vif par l'invention de la machine à vapeur et du ballon, et reculaient de jour en jour les limites extrêmes de leurs pérégrinations. On m'a affirmé notamment que les étourneaux, qui avaient complétement dédaigné jusqu'à ce jour les champs de l'Australie, s'étaient décidés récemment à lancer quelques essaims de voyageurs dans ce continent bizarre et fécond en fourmilières, parce qu'ils avaient entendu dire que les Anglais avaient fondé là un empire florissant. Cette préoccupation jalouse n'a rien qui me surprenne de la part d'un volatile à qui les déplacements coûtent si peu, ainsi que son nom l'indique, et qui aime d'ailleurs à se réchauffer les pattes aux toisons des brebis. On sait que l'éducation des bêtes à laine était la principale industrie de la Nouvelle-Hollande avant que l'idée ne fût venue à ce continent étrange de faire concurrence à la Californie. Les oiseaux voyageurs se sont plaints de l'exiguïté de ce globe avant nous.

L'ordre que suivent les convois d'émigrants dans leur marche explique d'une façon fort simple pourquoi terre natale et patrie ne sont pas synonymes dans la langue des oiseaux.

Les émigrations périodiques et semestrielles, les expéditions régulières qui ont lieu du nord au sud et réciproquement, ne se font pas tout d'un coup et du jour au lendemain, comme il est facile d'en juger par l'exemple de l'indécision touchante des cigognes et des hirondelles, oiseaux amis de l'homme, qui habitent sa demeure et ne l'abandonnent jamais sans lui adresser leurs adieux. Avant de s'embarquer pour le long voyage, on s'assemble sur les combles de quelque haut édifice, sur la cime dépouillée d'un vieil arbre, quelquefois au sein des prairies : on discute la route à suivre, les inconvénients et les avantages de telle ligne, les filets, les chiens, les oiseaux de proie; on écoute les communications des estafettes apportant les nouvelles de l'approche et de la direction des convois du Nord qui ont pris l'initiative du mouvement; on procède enfin au triage des émigrants, opération essentielle et condition première de discipline et de régularité dont une longue expérience a démontré la sagesse. Aux plus vieux qui ont déjà fait la route, et qui ont d'ailleurs subi la mue de meilleure heure que les jeunes, l'honneur de marcher les premiers et de serrer les pôles au plus près.

On a eu vent que de nombreux corsaires, ayant nom l'aigle, le faucon, le milan, l'épervier, l'émerillon, croisaient au débouché des principales routes d'étape, affriandés par l'espoir du carnage et l'attrait du fruit nouveau. Il faut donc, pour affronter ces passes périlleuses et soutenir vaillamment ce premier choc, des voiliers courageux, expérimentés et rapides; rapides, c'est le point essentiel. Et tout d'abord le conseil des espèces à l'aile paresseuse décide à l'unanimité que le passage s'effectuera de nuit. Ce n'est pas que la nuit chôme d'assassins plus que le jour, mais la série des assassins des ténèbres (chouettes et ducs) est pleine d'individus plus ou moins amis du repos et comptant avec la fatigue, et qui généralement préfèrent la chasse du mulot trottinant menu sur le sol à celle de l'oiseau qui chemine dans les airs. Gibier-poil, gibier-plume, il y en a pour tous les goûts dans cette saison bienheureuse où l'émigration des campagnols opère une diversion avantageuse à l'oiseau voyageur.

La caille, la marouette, les râles, les foulques, une foule de becs-fins bocagers qui voyagent à petites étapes, adhèrent donc d'enthousiasme à la proposition de déménagement nocturne ; et plus d'un oiseau à l'aile vigoureuse, qui se défie de la puissance de son vol, n'a pas honte de recourir à ce moyen de salut. La grive, oiseau cher à Bacchus, s'excuse pour agir ainsi sur sa passion immodérée du fruit et du jus de la treille, qui la fait s'attarder jusqu'au soir dans les vignes du Seigneur ; elle objecte encore les pesanteurs de cerveau auxquelles elle est sujette vers le temps des vendanges, et enfin cette obésité fâcheuse qui a fait de sa chair, pour l'émerillon, le hobereau et la crécerelle, l'objet d'une ardeur insensée. Il n'est pas jusqu'au pigeon ramier lui-même et à son cousin germain le biset, à qui la vigueur de leurs ailes semblerait devoir inspirer plus d'audace, qui ne prennent toutes sortes de précautions pour dissimuler leur marche. Le ramier et le biset n'attendent pas pour partir la venue de la nuit ; seulement, comme ils redoutent presque autant la venue du jour, ils choisissent pour se lancer dans l'espace cette heure matinale où la brume, fille des nuits d'octobre, défend avec succès l'héritage maternel contre les clartés de l'aurore, submerge l'horizon dans un bain de ténèbres, et clôt de ses doigts humides l'œil perçant du douanier et celui de l'autour pour livrer grande ouverte au contrebandier et à l'oiseau voyageur la gorge des Pyrénées.

L'alouette, l'étourneau, les farlouses et les bergeronnettes, oiseaux diurnes par excellence et qui aiment à se jouer dans les rayons du soleil, ne voyagent que par les beaux jours ; mais que de fois mal leur a pris de leur témérité !

Conformément à la loi générale du mouvement, qui fait de la préséance le privilége de l'âge, les cailles, qui devront pousser leurs excursions hivernales jusqu'aux limites extrêmes du continent d'Afrique, devront donc justifier d'une campagne pour le moins et de deux années d'âge. Celles qui auront vu le jour en la présente année formeront le centre et l'arrière-garde, par rang de force et de primogéniture ; et ici la confusion n'est pas possible, car l'âge se reconnaît à la voix et au plumage, et les vétérans se montrent inflexibles sur l'article de l'admission des conscrits dans leurs rangs. Les cailles qui donneront le branle seront celles qui auront été nicher sous la calotte du pôle arctique, dans les plaines marécageuses de l'Islande ou dans les steppes herbus du gouvernement d'Arkhangel, pays où la saison d'amour ne dure que trois mois. Ces voyageuses intrépides entraîneront en passant leurs contemporaines de la zone tempérée à l'autre extrémité du globe, où séjourneront quelque temps les plus lasses avant de se lancer dans les hasards des nouvelles aventures. Puis, les vieilles cailles passées, viendra le tour des jeunes, qui partiront et se distribueront les étapes suivant l'ordre convenu ; c'est-à-dire que les cailles nées au printemps prendront la tête et s'en iront stationner vers les parages de l'équateur, et les cailles d'été en deçà de cette ligne. Les cailles tardives de l'automne qui auront assez d'ailes pour traverser la Méditerranée hiverneront au littoral de l'Afrique nord, de l'Égypte au Maroc ; celles qui se seront trouvées trop faibles pour tenter le passage se cantonneront aux gorges et aux vallées les plus chaudes des îles et des presqu'îles de l'Europe, ce qui sera cause que les chasseurs européens en rencontreront quelques-unes encore dans les palmiers nains de la Sicile, de l'Andalousie ou de la Capitanate. Quelques traînardes, enfin, de la ponte d'octobre, soit qu'elles aient été privées trop tôt des soins affectueux de leurs mères, soit qu'elles aient éprouvé des malheurs à la chasse, demeureront clouées par les infirmités et la faiblesse aux champs de la Camargue, du Languedoc et du Roussillon.

Par une raison analogue à celle qui fait que les vieux précèdent les jeunes dans les grandes émigrations périodiques, les mâles, qui sont toujours plus tôt prêts pour les voyages que les femelles, précèdent généralement celles-ci. Toutefois la règle générale souffre de nombreuses exceptions. Ainsi, dans l'espèce des pinsons, ce sont les femelles qui tiennent la tête; même chez les ortolans, ce sont les jeunes qui précèdent les vieux. Mais je fais observer ici que les migrations des ortolans et des pinsons, bien que régulières et périodiques, ne sont que des migrations pour rire. L'ortolan, qui ne fait qu'alterner de la Catalogne au Milanais, en passant par la Guyenne, le Languedoc et la Provence, ne voyage évidemment que pour son plaisir; le pinson, qui ne dépasse guère dans ses plus grands écarts les frontières de nos départements du Midi, fait son tour de France, et rien de plus. D'ailleurs, je ne suis pas sûr que la moitié de ces pinsons, qu'on prend pour des femelles à l'arrière-saison, ne soient pas tout simplement des mâles dépouillés de leur costume d'amour par la mue de septembre.

Maintenant, le même ordre de marche étant suivi pour le retour, pour l'émigration du pôle sud au pôle nord, il en résulte que les plus vieilles cailles, qui s'ébranlent les premières, s'établissent dans les contrées les plus septentrionales et y choisissent les places, reprenant quelquefois celles qu'elles y avaient occupées l'année précédente. Les jeunes, qui partent plus tard et qui savent d'avance que les places sont prises dans leur *pays natal*, ne remonteront pas jusque-là. Ainsi se gouvernent les coucous et même les hirondelles. Ces hirondelles de cheminée, qui reviennent quinze ans de suite au foyer familial, sont des hirondelles mères, les mêmes hirondelles qui définissent la patrie la maison où l'on a son nid. Mais les jeunes hirondelles ne reviennent pas toutes s'établir aux mêmes lieux que les auteurs de leurs jours ; elles se créent ailleurs une *patrie*. J'ai remarqué que les hirondelles de fenêtre, qui ne quittaient pas l'Afrique et s'arrêtaient dans leur émigration du printemps à nos villes d'Algérie, jouissaient généralement d'une complexion si délicate et si fragile que le moindre abaissement de la température suffisait pour les abattre par milliers sur le sol. J'en ai vu que le froid retenait prisonnières dans leur maison d'argile et faisait mourir sur leurs œufs.

La rapide exposition qui précède explique encore pourquoi, à de certaines époques de passage, les tendeurs et les chasseurs ne prennent ou ne tuent que des vieux ou bien des mâles, d'autres fois que des femelles ou des jeunes, et aussi pourquoi les premiers arrivants sont presque toujours les plus riches de taille et de plumage. Je crois cependant, je le répète, que chez les espèces qui ne font pas de longs voyages, ce sont les jeunes qui ouvrent la marche du convoi. Les tendeurs de Lorraine distinguent le rouge-gorge aux pattes noires, qui est le véritable rouge-gorge de passage, du rouge-gorge aux pattes blanches, qui est le rouge-gorge indigène ou le rouge-gorge de l'année, et qui passe le premier.

J'aurai à revenir plus d'une fois dans le cours de cette histoire sur cette importante question des migrations aériennes, si grandiose dans ses résultats, si curieuse dans ses causes, et qui donne à chaque ligne un démenti solennel à ceux qui accusent Dieu d'avoir placé l'homme et la femme sur cette terre pour leur faire endurer toutes les souffrances de la misère et toutes les tortures du besoin. J'aurai à ajouter à l'histoire spéciale de chaque oiseau la carte de ses voyages.

Tous les oiseaux vivant de chair ou de poissons, d'insectes, de fruits ou de graines, leur contrée de prédilection doit être celle qui leur offre la réunion la plus complète et la jouissance la plus continue de ces divers éléments de nourriture et de bien-être. C'est pour cela que la zone tropicale, où les fruits mûrissent en tout temps, où le froid ne solidifie jamais l'eau des fleuves et ne détruit jamais l'insecte, est la patrie d'un si grand nombre d'espèces volatiles. La France, qui gît par le 45e degré de latitude nord, juste à égale distance de l'équateur et du pôle, et qui doit à sa position cette adorable alternance de saisons et de climatures qui fait le désespoir et l'envie de l'habitant de la zone torride, la France, appelée à jouir des magnificences et des bienfaits de l'hiver, devait subir aussi les charges et les misères de la rude saison. L'hiver, qui tue les insectes et ameublit le sol, flétrit en même temps les fleurs; or, des tribus nombreuses, comme celles du colibri et de l'oiseau-mouche, qui vivent de l'insecte et du suc enfouis au calice des fleurs, ont besoin que la coupe embaumée où ils boivent ne se ferme jamais. Naturellement elles n'ont pu faire élection de domicile en Europe, quoique le colibri remonte parfaitement du Brésil et du Mexique à la Louisiane et aux États-Unis dans la belle saison.

Mais si nous comparons la France aux autres contrées situées sous la même latitude, nous reconnaîtrons du premier coup d'œil qu'aucune autre ne fut mieux partagée qu'elle, au jour de la distribution solennelle des eaux, des forêts et des plaines. Ainsi, la Flandre, l'Artois, la Picardie, la Normandie, la Bretagne, la Champagne, la Lorraine, la Franche-Comté, le Nivernais, le Berri, l'Orléanais, le Poitou, le Languedoc et la Guyenne, les deux tiers de la France, sont semés de lacs, d'étangs, de marais d'une étendue sans fin, qui offrent aux oiseaux d'eau d'innombrables demeures. Cinq cents lieues de côtes maritimes, de Dunkerque à Bayonne et de Port-Vendres à Antibes, y appellent tous les oiseaux de rivage, à l'ouest et au midi. Des forêts de toute essence, chênes, pins, sapins, bouleaux, hêtres, charmes, érables, frênes, y occupaient autrefois la cinquième partie de la superficie du sol, dix millions d'hectares environ, s'étendant sans interruption des Ardennes et du Palatinat, à l'est, jusqu'à l'extrême limite méridionale du Var, et couvrant d'un épais manteau de verdure les épaules et les flancs des Vosges, de la Côte-d'Or, du Jura, des Cévennes et des Alpes. L'Ouest et le Centre, de la Normandie et de la Bretagne jusqu'aux Pyrénées, pour être moins boisés que les versants montagneux de l'Est, ne laissaient pas que de fournir un magnifique contingent de nourriture et d'abri aux oiseaux des forêts. L'apanage de l'oiseau des bocages, des prairies, des plaines et des vignes, comprenait un parcours de 40 millions d'hectares, et il y avait des plaines humides pour le pluvier doré, le vanneau, la caille et les râles, comme des steppes arides pour l'outarde, le guignard, le ganga et la canepetière.

D'ailleurs, la France, assise sur trois mers au centre du continent européen, n'était pas seulement une étape obligée de la grande route du midi pour tous les émigrants du nord et du nord-ouest de l'Europe (Iles Britanniques, Hollande, Danemark, Suède, Norwége, Laponie et Islande), la nature en avait fait surtout une délicieuse station d'hiver pour une foule d'oiseaux d'eau, de la plaine et des bois.

La nature a bordé, en effet, les rivages français de la Méditerranée d'une riche ceinture d'étangs salés communiquant avec la mer, pour servir de refuge à tous les palmipèdes de la zone boréale. Elle a enclavé toute la France elle-même entre une chaîne interminable de hautes montagnes à l'est et l'Océan à l'ouest, ne laissant qu'une passe libre sur son territoire, celle du nord, afin que le gibier eût toute facilité pour y entrer et toute difficulté pour en sortir. C'est dans le but évident de multiplier les difficultés à la sortie qu'elle avait barré au gibier français ses deux portes principales du midi, la porte de l'Italie et celle de l'Espagne, par les deux barrières colossales des Alpes et des Pyrénées ...; deux hautes chaînes qui ferment les issues latérales, pendant que la mer bleue, avec ses menaces de tempêtes et ses horizons sans limites, condamne l'issue du milieu. Puis, pour rendre à tous les voyageurs captifs leur prison agréable, elle avait pris soin de couronner toutes les cimes et tous les plateaux élevés de la France d'une coiffure de sombres forêts dont le manteau protecteur abritait les vallées de la neige et les eaux de la gelée. Elle avait semé enfin sur les revers méridionaux des monts et des collines les baies et les graines qui enivrent et qui font passer aux voyageurs l'envie des autres lieux.

Ainsi avait fait la nature, et aussi longtemps que la main de l'homme n'a pas lutté avec trop de succès contre la générosité du ciel, tous les oiseaux du nord se sont abattus chaque année avec amour sur la contrée bénie, et les provinces du midi de la France ont été pour le veneur et pour le fauconnier la terre de promission. Mais la fureur de destruction qui consume le civilisé l'a emporté à la longue sur le génie du bien; le défricheur impitoyable a fini par jeter bas les forêts qui couronnaient les cimes des montagnes et protégeaient leurs rampes, et il a réussi à tarir dans leur source la fraîcheur des vallées. Le bourreau n'a pas eu de cesse qu'il n'eût livré au siroco et au mistral les champs du doux pays qui s'appelait la *Province* du temps de la domination romaine, comme Rome s'appelait la *Ville*, c'est-à-dire la province par excellence, la terre des délices. Alors les prairies plantureuses de l'Occitanie et les verdoyants bocages où s'aimaient autrefois Estelle et Némorin se sont convertis peu à peu en mornes Thébaïdes; les fleuves sont devenus torrents, et le gibier de passage des forêts et de la plaine a fini par désapprendre jusqu'au nom des contrées déshonorées du Midi.

Le gibier d'eau a continué d'hiverner dans les étangs contigus à la mer, parce que l'homme n'a pu parvenir encore à mettre ces grandes nappes d'eau à sec; mais la grive, le rouge-gorge, le proyer, l'étourneau et le merle n'ont pas attendu cette profanation dernière pour se détourner de ces rives maudites. Je ne crois pas que le midi de la France compte aujourd'hui deux cents espèces indigènes, en dépit de ses grands lacs, de ses climats divers, de ses hautes montagnes et de toutes les faveurs topographiques dont le ciel l'a comblé.

Quand on songe qu'il fut un temps où le sire d'Esparron, contemporain de Richelieu, écrivait *que si on cessait un moment de chasser les perdrix en Provence, elles rendraient en dix ans le pays inhabité*, ainsi qu'il arriva à la malheureuse ville d'Anaples, dont les habitants furent chassés de leurs demeures par les perdreaux : suite fatale de l'imprudence d'un étranger qui avait oublié un couple de ces oiseaux dans leur île. Hélas ! ce n'est pas l'exubérance de la population des perdrix qui menace aujourd'hui de rendre inhabitée la Provence; c'est bien plutôt l'absence totale de la perdrix et du reste, qui l'a rendue inhabitable; car la Provence n'est plus qu'un pays de chasse ridicule depuis que le lièvre, la perdrix et l'alouette y sont devenus des mythes, depuis surtout que la ferveur du culte de Diane, comme on dit toujours à Marseille, a crû en raison inverse du gibier.

Et si Marseille est la ville de France où, à population égale, il se dépense annuellement la plus grande somme d'esprit, c'est malheureusement aussi la ville où, la même proportion gardée, il se tue le moins de gibier et où il se brûle le plus de poudre. A Marseille, tous les oiseaux qui ne dépassent pas la grosseur de l'alouette sont réputés ortolans. Ortolan le verdier, ortolan le pinson, ortolan la linotte. Et ne vous avisez pas, comme j'ai fait, de protester au nom de la science contre l'exactitude de la qualification que le chasseur de la Canebière décerne si généreusement à tous les granivores. N'allez pas dire, pour le troubler dans ses joies : Ceci est un bruant, cela un chardonneret...; car le chasseur de la Canebière vous répondra par-dessus l'épaule gauche, et avec ce ton de souveraine indifférence et de fatuité adorable qui n'appartient qu'aux indigènes de cette rue sans seconde :

« *Il ne s'agit pas si c'est de bruants ou bien de sardonnerets à Paris; il s'agit que c'est d'ortolans à Marseille...* »

On sait que le suprême bonheur du badaud marseillais est de contrecarrer le badaud parisien dans toutes ses croyances de géographie, de chasse et de cuisine. Vous lui dites, vous de Paris, que Pondichéry n'est pas une île; le Marseillais vous répond avec calme et sérénité que tout le monde a le droit d'avoir son opinion là-dessus, mais que pour lui Pondichéry est une île. Le Marseillais, qui n'a jamais tiré sur un faisan, qui n'a jamais vu le cerf ni le chevreuil se jouer sur les galets de Ratonneau et de Pomègue, est nécessairement incrédule à l'endroit de l'existence de ces êtres mythologiques. Il se contente néanmoins de vous répondre par son sourire le plus sceptique, lorsque vous lui affirmez avoir forcé dix-cors, daguets, brocards. Il ne s'inscrira pas en faux contre vos prouesses, il se contentera de vous désigner désormais dans la conversation sous le nom de *ce Monsieur qui prend les cerfs*. Mais c'est surtout sur le chapitre de la cuisine parisienne que la verve du Marseillais est intarissable de mordant et de sel. Le Marseillais est plein de mépris pour le beurre qui ne croit pas dans les Craus de la Provence, plaines semées de cailloux, et où le roc est la seule forme que la végétation revête. Ce n'est pas de l'envie, mais bien de la pitié qu'il éprouve pour l'indigène des contrées plantureuses où le lait coule à flots; et l'on peut dire que si le beurre est le fond de la cuisine honnête dans tous les pays où l'on mange, il est en même temps le fond le plus inépuisable de la gaieté phocéenne. C'est un mauvais plaisant de la Canebière qui força un jour un voisin naïf et crédule en partance pour la capitale, où il allait se faire peindre, d'emporter son huile avec lui, lui jurant ses grands dieux que, sans cela, le peintre de Paris lui ferait son portrait au beurre!

J'ai parcouru naguère ces plaines caillouteuses où le sire d'Esparron vit prendre quarante-sept perdrix en un jour..., le même sire d'Esparron qui préférait son pays (la plaine d'Aix) à tout autre, parce que *le vol y était plus plaisant pour l'extrême variété du gibier*, le fauconnier n'ayant qu'à choisir, pour divertir ses oiseaux, entre la perdrix, le héron, le lièvre, la canepetière, le vanneau, le cocu, le sabat et le gabereau. Et sur cette terre, jadis privilégiée entre toutes, je n'ai rencontré que des affûteurs de poste à feu, peu habiles à distinguer l'ortolan de la bergeronnette, et nul parmi ces héritiers bâtards des illustres veneurs de Provence n'a pu me donner des nouvelles sûres du sabat ni du gabereau.

En ces temps de richesse que mes regrets font revivre, le tétras blanc des saules, encore une espèce disparue, peuplait le lit desséché des ruisseaux de ces plaines; le tétras blanc des saules, que le fusil à silex et le fusil à percussion ont également chassé des rives de l'Arno, et qui était aussi commun aux rives couvertes du Gardon, de la Durance et du Petit-Rhône que la canepetière et l'outarde dans les Craus, au dire de Bélon et de ses contemporains.

En ce temps-là encore, le lanier, le quatrième des faucons par l'intelligence et le cœur, posait régulièrement son aire aux roches de la corniche qui borde la mer de Provence, et le faucon pèlerin s'égarait volontiers dans ces giboyeux parages; car l'oiseau de proie n'a guère *d'attache* pour les demeures spéciales, et se tient naturellement là où sa nourriture abonde. Dites-moi ce qu'un oiseau mange, je vous dirai où il vit. Le lanier et le faucon pèlerin sont presque passés en Provence à l'état de mythes, comme le chevreuil, le lièvre et la perdrix, hélas!

Alors l'aigle royal, l'aigle criard, le jean-le-blanc, qui aiment à planer au-dessus de la région des nuages, inspectaient constamment du haut de leur observatoire leur populeux domaine, et tenaient suspendue sur la tête du faucon et de l'autour la menace de mort. C'est en ces plaines-là que l'on voyait s'abattre ces tyrans redoutés des airs qui prenaient d'un seul coup deux faucons et leur proie, tuaient le tout, et, dédaigneux d'y mordre, remontaient majestueusement vers le ciel, chargés des malédictions furibondes du fauconnier impuissant.

Les aigles et le jean-le-blanc, plus fidèles à la tradition que le lanier et le faucon pèlerin, sillonnent encore par échappées l'atmosphère azurée de la région du midi.

Les autres contrées de la France n'ont pas autant perdu que le midi à la sottise de l'homme, et j'ai pu dans mon enfance dénicher en Lorraine plus de cent soixante-dix espèces d'oiseaux, ce qui n'est pas encore le chiffre des existences locales. Le Berry, la Bretagne, la Normandie, le Jura, en nourrissent encore une grande quantité; mais la détérioration du climat et des demeures du midi a réagi douloureusement sur les demeures du centre, de l'est, de l'ouest et du nord.

Du jour, en effet, où l'oiseau qui avait coutume de passer la froide saison dans les régions méridionales de la France a été forcé de renoncer à l'hivernage de la Provence et du Languedoc, il a dû naturellement choisir pour nouvelle patrie ou domicile d'amour la contrée la plus rapprochée de ses nouveaux quartiers d'hiver. Alors la masse des émigrants s'est retirée plus à l'est, de l'autre côté des Alpes, vers la Bavière, la Hongrie et l'Autriche, aux lieux d'où il est le plus facile de passer en Italie, en Grèce, en Morée, en Épire. Les vastes eaux dormantes de la Hongrie, ses prairies inondées, ses forêts quasi-vierges, ses montagnes boisées et ses vallées fertiles ont, depuis une centaine d'années, le privilége d'attirer tous les six mois le gros des oiseaux voyageurs de l'Europe, en quelque sens qu'ils volent. La diminution qui s'est opérée dans le nombre des oiseaux de France par suite de cette déviation forcée a atteint à cette heure des chiffres désastreux. Elle s'est fait surtout sentir parmi les espèces bocagères et granivores, grives, rouges-gorges, merles, becfigues, alouettes, dont les forêts et les plaines de l'est furent pendant tant de siècles d'inépuisables pépinières. Heureusement que les oiseaux d'eau ont mieux tenu pour les causes plus haut exposées, et aussi les oiseaux de rivage, race éminemment capricieuse et mobile, mais à qui le flux et le reflux de la mer apportent soir et matin de splendides repas.

Si j'étais libre du choix de mon domicile de chasse, j'irais dès demain m'établir sur les rives du lac Balaton. La Hongrie d'aujourd'hui est le seul pays d'Europe qui puisse donner, au point de vue de la richesse ornithologique, une idée suffisante de la France d'autrefois.

Entre temps, l'accroissement déplorable de la population humaine qui force le rapprochement des hameaux et des bourgs, et qui convertit les villages en cités, rétrécissait de jour en jour le désert de la plaine, et le soc impitoyable de la charrue mordait sur la bruyère. Alors la grande outarde, la canepetière et le pluvier de terre, qui jadis arpentaient en bataillons serrés les steppes de la Champagne, de la Beauce, du Berry, du Poitou, de la Brenne, du Languedoc et de la Provence, ont reculé peu à peu devant les débordements de la culture; puis ces espèces ont fini par demander un asile à des contrées plus sauvages et plus respectées du laboureur. Et la Russie méridionale et l'Espagne, pays où la verdure brille par son absence, ont ouvert à ces peuplades fugitives leurs landes désolées, et les bords heureux mais calcinés du Tage sont devenus la patrie d'une foule d'émigrants.

Et en même temps que le défrichement des steppes chassait du désert champenois la grande Outarde, autruche de nos climats, le défrichement irréfléchi des forêts causait un vide parallèle dans la riche tribu des tétras. A l'est, le grand coq de bruyère, le superbe Auerhan, disparaissait des Vosges, et ses débris épars gagnaient la forêt Noire à tire-d'aile, où s'allaient confiner aux contrées les plus inaccessibles des Alpes. A l'ouest, il cherchait un refuge aux limites de la région des neiges pyrénéennes, lit d'agonie des espèces victimes et leur dernière station sur la voie de la mort. Je pleure sur les deux nobles races du grand coq de bruyère et de la grande outarde, honneurs perdus des plaines et des forêts de la Gaule, et dont ma génération avicide aura pu contempler les derniers survivants.

Assurément que s'il est une cause digne d'intérêt en ce monde, une cause capable d'absorber l'ambition d'un homme d'État vraiment digne de ce titre, c'est la cause de ces races d'élite menacées d'une extinction prochaine. Je parle de l'éléphant, de l'hippopotame, du rhinocéros, de l'aurochs, de l'élan, du daim, du bouquetin, du cerf, aussi bien que de l'outarde, du coq de bruyère et du faisan. Assurément que s'il est une loi dont l'urgence soit démontrée, c'est celle qui aurait pour effet d'arracher à une mort imminente le reste des plus magnifiques moules de la dernière création. Mais vainement l'ami des bêtes élève-t-il courageusement la voix en faveur des nobles victimes..., cette voix plaintive, semblable à celle de l'onocrotale dont parle l'Écriture sainte, s'éteint dans le désert, se perd dans le chaos des discordes politiques. Et pourtant chaque minute de retard que nous laissons courir sans nous occuper de cette œuvre est un crime de lèse-humanité, dont la génération actuelle se rend coupable envers les générations à venir.

Étrange et indéchiffrable logogriphe de la raison humaine! Nous sommes inexorables dans notre indignation contre les Érostrates et les Omars qui brûlent des temples ou des bibliothèques; nous décernons le prix de l'infamie suprême aux vandales qui écornent la moindre parcelle des trésors artistiques acquis à la génération vivante par la génération des aïeux, et nous n'avons pas même une imprécation charitable à jeter à la face de ceux qui détruisent criminellement l'œuvre de Dieu! Aveugles et insensés que nous sommes de ne pas voir que ces merveilles des arts, verbes de l'homme, sont indéfiniment ressuscitables, tandis que tous les efforts de la volonté humaine, armés de toutes les inventions de la science, ne sauraient parvenir à retirer du tombeau le cerf à larges bois, le bouquetin des Alpes, ni le dronte de l'île de France, verbes de Dieu éteints pour jamais, et que nous avons laissés descendre dans la nuit éternelle avec une indifférence stupide qui témoignera éternellement contre nous. Eh! quand on chaufferait les bains publics avec tous les livres ennuyeux, où donc serait le mal? Et quels ouvrages plus ennuyeux, plus assommants et plus lourds savez-vous, que ces traités de philosophie, de théologie et de morale, qui n'ont jamais servi qu'à enrayer le progrès! Et quel individu un peu sensé ne donnerait de grand cœur tous les théologiens et tous les moralistes pour ne plus avoir de philosophes! Quel homme de goût, par contre, ne déplore amèrement chaque soir la disparition du gibier! Otez-moi de la bibliothèque nationale tout ce qui a trait aux arts, à la poésie et à la science, le reste, se composât-il de 300,000 volumes, ne ferait pas trébucher un becfigue aux balances de ma raison.

Mais essayez donc de faire comprendre à des hommes du pouvoir l'importance de la question de l'outarde ou de celle du coq de bruyère au double point de vue de la gastrosophie et de la solidarité des générations humaines; et avisez-vous de prétendre que chacune de ces générations est comptable envers celle qui la suit de l'héritage qu'elle a reçu de celle qui la précède, et que son devoir est d'ajouter à la richesse du fonds commun, sa honte de l'amoindrir!

J'ai vu bien des ministres, hélas! se remplacer sur les tréteaux de la politique dans le cours de ces derniers lustres, et j'en cherche encore un, un seul, qui n'ait pas considéré comme plus urgent d'arrêter la propagande des théories socialistes que d'arrêter la destruction des animaux utiles. Déplorable illusion d'où sont nés tous nos maux! Mais hâtons-nous de rentrer en notre sujet, dont une politique odieuse voudrait nous divertir, et reprenons la question gastrosophique, l'intéressante question de l'embonpoint de l'oiseau.

La graisse, ai-je dit déjà, est un porte-manteau de voyage dont la nature force les oiseaux émigrants à se munir vers l'époque solennelle de leur départ d'automne. Or, comme rien n'est moins certain que l'état de l'atmosphère aux environs de l'équinoxe, rien de plus variable et de plus capricieux que les vents, rien de moins assuré que l'hospitalité des bords sur lesquels la tempête peut jeter l'oiseau voyageur, la nature, en mère prévoyante, a dû imaginer un moyen de parer à toutes ces éventualités de contre-temps, de famine et de misère dont il est menacé.

Dans ce but, elle a commencé par accumuler les ressources alimentaires aux lieux que l'oiseau va quitter; elle y fait mûrir à foison les fruits, les baies, les graines, en même temps qu'elle y fait pulluler les insectes. Elle a eu soin préalablement de munir l'estomac du voyageur d'un appétit proportionné à l'abondance des biens de toute sorte qu'elle a semés sous ses pas, et, après lui avoir fortifié le tempérament par quelques semaines d'un régime tonique, elle le fait avertir par un secret message, quelquefois par la voix d'un mentor de son espèce, des dangers et des privations de tout genre qui l'attendent au-dessus de l'horizon des mers. Elle lui révèle que la graisse est le seul grenier d'abondance, et surtout le seul magasin de combustible où l'oiseau puisse fouiller dans les jours de détresse, et elle le convie par toutes les amorces à jouir des richesses du présent et à thésauriser pour l'avenir.

Or, la logique exige que ce grenier d'abondance soit d'autant mieux fourni que les oiseaux sont plus délicats sur la nourriture, et plus exposés à ne pas rencontrer dans les contrées qu'ils ont à parcourir les aliments qui leur conviennent.

La nature *proportionne en effet l'épaisseur de la cuirasse d'embonpoint dont elle ceint les bêtes* aux privations et aux épreuves qui les attendent.

Alors il est facile de se rendre compte de l'obésité excentrique qui caractérise le becfigue, l'ortolan, la caille, la grive, la bécasse, la bécassine et tout le gibier-plume de France.

Car il suffit de jeter un coup d'œil sur la carte orographique d'Europe pour reconnaître d'emblée que les oiseaux voyageurs de France sont ceux qui ont à faire la traversée la plus longue et la plus périlleuse, étant condamnés à franchir la Méditerranée dans sa plus grande largeur, sinon à s'élever par-dessus les cimes glaciales des Alpes ou des Pyrénées, les plus hautes montagnes du continent européen.

La France, vue de très-haut et considérée dans ses rapports avec le gibier de passage, fait à l'observateur, comme je l'ai dit, l'effet d'une forte nasse d'où l'oiseau ne peut sortir sans de douloureux efforts une fois qu'il s'y est engagé.

Et voilà les deux causes qui obligent le gibier-plume de France à ceindre ses reins d'une triple ceinture de graisse, à l'instar de l'homme fort de l'Écriture.

Et voilà pourquoi la France est le seul pays où l'on mange !

La meilleure preuve que la graisse a été donnée aux oiseaux comme munition de voyage, c'est qu'il n'y a d'oiseaux gras que les oiseaux voyageurs, et que ces oiseaux ne sont gras qu'à l'époque des passages. De toutes les espèces de gallinacés de France la caille est la seule qui voyage ; c'est la seule aussi qui s'engraisse toute seule et sans le secours de l'épinette. Les dindes d'Amérique qui voyagent acquièrent un volume et un poids prodigieux.

Cette habitude de s'approvisionner d'embonpoint dans la prévision des mauvais jours n'est pas, du reste, particulière à l'oiseau. L'ours, le chameau, le bison, tous les animaux à bosse et tous les dormeurs la pratiquent. La bosse, qui n'est jamais chez l'homme qu'une boite à malice, est toujours chez les bêtes un de ces magasins de réserve dont je viens de parler. Le chameau n'aurait jamais porté la bosse s'il n'eût été destiné à fréquenter le désert où les malheureux navigateurs sont si souvent exposés à périr de soif et de faim. Dieu ne fait pas de l'art pour l'art.

Et en effet, c'est parce que le chameau a reçu mission de servir de vaisseau à l'homme à travers l'océan des sables, que la Providence l'a pourvu d'appareils perfectionnés d'équipement ; c'est dans ce but unique que Dieu a fait de la pauvre bête si disgracieuse de forme au premier aperçu une véritable merveille d'architecture animale, dont chaque pièce constitue un chef-d'œuvre. Car ce sabot qui vous semble d'une largeur si démesurée, et qui ambitionne la dimension du battoir, a été taillé de la sorte pour que l'animal pût glisser avec sa lourde charge sur la houle mouvante sans enfoncer ni broncher. Ces yeux trop ombragés ont été garnis d'un double filet de cils de soie pour intercepter les particules les plus impalpables de la poussière embrasée que le sirocco chasse dans l'air, et qui pénètre dans les appartements les mieux clos à travers les carreaux des vitres. Dieu a fait don au chameau d'un estomac à plusieurs compartiments pour que l'une des poches de cet estomac lui servît de réservoir de liquide en même temps qu'il lui a planté une bosse sur le dos, en manière de magasin de comestibles pour les en-cas de jeûne. Et de même que le chameau *boit dans son estomac* quand il est pressé par la soif, de même il *mange sa bosse* quand il est pressé par la faim.

Bien entendu que cette expression de manger s'applique ici à une autre opération que celle de la manducation ordinaire qui procède par la mastication, la déglutition et l'ingestion du bol alimentaire dans l'alambic stomacal. L'absorption de la bosse s'accomplit au moyen du procédé que les physiologistes appellent *résorption*, et qui se comprend parfaitement lorsqu'on dit d'un financier devenu maigre que sa graisse a fondu. La bosse du chameau est un magasin de graisse qui fond littéralement dans certaines circonstances au bénéfice du reste du corps, et qui profite du premier retour d'abondance pour reprendre ses dimensions primitives.

Le même phénomène s'observe chez le bison des prairies de l'Orégon et de la Californie, obligé, lui aussi, d'encaisser des provisions de richesse intérieure pour braver les rigueurs de la rude saison, où l'herbe disparaît parfois pendant des mois entiers sous d'épaisses couches de neige qui se solidifient peu à peu sous la pression du froid, et finissent par retenir l'infortuné quadrupède emprisonné dans un étau de glace.

L'ours n'a été avantagé d'une bosse à l'instar du chameau et du bison que parce qu'il a été condamné à dormir, c'est-à-dire à vivre sans travailler pendant une partie de la mauvaise saison.

On me demande pourquoi les loirs, qui sont si gras au mois d'octobre et qui passent aussi la majeure partie de l'hiver dans un sommeil léthargique, amassent néanmoins des provisions de noisettes pour les mauvais jours. L'anomalie s'explique d'une façon toute naturelle. Les loirs ne sont pas bêtes à travailler en pure perte comme tant de pauvres diables que je sais. Si l'automne leur a été propice et qu'ils aient eu la chance d'emmagasiner quelques provisions, ils interrompent leur somme pour se mettre à table, puis, le repas pris, se rendorment. Si leur garde-manger est vide, ils en sont quittes pour ne pas se réveiller et pour mettre philosophiquement en pratique l'adage écrit par eux : *Qui dort dîne.*

Je n'ai jamais entendu citer la bosse du chameau, pas plus que celle de l'ours, comme mêts de saveur princière et dignes de figurer dans la série des éprouvettes gastrosophiques. Ce doit être un oubli des cuisines civilisées et barbares, oubli contre lequel l'analogie m'ordonne de protester à haute voix.

Peut-être n'a-t-il manqué à la bosse du chameau et à celle de l'ours qu'un Cooper pour les immortaliser ! Où en serait, hélas ! la gloire d'Achille, fils de Pélée, sans Homère,... ou celle du preux Roland, neveu de Charlemagne, sans l'archevêque Turpin !...

L'ordre du jour appelle la classification.

CHAPITRE VII

De la classification ornithologique. — Critique des systèmes existants.

La France ne nourrit que trois cent soixante espèces d'oiseaux, chiffre qui ne représente pas même le vingtième des espèces répandues sur le globe. Or il semblerait au premier aperçu que la distribution hiérarchique des termes d'une aussi minime fraction dût offrir moins de difficultés que la classification de l'ensemble; mais c'est le contraire qui est vrai. L'ornithologie française possède, en effet, malgré la pauvreté de son mobilier, un échantillon de la plupart des types essentiels de la volatilie, ce qui fait que le travail de la classification locale diffère peu en somme de celui de la classification générale, et permet à peine de réaliser quelques économies de noms propres dans le détail; et encore ce chétif avantage se trouve-t-il largement réduit par l'obligation où se trouve le classificateur de signaler les lacunes de chaque série et de chaque ordre. Aussi, me suis-je décidé cette fois à en finir avec les difficultés du sujet, en traçant le tableau général de la classification ornithologique du globe, à propos des oiseaux de France. Bien entendu pourtant que je me bornerai à la distribution des étiquettes et des numéros d'ordre quant à ce qui est des espèces exotiques, et que je consacrerai exclusivement les discours de mon texte aux oiseaux de ma patrie.

J'ai dit ailleurs les vrais principes de la classification transcendentale, passionnelle et universelle. Rappelons-les en quelques lignes, pour le cas très-possible où quelque mémoire légère les aurait oubliés.

Les animaux de tous les règnes sont, à l'instar des végétaux et des minéraux, des moules particuliers de la passion humaine, des verbes inférieurs de Dieu destinés à annoncer le verbe typique supérieur de la création actuelle, qui est l'homme. Cette dernière phrase est malheureusement de celles que je suis condamné à répéter à satiété et jusqu'à ce qu'elle soit passée à l'état de lieu commun.

J'ai dit que puisque les choses étaient ainsi, le seul moyen rationnel et scientifique de distribuer l'harmonie dans les rangs d'un règne quelconque consistait à dresser l'échelle passionnelle des êtres inférieurs en regard de l'échelle passionnelle de l'homme, puis à classer chaque espèce dans le cadre correspondant indiqué par son étiquette analogique.

Puis j'ai exposé les raisons qui s'opposaient à l'application immédiate de cette méthode supérieure, et d'abord l'absence complète du tableau échelonné des huit cent dix caractères humains en majeur et en mineur...; et chacun a compris la difficulté que j'ai signalée en cette occasion, à savoir de tirer une copie d'un tableau qui n'existait pas.

Je le répète donc, si je n'ai pas cherché à dresser ce tableau du clavier passionnel humain, c'est que j'ai parfaitement compris que l'œuvre était au-dessus des forces d'un homme seul, et qu'elle exigeait le travail collectif d'un grand nombre d'académies morales et médicales pendant un grand nombre de lustres, plus le concours du triple génie de Molière, de Geoffroy-Saint-Hilaire et de Charles Fourier.

Et je me suis retiré d'autant plus volontiers de la lice, que je tenais de bonne source que la découverte de la loi de classification universelle ou de l'unitarisation des sciences était contemporaine des derniers jours des sociétés maudites, et que c'était en quelque façon l'arche d'alliance qui annonçait la réconciliation de l'homme avec Dieu. Alors, considérant l'esprit d'obscurantisme et de malice de ceux de mon époque, je me suis dit que les jours de la classification universelle n'étaient pas venus encore, et je me suis fait une raison.

D'ailleurs, s'il était au-dessus des forces d'un homme seul de dresser le tableau du clavier passionnel humain, et par suite de classer toutes les bêtes *analogiquement*, c'est-à-dire par rapport au *type supérieur*, rien n'empêchait cet homme de bon vouloir de classer ces êtres *méthodiquement* par rapport *à eux-mêmes*. Si le travail de la classification analogique et universelle était une tâche herculéenne, celui de la classification spéciale pouvait n'être qu'une œuvre simplement difficile, mais non pas hors de la portée d'une intelligence saine. Et même la formule du Gerfaut, qui relève de la méthode passionnelle, et qui distribue les espèces par rang de galanterie, m'en disait tout autant que j'avais besoin d'en savoir pour déterminer les bases d'une classification méthodique acceptable.

Il est certain, en effet, que du moment que la question de la classification devient une simple question de préséance et d'étiquette, la principale difficulté de l'opération disparaît, puisqu'il suffit des yeux du corps pour voir qui tient la tête dans une cérémonie.

Mais avant d'exposer la méthode nouvelle, il nous faut

lui faire place nette, et commencer par conséquent par déblayer le terrain scientifique des systèmes de classification ornithologique dont il est encombré.

L'ornithologie abonde, comme toutes les autres branches de la zoologie, en systèmes de classification plus ou moins ingénieux, plus ou moins décousus, et il suffit de citer les noms des Linnæus, des Geoffroy Saint-Hilaire, des Buffon, des Cuvier, des Blainville, des Brisson, des Swainson, des Gray, des Temmynck, des Latham, des Vieillot, des Charles Bonaparte, pour démontrer que ni le génie, ni le talent, ni l'amour enthousiaste de la science n'ont manqué en aucun temps à l'étude de cette science. A chacun des noms illustres que je viens de passer en revue s'attache, en effet, un système de classification ornithologique; mais aucun de ces systèmes n'est né viable, et tous sans exception sont viciés de simplisme. Ce vice de constitution, je l'ai répété assez de fois, est le fruit de l'ignorance des lois de l'analogie passionnelle, qui est, à proprement parler, la boussole scientifique, et comme a dit Raspail, le plus bel apanage de l'intelligence humaine.

Geoffroy Saint-Hilaire, qui tablait sur l'unité du règne et sur l'unité de composition, et qui a écrit un grand traité sur *la Théorie des Analogues*, était bien muni de cette boussole qui guide si sûrement le navigateur à travers les ténèbres, mais nous savons quelle influence néfaste lui voila en partie la manière de s'en servir. Ne revenons pas, s'il est possible, sur ce texte affligeant.

Buffon a bien écrit :

« L'Être suprême n'a voulu employer qu'une idée et la varier en même temps de toutes les manières possibles, afin que l'homme pût admirer également et la magnificence de l'exécution et la simplicité du dessein. »

Buffon est dans le vrai jusqu'au cou, c'est-à-dire dans

l'analogie, comme Geoffroy Saint-Hilaire, comme Newton lui-même, comme vingt autres; mais tous ignorent que la véritable théorie des analogues a pour base la science du clavier passionnel humain. Voilà le mal. Du reste, j'ai entendu un professeur éminent du Jardin-des-Plantes, le propre fils de Geoffroy Saint-Hilaire, déplorer publiquement, dans son cours, l'imperfection et le décousu de toutes les méthodes en vigueur, et inviter ses nombreux auditeurs à sortir de la voie battue pour tâcher de trouver mieux. Je serais heureux et fier d'avoir été le premier à répondre à cet appel d'une façon distinguée.

C'eût été perdre mon temps sans profit pour personne que de m'attacher à faire ressortir les défectuosités de chacun des systèmes de nomenclature ornithologique adoptés jusqu'ici par la science. Il y a de ces erreurs qu'il est plus généreux et plus sage d'enterrer dans l'oubli que de faire revivre par les plus justes critiques. Mais si la générosité interdit de frapper le système couché par terre, elle n'enjoint aucunement d'honorer d'un semblable respect l'erreur officielle triomphante; au contraire. Ainsi devais-je, par exemple, le silence au système de Buffon tombé en désuétude, et la vérité à celui de Georges Cuvier, universellement adopté par l'enseignement public.

Georges Cuvier, que je révère comme une des gloires de ma patrie et comme le créateur de la paléontologie, n'a pas mon estime comme penseur ni comme classificateur. Sa faiblesse, sous ces deux derniers points de vue, se démontre par le seul fait de son opposition à Geoffroy Saint-Hilaire. Un homme qui reconnaît quatre plans et quatre types dans le règne animal, où il n'y a qu'un seul plan et qu'un seul type, et qui voit la variété de composition là où il y a unité, est un homme jugé pour la science. C'est en vain que les honneurs académiques et les princes des prêtres auront été pour le contradicteur de l'unité durant le cours de son existence dorée, la justice de la postérité ne ratifiera pas cet engouement déplorable, et cette justice même lui sera d'autant plus sévère, que la faveur de ses contemporains lui aura été plus partiale.

On sait l'importance de la lutte que soutinrent, pendant un quart de siècle, Cuvier et Geoffroy Saint-Hilaire, ces deux illustres champions de la foi et du doute, de la Genèse et du Sens Commun, et que cette lutte, qui se dénoua comme toujours par la défaite de la foi et de la Genèse, tint fixés, pendant tout ce temps, les regards du monde pensant. « Vous connaissez les nouvelles de France, disait, le 31 juillet 1830, Gœthe à l'un de ses amis; le volcan a fait éruption. » — « C'est une triste histoire, répond l'autre, et au point où en sont les choses, on doit s'attendre à l'expulsion de la famille royale. » — « Et que diable nous radotez-vous là? reprend l'auteur de *Faust*, il s'agit parbleu bien de trônes, de dynastie et de révolutions politiques. Je vous parle de la dernière séance de l'Académie des sciences de Paris et du dernier mémoire de Geoffroy Saint-Hilaire. C'est là qu'est le fait important, la révolution véritable, la révolution de l'esprit humain. »

La critique de la classification de Cuvier, ou, pour mieux dire, de la classification universitaire et officielle, peut se faire en un trait de plume. On sait que cette méthode, ou plutôt ce système, divise le règne des oiseaux en cinq ou six ordres principaux : Rapaces, Passereaux, Grimpeurs, Gallinacés, Échassiers, Palmipèdes. Or, il y a un de ces ordres, celui des *Passereaux*, qui part du corbeau ou des environs, pour aboutir au roitelet, en passant par le pinson et par la tourterelle. Pour donner une idée de l'esprit de suite qui a présidé à cette méthode, il suffit de faire observer que le corbeau est l'image de l'homme de loi, rapace et croasseur ; que le roitelet est celle du furetage enfantin ; que la tourterelle symbolise les amants ardentissimes ; le pinson, l'artiste jaloux ! Linnæus, qui fut tant blâmé et avec tant de raison pour avoir marié, dans une de ses divisions botaniques, les iridées et les graminées, sous prétexte que les plantes de ces deux familles, qui n'ont entre elles aucun lien de parenté, portaient le même nombre d'étamines, Linnæus, s'il eût connu la théorie des emblèmes passionnels, eût été probablement scandalisé lui-même de cette alliance monstrueuse du procureur et de l'artiste.

Je conçois qu'on range dans un même ordre, dans celui des *percheurs*, par exemple, ou des *monogames*, des oiseaux comme le corbeau et la tourterelle, qui ont la commune habitude de *percher* et de se *marier ;* mais je ne comprends pas qu'un titre comme celui de *passereau*, qui ne veut rien dire du tout, puisse servir de commun dénominateur à deux espèces aussi éloignées l'une de l'autre par leurs principes politiques, leurs appétits et leurs mœurs.

La méthode officielle ne comprend pas, malheureusement, que des anomalies de ce genre : elle a un pied dans le *passionnel*, un autre dans le *matériel ;* ce qui l'expose à trébucher à chaque pas, et la fait ressembler à un système de numération bizarre dans lequel seraient confondus le chiffre arabe et le chiffre romain. Ainsi, elle a baptisé les oiseaux de proie *Rapaces*. Rapaces, c'est très-bien, j'accepte votre substantif ; mais je fais observer que cette désignation, qui serait parfaitement admissible dans la classification passionnelle, puisqu'elle indique une *dominante caractérielle*, est tout à fait déplacée dans une classification où les oiseaux des bois s'appellent *passereaux*, et les oiseaux d'eau *palmipèdes*. Choisissez entre le passionnel et le matériel, je ne vous en empêche pas, mais une fois votre choix fait, tenez-vous-y, par grâce. Une nomenclature qui aurait la moindre prétention à l'unité ne tolérerait jamais un semblable amalgame. La série qui distribue l'harmonie exclut toute promiscuité.

Si donc la classification de Cuvier a des admirateurs et des adhérents fanatiques, je déclare humblement que je ne suis pas du nombre ; même ma franchise brutale irait volontiers jusqu'à baptiser cette chose-là de son nom véritable, qui est pour moi *chaos*. Et l'on sait que de tous les chaos, hélas ! le pire est le chaos systématique, le chaos organisé, le chaos qui singe l'ordre, comme qui dirait le pouvoir bureaucratique en France.

Dès qu'une méthode de classification réputée la meilleure en est encore là, c'est-à-dire à diviser un règne en cinq ou six ordres qu'on appelle des Rapaces, des Passereaux, des Gallinacés, des Échassiers, des Palmipèdes, etc., on peut se faire idée des autres, des méthodes inférieures. Soyons charitables envers elles, et ne les accablons pas de notre raillerie. Examinons plutôt comme thèse de critique supérieure, quels étaient, en dehors des éléments de la méthode *passionnelle*, les caractères *génériques matériels* les plus aptes à servir de base à une classification ornithologique acceptable.

Ces caractères génériques en dehors de la Dominante passionnelle sont au nombre de cinq :

L'élément ou le milieu habituel de l'oiseau ;

Le genre de nourriture ;

La forme du bec ;

Celle de l'aile ;

Celle du pied.

Passons attentivement chacun de ces systèmes en revue, afin de pouvoir choisir à bon escient, et soyons sûrs d'avance que si nous avons eu la main heureuse, l'analogie passionnelle s'empressera de ratifier notre choix.

Dans le premier système de classification, celui qui a pour base l'élément habituel, les oiseaux se divisent d'eux-mêmes en cinq grandes séries naturelles, ornées de leurs séries *ambiguës* ou de *transition*. Il y a :

1° Les oiseaux de haut vol, qui habitent *la région des nues* et qui *planent ;*

2° Les oiseaux *des bois*, dont l'existence est attachée aux arbres, et qui ne planent pas, mais *perchent ;*

3° Les oiseaux *des champs*, qui *courent*, et ne planent ni ne perchent ;

4° Les oiseaux *de rivage ou de marais*, qui *barbotent*, et ne perchent ni ne planent ;

5° Enfin les oiseaux *d'eau*, qui *nagent*, et ne perchent, ne planent ni ne courent.

Donc, cinq grandes divisions ou Ordres : *Planeurs*, *Percheurs - Grimpeurs*, *Coureurs*, *Barboteurs* et *Nageurs*.

Mettez si vous voulez, par respect pour l'ordre de primogéniture, les derniers en place des premiers : Nageurs, Barboteurs, etc.

La science n'a pas osé accepter cette méthode naïve, naturelle et simple à la fois, et dont le mérite avait frappé dans tous les temps et partout l'homme du peuple et le chasseur. Les instituts ont l'horreur née du simple, et cette répulsion a pour note complémentaire la passion de l'amphigourique. C'est un double vice qui leur est entré dans le sang à la suite de deux préjugés fâcheux, et qui les fera mourir.

La nomenclature tirée de l'élément habituel était d'autant plus acceptable pour les académies que rien ne les empêchait de concilier l'ordre naturel des choses avec leur monomanie d'archaïsme. S'il était absolument impossible au savant de se passer de latin pour sa nomenclature, il se trouvait ici parfaitement à son aise pour en fourrer partout. Ainsi il eût pu choisir, pour les oiseaux de haut vol, entre l'ordre des planeurs et celui des *nubicoles;* pour les oiseaux des bois, entre branchiers et *sylvicoles;* pour les oiseaux des plaines, entre coureurs et *arvicoles;* pour ceux de marais, entre barboteurs et *paludicoles* ou *luticoles;* pour les oiseaux d'eau enfin, entre nageurs et *undicoles!*

Même latitude pour les amateurs exclusifs de l'idiome d'Homère qui auraient pu préférer le nom de *tachydromes* à celui de *cursores*, ou celui de *macroskèles* à celui de *longipèdes*. J'admire que l'Académie des sciences soit demeurée insensible à tant de jolis mots!

Mais la nomenclature ci-dessus, malgré les avantages de sa simplicité extrême, eût péché par la confusion, ce qui est cause que je n'en ai pas voulu. Ainsi l'ordre des planeurs eût dû rallier forcément la cicogne, le martinet et l'aigle, et renfermer dans le même ordre le héron avec le gerfaut, son ennemi intime; car la cicogne, le héron et le martinet sont des oiseaux qui planent. Et chaque grande division eût été viciée fatalement de disparates non moins choquantes. D'ailleurs le nombre cinq est un nombre essentiellement inharmonique et impropre à toute combinaison sérielle. J'aurais rejeté la méthode pour cette seule raison.

Mais si je repousse l'élément habituel comme type insuffisant de division primordiale, je l'accepte volontiers comme type de division secondaire, et réclame d'avance le droit de m'en servir quand j'en aurai besoin.

Après la méthode basée sur l'élément ou le milieu habituel, venait celle basée sur le genre de nourriture, et d'après laquelle le règne des oiseaux semblerait devoir se diviser en six grands ordres : — *carnivores*, ou mangeurs de chair ; — *piscivores*, mangeurs de poissons ; — *insectivores*, d'insectes ; — *frugivores*, de fruits ; — *granivores*, de grains ; — *mellivores*, de miel.

C'était bien là à peu près la véritable division naturelle d'après le genre de nourriture. Malheureusement ce caractère est si fugitif, si vague, si propre à engendrer les méprises et les alliances contre nature, qu'il présente une base encore moins solide que le premier. Dans quel ordre ranger, par exemple, les espèces comme le milan et le pygargue, comme le héron et la cicogne, qui sont tout à la fois piscivores et carnivores? Lequel des deux titres, de baccivores ou d'insectivores, donner aux becs-fins et aux merles, qui vivent d'insectes dans la saison du printemps et de baies après l'été ?

Vieillot, l'un des ornithologistes modernes les plus éminents, a essayé de parer aux vices de la méthode et de répondre aux objections de la critique en portant le nombre des grandes familles de six à douze dans l'ordre ci-après : *Carnivores*, — *Frugivores*, — *Baccivores*, — *Omnivores*, — *Mellisuges*, — *Insectivores*, — *Granivores-passereaux*, — *Granivores-gallinacés*, — *Vermivores*, — *Reptilivores*, — *Piscivores*, — *Herbivores*.

Il est évident que cette augmentation du nombre des familles a diminué les chances de confusion et de méprise ; mais ces deux inconvénients n'en persistent pas moins.

Et d'abord il paraît étrange que l'auteur ait fait suivre immédiatement la famille des carnivores de celle des frugivores, au lieu de lui donner pour cortége immédiat celle des reptilivores, qui mangent avec une égale avidité les rats, les serpents et les grenouilles. La distinction entre les baccivores et les frugivores est subtile ; les baies sont des fruits à pulpe molle, mais ce sont de véritables fruits.

Voici ensuite que l'application de la méthode alimentaire réunit forcément dans le même ordre, le pygargue, le balbuzard, la cigogne noire, le manchot, le grèbe et le martin pêcheur, qui vivent de poissons, sinon le classificateur, pour éviter le reproche d'alliance monstrueuse, sera obligé de retirer au balbuzard et au pygargue leur titre légitime de piscivores et de les river à la série des carnivores.

Le cygne et l'autruche, qui vivent d'herbes tous les deux, ne peuvent pas être raisonnablement colloqués sous la même étiquette. Cependant si l'auteur recule devant cet accouplement bizarre, que devient sa méthode ?

Les loriots et les merles, qui vivent de vers au printemps, de cerises pendant l'été, seront-ils frugivores, vermivores ou baccivores?

Mêmes questions pour la fauvette, le rouge-queue, le rossignol, qui passent de la nourriture animale à la nourriture végétale d'une saison et d'une heure à l'autre.

Les gallinacés mangent de tout, baies, fruits, insectes, grains, vers : pourquoi ne pas les classer parmi les omnivores ? pourquoi surtout faire deux grandes familles d'une famille naturelle si compacte et si bien unie ?

Je demande encore quelle place sera donnée à la mésange, qui vit de chènevis, de chair morte et d'insectes? Mais je sens que cette série de questions n'est pas près de finir, et je m'arrête.

Il ne faut, du reste, qu'un mot pour tuer ce système. Les poissons et les mollusques sont venus au monde avant les oiseaux et les fruits ; donc personne n'a le droit de mettre les carnivores et les frugivores avant les piscivores.

A tant faire que de prendre le genre de nourriture pour caractère générique, mieux valait spécifier ce caractère par la forme du bec, qui est un organe complexe indiquant à la fois la nature des aliments dont se nourrit l'oiseau et la nature de ses fonctions industrielles.

La classification de Vieillot, malgré ses imperfections et ses incohérences, est encore préférable, selon moi, à celle de Cuvier. Au moins le caractère générique est-il acceptable. L'esprit d'ailleurs se repose avec confiance dans ce nombre sacramentel douze, pivot d'arithmétique passionnelle et triple garantie d'ordre, de précision, d'harmonie. Ensuite presque tous les noms employés par Vieillot signifient quelque chose. Ce qui est cause que la science les a généralement adoptés. Elle a bien fait, et je ferai comme elle ; car le genre de la nourriture est un caractère trop important pour qu'on le néglige, et il peut même se rencontrer mille cas où le moyen séparatif qu'il présente soit le plus facile à saisir.

La classification de Vieillot a encore pour elle de se prêter facilement à l'homologie. L'homologie est la correspondance parallélique des divisions d'un règne quelconque avec celles d'un autre. C'est une espèce de preuve par neuf de la rationalité d'une méthode de classification. Il en sera parlé quelques pages plus bas.

Après le genre de nourriture se présentait, comme type de classification, la forme du bec, organe qui, chez la plupart des oiseaux, cumule la fonction de la main avec celle de la bouche, et joue par conséquent le rôle le plus important dans l'économie domestique. Le bec, ainsi que je viens de le dire, n'indique pas seulement d'une façon claire et catégorique l'industrie spéciale de chaque genre, il lui donne de plus sa physionomie particulière. Mais ici se représentent avec plus de force encore les objections que j'ai fait valoir à l'encontre des systèmes précédents. La science elle-même n'a consenti à admettre la forme du bec que comme caractère de division secondaire. Les termes de *Curvirostres*, *Rectirostres*, *Dentirostres*, *Serrirostres*, *Tenuirostres*, etc., etc., expriment parfaitement la forme du bec, mais ne suffisent pas évidemment pour distinguer les espèces. L'aigle, le goëland et le coq domestique sont tous trois curvirostres, c'est-à-dire qu'ils ont le bec recourbé. Or, jamais nomenclateur, si complaisant qu'on le suppose, n'aura assurément l'idée bizarre de loger ces trois têtes sous le même bonnet. Maintenant si vous distinguez entre les diverses courbures de ce bec, les nuances deviennent difficiles à saisir, et le but que vous cherchez est manqué. Réservons donc le caractère générique du bec pour les divisions de deuxième ou de troisième ordre, comme nous avons fait pour le genre de nourriture et l'élément habituel.

L'aile, qui est l'attribut spécial de l'oiseau et l'agent pivotal de sa locomotion, semblerait *à priori* devoir constituer ce caractère générique supérieur destiné à servir de base à la classification ornithologique la plus naturelle. L'esprit philosophique, qui ne peut s'élever encore à la hauteur de la classification passionnelle, marche au devant d'une méthode qui classe les oiseaux d'après la puissance de leur vol. Il y a là, en effet, les éléments d'une sériation rationnelle. Ainsi M. Isidore Geoffroy Saint-Hilaire, qui est un esprit éminemment synthétique, et à qui je ne connais d'autre défaut comme professeur que de pousser trop loin l'indulgence pour les erreurs des maîtres; M. Isidore Geoffroy Saint-Hilaire, dis-je, a établi d'après la forme de l'aile une classification ornithologique qui eût pu être parfaite si l'auteur eût osé la mener jusqu'au bout, et si, après avoir admirablement débuté en faisant de l'ordre véritable, il ne se fût rallié presque immédiatement au désordre en adoptant par déférence la classification de Cuvier. Je ne saurais trop vivement déplorer cet excès de modestie de la part du célèbre professeur qui soutient avec tant de distinction l'éclat du nom qu'il porte. M. Isidore Geoffroy Saint-Hilaire a dépensé certainement, à recrépir et à étançonner le vieil édifice de la classification officielle, plus de talent, de science et d'efforts qu'il ne lui en eût fallu pour bâtir de toutes pièces un édifice neuf et solide, d'une distribution méthodique et savante, supérieure à tout ce qu'on aurait vu jusque-là.

M. Isidore Geoffroy Saint-Hilaire commence par diviser le règne des oiseaux en trois grands ordres, *Alipennes*, *Rudipennes*, *Impennes*. Les alipennes sont les oiseaux qui ont des ailes et qui volent : cet ordre comprend à lui tout seul les quatre-vingt-dix-neuf centièmes des espèces; les rudipennes sont des oiseaux qui n'ont que des moignons d'ailes, comme l'autruche, le nandou, le casoar, l'aptérix, etc.; les impennes, enfin, sont des oiseaux qui, comme le manchot et deux ou trois autres genres voisins, portent des nageoires en place d'ailes.

Ainsi voilà du premier coup le tableau général qui se dessine. Point de confusion à craindre entre des ordres si parfaitement tranchés. Éliminons les rudipennes et les impennes, dont la monographie nous demandera peu de place, et taillons nos divisions secondaires dans l'ordre pivotal des alipennes, en prenant pour caractère de classification cet attribut de l'aile véritable que nous avons brodée sur le champ de notre étendard. Voici que nous avons déjà les ailes aiguës et les ailes suraiguës, les ailes obtuses ou arrondies, les ailes démesurées, les ailes rudimentaires, et que nous allons pouvoir utiliser la fameuse distinction d'Huber entre les voiliers et les rameurs. L'affaire est parfaitement engrenée ; mais quel obstacle imprévu nous arrête dès les premiers pas? Je crois le deviner, hélas! L'intention du savant professeur était bien de s'engager jusqu'au bout dans la voie qu'il avait entrevue ; mais il aurait fallu pour cela passer sur le corps à la classification officielle, outrager dans sa tombe le génie de Cuvier, et l'on sait par expérience que l'irascible susceptibilité des maîtres en zoologie persiste au-delà du tombeau, et qu'il s'échappe même quelquefois de leur cercueil des prosopopées formidables à l'adresse des impies qui troublent le repos de leurs cendres. Alors le professeur a reculé devant le sacrilége, et il a pactisé avec la méthode sorbonnienne, espérant que l'idée progressive dont il était l'apôtre voyagerait plus sûrement sous le passe-port de l'erreur accréditée que sous celui de la vérité méconnue... Et au-dessous de la division cardinale des alipennes, nous avons vu reparaître la division inévitable des cinq ordres de Cuvier et de ses complices, Rapaces, Passereaux, Gallinacés et le reste ; et la science de l'ornithologie, qui semblait pour un moment vouloir relever la tête, s'est replongée jusqu'à nouvel ordre dans le chaos.

Maintenant il y a à dire contre la méthode de classification d'après la forme de l'aile, que cette méthode est plus spécieuse encore que rationnelle, et que ses prémisses donnent plus d'espoir que ses conséquences n'en peuvent réaliser.

Le premier tort de cette méthode est de scinder violemment les familles naturelles et de porter le trouble dans les catégories, en ralliant par un seul caractère des groupes et des espèces séparés de tous les autres côtés par d'incommensurables distances. Si nous admettons en effet la forme de l'aile pour caractère de ralliement ou de séparation des espèces, voici que du premier coup l'oiseau-mouche prime l'aigle ; car l'aile de l'oiseau-mouche est plus aiguë que celle de l'aigle : elle est taillée en forme de faux comme celle du faucon, et il faut de toute nécessité que l'oiseau miniature, qui vit du miel des fleurs, prenne rang avec le martinet, la frégate et les oiseaux de mer dans l'illustre série des rameurs, tandis que l'aigle devra être relégué à un échelon inférieur. Par la même raison, le canard s'en ira prendre la tête des palmipèdes et distancera le cygne, et ainsi de mille autres.

La méthode aliforme a cet autre inconvénient encore, de ne pas différencier à première vue les espèces, et d'exiger de longues inspections et de longues comparaisons de détail avant de permettre au classificateur d'avoir une opinion. C'est un vice radical qui suffit pour démontrer d'avance que ce système de classification n'est pas parfait.

Je ne saurais parler de la méthode aliforme récemment établie par M. Isidore Geoffroy Saint-Hilaire sans mentionner une méthode bien autrement ingénieuse et quasi-analogique, exposée plutôt que développée par le même professeur en son cours du Muséum, il y a une quinzaine d'années. Cédant à la pression de la synthèse passionnelle ou de l'esprit d'unité qui agite les grandes intelligences, le père avait signalé de nombreux rapprochements entre les dominantes caractérielles et les similitudes organiques de certaines familles d'oiseaux et de mammifères. Dominé par la même influence, le fils entrevit dans cette comparaison les éléments d'une méthode de classification ornithologique beaucoup plus intéressante que les anciennes, et surtout beaucoup plus expéditive, réduisant la tâche du classificateur à calquer la nomenclature des oiseaux sur celle des quadrupèdes. On doit apercevoir d'ici quelques détails heureux du nouveau système de classement que j'ai baptisé tout à l'heure du nom d'homologie.

Ainsi le noble gerfaut, le rapide lévrier de l'air, qui met son intelligence et ses ailes au service de l'homme, occupait dans l'ordre des oiseaux la place correspondante à celle occupée par le chien de chasse dans l'ordre des quadrupèdes. Rapaces et Carnassiers, hiboux et chats, vautours et hyènes, s'arrangeaient dans leur case respective de manière à se faire vis-à-vis. La riche et plantureuse tribu des gallinacés et celle des ruminants, qui se disputent l'honneur de servir de fond à la nourriture quotidienne de l'homme, siégeaient dans une position analogue à la même hauteur de gradins. L'autruche et ses plus proches parents réflétaient les Pachydermes; le canard, l'animal immonde qui fait graisse de tout; les Conirostres, les rongeurs; les perroquets, les singes; etc., etc.

L'auteur oubliait de faire figurer au tableau comparatif quelques ordres importants, mais ce n'était là qu'un détail, et le tableau tel quel était rempli de charme, parce que l'analogie avait passé par là. Un oubli bien plus grave à reprocher au maître était de n'avoir pas songé à refondre le moule original avant d'en tirer une copie. Je veux dire qu'il eût été opportun de démolir de fond en comble et de refaire la classification des mammifères avant de rien calquer dessus. Ce n'est certes pas moi qui refuserai jamais mes éloges enthousiastes aux tentateurs audacieux que je vois disposés à se lancer à corps perdu dans la bonne voie; mais c'est précisément en raison même de l'estime et de la sympathie ardente que je porte aux esprits de cette trempe, que je souffre de les voir s'exposer à des déconvenues inévitables en courant après un but chimérique.

Il est évident qu'ici le savant professeur du Muséum était arrivé aussi près que possible de la vraie classification, et qu'il ne lui a manqué pour la saisir de ses deux mains qu'une chose : de se souvenir que le type supérieur ou humain est l'unique terme de comparaison entre les règnes inférieurs, et que deux individus de règnes différents, comme l'oiseau et le quadrupède, par exemple, ne peuvent se ressembler qu'à travers la ressemblance de l'homme.

« Ceci est mon principe absolu et ma loi, a dit l'Analogie à ses fidèles, et vous n'en observerez pas d'autre. »

M. de Blainville, qui était doué aussi à un degré éminent de l'esprit de synthèse, a failli pour une autre cause dans son entreprise de classification ornithologique. S'appuyant sur la loi de l'antagonisme naturel, qui existe entre l'appareil de locomotion pédestre et celui de la locomotion aérienne, et considérant que les os du sternum sont d'autant plus développés que ceux du bassin le sont moins, l'illustre académicien avait indiqué la structure du premier de ces os comme type généalogique de classement, et je ne nie pas que ce système n'eût pu fournir de précieux éléments à la nomenclature supérieure. Malheureusement la fidélité aux principes religieux et politiques fut plus forte chez le savant que la fidélité aux principes de la nature, et cet antagonisme entrava déplorablement l'essor de son génie. Un Zoïle sans pudeur ne manquerait pas cette occasion de faire remarquer que ces accidents-là s'expliquent d'une façon fort simple, attendu que c'est l'attachement aux opinions politiques régnantes et non l'attachement aux lois de la nature qui donne les emplois richement rétribués ; mais Dieu me garde de me faire l'écho de pareilles médisances et d'offenser jamais par le moindre propos la gloire des défunts.

Restait donc la méthode basée sur la forme du pied, à

laquelle je me suis rallié pour une foule d'excellents motifs, mais surtout en raison de son affinité palpable avec la méthode supérieure (lisez la méthode passionnelle).

Le pied, à raison de l'harmonie admirable qui existe dans tous les règnes de l'animalité entre le système de la marche et les autres systèmes de l'organisme, constitue le caractère externe le plus générique, c'est-à-dire le plus propre à servir de type pivotal à une classification méthodique. C'est, en effet, le caractère qui réunit au plus haut degré les deux attributs de la spécialité et de la généralité. Il est plus important que l'aile, puisque l'appareil de la locomotion terrestre est indispensable à toutes, et que son absence ne peut se concilier avec l'idée de vie. A ce seul titre, le pied constituait donc une base de classification supérieure à toute autre.

Maintenant les plus simples observations démontrent qu'il y a correspondance étroite et directe entre la forme du pied de l'oiseau et ses divers systèmes de voilure et de nutrition ; c'est-à-dire entre la forme du pied et celle de l'aile et du bec. La forme du pied résumait donc l'ensemble de tous les avantages spéciaux que pouvait présenter chacun des caractères génériques que nous avons précédemment analysés. Or, cette faculté d'amplexion synthétique dévolue à certains caractères physiques est le cachet indéniable de leur préexcellence comme types de classement.

Cette correspondance de la forme du pied avec celle des autres organes extérieurs n'est d'ailleurs qu'une des conséquences premières des deux grands principes religieux de la justice distributive et de l'économie de ressorts. C'est pourquoi la raison analogique était tenue d'opter *à priori* pour la méthode pédiforme.

Le principe de la justice distributive exige que l'importance du pied de l'oiseau augmente ou diminue en raison de la faiblesse ou de la puissance de son vol. En conséquence, l'Autruche, dont le vaste corps est porté par de véritables jambes de chameau, et qui court plus rapidement que tous les quadrupèdes, a dû se passer d'ailes, et ainsi de tous les coureurs rapidissimes. Ainsi également du manchot ou du pingouin, qui plongent et qui nagent mieux que bien des poissons.

Par contre, le martinet de nos églises, l'oiseau-mouche du Brésil, et la frégate de la zone torride, qui sont les mieux ailés de tous les navigateurs de l'air, ont si peu de pieds, que cet appareil ne peut leur être d'aucune utilité pour la marche. Et que l'on ne m'objecte pas ici que la règle n'est pas générale, et que les faucons et les aigles, qui possèdent aussi une envergure prodigieuse, n'en ont pas moins été munis de pieds vigoureux et utiles. Utiles, l'expression est juste, mais non pas quant à la marche, car tous les oiseaux de proie sont très-mauvais marcheurs, et le pied des faucons et des aigles est une main véritable, un organe de préhension et non de locomotion. Le pied n'a pas perdu de son importance, c'est vrai, mais il a changé de fonctions. N'oublions pas, du reste, que les oiseaux dont nous parlons ici sont les tyrans de l'air, et appartiennent à ces espèces dominantes pour lesquelles la nature a tout fait. Voilà pour les rapports de la forme du pied avec celle de l'aile.

Même loi, même constance de rapports entre le pied et le bec. Qui dit forme du bec dit genre de nourriture, et qui dit nourriture dit milieu habituel. Dans cet ordre des oiseaux de proie que nous venons de toucher, l'adoncité et le tranchant des ongles sont en raison directe de l'adoncité et du tranchant du bec. Le vautour, moins féroce que l'aigle, et qui ne demande ses festins qu'aux cadavres, a les ongles quasi-rectilignes, et ces ongles ont été taillés dans le même moule que son bec. Maintenant le faucon, qui est mieux armé que l'aigle pour la chasse, a les ongles plus crochus et le bec plus arqué que ce prétendu roi des oiseaux, qui ne semble armé que pour la boucherie. Il y a du faucon à l'aigle toute la distance qui sépare le chasseur du soldat.

Je crois inutile de démontrer que la forme du bec indique le genre de nourriture, et le genre de milieu où vivent les espèces. Il tombe, en effet, sous le sens que le long bec mou de la bécassine n'est pas fait pour casser des noix comme celui du gros-bec, et que l'oiseau porteur d'une sonde destinée à fouiller la vase doit hanter de préférence les marais, les terres molles.

La forme du pied raconte donc aussi explicitement que le genre de nourriture la nature du milieu habituel de l'oiseau; mais le pied ne ment pas comme le bec. Prenez l'aigle, le goëland et le coq par les pieds au lieu de les prendre par la tête, vous ne confondrez pas.

Je sais que cette loi générale des rapports constants entre ces divers organes présente de nombreuses exceptions, offre même des lacunes, mais je ne suis pas comptable de ces dernières, et je ferai remarquer en passant, quant à l'exception, que ce mot n'a aucune valeur dans le langage analogique. *Exception*, pour l'observateur judicieux, veut dire *transition*, et rien de plus. Les moules de transition, que j'appelle ambigus de leur nom véritable, ont été créés pour servir de trait d'union entre deux groupes voisins ou deux séries voisines, et pour faire leur devoir, il faut absolument qu'ils fassent exception. Ainsi ne l'oublions plus désormais, l'exception est le lien de l'harmonie *externe*, et non, comme le pense le vulgaire, une révolte contre l'harmonie *interne* de la série. J'ajoute que l'ambigu possède un double privilége qui doit nous le rendre cher, celui d'être essentiellement utile ou agréable à l'homme, comme il sera prouvé plus tard par la comparaison des rôtis les plus délicats.

Une chose fort remarquable, c'est que la science officielle elle-même semblait avoir compris les avantages de la méthode pédiforme, puisqu'elle l'avait appliquée avec quelque succès à la nomenclature de certaines familles, chez les oiseaux et chez les mammifères. Je me permettrai même de regretter à cette occasion que la science n'ait pas eu le bon esprit de l'appliquer à toutes; car il est évident pour moi que si les nomenclatures ornithologiques officielles sont demeurées entachées de confusion et d'arbitraire, le mal provient principalement de ce que leurs auteurs, à qui le pied de l'oiseau avait commencé à servir de fil d'Ariane, n'ont pas su dévider la pelote jusqu'au bout et s'arrêter à tous les nœuds formés par la nature dans la longueur de ce fil; attendu que les divisions formées par ces nœuds séparatifs indiquent précisément les séries, les groupes et les genres. La preuve qu'il n'y avait ici qu'à regarder pour voir, c'est que la science y a vu parfaitement toutes les fois qu'elle s'est donné la peine d'ouvrir les yeux, et que la critique la plus malveillante trouverait fort peu à reprendre à la distribution naturelle des séries organisées par elle, là où la forme du pied lui a servi de type de sériation. Il y a, comme on voit, entre la science empirique des Instituts et la science analogique cette différence fort remarquable, que la première est un phare à éclipses, et la seconde un phare à illumination continue.

La science s'est même approchée si près de la lumière dans sa classification des quadrupèdes qu'elle a failli *brûler*.

En effet, sur les neuf divisions que comporte, je crois, la distribution actuelle de ce règne, il en est quelques-unes qui reposent sur la marche ou, ce qui revient au même, sur la disposition du pied (*digitigrades*, *plantigrades*, *solipèdes*); et l'on voit figurer au plus haut degré de cette échelle les *Quadrumanes* (genre singe) et les *Bimanes* (genre homme). C'est-à-dire que les savants ont mis sans le vouloir quelques bêtes à leur place, et déclaré implicitement que l'espèce occupe dans la série une position d'autant plus élevée que la forme de son pied est plus complexe, et que la forme supérieure de ce pied est la main. Or, telle est précisément la gradation que la méthode que j'ai adoptée va m'obliger de suivre pour le règne des oiseaux.

CHAPITRE VIII

De la Classification ornithologique pédiforme.

Indépendamment de l'avantage de s'appuyer sur une base d'opération supérieure, la méthode de classification ornithologique pédiforme a celui d'être une méthode naturelle. J'ai besoin d'entrer à ce propos dans quelques explications.

La nature a ses lois fixes, mathématiques, immuables, par lesquelles tout se tient, tout se meut et tout vit.

La Science, proprement dite, est la connaissance de ces lois de la nature. La mission du savant est de découvrir ces lois et de les révéler aux autres hommes.

La Science *découvre*, la Science *n'invente* pas. L'invention est du domaine de l'Art, dont la mission est plus élevée que celle de la science ; seulement l'art ne peut faire un pas sans s'appuyer sur la science. Ainsi l'artiste horticulteur qui veut forcer le sauvageon rebelle à nourrir la pêche savoureuse ou la rose double de *sa* création est forcé de s'appuyer d'abord sur la science de la physiologie végétale.

La méthode naturelle d'investigation scientifique est celle qui conduit à la découverte des lois de la nature par la voie la plus directe. Elle procède du connu à l'inconnu, du simple au composé. Elle observe et analyse tous les faits d'un ordre quelconque ; elle les compare entre eux au moyen d'un caractère constant pris pour type de sériation ou pivot de ralliement. Elle les réunit par leurs similitudes, les sépare par leurs dissemblances, et finalement découvre et détermine le lien de leurs rapports qui s'appelle la loi.

Ainsi Dieu a distribué *harmoniquement* et *hiérarchiquement* les êtres de tous les règnes.

La loi de cette distribution n'est donc pas à inventer, puisqu'elle est, et il s'agit simplement de la découvrir. Cette découverte est la mission du classificateur. La classification est la science de la distribution naturelle des êtres.

Or, la méthode de classification ornithologique, basée sur la forme du pied, distribue les oiseaux d'après la date de leur création ou de leur apparition sur cette terre, et elle les fait défiler dans l'ordre même où Dieu les a placés. Elle commence par le commencement pour finir par la fin ; elle va du simple au composé ; elle découvre et n'invente pas. C'est donc une méthode essentiellement naturelle.

La classification ornithologique pédiforme est un tableau calqué sur le propre dessin de la nature. C'est une série complète des actes de naissance des oiseaux, extraits du registre de l'état civil du monde, où sont inscrites à leur date toutes les créations des divers règnes.

La méthode tout entière n'est que la conséquence et le développement des trois propositions axiomatiques ci-après :

1° La forme du pied se moule sur la nature du milieu.

2° La progression vers l'homme est la loi de mouvement de l'animalité.

3° La main, organe perfectionné d'une intelligence supérieure, est le signe qui distingue le plus ostensiblement l'homme de l'animal.

En effet, de ce que la forme du pied de l'oiseau se moule forcément sur les exigences du milieu, il suit :

Que l'histoire des changements de la forme du pied traduit celle des changements de milieux, laquelle n'est autre que celle des révolutions du globe. Or, rien de mieux connu de nos jours que cette histoire des révolutions de la planète, dont la science géologique a dit tous les mystères. Du moment que chaque milieu nouveau engendre des êtres *conformes* à lui, c'est-à-dire conformés pour vivre dans son sein et s'y développer, il ne s'agit plus, pour mettre chaque moule à sa place, que de considérer ses pieds. *Dis-moi comme tu poses, je te dirai où tu vis, et l'heure où tu es né....*

D'un autre côté, s'il est admis que la progression vers l'homme soit la loi de mouvement de l'animalité, et que la main soit le signe extérieur qui distingue le plus l'homme de la bête, il est aussi de conséquence forcée :

Que l'oiseau comme le quadrupède devra occuper dans son règne un rang d'autant plus élevé que la forme de son *pied* se rapprochera plus de celle de la *main*.

C'est-à-dire que la forme du pied, scientifiquement et moralement parlant, est le signe du rang et l'étalon de la valeur industrielle de toutes les espèces animales, et que la méthode est armée de deux procédés d'analyse et de sériation dont l'un vérifie l'autre.

Ces principes posés, laissons fonctionner la méthode ; et d'abord écoutons l'histoire de la formation et de la filiation des milieux, pour voir à les peupler après.

Mais je rappelle que j'ai déjà traité ailleurs cette histoire intéressante de l'origine et de la filiation des milieux qui embrasse malheureusement tout le domaine de la cosmogonie et de la géologie, et dont je ne puis par conséquent offrir qu'un résumé succinct au lecteur curieux.

Les globes, ai-je dit, naissent à l'état gazeux, passent de là à l'état liquide, puis se solidifient et meurent. La durée de leur vie est déterminée à l'avance par la somme de liquide qu'ils ont à consommer.

Ils circulent dans l'espace à l'état de nébuleuses et de comètes pendant plusieurs milliers d'années, au bout desquels ils finissent par tomber dans la sphère d'attraction d'un tourbillon quelconque qui les *implane*. A dater du jour de leur implanation, commence pour ces globes une existence nouvelle.

Cette existence nouvelle, cette existence planétaire se divise en deux périodes parfaitement distinctes, l'Érébique et la Lumineuse.

La période érébique, qui correspond à la vie embryonnaire ou utérine des êtres organisés, est celle où les globes n'ont pas encore de mouvement à eux (rotation), et tournent machinalement autour de leur soleil, qu'ils n'aperçoivent même pas. C'est la période des créations obscures, terrains primitifs et de transition, bancs de charbon et de calcaire fossiles, premières couches de l'écorce solide du jeune monde, éléments précieux de ses créations futures. Tous les êtres que la planète engendre en ce temps-là sont semblables à elle-même, c'est-à-dire que ses végétaux et ses coquillages ne voient ni ne respirent. La température est alors beaucoup plus élevée qu'elle ne le sera plus tard, et cette température est la même sur tous les points de la périphérie, puisque la chaleur vient du centre où cuvent les métaux en fusion. La figure de la planète représente une sphère liquide, sombre et silencieuse, dont aucun souffle n'agite et ne réveille les ondes perpétuellement endormies. L'obscurité règne comme le silence sur la face de l'abîme.

La période lumineuse est celle où la planète est entrée en communication directe avec son pivot d'attraction et tourne sur elle-même, où elle possède une atmosphère, un ciel, où elle voit et respire. C'est l'ère des créations lumineuses, et tous les êtres que la planète engendre sont munis de poumons et d'yeux.

La transition du mouvement *simple* des planètes à leur mouvement *composé* est généralement signalée par une crise redoutable et féconde en cataclysmes. Le mouvement simple de la planète, qui est son mouvement de translation autour du soleil, est semblable à celui de la roue du char enrayé par le sabot ou par la mécanique, et qui ne fait que glisser sur le sol. Le mouvement composé est celui de la même roue rendue à la liberté et décrivant un mouvement sur elle-même, en même temps qu'elle dévore l'espace. La force centrifuge, en entrant dans le corps du jeune globe, y produit le même effet qu'un violent émétique. On voit soudain les matières métalliques liquides, qui reposaient paisibles dans le sein de la fournaise, s'agiter furieusement, s'élancer au dehors, soulever et déchirer de toutes parts la voûte terraqueuse qui les comprime pour se tailler un passage dans le sein de la masse. De ces convulsions atroces, accompagnées de déluges sans fin, naissent les terres, les îlots, les îles d'abord et puis les continents. Le cataclysme persiste jusqu'à épuisement complet des forces éruptives de la planète, c'est-à-dire jusqu'à occlusion complète des gueules de la fournaise, jusqu'au refroidissement et à la solidification des couches supérieures. Ce n'est guère qu'à dater de la fermeture de ses volcans primitifs que la planète commence à s'occuper sérieusement de ses créations.

La Terre a parcouru la plupart de ces phases. Elle a transité de la période de ténèbres à celle de lumière, il y a dix mille ans à peine. Elle a de l'eau pour aller encore soixante-dix mille ans et plus, à moins d'accident imprévu, maladie, abordage. Elle a eu des malheurs inouïs dans sa première enfance. Elle tente à l'heure qu'il est d'incroyables efforts pour se débarrasser des langes de sa seconde, où la sottise de ses humains la tient emmaillottée. Elle a subi la crise des soulèvements et des déluges primitifs qui l'ont faite ce qu'elle est. Le bain de métal liquide qui brûlait ses entrailles s'est refroidi avec le temps, s'est solidifié peu à peu, puis définitivement la fournaise centrale a fermé toutes ses gueules; et alors s'est trouvée close l'ère des volcans de premier jet et des déluges d'éruption. Les seuls volcans qui soient encore en jeu sur la surface du globe ont leur foyer d'ignition à la périphérie du noyau métallique solidifié, et non plus comme jadis au sein de la masse métallique liquide. Les éruptions modernes ont pour cause l'infiltration des eaux de la mer à travers les fissures du sol, au-dessous duquel gisent des bancs de métal vif, des bancs de métaux alcalins qui décomposent l'eau à la température ordinaire, avec production de gaz, de lumière, de chaleur et de détonation. On sait que la projection d'une goutte d'eau sur un globule de potassium produit le même effet que celle d'un grain de poudre sur un charbon ardent.

Beaucoup de preuves attestent que les éruptions des volcans d'aujourd'hui n'ont pas d'autre cause que les infiltrations des eaux. D'abord tous les volcans sont situés dans des îles ou près des rivages des mers; ensuite toutes les éruptions et tous les tremblements de terre qui les accompagnent sont invariablement précédés du tarissement des puits et des sources du voisinage. Enfin tous les volcans vomissent des vapeurs d'eau salée en même temps que des laves. Il y en a même qui se contentent de vomir de la boue. (Guatémala, Islande.)

Disons à ce propos qu'il est à regretter que l'homme n'ait pas songé encore à boucher hermétiquement les fissures ci-dessus, attendu que cette opération grandiose aurait non-seulement pour effet de guérir radicalement le globe de ses éruptions volcaniques et de ses tremblements de terre qui sont des maladies très-graves, mais qu'elle aurait encore le précieux avantage de prolonger la durée de son existence dans d'incalculables proportions, car les volcans sont les agents les plus actifs de la calcination des globes. Tout le monde sait que la Lune est morte, mais tout le monde ne sait pas que ce sont ses volcans qui l'ont tuée en lui buvant son eau. Vous ne trouveriez pas à l'heure qu'il est sur toute la surface de notre infortunée satellite de quoi rafraîchir un moineau.

Remarquez que les Grecs, ces merveilleux décorateurs d'histoire à qui l'analogie passionnelle avait dit les secrets de toutes choses, ont admirablement décrit dans leurs prétendus mythes les diverses phases de ces périodes géologiques primitives. Eux aussi ont écrit et Ovide après eux que l'Érèbe et le Chaos avaient été longtemps *avant la mer et la terre et le ciel qui recouvre tout;*

> Ante mare et terras et quod tegit omnia cœlum,

puisque la lumière s'était faite. Écoutez après ce début la fable des Titans, ces fils audacieux de la terre qui se révoltent contre les dieux et tentent d'escalader le ciel, en entassant montagne sur montagne. La victoire reste aux dieux, c'est-à-dire au parti de l'ordre, et les Titans foudroyés sont précipités dans les lieux inférieurs et ensevelis tout vifs sous les montagnes qu'ils ont tenté de soulever. Désormais leurs efforts pour se tirer de leur position gênante n'aboutiront plus qu'à de chétives éruptions volcaniques, capables tout au plus d'engloutir une province, une cité.

Avouez qu'il était difficile d'imaginer une allégorie plus ingénieuse et plus frappante pour exposer la théorie des soulèvements des chaînes et la substitution du volcan primitif au volcan d'aujourd'hui. C'est-à-dire que la fable des Titans de la Grèce,renouvelée de la légende des anges rebelles de l'Orient, est à la fois plus jolie que l'histoire et aussi vraie que la vérité.

Pour signaler l'importance du rôle que le fluide électrique et le fluide lumineux ont joué dans cette lutte, les Grecs disent que les dieux qui se sont le plus vaillamment montrés dans la bataille sont le dieu de la foudre, Jupiter, et celui de la lumière, Apollon !

Ce vaillant dieu de la lumière, le plus beau des habitants de l'Olympe, est le même qui tue plus tard le serpent Python à coups de flèches. Qui n'a deviné à première lecture la portée de l'allégorie nouvelle ?

Le serpent Python, né de la boue du déluge, à ce que rapporte la fable, c'est le type de cette création d'ébauche par laquelle débute la puissance créatrice de la planète, création de moules hideux, difformes, gigantesques, qui s'appellent les Mégalosaures ou les Plésiosaures et les Ptérodactyles, sortes de crocodiles monstrueux, de chimères, de dragons ailés, de salamandres caparaçonnées à l'épreuve du feu et du choc; ambigus fantastiques, mi-minéraux, mi-poissons, mi-reptiles, ainsi faits tout exprès pour vivre parmi les boues brûlantes des terres émergées de la veille et pour boire les poisons de l'atmosphère empestée.

Les flèches d'Apollon sont les rayons de l'astre brûlant, qui pompent l'humidité des vases et les convertissent en terres franches, milieu inhabitable pour le moule d'essai.

La révolte des Titans et la fin du serpent Python vous en apprennent plus sur les commencements de ce globe qu'un tas de genèses que l'on connaît.

La fable des Titans, c'est l'histoire de la première émersion des terres et du soulèvement des chaînes où Pelion s'élève sur Ossa. La fable du serpent Python, c'est la fin de la première des créations lumineuses, de la création draconienne.

A la suite de cette première création est venue la seconde, la création des herbivores monstrueux, mastodontes, éléphants, etc., destinés à pâturer les végétaux dont la surface de la terre humide s'est couverte comme d'un manteau. La création des herbivores est accompagnée de celle d'une masse innombrable de carnivores de tous les règnes.

Au temps de ces deux créations, l'axe de rotation de la terre est encore perpendiculaire à l'écliptique qui se confond avec l'équateur. Les jours et les nuits ont une égale durée sur tous les points de la terre, et il n'y a nulle part ni été ni hiver. Par conséquent, tous les oiseaux d'alors sont sédentaires et n'ont pas besoin d'émigrer. Les mers sont parsemées de polynésies nombreuses, et la proportion des terres émergées est à peu près la même dans les deux hémisphères. L'homme d'aujourd'hui a-t-il vécu du temps du mastodonte? Je ne le pense pas.

Ce qu'il y a de certain, c'est que la troisième création se faisait, celle dont l'homme est le type supérieur, quand la terre éprouva la secousse qui lui fit perdre l'équilibre, la priva de sa couronne boréale et de ses lunes, inclina violemment son axe sur l'écliptique, noya du coup la majeure partie de ses terres australes, souleva les continents de l'hémisphère du nord, institua les saisons et englaça les pôles. Les éléphants de la Sibérie qu'on retrouve aujourd'hui captifs et parfaitement conservés en chair et en os dans d'énormes blocs de glace attestent que le changement de milieu et la congélation du liquide furent subits.

De tout quoi il résulte, et le bon sens et la science moderne sont d'accord sur ce point avec la mythologie, que le premier milieu habitable pour tous les êtres fut l'eau. Puisque l'eau a couvert dans le commencement toute la face du globe ; puisque c'est dans le sein des mers que se sont formés les premiers éléments de la minéralité et de la végétalité, il faut bien, en effet, que l'animalité y ait aussi pris naissance. L'animal n'est qu'un végétal organisé puissanciellement. Laissons donc de côté l'histoire des minéraux, des végétaux, des mollusques, des insectes, des poissons, des reptiles, pour arriver de prime saut à celle de l'apparition de l'oiseau.

L'oiseau ovipare et couveur est intermédiaire entre le reptile ovipare non couveur et le mammifère. Il pond comme le premier ; il élève et nourrit ses petits comme le second. Cependant, en vertu de la loi de transition harmonique qui unit tous les règnes à travers la distance, l'oiseau plonge par ses racines jusque dans le règne des poissons, antérieur ou inférieur à celui des reptiles et qui fournit le poisson volant, type d'ambiguïté non moins remarquable et non moins excentrique que la chauve-souris, qui sert de trait d'union entre l'oiseau et le quadrupède mammifère. Le poisson volant qui s'élève dans l'air est plus oiseau que l'autruche, que le défaut d'ailes cloue au sol.

Le premier-né de la volatilie fut donc un oiseau d'eau. Seulement comme l'oiseau ne peut nicher qu'à terre, la date de son apparition en ce monde coïncide forcément avec celle de l'apparition du premier îlot émergé. Ici point de doute possible, et puisque l'océan fut avant les lacs et les fleuves, les oiseaux nageurs de l'eau salée ont précédé les nageurs d'eau douce dans la vie.

A quelle époque remonte cette première apparition de la volatilie sur la terre? Evidemment un peu après celle des sauriens gigantesques; mais le nombre des moules ailés de cette création dut être excessivement restreint; car la terre fraîchement sortie de l'onde n'était habitable alors que pour un petit nombre d'oiseaux nageurs et d'échassiers, d'oiseaux de proie. Aussi les rares ossements d'oiseaux fossiles qu'on rencontre dans les gisements des terrains secondaires appartiennent-ils presque exclusivement à ces trois catégories. Souvenons-nous toujours qu'en ce temps-là il n'y avait pas encore de saisons sur la terre, partant pas de nécessité de déplacement pour les espèces animales, partant pas de nécessité de création des oiseaux voyageurs qui composent aujourd'hui plus de la moitié du règne.

A la seconde création qui vit naître les baleines, les cétacés, les mastodontes et la plupart des géants de la mammiférie, remonte aussi l'apparition de ces moules d'oiseaux gigantesques mesurant six mètres de hauteur, dont les uns ont laissé l'empreinte de leurs pieds sur les grès rouges de l'Amérique du Nord; les autres leurs tibias et leurs œufs dans les terrains tertiaires de la Nouvelle-Zélande et de Madagascar. Par la même raison que ci-dessus, la perpétuité de l'équinoxe, le nombre des espèces volatiles est encore fort restreint. Tout porte à croire que la durée des deux premières créations lumineuses de la terre ne dépassa pas trente siècles, ce qui ferait remonter l'ère de la création dernière à sept ou huit mille ans environ. A cette époque donc serait né le premier des ovipares à plume et des oiseaux d'eau salée.

Maintenant s'il est indubitable que l'eau salée a été pour l'oiseau le premier milieu habitable, et si la forme du pied se moule fatalement sur les exigences du milieu, voyons quelle a dû être la forme du pied de l'oiseau d'eau.

Pour que la conformation du pied de l'oiseau d'eau fût en harmonie avec la destinée de l'être qui devait s'appuyer sur lui, il fallait d'abord que ce pied présentât une large surface qui permît à l'oiseau de s'asseoir sur la surface de l'élément liquide, et il fallait que cet organe pût en même temps lui servir d'agent propulseur pour le faire glisser avec rapidité sur l'onde. Il fallait pour tout dire que le pied de l'oiseau nageur fût une rame.

A cette double fin la nature a donc ramé les doigts du pied de l'oiseau nageur au moyen d'une membrane large, souple et flexible ; elle a muni ce pied d'un tarse court et tranchant ; de plus elle a moulé la carène de l'oiseau sur le patron de la hourque hollandaise, large de l'avant et des flancs ; et elle l'a doublée d'une épaisse couche de duvet imperméable. J'abrége sur les détails ingénieux relatifs à la bâtisse du col façonné en mâture, à la concavité des ailes qui s'arrondissent en voiles pour recevoir le vent. Je remarque que les pieds s'insèrent au plus bas du bassin pour mieux remplir le double office de gouvernail et d'agent propulseur. Je reconnais enfin que la rame destinée à favoriser la locomotion spéciale de l'oiseau sur l'élément liquide ne peut que gêner sa marche sur tout autre élément. Le cygne si élégant, si poétique quand il vogue, est lourd et disgracieux à terre. Concluez de cette spécialité d'attribution exclusive, à l'excellence et à la supériorité du type que nous avons choisi comme type générique et indicatif de l'ordre.

Puisque le pied de l'oiseau d'eau est une rame, le seul nom qui convienne à l'ordre des oiseaux nageurs, dans une méthode de classification basée sur la forme du pied, est celui d'ordre des *Rémipèdes*.

Du reste, le pied de l'oiseau nageur est un type de sériation si clairement indiqué par la nature, que les savants l'avaient depuis longtemps adopté en cette qualité sous son synonyme *Palmipède* (*pieds palmés*). Mais il est évident que rémipède, qui signifie proprement pieds munis d'une rame, et qui spécifie la fonction essentielle de l'organe, vaut mieux que palmipède, qui a le tort de rappeler à l'imagination les palmes d'Idumée et celles du martyre, lesquelles ne se marient pas bien à l'idée de milieu humide et pèchent conséquemment par défaut de couleur locale. Ensuite, on peut très-bien avoir des pieds palmés sans être tenu de fréquenter exclusivement les ondes, tandis que rémipède oblige et implique natation.

Ainsi l'ordre des oiseaux nageurs ou des oiseaux d'eau, le premier-né de la volatilie, sera dit de la *Rémipédie*.

Quelle nouvelle création dut suivre dans le règne celle de l'oiseau nageur? Quel fut le second habitat?

Le second habitat, nous le savons déjà, fut le rivage mou, fut la vase, le terrain noyé; car le rivage est nécessairement contemporain de l'émersion, et les idées relatives à l'un et à l'autre phénomène s'enchaînent dans l'esprit.

Quelle nouvelle forme de pied appelait le milieu nouveau?

Évidemment ce n'était plus la rame, non plus que le tarse court et la carène opulente et horizontale qui convenaient à l'hôte du nouvel habitat. La rame ne lui aurait été que d'une utilité médiocre pour la traversée de l'inextricable lacis de feuilles et de tiges flottantes qui tapissent la surface mi-solide des eaux de la savane. La brévité du tarse l'eût empêché d'enjamber les obstacles, et l'eût exposé à maculer sa robe aux souillures de la vase, ce qui est formellement contraire aux vœux de la nature, qui ne gratifie pas les oiseaux de parures élégantes pour les leur laisser avarier. Donc pour l'oiseau de rivage, soit coureur de roseaux, soit arpenteur de marécages, les premières conditions de l'existence étaient dans l'exhaussement des supports, dans la légèreté de la carène, dans la gracilité des formes.

Or, reconnaissons que la nature a répondu d'une façon admirable aux besoins du nouvel ordre, en juchant ses espèces sur de véritables *échasses*, c'est-à-dire sur des jambes longues, grêles et nues, amincies par-devant et portant sur des pieds à *raquette* qui n'en finissent pas. La raquette, à laquelle il est fait ici allusion, est cette chaussure de bois large, longue, légère, dont les Lapons se servent pour courir d'un pas ferme sur la sole non durcie des neiges.

La nature ne s'en est pas tenue là de cette bâtisse merveilleuse. Elle ne s'est pas contentée de proportionner la gracilité des supports de l'oiseau à la légèreté de sa carène : en même temps qu'elle lui étirait les doigts, elle lui évidait le cou, les flancs, la tête pour lui faciliter le mouvement de serpentation rapide au travers des fourrés herbeux; bref, elle lui a coulé toutes les parties du corps dans le même moule que ses échasses, tant et si bien, qu'elle a fini par produire comme dernière épreuve de l'oiseau de rivage, *l'échassier au long bec emmanché d'un long cou*.

Quel sera maintenant le nom du nouvel ordre, de l'ordre second-né de la volatilie?

Puisque le pied de l'oiseau nageur, qui est une rame, a donné rémipède, il semblerait légitime que celui de l'oiseau de rivage, qui est une raquette, fût *réticulipède*, du mot latin *reticulum*, qui veut dire raquette. Mais le terme de raquette, pris dans l'acception de soulier à neige, n'étant pas très-connu, et l'expression de *réticule* (petit rets) s'appliquant mieux à la raquette du jeu de paume qu'à la chaussure du Lapon, j'ai cru devoir rejeter cette dénomination douteuse. Et comme la longueur démesurée des jambes nous fournissait ici un excellent caractère séparatif, pittoresque et faisant image, j'ai pris ce caractère pour dénominateur de l'ordre que j'ai intitulé de la *Grallipédie*. Grallipédie du mot latin *grallæ*, qui signifie *échasses*, lequel nom devait baptiser l'ordre et ne pouvait être convenablement remplacé.

Pourquoi n'ai-je pas appelé cet ordre l'ordre des Échassiers, comme ont fait les savants?

Pour une considération d'importance majeure. Parce que le mot *échassier*, qui conviendrait parfaitement à la situation s'il était plus ductile, a le funeste désavantage de ne pas se prêter à la substantivation féminine, et parce que tout substantif privé de cette faculté est un substantif barbare et immaniable, qui doit être impitoyablement rejeté du vocabulaire de la méthode et de la hiérarchie. Cependant comme la raison grammaticale, qui proscrit l'emploi de ce terme dans la nomenclature, ne le chasse pas du langage familier de la zoologie, nous nous permettrons de l'employer quelquefois, hors des rangs.

Donc le second ordre du règne, par rang de primogéniture, sera dit de la Grallipédie.

Quel fut le troisième milieu habitable du globe? Quel sera le troisième ordre de la volatilie?

Le troisième habitat du globe fut la terre saine, la plaine, le milieu que les traits de Phœbus Apollo suscitèrent en remplacement du milieu vaseux et fétide qu'habitait le serpent Python. Je dis la plaine et non pas la vallée, qui suppose l'existence antérieure du fleuve. Les fleuves ne coulent pas encore à l'époque où nous sommes. Notre troisième habitat est la plaine de formation première, le steppe, la pampa, le désert. Mais voici que je me sens obligé, pour me faire comprendre, de revenir une fois de plus à l'histoire des déluges, histoire bien étrangement faussée jusqu'à ce jour par la superstition.

Disons d'abord, pour redresser l'opinion publique à l'endroit de ces cataclysmes, que les déluges ne sont pas des fléaux inventés pour punir les crimes de la terre, mais bien des procédés de géogénie naturels dont Dieu se sert pour opérer la fusion des divers éléments des jeunes globes, et pour aider ceux-ci à parcourir toutes les phases de leur existence. La meilleure preuve que les déluges ne sont pas des instruments de la colère céleste, c'est que leur intervention dans les affaires des mondes est beaucoup plus fréquente avant la venue des humanités qu'après.

Donc au commencement, c'est-à-dire au premier jour de l'émersion des terres, le déluge fut partout; déluge d'eau et de feu, déluge de boue liquide, de pierres vitrifiées, de soufre, de bitume, de vapeurs métalliques, de matières sans nom, magma transitoire et confus de tous les éléments du globe, qu'engloutissaient et revomissaient sans cesse en leurs convulsions effroyables les gouffres béants du sol. Alors, en effet, chaque mont qui pointait vers la nue, lancé par la puissance de l'action centrifuge, emportait sur ses épaules en sortant de l'abîme le pan de la masse liquide qui lui servait d'enveloppe, et cette masse soulevée ne tardait pas à retomber des crêtes de la montagne, et à ruisseler sur ses pentes en cascades écumeuses, dont les ondes se mariaient dans leur chute aux torrents de laves rougeâtres qui descendaient lentement des cratères volcaniques en longs serpents de feu. Or, il arriva plus d'une fois que d'immenses étendues d'eau, se trouvant emprisonnées par d'immenses étendues de terre en voie d'ascension, furent transportées à de certaines hauteurs au-dessus du niveau de l'Océan ; d'où elles tinrent longtemps la menace de déluge suspendue sur la tête des contrées inférieures. Puis la menace s'est accomplie peu à peu en tous lieux, et chaque mer supérieure a fini par rompre ses digues pour rejoindre l'Océan.

Ainsi se sont vidées les mers intérieures de nos grands continents d'Asie, d'Amérique et d'Afrique. Ainsi se videront quelque jour les mers intérieures de l'Amérique du Nord, qu'on appelle les Grands Lacs, par la rupture subite de la digue du Niagara.

L'empreinte des déluges, du reste, est demeurée visible sur tous les points du globe, comme celle des volcans primitifs, et rien n'est plus facile que de suivre de l'œil sur la carte orographique le mouvement d'invasion et de retrait des eaux. A la première inspection de cette carte, le regard de l'observateur est invinciblement attiré par le miroitement de grandes places nues et blanches qui gisent par le travers de tous les continents, aux étages les plus bas du sol. Ces grands espaces nus, qu'on appelle Saharas, Pampas, Steppes, Déserts, sont les lits de ces mers supérieures d'autrefois que l'exhaussement universel du sol avait provisoirement installées au-dessus du niveau de l'Océan, et qui ont fini par restituer leurs eaux au réservoir commun.

La meilleure preuve que l'eau salée tint jadis toutes ces places, c'est qu'elle y reste encore partout où elle a pu rester ; témoin la mer Caspienne, celle d'Aral et la plupart des lacs saumâtres qu'on rencontre au sein des déserts de tous les continents, voire de ceux d'Australie. La mer Caspienne est le fond de la grande mer intérieure qui s'étendait jadis de la Chine à l'Europe, couvrant toutes les Russies et toutes les Tartaries, et qui, en se vidant, a coupé le détroit de Gibraltar et noyé l'Atlantide. L'infériorité de son niveau, qui est aujourd'hui de 120 mètres au-dessous de celui de l'Océan, explique pourquoi elle n'a pu s'y verser tout entière; mais il fut certainement une époque où son niveau se confondit avec celui de la mer Noire, et les 120 mètres de profondeur que cette mer a perdus depuis le dernier déluge indiquent en chiffres précis le petit nombre d'ans qu'elle doit durer encore. Or, l'histoire de ce lac salé est celle de l'Aral et de toutes les mers mortes du monde, dont les eaux vont se réduisant et se dessalant chaque jour, et dont l'évaporation fera la fin. Les géographes ont reconnu que les rivages de la mer Caspienne occupaient la région la plus basse et la plus déprimée de ce globe.

Une autre preuve que le plancher des déserts d'aujourd'hui est le lit des mers supérieures d'autrefois se tire de la composition de leur sol dont la première couche est du sable; du sable imprégné de sel marin, et réduit en poudre impalpable par le roulis des flots. La seconde couche est un banc de coquilles fossiles appartenant à des espèces maritimes, dont la plupart se retrouvent vivantes dans les mers d'à côté.

La substitution du désert au lac salé est de date si récente, que beaucoup de fleuves d'Afrique et d'ailleurs courent encore aux sables pour s'y perdre comme par le passé....

Mais il y a mieux encore que tous ces témoignages irrécusables pour démontrer la parenté et l'identité des milieux ci-dessus. Il y a cette multitude d'analogies poétiques que la nature s'est plu à réunir autour de la question comme pour l'illuminer.

C'est d'abord ce cachet grandiose de l'immensité et de la solitude, également empreint à la face des deux plaines, qui fait l'âme rêveuse et la plonge aux méditations de l'infini.

Et puis cette méprise opiniâtre du vent brûlant du Sud qui s'obstine à confondre l'océan des sables avec l'autre, et s'amuse à y soulever des tempêtes furieuses, et chaque jour y engloutit une caravane comme dans l'Atlantique un navire. Savez-vous ce que sont ces monticules de cendres qui s'élèvent là-bas dans la plaine, et au-dessus desquels tourbillonnent des nuées de vautours?... Ces monticules de cendres sont des tombes fraîches pleines que le simoun d'hier a élevées, que le simoun de demain rasera pour qu'elles revomissent leurs cadavres, à l'instar du gouffre des ondes, et prolongent d'autant la file des squelettes blanchis qui jalonnent les voies du désert.

La loi de Mahomet autorise le croyant à remplacer l'eau par le sable en ses ablutions; l'Éléphant fait de même.

La bête que Dieu a créée pour servir de transport à l'homme à travers l'océan des sables, le Chameau, s'appelle chez les poëtes le *vaisseau du désert*. Il glisse sur la houle embrasée comme l'esquif sur la vague; il plonge de l'avant et *tangue* sous la lame, à l'imitation du navire; et son tangage aussi donne le mal de mer.

Et il n'y a pas que les bêtes et les puissances aveugles de la nature qui se trompent à la ressemblance. L'œil de l'homme lui-même y est pris, et la réverbération des sables qui brûle sa rétine la force à reproduire l'image de l'onde absente. Étrange hallucination des sens qui semble une évocation magique de la mémoire des lieux!

Or, les déserts et les plaines arides installés au centre des nouveaux continents, appelaient de nouveaux hôtes. Quelle forme de pied inédite, quelle espèce de chaussure réclamait le service de la locomotion pédestre dans le milieu nouveau?

La plaine aride et nue est le champ de la course; la jambe, le tarse, le pied de l'oiseau destiné à habiter le milieu nouveau seront donc taillés pour la course. La superficie de la plaine est tapissée de cailloux tranchants, de sables vitrifiés, d'aspérités sans nombre. Le parcours d'un pareil milieu exige une chaussure à l'épreuve, unissant les deux conditions de la légèreté et de la solidité; quelque chose d'analogue à la chaussure du cheval et du dromadaire, appelés à peupler les mêmes solitudes.

La nature, se réglant sur ces indications, a fait comme nous aurions fait à sa place, s'il eût été dans nos dons de créer. Elle a doté l'oiseau coureur d'une jambe opulente et fortement musclée, qui s'ajuste sur un tarse vigoureux, rond et plein, et de hauteur moyenne, lequel porte à son tour sur des doigts légers et courts, mais robustes et infatigables, et garnis de défenses sur toutes les coutures, bouclier par-dessus, double semelle par-dessous, terminés de plus par des ongles propres à creuser le sol. Pour d'autres raisons, que nous saurons plus tard, la nature a voulu encore que le coureur se distinguât de tous les autres bipèdes ailés par la majesté de sa prestance. Seulement, elle a si richement traité le système de la locomotion pédestre chez l'immense majorité des espèces, que le système du vol a dû considérablement en souffrir. Le coureur a l'aile courte, le vol lourd, bruyant et pénible, et n'aime pas à confier son salut à ses ailes. Quelques espèces de l'ordre sont même totalement privées de la faculté de s'élever dans les airs.

Quel sera le nom du troisième ordre, de l'ordre des coureurs, que la science officielle appelle l'ordre des Gallinacés ?

Du moment que c'est la fonction principale du pied, c'est-à-dire le caractère essentiel de la locomotion pédestre qui distribue les noms d'ordre, ce troisième nom tout trouvé, est celui de *pieds coureurs*. Or, il y avait à choisir pour la dénomination scientifique de pieds coureurs entre *dromipèdes*, *cursoripèdes*, *lévipèdes* ou *vélocipèdes*. J'ai opté, après mûre délibération, pour le premier de ces titres ; d'abord parce qu'il est le plus court, ensuite parce que le public sait déjà par les jeux de l'Hippodrome que *drome* répond à course ; et, enfin, parce que j'avais besoin de cette terminaison euphonique et sonore pour baptiser mes groupes, *dactylidromes*, *pollicidromes*... qui court sur trois doigts, sur quatre doigts.

Rémipédie, Grallipédie, Dromipédie sont donc les noms que la méthode naturelle assigne aux trois premiers ordres du règne des oiseaux.

Arrêtons-nous ici pour résumer notre œuvre et pour la soumettre au contrôle de notre second instrument d'analogie et de sériation ; car voici que nous touchons à l'une des heures les plus solennelles de l'histoire des oiseaux, et que nous avons atteint l'un des points culminants de notre étude. Voyons si cette filiation des trois premiers ordres du règne que nous avons tirée de la filiation des trois premiers milieux, supportera victorieusement le contrôle de la comparaison du pied avec la main.

Et d'abord en quoi la main de l'homme diffère-t-elle surtout du pied de l'animal, de l'oiseau ?

La main de l'homme diffère surtout de l'organe correspondant chez les bêtes, par l'opposition qui est complète chez elle entre le pouce et les autres doigts. C'est cette opposition qui constitue à elle seule toute la supériorité de l'adresse et de la force de l'homme, et qui l'a fait roi de la nature. La faculté de *saisir*, qui est le commencement de l'adresse manuelle, implique l'opposition du pouce aux autres doigts de la main.

Or, considérez le pied de l'oiseau d'eau que nous avons nommé le premier-né de la volatilie, et dites si ce n'est pas là le modèle qui s'éloigne le plus de la main de l'homme.

Chez l'oiseau d'eau, le pouce, quand il y a un pouce, suit le même plan rectiligne que les doigts de l'avant. Il tend à s'éloigner indéfiniment de ceux-ci, bien loin de chercher à les rejoindre. Le pied de l'oiseau d'eau est de tous le moins apte à la préhension. C'est à peine si dans tout l'ordre quelques espèces *perchent*.

Chez l'oiseau de marécage, la faculté de préhension devient un peu moins rare; un plus grand nombre d'espèces perchent : l'une même est douée de la faculté de saisir, à la façon du perroquet et de l'oiseau de proie, qui ont de véritables mains. D'autres se servent de leurs pieds comme d'une arme de guerre. Cependant la rectilignité du plan d'assises est toujours la règle générale dans la grallipédie, aussi bien que dans la rémipédie. Le pouce et les doigts continuent à se fuir, au lieu de se rapprocher.

Chez les coureurs, même règle générale. Seulement, plus des trois quarts des espèces sont déjà douées de la faculté de percher, qui implique celle de saisir, qui implique opposition entre l'avant et l'arrière...; faculté toutefois dont ces oiseaux n'usent guère que pour chercher un refuge contre leurs nombreux ennemis, ou bien un juchoir pour la nuit. Quelques espèces aussi se servent de leurs pieds pour frapper, et toutes pour gratter le sol.

Il y en a même qui font mieux, et qui élèvent des monticules de terre à la force de leurs poignets; d'autres qui fauchent l'herbe et la mettent en tas pour en faire des fours d'éclosion, et qui étendent considérablement ainsi le nombre des fonctions de leurs doigts.

Ainsi la gradation de l'adresse (progression du pied vers la main) justifie la série ordinale que nous avons tirée de la filiation des milieux.

Une observation importante doit trouver place ici.

C'est à savoir que lorsque j'affirme l'antériorité de naissance d'un ordre quelconque, et que j'appuie cette antériorité sur celle de l'émersion du milieu que cet ordre habite, cette affirmation ne doit être considérée comme vraie qu'en thèse générale..., attendu que toutes les séries du même ordre ne sont pas nées le même jour, et que la loi de la distribution harmonique exige impérieusement qu'il y ait entre-croisement dans l'avénement des espèces appelées successivement à peupler tous les coins du globe.... et qu'il est nécessaire que chaque ordre *antérieur* renferme des espèces qui ont fait leur apparition sur la terre beaucoup plus tard que certaines autres espèces d'un autre ordre *postérieur*. Je précise le cas et l'explique par un exemple. L'ordre des rémipèdes est visiblement antérieur, quant à l'ensemble de ses séries, à celui des grallipèdes et à celui des dromipèdes. Cependant le Canard de la Caroline, qui fait partie de l'ordre des rémipèdes, mais qui fait son nid sur les arbres, a dû naturellement attendre pour faire sa première apparition en ce monde que l'arbre fût créé. Or, l'arbre est de création postérieure à la venue du chevalier (grallipède) et de l'outarde (dromipède).

Donc, il en est de la création des espèces ailées comme de celles des continents et des îles, qui ne se sont pas faites en un jour, et pas une raison ne défend de croire qu'il y ait eu mille ans, plus ou moins, entre l'apparition du premier et du dernier des moules d'un ordre ou d'une série.

J'ai signalé tout à l'heure l'importance du point historique que nous venions d'atteindre. En effet : tous les oiseaux du globe, à partir du manchot du pôle austral, qui nage avec ses ailes, jusqu'au perroquet à face d'homme, qui parle comme nous, tous les oiseaux du globe, dis-je, ont le pied plat ou voûté.

Le pied plat que j'ai précédemment défini est celui dont tous les doigts posent d'aplomb sur le sol, où le pouce, quand il y en a un, fuit dans une direction opposée à celle des doigts de l'avant. Le pied arqué ou voûté, au contraire, est celui dont les doigts sont voûtés ou concaves, et où les deux systèmes de l'arrière et de l'avant se font opposition et tendent à se rejoindre comme le pouce et les doigts dans la main de l'homme.

Or, les pieds plats ne peuvent servir qu'à trois choses : à marcher sur les eaux, à marcher sur la vase, à marcher sur la terre, *nager*, *vader*, *courir* ; et ces pieds plats sont l'attribut exclusif des trois premiers ordres de notre classification.

Et comme les pieds arqués n'ont également que trois emplois distincts : *percher*, *grimper*, *saisir*, d'où les trois grands ordres des percheurs, des grimpeurs et des préhenseurs...., il suit de là :

Que le point historique où nous sommes arrivés est le point précis et mathématique de la coupe dichotomique du règne, qui se divise ici de lui-même en deux sections parfaitement tranchées : *Planipédie* (pieds plats), *Curvipédie* ou *Caméripédie* (pieds cambrés ou voûtés, du latin *camera*).

Et voyez comme nous avions raison d'écrire un peu plus

haut, que si nous avions la main heureuse dans le choix de nos types séparatifs, l'analogie passionnelle s'empresserait de nous venir en aide. Admirez l'étrange coïncidence de la loi d'ordre moral avec la loi d'ordre matériel...

La polygamie ou l'agamie confuse est la règle générale de l'alliance des sexes dans la planipédie. La monogamie est la loi générale de la curvipédie!

Chez les pieds plats, barbarie quasi-universelle, ignorance quasi-absolue de l'art architectural et de l'art musical. Règne du mâle.

Chez les pieds mieux bâtis, architectes et musiciens hors ligne. Règne de la femelle.

Vous voyez bien que ce n'est pas moi qui m'obstine à courir après ma formule du Gerfaut, et que c'est elle qui fait effraction pour sortir de chaque vérité nouvelle et se glisse de force sous ma plume.

J'en ai presque fini déjà avec l'histoire de la filiation des milieux, puisque j'ai annoncé d'avance la formation des trois grands ordres des percheurs, des grimpeurs et des préhenseurs. Je veux achever pourtant le cadre de la classification pédiforme, dont l'étude successive des ordres, des séries et des espèces me permettra de présenter plus tard, au fur et à mesure, le complet développement.

A la plaine nue, infertile et aride ont succédé la plaine couverte, le buisson, la forêt. Les montagnes, perpétuellement arrosées par les eaux du ciel, ont créé les sources et les fleuves; lesquels ont créé à leur tour les vallées, les prairies qui se sont émaillées de fleurs. Le luxe de la végétation a débordé peu à peu en forêts riches de nouveaux fruits et de nouvelles graines, et abritant sous leurs rameaux touffus des myriades de nouveaux insectes. Or, il fallait de nouvelles espèces pour consommer ces éléments nouveaux de nutrition; et les germes de ces espèces ont dû éclore à l'heure fixée par Dieu dès le commencement. En ce temps-là naquit l'oiseau *percheur*, l'oiseau qui sait aimer, qui sait chanter, bâtir;.... la parure, la joie et la fête éternelle de cette création.

A dater de l'apparition du buisson, de l'arbre, de la forêt, tous les oiseaux naissent percheurs, même ceux des espèces appartenant aux ordres de la planipédie. Tous ont un pouce, et la tridractylie *anticienne*, caractère d'ébauche, disparaît. La tridactylie anticienne, cachet d'infériorité et de primogéniture commun aux premières classes de la rémipédie et de la dromipédie, est le système de locomotion pédestre où les trois doigts sont placés à l'avant, comme chez les pingouins, les guillemots, les pluviers, les nandous, les outardes. Il va sans dire que le perchement est interdit à ces espèces tridactyles. Il n'en est plus ainsi dans la tridactylie *posticienne*, où les trois doigts sont divisés en deux systèmes, et où le pouce fait opposition aux deux doigts de l'avant. Rien ne s'oppose en ce dernier cas à ce que l'oiseau perche ou grimpe. Seulement ce chiffre de trois doigts, tout à fait anormal dans les ordres supérieurs, n'y figure qu'à l'état de rarissime exception.

Quelle nouvelle forme devait prendre le pied de l'oiseau destiné à vivre sur la branche, le pied de l'oiseau percheur?

Percher, c'est se tenir assis sur la branche dans une attitude *horizontale*. Or, pour que le pied puisse servir de support à l'oiseau sur la branche, il faut d'abord que ce pied soit doué de la faculté de saisir et d'embrasser ce support. Et pour qu'il y ait possibilité d'embrassement, il faut, comme je l'ai déjà dit et même répété, qu'il y ait opposition directe entre l'avant et l'arrière, avec facilité pour le pouce et les doigts de se rejoindre. C'est pour cette cause encore une fois qu'aucun tridactyle à pieds plats ne peut percher, pas plus qu'il ne peut chanter ni se construire une habitation sortable. Pour bâtir, il faut de l'adresse, et l'opposition du pouce au système de l'avant est la première condition de la dextérité. Les tétradactyles, comme le vanneau et la caille, chez lesquels le pouce n'est qu'un objet de luxe qui ne peut servir à rien, à raison de son exiguïté, sont aussi empêchés que les tridactyles planipèdes, à l'endroit du perchement. Enfin le martinet de nos églises, qui est un excentrique en tout genre, et qui porte ses quatre doigts à l'avant pour ne pas faire comme tout le monde, le martinet se trouve placé par ce singulier caprice dans une position bien autrement anormale. Il en est réduit à rester constamment en l'air faute de pouvoir faire usage de ses pieds. Ce qui est cause que les anciens l'avaient nommé l'*apode*.

Mais ce n'est pas encore assez que les doigts et le pouce se fassent opposition. Pour que cette opposition soit sérieuse et l'assiette solide, il faut que le doigt de derrière qui tient tête aux trois doigts de devant, soit pourvu d'une puissance de contractilité extrême, d'une vigueur et d'une longueur à l'avenant. D'un autre côté, l'oiseau, dont l'existence est attachée aux végétaux, et qui vit de leurs fruits, de leurs insectes, de leurs graines, peut être appelé à chaque instant à ramasser sur la terre ces divers éléments de nourriture que le vent ou la maturité ont détachés de la branche. Il faut donc encore que son pied voûté soit doué de la propriété de s'aplatir comme celui des coureurs pour lui servir d'appui sur le sol. Enfin, comme ses ongles ne lui ont été donnés que pour se soutenir sur son perchoir et non pour déchirer, il n'est pas nécessaire qu'ils soient soigneusement renfermés dans une gaîne comme un rasoir anglais ou comme une griffe de chat.

Pour toutes ces causes donc, la nature a doté l'oiseau percheur d'un tarse grêle, élégant, diaphane, d'une longueur moyenne, généralement nu et supporté par des doigts opposés et libres, garnis d'ongles innocents. Tous les oiseaux percheurs peuvent se mouvoir à terre par la marche naturelle ou par le sautillement; tous se branchent pour dormir et ont le tarse dirigé dans le sens vertical; tous font un nid, et c'est le seul ordre qui fournisse de véritables chanteurs.

L'ordre des percheurs comprend un nombre considérable de familles; mais je ne sais pour quelle cause les ornithologistes ont pris la mauvaise habitude de le considérer comme un ordre en quelque sorte négatif, et destiné à servir de refuge à tous les genres qui n'ont pas de caractère séparatif bien tranché. Nous verrons à l'usage que l'ordre des percheurs n'est pas plus dépourvu de ces caractères que les autres, et que la confusion qui y règne n'est pas le fait de la nature, mais bien celui des savants, qui ont commencé à y introduire le chaos, en le baptisant du nom absurde d'ordre des *Passereaux*, nom qui n'a de comparable en négation et en insignifiance que celui de Gallinacés.

Il y avait à choisir entre une foule de caractères pédiformes pour donner à cet ordre une dénomination convenable. J'ai opté pour le terme générique de *Sédipèdes*, qui signifie tout simplement pieds servant à s'asseoir. *Ramo sedens*, a dit Virgile à propos de Philomèle.

Ordre premier de la Curvipédie : Sédipèdes.

Nous passons de cet ordre, et sans changer de milieu, à celui des grimpeurs, chez lesquels la structure du pied présente une contradiction si flagrante avec tout ce que nous avons vu jusqu'à présent et tout ce que nous verrons plus tard, qu'il devient plus que jamais impossible de comprendre comment les ornithologistes n'ont pas été d'accord pour en faire une des grandes classes du règne des oiseaux. Il y a bien une classification de Cuvier, dans laquelle les grimpeurs forment un ordre à part; mais je ne sais pas si cette classification-là est bien l'officielle.

Le système de progression chez les grimpeurs est tellement en antagonisme avec celui de tous les autres oiseaux, que rien de ce que nous avons appris jusqu'alors ne saurait nous en donner une idée. L'existence des rémipèdes est attachée aux ondes, celle des échassiers à la boue, et celle des coureurs à la terre. L'existence des grimpeurs est attachée au tronc des arbres dans toute la force du terme. Ils ne peuvent pas plus quitter cette place que le plongeon son bassin.

Le rémipède, l'échassier, le coureur, le sédipède progressent sur un plan horizontal au moyen de doigts formant un système pareillement horizontal et perpendiculaire à la direction du tarse, qui transmet le poids du corps à ces doigts. Il faut intervertir tous les termes de ces rapports pour tomber sur la loi du système de progression du grimpeur et de la structure de son pied.

Le plan sur lequel progressent tous les autres oiseaux est un plan horizontal, avons-nous dit; ils marchent de l'arrière à l'avant. Le plan sur lequel progresse le grimpeur est vertical; il marche de bas en haut. Cette marche est une ascension graduée qu'il exécute au moyen d'une série de bonds successifs, semblables à ceux que nous accomplissons quand nous gravissons les marches d'un escalier à pieds joints. Et les malheureuses bêtes n'ont pas toujours l'agrément que nous avons, nous autres hommes, de pouvoir redescendre cet escalier quand nous l'avons monté. Cette faculté de redescendre n'est pas dans les dons de tous les grimpeurs. Le grimpeur ne marche pas *sur*, mais *contre*.

Alors nous devons voir d'ici quelle sera la forme du pied chez l'oiseau grimpeur; car la nature est une dans ses plans, quoique multiple et variée à l'infini en ses combinaisons. La métamorphose du plan horizontal de progression en plan vertical entraînera évidemment dans l'agencement du pied un renversement analogue. Les oiseaux qui marchent sur l'eau ou sur le sol ont le plan du pied parallèle à celui de leur point d'appui et le tarse vertical. La loi sera la même pour le grimpeur; seulement, comme le plan de progression du grimpeur (le tronc d'arbre) est vertical, le plan de son pied sera vertical et la direction de son tarse horizontale. Tous les autres oiseaux ayant la paume du pied tournée en bas, le grimpeur l'aura tournée en haut. Voyons maintenant par quels autres moyens extraordinaires la nature, si féconde en ressources, a dû pourvoir aux nécessités du nouveau système, et mettre le grimpeur en état d'accomplir sa rude et importante mission de conservateur des forêts.

Nous avons établi, à l'occasion du pied du sédipède, les conditions de la solidité de l'assiette en matière de perchement. Parmi ces conditions figure la nécessité d'une opposition sérieuse entre l'avant et l'arrière-main. Or, si nous réfléchissons que le pied, chez l'oiseaux grimpeur, a une charge beaucoup plus lourde que chez l'oiseau percheur, en ce que l'effort nécessaire pour s'élever de bas en haut est plus violent que celui exigé par la progression de l'avant à l'arrière sur un plan horizontal, nous serons amenés sur-le-champ à comprendre que la nature a dû non-seulement doubler et tripler la puissance d'élasticité du pied chez le grimpeur, mais accroître l'intensité de l'opposition entre l'avant et l'arrière-main jusqu'à équitable répartition de la charge du corps entre ces deux parties.

C'est ce qu'elle a fait en raccourcissant et en fortifiant d'abord les tarses, les jambes et les cuisses, puis en partageant les quatre doigts du pied en deux sections égales, deux à l'avant, deux à l'arrière. La nature n'a pas borné là les avantages qu'elle a cru devoir faire aux grimpeurs, en compensation de la rude besogne qu'elle leur a attribuée ; elle les a dotés d'une queue rigide, étagée et pointue, qui leur sert de point d'appui dans leurs ascensions ; d'un bec droit et taillé en coin, propre à creuser le bois, et mû par des muscles cervicaux d'une force prodigieuse. Ce bec a été de plus muni à l'intérieur d'une langue vermiforme à détente, projectible, extensible, enduite d'une matière visqueuse et terminée par un dard, à l'aide duquel les grimpeurs s'emparent facilement des insectes logés dans les fissures les plus profondes de l'écorce. Les grimpeurs de France et d'Europe sont exclusivement insectivores, ils font des nids pour eux et pour une foule d'espèces, mais pas un seul ne chante ; ils remplacent d'une façon désagréable la musique par le bruit.

Ce caractère de la division du pied en deux parties égales nous donnait le moyen de désigner l'ordre des grimpeurs par un nom convenable. Nous aurions pu nous servir avantageusement déjà de l'adjectif latin *supinus*, qui veut dire *paume en l'air*, pour baptiser cet ordre du nom de *Supinipèdes*. Nous aurions pu encore emprunter à l'art du tonnelier le nom de l'instrument qui sert à rapprocher de force les cercles des futailles, et qui s'appelle *tirtoir*, attendu que ce tirtoir, composé de deux mâchoires *mousses* qui se font opposition sans se rejoindre, est l'image parfaite du pied de l'oiseau grimpeur. Mais, comme le caractère de division du pied en deux parties égales avait frappé autrefois les savants, qui en avaient pris texte pour donner à cet ordre le nom de Zygodactyles (doigts attelés par paires, du mot grec *zugos*, joug), nous avions préféré d'abord conserver cette dénomination en la latinisant, et nous avions baptisé en conséquence l'ordre des Grimpeurs du nom de *Jugipèdes*, à l'instar des savants. Cependant de judicieux scrupules nous sont venus depuis. Nous avons considéré que cette qualification de Jugipèdes ou de Zygodactyles appartient légitimement aussi à de nombreuses espèces qui ne grimpent pas le moins du monde (Toucans, Aracaris, Coucous, etc.), et alors nous l'avons retirée sagement de notre classification et nous lui avons substitué celle de *Scansoripèdes*, qui veut dire *pieds grimpeurs*, et qui caractérise spécialement et exclusivement l'ordre que nous avions à nommer.

Deuxième ordre de la Curvipédie : Scansoripèdes.

Restait à dénommer l'ordre des Préhenseurs. Puisque tous les oiseaux naissent percheurs, à dater de l'apparition de la forêt, nous n'avons plus à nous occuper de la filiation des milieux.

Après tous les oiseaux devait naître celui qui vit des autres, l'oiseau de proie, l'oiseau de carnage, destiné à remédier à la trop grande multiplication des espèces. Et le milieu de cette espèce-là devait être naturellement partout, sur la cime des arbres, sur la cime des rocs, dans la nue, en tous les lieux élevés d'où s'inspecte l'espace. Tous les milieux étaient de son domaine, puisque tous ces domaines lui devaient payer tribut de chair morte ou de chair vive.

L'oiseau destructeur réclamait de plus, pour accomplir sa mission providentielle, de grandes ailes pour tenir constamment le dessus dans les airs; une vue perçante pour découvrir sa proie sous la feuillée épaisse, sous l'herbe, au sein des eaux; enfin des mains crochues pour la saisir, un bec tranchant et fort pour la déchirer en lambeaux. L'oiseau de proie a reçu tous ces dons en partage.

Le pied de l'oiseau percheur proprement dit a tout juste la force nécessaire pour le maintenir sur la branche, et sa fonction se réduit presque à cet office de support. Le pied de l'oiseau grimpeur, pour être chargé d'un service plus pénible, n'a guère été plus largement doté de la faculté de saisir. Le pied va bien toujours se raffinant dans sa forme et se perfectionnant sous ces deux ordres, quoique la fonction industrielle y soit encore quasi exclusivement exercée par le bec. Mais c'est surtout dans le nouvel ordre que la tendance du pied à se rapprocher du modèle de la main humaine apparaît d'une façon visible. Le rapace frappe et assomme de son poing fermé comme nous; de ses serres il empoigne, il appréhende au corps, il poignarde, il étouffe; il transporte d'énormes fardeaux à des hauteurs énormes, à des distances immenses. Son pied est une main véritable, et qui porte ce nom dans le poétique vocabulaire de la fauconnerie.

La sériation des trois ordres nouveaux subit donc victorieusement le contrôle de la comparaison du pied avec la main.

Quel sera le nom du nouvel ordre dans une classification méthodique, où l'étiquette ordinale se tire de la forme du pied?

Des pieds armés de serres, de poignards, de griffes cruelles, des pieds qui *empoignent* et qui tuent, et qui ressemblent à des mains, fournissent un nombre suffisant de caractères spéciaux et exclusifs pour baptiser convenablement l'ordre des préhenseurs sanguinaires et pour le maintenir isolé dans le règne. Il y avait à choisir, en effet, entre *Griffipédie* (pieds griffus), *Rapacipédie* (pieds ravisseurs), *Serripédie* (pieds armés de serres), *Juguli-pédie*, *Falculipédie* (pieds égorgeurs, pieds tortureurs); et rien n'empêchait de remplacer dans chacun de ces noms d'ordre la terminaison *pédie* par la terminaison *manie*, pour indiquer plus nettement la transformation essentielle qui s'est opérée ici dans la fonction du pied, *Rapacimanie*, *Serrimanie*. J'ai choisi Serripèdes, pour conserver au nom l'étymologie de l'expression française *serres*, qui à coup sûr caractérise mieux que toute autre la fonction des pieds de l'oiseau de proie. J'avoue pourtant que je ne suis pas complétement satisfait de ce titre ordinal, et que je le changerais volontiers contre un autre qui serait plus sonore, plus féroce et plus pittoresque. J'ajoute que le mot latin *serra*, d'où l'on pourrait supposer que j'ai tiré *serripède*, veut dire *scie*, et non pas *griffe*, et que par conséquent l'étymologie de *serripèdes* n'est pas pure. Il faut avoir pâli des mois et des années sur le travail fastidieux de la nomenclature, pour se faire une idée des difficultés inouïes que présente la matière.

Mais pourquoi n'ai-je pas dit *Serrimanes* au lieu de *Serripèdes?*

Parce que la main de l'oiseau de proie est une main meurtrière, semblable à la griffe du lion et à celle de l'ours, lesquels ne portent ni l'un ni l'autre, dans la nomenclature mammiférique, le nom de *Quadrumanes*, que la science a attribué à l'ordre des singes en toute propriété.

Parce qu'il y a dans le règne des oiseaux un ordre parfaitement distinct de tous les autres et fait pour marcher à leur tête, et qui tient parmi les volatiles le même rang que l'ordre des singes parmi les mammifères.

Parce que l'homme, le *bimane* qui occupe le gradin

supérieur de la mammiférie, est un être non-seulement très-habile des doigts, mais encore essentiellement *frugivore*; et que la volatilie est forcée, comme la mammiférie, de se rapprocher de ce type, en *faisant retour de la carnivorie à la frugivorie*, en changeant de moyens d'action en même temps que de régime.

Parce que, en un mot, il y a mieux en fait de main dans le règne des oiseaux que la serre meurtrière du rapace, et que cette main supérieure est celle du Perroquet, *habilissime et innocente*, comme la main du singe, comme la main de l'homme. Or, d'après le principe de notre méthode de classification naturelle, qui distribue les rangs en raison de la perfection du pied, c'est-à-dire de son plus ou moins de similitude avec la main de l'homme, nous étions tenu de conférer à l'ordre des perroquets le premier rang du règne, et de le caractériser par une appellation spéciale, décorée de la terminaison *mane*, comme l'ordre des Quadrumanes. Ce que nous avons fait, en baptisant notre dernier grand ordre de la volatilie du nom de *Scansorimanes*. Scansorimanes, mains grimpeuses, pour dire que tous les oiseaux de l'ordre se servent de leurs doigts pour grimper comme le pic, en même temps que pour saisir et pour porter au bec, comme l'oiseau de proie. J'ajoute que les facultés intellectuelles et morales du perroquet préhenseur et grimpeur sont à l'avenant de son habileté manuelle; que la capacité du cerveau est plus vaste chez lui qu'en aucune autre espèce; que son bec, qui remplit l'office d'une troisième main, et dont les deux mandibules sont mobiles, est le plus perfectionné de tous les organes de ce genre, et enfin que son facies quasi-humain, sa propension à se rallier à l'homme et à parler son langage, sa mémoire prodigieuse, son aptitude à tout apprendre, sa fidélité en amour, sa frugivorité et sa longévité accusent la supériorité indéniable de l'ordre et justifient amplement le rang et le titre d'honneur que nous lui avons décernés. N'oublions pas de constater, du reste, que d'illustres ornithologistes avaient été amenés avant nous, par un système d'études bien différent du nôtre, à reconnaître la prééminence du titre caractériel du perroquet, et à faire figurer conséquemment l'ordre des *Psittaciens* en tête de leurs classifications. Je cite dans le nombre Lacépède, Illiger et Charles Bonaparte.

Ainsi notre méthode de classification ornithologique pédiforme divise le règne des oiseaux en sept grands ordres naturels, dans l'ordre ci-après :

Rémipèdes,	oiseaux	nageurs,	Palmipèdes.
Grallipèdes,	—	vadeurs,	Échassiers.
Dromipèdes,	—	coureurs,	Gallinacés.
Sédipèdes,	—	percheurs,	Passereaux.
Scansoripèdes,	—	grimpeurs,	—
Serripèdes,	—	rapaces,	—
Scansorimanes,	—	préhenseurs-grimpeurs, psittaciens.	

A laquelle division première il convient d'ajouter deux ordres ambigus; l'un dit des *Gressoridactyles* (colombiens), qui opère la transition entre l'ordre des Coureurs et celui des Percheurs (dromipèdes-sédipèdes); l'autre dit des *Plutéidactyles* (corbeaux et pies), qui relie les Grimpeurs aux Rapaces. Disons enfin, pour ne rien taire, que dans notre classification l'ordre des Sédipèdes, qui comprend à lui seul les deux tiers des espèces répandues sur le globe, se divise naturellement en quatre vastes sous-ordres, qui se distinguent parfaitement les uns des autres par la forme du pied.

Ordres naturels, ordres ambigus et sous-ordres, portent donc au chiffre de douze, chiffre premier d'harmonie, le nombre de nos divisions ordinales.

Je ne me borne pas dans le travail qui va suivre à prouver que la classification pédiforme est la plus naturelle de toutes les classifications ornithologiques présentées jusqu'ici, et que la forme du pied peut servir de compas pour mesurer la distance qui sépare chaque gradin des deux points extrêmes de l'échelle. J'ai eu grand soin d'écrire à côté du nom de chaque oiseau de France sa patrie, son origine, sa demeure d'hiver et d'été, sa taille, son costume, ses mœurs, ses amitiés, ses haines. J'ai dit les caractères généraux des ordres, des séries et des groupes, et j'en ai détaché les individualités les plus saillantes pour en faire le sujet d'études analogiques spéciales, aussi souvent que ces types m'ont paru se recommander à la curiosité du lecteur par leur illustration historique, artistique, gastrosophique ou cynégétique. J'ai ménagé le texte aux espèces insignifiantes pour faire une plus large part aux emblèmes les plus intéressants de la passion humaine. J'ai été charitable envers les noms reçus, toutes les fois que ces noms ne m'ont pas paru s'écarter trop ouvertement des règles du bon sens. J'ai cherché plus d'une fois, et sans qu'il y parût, à atténuer les torts de la nomenclature officielle. J'ai usé de tous les ménagements, en un mot, pour amener l'esprit de système mesquin et étriqué à une transaction amiable avec le principe supérieur de la méthode synthétique, essayant, suivant l'habitude, de combattre et de vaincre l'ennemi avec ses propres armes.

CHAPITRE IX

Ordre premier de la Rémipédie (oiseaux d'eau).

L'ordre des Rémipèdes compte cinq cent dix espèces environ, dont quatre-vingts seulement naissent ou stationnent temporairement en France. Le nombre exact des espèces n'étant pas encore connu, je ne puis garantir l'exactitude rigoureuse de ces chiffres. Je ne garantis pas non plus l'excellence des noms de genre dont je me suis servi et que j'ai pris partout, dans les galeries du Muséum, dans les traités spéciaux, et notamment dans le *Traité de Zoologie* d'O. des Murs, le résumé le plus complet et le plus récent qui ait été publié sur la matière. Je n'accepte que la seule responsabilité des noms par moi créés pour mes ordres, mes séries, mes groupes.

L'ordre des Rémipèdes n'offre qu'un très-petit nombre de caractères généraux, c'est-à-dire de caractères communs à toutes ses espèces. Ces caractères sont : des pieds palmés, des tarses courts, insérés à l'arrière, un corps épais et ramassé, une robe imperméable, couverte de plumes vernissées.

L'ordre des Rémipèdes se divise premièrement en deux vastes séries, d'après la nature de l'habitat; car, ainsi que nous l'avons dit dès le commencement, l'Océan fut avant les fleuves, et les rémipèdes des mers ont dû précéder ceux des fleuves et des lacs dans la vie. Il y a donc les rémipèdes de l'eau salée, ou les *Pélagiens*, et les rémipèdes de l'eau douce, ou les *Fluviatiles*. Cette première coupe dichotomique du règne des oiseaux paraît d'autant plus naturelle, qu'elle divise le règne en deux parties égales, et que le point de suture des deux sections tombe sur un moule excentrique, remarquable à plus d'un titre et plus propre qu'aucun autre à remplir l'office important de pivot de série. Je dois regretter seulement de n'avoir pas trouvé mieux que pélagiens et fluviatiles pour caractériser l'opposition qui est entre les nageurs de la mer et ceux des fleuves, attendu que pélagiens est un qualificatif immaniable, comme rebelle à la substantivation féminine, et que fluviatiles ne s'applique pas assez spécialement aux oiseaux habitants des lacs. Il est vrai que ces lacs sont le plus souvent les réservoirs et les sources des fleuves, et que la rhétorique autorise les auteurs à prendre en certains cas la partie pour le tout; mais la rhétorique n'est pas une autorité grave en matière de classification. Que d'autres trouvent mieux, le concours est ouvert.

La série des pélagiens se divise en trois groupes, qui prennent leur nom de la nature ou de la dimension des ailes, dont la gradation fonctionnelle offre certainement l'un des caractères les plus saillants et les plus saisissables en ces premiers débuts de la volatilie : *Rémiptérie*, *Brévipennie*, *Grandipennie*.

Premier groupe : Rémiptérie (ailes-nageoires); trois genres : Gorfou, Sphénisque, Manchot; seize espèces, dont pas une française ni même européenne.

Les ailes sont ici des ailerons ou des moignons d'aile faits de corne, ou bien d'une substance semblable à l'écaille de poisson. Ces ailerons ne peuvent servir à l'oiseau que pour voler sous l'eau. Le support ou le membre inférieur qui, chez tous les autres oiseaux sans exception, se compose de quatre pièces, fémur, tibia, tarse, doigts, le support se trouve réduit à trois pièces dans ce groupe d'essai. C'est le tarse qui manque, à ce que j'ai cru voir. Les doigts du pied s'insèrent directement au tibia, et comme cette insertion se fait vers l'extrémité la plus inférieure du corps, elle donne forcément à l'oiseau l'attitude verticale. Les doigts, au nombre de quatre, sont réunis par une étroite membrane et se dirigent tous vers l'avant, anomalie bizarre que nous ne retrouverons plus désormais que chez des moules tout à fait excentriques. Le pied du manchot est le modèle qui s'écarte le plus de celui de la main humaine.

Toutes les espèces du groupe sont exclusivement piscivores, et conséquemment immangeables. Elles ne vont guère à terre que lorsque l'amour les y mène. Les femelles nichent et couvent en commun dans de vastes terriers; chacune ne pond qu'un seul œuf, et cette habitude de monoviparie est quasi générale chez les pélagiens. La promiscuité platonienne ou l'agamie confuse est la règle qui régit les rapports des sexes dans ce groupe.

Jules Verreaux, le célèbre voyageur qui a vu le premier tant de choses, et notamment que l'ornithorinque n'était pas un oiseau, comme beaucoup de savants s'obstinaient jadis à le croire; Jules Verreaux a découvert un caractère d'homologie bien frappant entre le kangourou et le manchot royal, deux moules d'essai appartenant à deux règnes divers, mais nés certainement de la même pensée créatrice et éclos sur le même sol, et faits pour se donner la main. Le kangourou est un moule d'ébauche de la mammiférie comme l'autre de la volatilie. Il saute à pieds joints au lieu de marcher ou de courir, et se tient comme l'oiseau sur deux pattes. Ses petits naissent *avant terme*, comme ceux de l'oiseau, et la femelle est obligée de les *couver*, pour ainsi dire, en les logeant dans une poche membraneuse, formée par un repli de la tunique abdominale, et dans le fond de laquelle sont cachées ses mamelles. Le manchot n'a pas de mamelles, puisqu'il est ovipare, mais il a le pli de la membrane comme le kangourou, et il s'en sert, à l'instar du mammifère, pour y loger son œuf et pour l'emporter avec lui.

Le groupe des rémiptères est exclusif aux contrées les plus désolées et aux déserts de glace de l'hémisphère austral. Le manchot du pôle antarctique, qui a pour ailes des nageoires d'écaille, pour vêtement un justaucorps de duvet jaune ras, semblable à du velours d'Utrecht, qui ne peut ni voler, ni marcher, ni courir, qui se tient debout comme l'homme, et n'a pas la physionomie spirituelle… le manchot serait volontiers pour l'observateur superficiel le résumé de toutes les anomalies physiques et morales; mais pour l'analogiste qui raisonne et qui sait l'importance du pied, cette série de prétendues anomalies n'est que la série des attributions multiples et *normales* de l'ambigu. Toutes ces anomalies s'expliquent par la structure embryonnaire du pied, et la parcimonie singulière dont la nature a fait preuve dans la bâtisse des membres inférieurs du rémiptère, caractérise précisément ce que j'appelle l'ébauche de la volatilie. La nature, qui procède par gradation, est bien forcée de créer ces moules primitifs au début de tous ses règnes. Seulement, comme elle est femme, ce qui veut dire qu'elle n'aime pas à se mirer dans ses types défectueux, elle a soin d'en reduire le nombre et de loger ces avortons à l'autre bout du monde, par delà les banquises du cercle polaire austral, en des lieux impossibles.

Deuxième groupe : Brévipennie; sept genres : Pingouin, Guillemot, Brachyrhamphe, Macareux, Cérorhine, Starique, Mergule. Trente-deux espèces, sur le nombre desquelles six ou sept tout au plus vivent à demeure ou sont jetées par hasard sur nos côtes maritimes, et dont on contera l'histoire.

Le premier groupe n'avait point d'ailes du tout. Le second en a si peu, que c'est à peine s'il peut utiliser ce qu'il a pour voler. La nature a même ménagé la transition entre les ailes-nageoires et les vraies ailes, en créant entre eux un moule pourvu d'ailes, mais d'ailes dégarnies de pennes, impropres au vol par conséquent. En revanche, tous ces brévipennes sont d'excellents nageurs, et surtout d'excellents plongeurs. Ils ont l'attitude verticale comme les rémiptères et sautent mieux qu'ils ne courent. Cette verticalité de station a pour cause, comme je l'ai déjà dit, l'insertion des tarses à l'arrière. Les tarses sont insérés à l'arrière et amincis par-devant en lame de couteau pour favoriser d'autant l'exercice de la natation sous-ondienne. Il n'y a pas de mot dans la langue française pour dire l'action de plonger, l'*infra* ou la *sub-natation*.

Tous les brévipennes sont tridactyles et piscivores. Tous nichent dans des terriers ou dans les fissures des falaises. Ils ne pondent qu'un seul œuf, d'une forme très-pointue, et nourrissent pendant quelque temps leur petit dans le nid. Presque tous se marient, et la fidélité conjugale est généralement en honneur parmi eux.

Troisième groupe : Grandipennie ; onze genres : Albatros, Prion, Puffin, Thalassidrome, Pétrel, Labbe, Goéland, Bec en ciseaux, Paille en queue, Sterne, Frégate. Près de deux cents espèces, dont vingt habitent la France.

Les six premiers genres du groupe forment la tribu des vrais oiseaux marins. Quelques espèces, comme les albatros et les pétrels, ne se rapprochent des côtes que vers la saison des amours, et tout le reste de l'année habitent la haute mer, où ils font leur nourriture des mollusques et des céphalopodes qui s'y rencontrent par masses. Elles s'y repaissent aussi de la chair des baleines mortes et des autres cadavres. Les Albatros et les Pétrels sont les Vautours de la mer, dont les Goëlands et les Mouettes ne sont que les Corbeaux.

La tridactylie, qui semble l'apanage des brévipennes, persiste chez quelques genres du groupe, notamment chez les albatros. Le pouce fait explosion chez le pétrel, sous la forme d'un ongle crochu qui lui sert de crampon pour s'accrocher à la carcasse huileuse des cétacés.

Tous les grandipennes vivent de pêche. Toutefois certaines espèces puissantes trouvent plus commode de confisquer le produit de la pêche d'autrui que de pratiquer l'industrie pour leur compte. Ces espèces parasites et tyranniques s'appellent le Labbe et la Frégate. Le titre de forban ou d'écumeur de mer leur eût mieux convenu.

Toutes les espèces du groupe nichent comme les brévipennes au fond de trous creusés dans la terre ou dans le roc. La plupart sont monovipares et nourrissent pendant quelque temps leur petit dans le nid. Les pétrels s'acquittent de cette tâche, à l'instar des mères esquimaudes, en ingurgitant force huile de poisson dans la gorge de leur nourrisson. Le Diablotin de la Guadeloupe, qu'on déterre comme un lapin et qu'on fait fondre ensuite pour en avoir la graisse, appartient à cette famille.

La polygamie, ou plutôt cette agamie confuse d'institution platonienne qui règle les relations des sexes chez les rémiptères, sert aussi de code d'amour à la grandipennie.

Toutes les espèces déploient un luxe inouï d'envergure qui leur permet de se bercer dans la tourmente et de piquer droit dans le vent. L'envergure de certains albatros atteint cinq mètres et plus ; celle de la frégate en mesure quatre. Mais la taille du grand albatros égale celle du cygne, tandis que la taille de la frégate n'est que celle du poulet.

A ailes démesurées, pieds minuscules : c'est la règle de la compensation ou de l'équilibre établie par Geoffroy Saint-Hilaire. La frégate a les ailes si longues qu'elle ne sait où les mettre à l'état de repos. Ses coudes font saillie en dehors de la poitrine et lui donnent dans la face ; les ailes s'entre-croisent à l'arrière au delà de la queue.

La frégate grandipenne et minimitarse n'a aux pieds que des moitiés de membranes, et ses doigts sont si exigus, qu'elle n'ose s'asseoir sur les vagues, de peur d'y demeurer clouée.

La frégate, qui est le plus infatigable et le plus rapide des voiliers de l'atmosphère maritime, occupe pour cette cause le plus haut degré de l'échelle de son ordre, ou, pour mieux dire, occupe le sommet du triangle, qui est la figure géométrique de la hiérarchie dans tous les ordres.

Or, écoutons bien ceci : la frégate semble n'être que la première incarnation de ce type supérieur de la volatilie, qui s'appelle l'*hirondelle*, type reconnaissable à la réunion de ces trois caractères : ailes immenses, tarses minuscules emplumés, queue fourchue, type qui semble avoir été créé par la nature pour servir de pivot de série à la plupart des ordres du règne des oiseaux. Ne perdons pas de vue cette observation importante, qui peut nous servir de boussole et de point de repère dans la distribution ultérieure.

La première série du règne, la série *ascendante*, débute par le Manchot impenne, condamné par le manque d'ailes à vivre dans le sein des ondes. Elle se termine par la Frégate, condamnée, par la dimension exagérée de ses ailes, à vivre dans le sein des airs.

La série descendante se compose de trois groupes, qui prennent leur nom de la structure des pieds et du nombre des rames : *Pollicirémie, Dactylirémie, Fissirémie.*

Premier groupe : Pollicirèmes; quatre genres : Fou, Anhinga, Pélican, Cormoran. Soixante espèces, dont cinq au plus appartiennent à la France.

La frégate grandipenne et brévitarse, qui est un moule excentrique par essence, a les quatre doigts dirigés vers l'avant, comme l'hirondelle noire, et soudés l'un à l'autre par cette espèce de membrane natatoire, que nous appelons une rame. Le groupe voisin de ce pivot de série devait s'en rapprocher par un caractère sériel quelconque. Il s'en rapproche, en effet, par la disposition et le nombre des rames. Dans le groupe des pollicirèmes, les trois doigts de l'avant sont unis entre eux par deux membranes, et soudés au pouce par une troisième. D'où le nom de pollicirèmes, c'est-à-dire pieds palmés, chez lesquels le pouce (*pollex*) est soudé par une troisième membrane aux trois doigts de l'avant.

D'autres caractères trahissent la contiguïté et la parenté des espèces. Le bec est généralement fort et crochu comme celui de la frégate chez les pollicirèmes; il est fendu jusqu'en arrière des yeux; le tour des yeux et le dessous de la gorge sont nus et enveloppés d'une peau dilatable.

Le premier genre, le genre Fou, se compose d'espèces presque exclusivement pélagiennes, qui nichent dans les falaises et ne pondent qu'un seul œuf. Les espèces des autres genres, pour préférer le séjour des fleuves et des lacs à celui de l'Océan, et le poisson d'eau douce au poisson d'eau salée, n'ont pas renoncé tout à fait à la fréquentation des côtes maritimes. Quelques-unes nichent même dans les fissures de la falaise plus volontiers que sur les arbres, car leurs ongles crochus et leurs membranes natatoires flexibles leur permettent de percher. Les pollicirèmes, pourvus de longues ailes et de pieds archipalmés, sont les oiseaux pêcheurs par excellence. L'homme a su tirer parti de leur habileté.

Deuxième groupe : Dactylirémie ; douze genres : Harle, Merganette, Cereopsis, Oie, Cygne, Arboricygne, Tadorne, Canard, Fuligule, Hydrobate, Plongeon, Héliornis. Cent soixante-dix-huit espèces, dont quarante françaises.

Le second groupe de la série descendante des rémipèdes renferme toutes les espèces fluviatiles, chez lesquelles les trois doigts de l'avant seulement sont palmés. D'où le titre de Dactylirèmes ; le terme dactyle, doigt, s'appliquant exclusivement à l'avant dans la méthode de la classification pédiforme, où le système de l'arrière reçoit sa désignation spéciale du nom latin du pouce, *pollex* ou *posticus*.

Nous voici complétement émergés du domaine tempêtueux de l'eau salée, que les Égyptiens appelaient le domaine de Typhon ou du mal, et nous entrons enfin à pleines voiles dans le milieu plus raffiné des lacs, des rivières, des ruisseaux. Aucune des espèces exclusivement maritimes n'appelait l'homme, car aucune n'était mangeable et ne pouvait se rallier à lui à un titre quelconque. Mais tout va prendre avec l'eau douce un caractère plus humain, et l'amélioration débutera par celle de la chair. On ne va pas chanter encore comme dans les ordres supérieurs, mais du moins l'immense majorité bâtira et posera son nid en face du soleil, et beaucoup entreront avec le souverain de la terre en relations suivies.

L'ordre méthodique, basé sur celui de la primogéniture, a d'abord appelé les espèces exclusivement maritimes confinées par le sort aux solitudes glacées de l'un et l'autre pôle, puis les voiliers de la haute mer, puis les grandipennes du tropique. A la suite de ces hautes puissances et de ces hautes dominations du ciel sont venues les espèces pêcheuses ambiguës, qui s'accommodent également bien des produits des deux ondes. A la suite de celles-là doivent venir les espèces omnivores, c'est-à-dire les espèces pour lesquelles le poisson ne sera plus l'élément exclusif de nutrition. A celles-là succéderont les espèces granivores et herbivores, habitantes des plaines, des buissons, des forêts. Ces grandes espèces, amies de la terre, font opposition aux grandes espèces qui vivent sur la haute mer, pétrels et albatros. Le groupe se termine par des genres essentiellement plongeurs dont toutes les espèces ont le pouce muni d'un rudiment de membrane libre. Ces genres font retour à la piscivorie et se trouvent en rapport de contraste avec les plongeurs maritimes.

La Dactylirémie est la réunion des genres ainsi échelonnés par la diversité du mode de nutrition.

L'ordre se clôt par un groupe dit de la Fissirémie, qui ne comprend qu'un seul genre, le genre Grèbe, lequel est également piscivore exclusif et fait pendant au groupe des rémiptères, opérant de la sorte *le ralliement des extrêmes*, une des conditions *sine quâ non* de la loi de la série.

Le groupe des Fissirèmes, qui comprend vingt-deux espèces, dont quatre seulement ont la France pour patrie, tire son nom, comme les deux groupes qui précèdent, de la structure du pied et de la disposition des membranes natatoires. Ici chaque doigt est muni d'un double aviron séparé, et le pouce lui-même porte voile. Les tarses sont insérés à l'extrémité inférieure du corps et taillés en lame de couteau, pour favoriser l'immersion et la natation sous-ondienne ; et, conformément à la loi de compensation et d'équilibre, ce développement exagéré de l'appareil natatoire a eu pour résultat forcé l'avortement du système alaire. Les grèbes sont les pires voiliers de leur ordre et du règne entier des oiseaux.

Je rappelle la marche sériaire de l'ordre et sa constitution hiérarchique avant de passer à l'histoire des espèces nationales.

Le tableau ci-contre expose la division de l'ordre en séries, en groupes et en genres. On n'a fait que mentionner le chiffre des espèces.

ORDRE DE LA RÉMIPÉDIE.

ORDRE.	SÉRIES.	GROUPES.	GENRES.	Espèces.
Rémipédie.	Pélagienne.	Rémiptérie.	Gorfou,	11
			Sphénisque,	3
			Manchot,	2
		Brévipennie.	Pingouin,	2
			Guillemot,	6
			Brachyrhamphe,	6
			Macareux,	6
			Cérorhine,	1
			Starique,	8
			Mergule,	3
		Grandipennie.	Albatros,	10
			Prion,	2
			Puffin,	13
			Thalassidrome,	11
			Pétrel,	25
			Goëland,	43
			Labbe,	5
			Bec en ciseaux,	4
			Paille en queue,	4
			Sterne,	80
			Frégate,	2
	Fluviatile.	Pollicirémie.	Fou,	11
			Anhinga,	4
			Pélican,	10
			Cormoran,	35
		Dactylirémie.	Harle,	8
			Merganette,	2
			Cereopsis,	1
			Oie,	36
			Cygne,	9
			Arboricygne,	6
			Tadorne,	6
			Canard,	64
			Fuligule,	40
			Hydrobate,	1
			Plongeon,	3
			Héliornis,	2
		Fissirémie.	Grèbe,	22

Total des genres : 38 ; — des espèces : 507.

Brévipennie. — Trois genres : Pingouin, Macareux, Guillemot; six espèces.

Caractères généraux. – Physionomie excentrique peu heureuse; attitude verticale, marche sautillante, allures de kangourou, poitrine évidée ; bec sillonné et aplati en hauteur, recourbé à son extrémité supérieure; tarses amincis vers l'avant, très-courts et insérés à l'extrémité inférieure du corps; ailes impennes ou insuffisantes, vol défectueux; supra et infranatation excellentes; bonnes mœurs; nids souterrains; monovipares, piscivores, immangeables. Toutes les espèces de la Brévipennie passent les trois quarts de leur existence sous les eaux. Leur ligne de gravité est parallèle à la direction longitudinale de leur corps, et se prend de la tête aux pieds, comme chez l'homme.

Genre Pingouin.—Deux espèces : le grand Pingouin *impenne*,—le petit Pingouin ou Pingouin torde.

Les glaces du pôle arctique ignorent les trois tribus du Manchot, du Gorfou, du Sphénisque, qui sont les trois premières expressions de la volatilie, et qui se distinguent de tous les autres oiseaux par les caractères que nous avons signalés.

Le moule qui vient immédiatement après ces trois espèces rudimentaires, et qui occupe le gradin le plus inférieur dans l'Ornithologie boréale, s'appelle le Pingouin. C'est le nom sous lequel les marins désignent encore aujourd'hui le manchot antarctique; mais cette désignation est vicieuse ; le nom de manchot, qui fait penser à l'invalide, est beaucoup mieux trouvé.

Le pingouin est, en effet, un progrès sur le manchot, mais c'est tout ce qu'on peut dire de plus à sa louange. Le grand pingouin a des ailes, c'est vrai; mais ces ailes sont dépourvues de pennes, et ne peuvent par conséquent lui servir pour le vol. Il se tient debout aussi à l'instar du manchot, et n'a pas la physionomie plus avantageuse; seulement il ne vit pas comme lui sous le régime de la promiscuité amoureuse. La différence du titre aromal des deux hémisphères est cause de cette amélioration spirituelle. Mais quels tristes amours que ceux de ces latitudes! Union temporaire formée par le besoin, rompue par la misère. La femelle ne pond qu'un œuf, qui est excessivement pointu, et qu'elle dépose dans une retraite souterraine.

Le grand pingouin égale presque le manchot en hauteur; sa taille, dont il ne perd pas un millimètre, s'élève à plus de deux pieds. Tout le dessus de son corps, y compris son aileron, est d'un noir assez ferme; tout le dessous, à partir du menton jusqu'aux pieds, est d'un blanc pur lustré. Le bec, d'une couleur noire, corné comme les pieds, est beaucoup plus long que la tête; il est ridiculement comprimé dans sa hauteur, crochu à son extrémité, et sillonné de huit à dix rainures verticales. Une longue tache ovoïde blanc pur, qui va de l'œil à la naissance du bec, contribue à donner une expression étrange à cette physionomie. Le grand pingouin, qui habite en été les parages du Spitzberg et du cap Nord, ne niche pas sur nos côtes; il n'y descend que lorsque les glaces du pôle, sur lesquelles il a fait élection de domicile, débâclent dans nos mers. Il y est du reste extrêmement rare, et n'est même pas très-commun dans sa propre patrie, à en juger par la valeur exagérée de l'œuf de cet oiseau, qui trouve facilement acquéreur dans le commerce sur la mise à prix de mille francs.

Le petit pingouin qui vole quelquefois, et qu'on aura surnommé à raison de ces équipées le pingouin *aux grandes ailes*, n'est que le moule réduit du précédent. Sa taille est celle du canard ; son bec n'est sillonné que d'une seule rainure. Il habite, comme le grand pingouin, les parages de la mer Glaciale, d'où il descend plus fréquemment que son homonyme, grâce à des moyens de locomotion plus puissants. Mêmes habitudes et mêmes mœurs, même chair détestable.

Le Macareux.—Le genre Macareux, qui ne fournit qu'une seule espèce, est si voisin du précédent qu'on les confond parfois. Cependant, quoique le bec des deux tridactyles soit taillé sur le même patron, il offre chez le second des particularités assez bizarres pour mériter qu'on les signale. Chez le pingouin le bec est plus long que la tête, mesurée de la nuque à l'origine des mandibules. Chez les macareux, les deux longueurs sont égales, mais le bec est beaucoup plus comprimé en hauteur, et n'offre guère plus d'épaisseur qu'une lame de couteau ; et comme ce bec prend du sommet de la tête pour aboutir au menton, il finit par ressembler de profil à celui du perroquet, ce qui a fait donner au macareux le nom de Perroquet de mer. Ce bec, très-propre à fendre l'eau, mais peu avantageux à la physionomie, est de couleur cornée, comme celui du pingouin ; il est sillonné de haut en bas par quatre rainures d'un blanc sale qui descendent en courbes parallèles. Il est à remarquer que ce bec excentrique dont la racine, chez l'adulte de trois ans, embrasse toute la partie antérieure de la tête, n'a pas dans le jeune âge ce développement ridicule. Le macareux naissant a le bec quasi droit et placé, comme chez les oiseaux réguliers, au milieu du visage. Le bec du pingouin subit, du reste, une transformation analogue, et prend du corps avec les années. Règle générale : voulez-vous apprendre à reconnaître les parentés des becs, étudiez-les à l'état naissant, même avant la naissance, c'est-à-dire dans l'embryon.

Le macareux, assez commun sur les côtes de France, est un oiseau de la taille d'une poule d'eau, au manteau noir et à la poitrine blanche, les deux couleurs fort ternes. La puissance de son vol égale, si elle ne dépasse, celle du pingouin aux grandes ailes, ce qui ne veut pas dire qu'il abuse de ce moyen de locomotion. Il niche dans nos falaises de la côte maritime du nord, ne pond qu'un œuf pointu, et se marie de la main gauche comme la plupart des oiseaux d'eau. Je ne sais pas pourquoi on l'appelle le Moine.

Le Guillemot. – Trois espèces : Guillemot à capuchon, Guillemot noir, Guillemot nain. Le plus grand des guillemots a de quinze à dix-huit pouces de hauteur ; le plus petit est de la grosseur du pigeon. Le manteau est invariablement brun olivâtre ou noir, ainsi que la partie supérieure du col, le dessous du corps depuis le collier, d'un beau blanc. Le bec est plus long que la tête, légèrement recourbé à son extrémité supérieure, et garni de plumes à sa base inférieure. La physionomie s'améliore. La grande espèce est commune sur les côtes maritimes de la Picardie, de la Normandie et de la Bretagne, où elle niche dans les fissures des falaises. Le dénichement des œufs ou plutôt de l'œuf du guillemot est, dans ces trois pays comme en Écosse, l'objet d'une industrie fort dangereuse; car l'oiseau a soin de choisir pour demeure un trou percé dans une paroi de roche verticale, laquelle n'est abordable qu'au moyen de longues cordes à nœuds accrochées par en haut à des bras d'hommes, et qui vous descendent, vous remontent et vous tiennent suspendu entre ciel et pierre dans les positions les plus favorables pour gagner le vertige. J'ai assisté à ce drame dans le voisinage d'Étretat; mais j'ai refusé d'y prendre un rôle.

Les guillemots s'aiment beaucoup, et les mâles paraissent conserver leur affection pour leurs femelles au delà de la saison d'amour. C'est une particularité assez rare dans le milieu où nous nous trouvons pour mériter d'être signalée. Ils ont le vol très-court et s'élèvent à peine au-dessus de l'eau, mais ils nagent et plongent beaucoup mieux. Dans la saison des noces, le mâle essaye de tournoyer en volant autour de la femelle. Celle-ci regagne son nid en sautant de roc en roc.

Le guillemot est un progrès sur le pingouin, puisqu'il a des ailes; il a aussi le bec au milieu du visage, et ce bec plus droit, plus effilé, moins aplati en hauteur, est taillé dans des proportions acceptables. Le bec des guillemots *adultes* est semblable à celui des pingouins et des macareux *jeune âge*.

Toutes les espèces des quatre genres ci-dessus sont, comme le manchot du pôle antarctique, exclusivement piscivores. Les mâles quittent peu la mer; les femelles ne grimpent les falaises que pour pondre et couver. L'incubation dure très-longtemps dans ces espèces; les petits naissent couverts d'un épais duvet, dont ils ne se débarrassent que fort tard. La chair de tous ces tridactyles est huileuse et de mauvais goût, immangeable pour des Européens, mais bonne pour des Esquimaux, qui ont besoin d'ingurgiter force suif et force huile pour alimenter la combustion de leur lampe intérieure. Cette mauvaise qualité de leur chair, jointe à leur talent remarquable de plongeurs, devait leur faire beaucoup d'indifférents et pas un ennemi; mais l'homme civilisé, qui aime à détruire pour détruire, n'en a pas moins voué ces espèces malheureuses à l'extermination. Il y aurait un moyen de les faire respecter peut-être, ce serait de forcer ceux qui les tuent à les manger.

GRANDIPENNIE. — Quatre genres, vingt espèces.

La nature ayant eu plus de temps à elle pour parfaire sa série dans l'hémisphère boréal, il en est résulté que la série des plongeurs n'y a pas sauté aussi brusquement à celle des voiliers que dans l'autre. Le manchot avait là-bas pour plus proche voisin l'albatros; nous allons voir ici le rapprochement s'opérer entre les deux ordres d'une façon plus normale.

Et d'abord le manchot a été supprimé pour cause d'excentricité et remplacé par des moules plus présentables. Nous avons vu dans l'étude qui précède le type primitif du bec aller se perfectionnant du pingouin au guillemot. Arrivé à ce dernier terme, ce bec est déjà presque droit, légèrement renflé seulement et courbé à la pointe. Du guillemot à l'albatros, le saut aurait été trop périlleux; la nature a supprimé l'albatros et réduit le moule du pétrel-géant pour adoucir la transition. Ce pétrel-géant s'est transformé en pétrels minuscules de la taille d'une tourterelle. L'énorme bec tubulé de l'espèce primitive, qui en était le caractère le plus saillant, s'est rétréci jusqu'à la dimension de celui du guillemot, tout en gardant son type. L'engrenage s'est trouvé alors parfaitement établi entre la série des brévipennes et des grandipennes pélagiens par le guillemot *nain* et le pétrel *nain*, et la constatation de la parenté des deux espèces a été d'autant plus facile que nous avons retrouvé chez les deux cousins la caractéristique habitude de pondre en des domaines souterrains et de ne pondre qu'un seul œuf.

Genre Pétrel.—Trois espèces.

Caractères généraux.—Oiseaux de nuit, friands de cadavres. Bec articulé, comprimé et crochu à l'extrémité, assez semblable à celui des vautours; la mandibule supérieure ornée d'un fragment de tuyau, l'inférieure creusée en gouttière; tarses vigoureux, doigts largement palmés, ergot crochu pour se tenir au cadavre, ailes longues se croisant à l'arrière, plumage d'un noir fumeux. Les femelles nichent dans des terriers et ne pondent qu'un seul œuf. Les mâles, dans cette espèce ignoble, sont naturellement beaucoup plus gros que les femelles. Piscivores. Immangeables.

Les pétrels s'accouplent, mais ne se marient pas; ils nourrissent leur petit avec de l'huile de poisson qu'ils lui dégorgent dans le bec.

Les pétrels avaient reçu primitivement leur nom de la singulière faculté qu'ils ont de marcher sur les eaux comme saint Pierre; mais, comme on trouva que cette faculté ne les différenciait pas suffisamment des espèces voisines, les savants lui attribuèrent plus tard une dénomination latine qui leur convenait mieux, celle de *Procellaria*, mot à mot *oiseau des tempêtes*. Enfin le peuple et les matelots, qui ont l'imagination plus poétique que les savants, renchérirent sur la correction de ceux-ci, et baptisèrent quelques espèces du genre du nom d'*Épouvantail* et de *Satanite*, comme qui dirait déléguée de l'Enfer.

La satanite la plus connue de nos marins et qui justifie le mieux son titre de fille d'enfer est celle de la mer du Midi, celle qui fait journellement, avec nos bateaux à vapeur, le voyage d'Alger à Toulon et retour. C'est un petit oiseau d'aspect assez lugubre et se rapprochant beaucoup, par la couleur et la taille, du grand martinet noir.

Invisible à tous les regards durant des mois entiers, aussi longtemps que durent le calme et le soleil, la satanite semble avoir déserté pour toujours le domaine des flots; mais que le ciel seulement fasse mine de se chagriner, qu'un gros nuage noir, bien rempli de tempêtes, étende sa draperie funèbre au-devant de l'astre lumineux, la morte se réveille soudain, et, sans qu'on l'ait vue venir, sans qu'on sache d'où elle sort, apparaît tout à coup dans tous les sillages des navires. Vous pouvez l'apercevoir à l'arrière du bâtiment en détresse qui inspecte avidement de sa vue basse chaque lame, qui suractive le jeu de ses ailes muettes pour se mettre au diapason de la tourmente, et qui se multiplie à vue d'œil sans appel et sans bruit, à la façon des larves. Puis, tout cela disparaît comme par enchantement, de même que c'était venu, aussitôt que la colère de l'Océan s'est éteinte sur le naufrage.

Mais d'où pourrait venir en colonnes si serrées, sinon du noir abîme, la sinistre messagère de mort? Où pourrait-elle rentrer si vite au retour du soleil, si vite que personne ne l'a jamais vue passer, sinon au manoir ténébreux dont les soupiraux ouvrent sur tous les points du globe? Pourquoi ces formes noires et légères, qu'on ne voit voltiger que ces jours-là sur les ondes, garderaient-elles le silence si elles n'étaient des âmes de naufragés qui viennent chercher leurs sœurs? Ainsi interroge la légende de la satanite, qui n'a guère plus de sens commun que les autres.

Les pétrels ne sont pas des âmes de naufragés, ce sont les hiboux ou les oiseaux de mort de la mer. Ils éprouvent naturellement le même plaisir à voir un bâtiment courir sur un écueil que l'effraie de nos églises à entendre tinter le glas funèbre.

La satanite se dissimule pendant le calme et pendant le soleil parce que l'éclat du jour offense les yeux de l'oiseau nocturne. De même que l'*Effraie* cherche un refuge contre la lumière dans les plus secrets recoins des voûtes de nos temples; ainsi l'*Épouvantail*, son quasi-homonyme, demeure enseveli de l'aurore à la nuit, au fond de souterrains obscurs et tortueux, terriers de lapin, trous de taupe. C'est là que les pétrels se retirent aussi pour pondre et couver leur œuf unique, et quand on les approche de jour pour leur ravir leur trésor, ils se défendent comme les mouffettes du Mexique, en empoisonnant leurs ennemis, c'est-à-dire en *éternuant* sur les envahisseurs une matière huileuse et fétide qui suinte de leurs narines, et plus d'une fois cette défense a été cause de mort d'homme. On a vu des dénicheurs suspendus sur l'abîme lâcher la corde qui les soutenait pour porter la main à leurs yeux brûlés par le poison, et, vaincus par la douleur, se lancer dans l'espace.

Le pétrel, qui fait de l'huile de poisson et qui vit de la chair de baleine morte, pourrait bien représenter le pêcheur de cachalots, qui doit empoisonner le monde.

On connaît sur nos côtes trois espèces de satanite : la satanite de la Méditerranée, à laquelle s'appliquent plus spécialement les détails qui précèdent; puis le *Puffin-Manck* et le *Petrel-Lach*, assez connus tous deux dans la Manche et dans la mer du Nord, et dont les rochers des petites îles de l'Écosse semblent être les patries.

Le genre le plus voisin des pétrels est celui des goëlands, chez lesquels la courbure ou l'adoncité du bec est plus prononcée encore que chez les pétrels, et qui n'emploient guère que les voiles, c'est-à-dire les ailes pour la navigation, leurs larges pieds palmés leur servant beaucoup plus à se reposer qu'à naviguer sur les vagues.

Genre Goëland. — Dix espèces : Goëland à dos cendré, — à manteau bleu, — à manteau noir, — à pieds jaunes, — rieur. Nous avons réuni à ce genre l'ancien genre Mouette, qui n'en différait aucunement, ce qui est cause que le nombre de ses espèces, qui n'était que de cinq dans notre primitive édition, est aujourd'hui de dix, comprenant en plus : Mouette *rieuse*, Mouette *blanche*, Mouette cendrée, Mouette à capuchon brun, Mouette Pygmée.

Caractères généraux.—Tarses moyens, pieds largement palmés, bec très-recourbé comme chez les oiseaux de proie; mandibule inférieure comprimée et carénée; ouverture du gosier démesurée; ailes très-aiguës, se croisant à l'état de repos; plumage terne, variant du blanc au brun. Piscivores et carnivores, doués d'une voracité insatiable, peu délicats sur le choix de la nourriture et s'accommodant parfaitement de la domesticité. Immangeables. Les goëlands se réunissent en vols nombreux au printemps pour procéder au tirage au sort des femelles. Aussitôt que cette opération est terminée, les femelles font choix de certaines falaises pour y pondre et y nicher en société. Je n'ai pas vu que les mâles se chargeassent de nourrir les femelles pendant l'incubation, ni les petits après leur naissance, ce qui me laisserait croire que les goëlands ne se marient que de la main gauche et ne considèrent pas l'union amoureuse comme un contrat sérieux.

Les goëlands sont les corbeaux de la mer; ils ont toutes les lâchetés et toutes les utilités de cette espèce. Répandus à profusion sur toutes les plages, ils remplissent avec zèle l'emploi de croque-morts maritimes. Ils sont à l'affût de tous les accidents malheureux qui arrivent sur mer, comme les corbeaux sont à l'affût de tous les meurtres et de toutes les boucheries de la terre. Ils inspectent avec attention l'intérieur de la lame qui s'élance vers le ciel et saisissent avec une extrême dextérité les petits poissons qu'elle roule. Les marins tirent parti de cette habitude du goëland, en clouant un bout de sardine sur un morceau de planche qu'ils jettent dans le flot. Le goëland, qui aperçoit l'appât, se précipite dessus avec acharnement et ne manque jamais de se casser la tête.

Le goëland affamé aboie à la façon des chiens et des grands oiseaux de proie. Son vol, puissant et soutenu, lui permet d'entreprendre les plus longues excursions aériennes. Quand les gros temps arrivent, on voit les goëlands se diriger en grandes masses vers les terres, pour prévenir les pêcheurs qu'il est l'heure de rentrer. Le vol capricieux et facile du goëland, rasant parfois le flot, s'abaissant et se relevant comme la vague, anime la scène des ondes ; les peintres de marine en abusent quelquefois. J'ai tué beaucoup de goëlands sur la Loire, à plus de cent lieues dans les terres.

La nature, en faisant cet oiseau immangeable, invite indirectement l'homme à le conserver.

Le goëland à *dos cendré* et le goëland à manteau bleu dépassent le canard en grosseur ; le goëland *rieur* a la taille du pigeon domestique. Les deux autres tiennent le milieu. Les femelles sont grises.

La mouette rieuse ou grande mouette de l'embouchure de la Seine est de la taille du canard, et porte un bonnet brun foncé et un manteau cendré clair. Elle a le dessous du corps d'un blanc sale, le bec et les pieds rouges. La mouette blanche, dite aussi *Sénateur*, qui est de même taille, se distingue par l'uniformité de son plumage où tout est blanc, excepté le bec et les pieds d'une couleur gris de plomb. La mouette cendrée et la mouette à capuchon brun se distinguent parfaitement par les deux caractères qui les ont baptisées. La mouette pygmée aux pieds rouges n'est guère plus grosse que la draine. Toutes ces espèces sont richement emplumées et déguisent sous ce luxe de plumes une charpente exiguë.

Genre Labbe ou Stercoraire. — Deux espèces : le grand et le petit.

Le genre Labbe est celui qui fournit à l'Europe le type

le plus achevé des voiliers-nageurs. Les ailes sont plus rapides, le bec plus recourbé que chez les espèces précédentes. Le doigt du milieu est dentelé en forme de scie.

Très-rapprochés des goëlands par les caractères extérieurs, les labbes s'en éloignent considérablement par les habitudes et les mœurs. Le labbe, qui devrait s'appeler le *Forban* et non le *Stercoraire*, est un oiseau de grand courage, qui attaque avec acharnement les autres oiseaux pêcheurs, même des oiseaux plus forts que lui, comme le fou et le grand goëland, et qui les contraint à lui livrer leur pêche. Le labbe est la frégate de nos mers. Du plus loin que ses malheureux contribuables l'aperçoivent, ils fuient à tire d'aile au lieu de l'attendre de pied ferme; mais le forban, mieux gréé qu'eux, leur donne une chasse rapide qu'ils ne peuvent longtemps soutenir, tombe sur eux de toute la puissance de son poids accrue par la vitesse, et, leur appliquant à un certain endroit du corps un coup de bec savant qui détermine un vomissement instantané, s'empare immédiatement de leur capture. Ainsi fait le pygargue avec le balbuzard. L'analogie dans l'un et l'autre cas n'est pas difficile à saisir. J'ai nommé le forban ou l'écumeur de mer. Du même droit aurais-je pu incarner dans ces moules dominateurs les tyrans de la mer et tant d'autres tyrans qui s'engraissent des sueurs et du travail d'autrui. Si vous ne m'entendez pas m'emporter à ce propos en déclamations généreuses contre la tyrannie, c'est que depuis plusieurs lustres la lâcheté des victimes m'a fait indulgent aux bourreaux.

Le grand labbe *Pomarin* (*Penmarin*) porte un costume sombre, uniforme, dont le plumage de la cane domestique ordinaire, s'il était un peu plus foncé, donnerait une parfaite idée. Sa taille est celle d'un gros canard. Celle de la plus petite espèce descend aux proportions de la mouette. Les labbes sont exclusivement piscivores ; ils nichent comme les goëlands dans les falaises de la mer du Nord, et notamment sur les côtes de l'Écosse. On les tue quelquefois, mais on ne les mange pas. Le labbe est un parfait gastronome qui, comme nous, a l'habitude de faire tremper les harengs salés dans l'eau avant de les avaler.

Genre Sterne.—Cinq espèces : la grande Hirondelle de mer, — l'Hirondelle de mer à longue queue, — le Pierre-Garin, — l'Hirondelle noire à ailes bleues, — la petite Hirondelle de mer de nos rivières.

Nous avons déjà vu les mouettes faire irruption dans nos eaux de l'intérieur, empiétant de la sorte sur les privilèges des espèces ambiguës. Cette tendance à émigrer vers les eaux douces est plus marquée encore chez les espèces de cette catégorie. Après les mouettes viennent, en effet, dans l'ordre de la série universelle, les sternes ou hirondelles de mer.

Caractères généraux.—Tarses courts et légers, pieds étroits et semi-palmés, les deux doigts externe et médian seulement réunis par une demi-membrane, l'interne généralement libre ; bec élégant, plus long que la tête, légèrement arqué et effilé, et se terminant en pointe ; mandibules d'égale dimension ; ailes très-grandes, aiguës et étroites, se croisant gracieusement à l'arrière ; queue fourchue ; ressemblance marquée avec les hirondelles. Beaucoup de plumes, peu de chair. Piscivores ; rôti détestable.

Les hirondelles de mer se marient réellement, et le mâle nourrit la femelle pendant l'incubation.

Les hirondelles de mer, dont certaines espèces fréquentent aussi volontiers nos fleuves que nos mers, sont de charmants voiliers qui aiment à se jouer dans les airs comme leurs homonymes de terme ferre, et qui ne descendent de leur élément favori que pour se reposer sur les flots. Encore préfèrent-ils pour ce lieu de repos la terre, et notamment ces petits îlots de gravier ou de vase qu'on voit émerger aux basses eaux du sein de tous les fleuves. Les hirondelles de mer affluent en vols nombreux surtout par les gros temps, sur les eaux de la Saône et du Rhône, du Rhin, de la Loire, de la Garonne. La Loire, dont le lit est barré d'une série infinie de bancs de sable, est leur fleuve de prédilection. J'en ai vu tuer un demi-cent d'un seul coup de canardière sur une grève de la Saône que la bande couvrait littéralement de ses corps. On tire fréquemment la petite hirondelle de mer sur les bords de la Seine, dans le voisinage de Paris. Quand une hirondelle est blessée, on voit soudain toutes ses compagnes accourir pour lui porter secours, et le chasseur inhumain ne manque pas d'exploiter cet instinct de charité sociale pour tripler et décupler la tuerie. Cependant les hirondelles de mer sont les plus innocents et les plus gracieux de tous les oiseaux de leur ordre. Elles dessinent dans les champs de l'air d'aussi capricieuses arabesques que le martinet et l'hirondelle de fenêtre, et elles paraissent si heureuses de vivre que c'est presque un crime de les tuer.

La grande hirondelle de mer est un oiseau de la taille du corbeau, mais qui paraît beaucoup plus grand, étant beaucoup plus fourni d'ailes et de plumes. Elle a la tête noire, le dos bleu, le bec et les pieds orangés. Commune sur nos côtes à l'embouchure des fleuves. L'hirondelle de mer à longue queue et l'hirondelle noire à ailes bleues se reconnaissent facilement à ces marques; leur taille est celle de la tourterelle. Le pierre-garin est l'hirondelle de mer la plus commune des côtes de la Picardie et du Nord.

La petite hirondelle de mer porte un manteau gris clair virant au blanc. Elle a le bonnet noir, le front blanc, le bec jaune clair, noir à la pointe, les pieds de même couleur que le bec. C'est celle que l'on rencontre le plus communément sur nos rivières. Sa taille est celle du merle.

GROUPE DE LA POLLICIRÈMIE.—Trois genres : Fou, Pélican, Cormoran ; cinq espèces.

Caractères généraux.—Les caractères généraux de la pollicirémie sont extrêmement remarquables. D'abord tous les pollicirèmes se marient sérieusement, quoique les opinions varient encore un peu à cet égard, et la nature a doué la plupart des espèces de moyens de locomotion prodigieux, plus d'une intelligence proportionnelle à leurs facultés physiques. Le cormoran et le pélican, qui possèdent comme le fou une rame de plus que les autres oiseaux nageurs, s'en servent pour évoluer sur les eaux avec une aisance et une rapidité sans égales. Ils volent entre deux eaux comme les brévipennes et les rémiptères, en tenant leurs ailes ouvertes, et ils ont de plus, comme le manchot, la faculté de naviguer la tête hors de l'eau, ce qui leur facilite les moyens de disparaître aux yeux de leurs ennemis sans plonger. D'un autre côté, leur envergure puissante leur donne pleine liberté de parcours dans le domaine des airs. Enfin leurs doigts sont armés d'ongles aigus, à l'aide desquels ils peuvent se percher sur les branches, droit interdit à l'immense majorité des rémipèdes de l'ancien continent.

Il est facile de reconnaître à ce privilége de locomotion omnimode des moules favoris, créés par la nature pour de hautes destinées. Tous les genres du groupe me paraissent être, en effet, des auxiliaires-nés de l'homme..... dont la mission est de faciliter au souverain de la terre la jouissance pleine et entière de son domaine des ondes. Les Pollicirèmes doivent tenir dans l'ordre des Rémipèdes la même place d'honneur que les faucons dans l'ordre des Rapaces.

La faculté exceptionnelle que possèdent l'anhinga, le cormoran et le pélican de se reposer sur les arbres, pourrait nous servir à leur appliquer un autre nom de groupe excellent qui serait celui de *sédirémie*, c'est-à-dire d'oiseaux nageurs pourvus de la faculté de percher; mais nous leur conserverons les noms de Fou, de Cormoran et de Pélican qu'ils portent depuis des siècles, afin de ne pas troubler les habitudes vulgaires. Cette complaisance pour la routine absurde ne nous empêchera pas toutefois de protester *in petto* contre l'ignorance traditionnelle qui a fait dériver Cormoran de *Corvus maritimus*, Corbeau marin..... et Pélican, d'un verbe grec qui veut dire, *percer du bois*. Je demande en quoi les cormorans ressemblent aux corbeaux, et où l'on a jamais vu les pélicans faire des trous dans les arbres.

Tous les pollicirèmes ont une véritable queue fournie de véritables rectrices. Ils ont la face nue, l'attitude verticale et le col effilé qu'exige l'industrie du plongeur. Leur bec long et crochu est fendu jusqu'au delà des yeux, ce qui donne à leur physionomie un accent incroyable d'ironie et de ruse. Un des membres de la famille, étranger à nos climats, l'anhinga de Madagascar, est celui de tous les oiseaux qui ressemble le plus au serpent par les traits du visage. Les caractères ci-dessus sont, avec la membrature des quatre doigts, les seuls caractères communs aux quatre genres du groupe. Les becs de l'anhinga, du fou et du cormoran ne se ressemblent déjà guère, mais il y a un abîme, l'expression n'est pas hyperbolique, entre le bec de chacune de ces trois espèces et celui du pélican, ouverture monstrueuse d'un gouffre où tiendrait un enfant.

Le Fou de Bassan. — Originaire de la petite île de Bassan, située dans la baie d'Édimbourg et dont les falaises servent de domicile d'amour à des myriades d'oiseaux de mer. Le fou est un oiseau pêcheur de premier ordre; sa taille est celle de l'oie sauvage. Tarses courts et forts, le pouce relié à l'interne par une troisième membrane; pieds noirs lisérés de vert; manteau d'une entière blancheur; un petit coin de la face et de la gorge nu; ces deux parties sillonnées de trois bandes noires, dont deux partent de la naissance du bec et traversent les joues, et la troisième descend verticalement sur le milieu de la gorge; bec conique très-long et très-fort, terminé en pointe et fendu jusqu'en arrière des yeux; mandibules dentelées sur les bords; ailes vigoureuses, d'une envergure immense. Le fou est exclusivement piscivore et sa chair est détestable; il niche dans des trous de rochers et ne pond qu'un seul œuf. La riche armature de ses pieds ferait croire qu'il se marie.

La nature, qui paraît avoir été si prodigue envers le fou de Bassan, a malheureusement oublié de le doter d'une intelligence proportionnelle à ses facultés physiques. Le fou de Bassan est une espèce victime, comme la nature hélas! en a créé partout; c'est le serf de la mer, le manant, le vilain, taillable et corvéable à merci par tous les viveurs parasites, par le labbe dans les mers du Nord, par la frégate dans les mers de l'équateur. Il est lâche, il a peur; il n'a pas la conscience de ses droits; il tend le dos à l'oppression au lieu de lui tendre le bec.... Alors toute sa puissance industrielle, tous ses moyens d'action sont comme non avenus. Il travaillera pour autrui jusqu'à la consommation des siècles; même de temps en temps il s'estimera heureux que son digne et excellent maître veuille bien, dans sa miséricorde infinie, lui laisser de quoi vivre à lui le producteur; et il bénira cette réserve; car enfin ce maître pouvait tout prendre, dira-t-il, il en avait le droit, puisqu'il en avait la force. Ainsi raisonnent les sots, je veux dire les fous.

Enfin voici donc un oiseau baptisé suivant ses mérites, le fou, un oiseau qui porte la croix noire comme l'âne et qui se laisse dépouiller sans résistance du fruit de son travail. Mais pourquoi ne les a-t-on pas tous baptisés ainsi?

Je soupçonne qu'il n'est pas entré dans l'esprit de beaucoup d'ornithologistes de se demander pourquoi le fou, qui semble appartenir à l'ordre le plus élevé des oiseaux d'eau par ses pieds et par ses ailes, n'a pas reçu de la nature un bec crochu comme tous les autres. C'est que la pauvre bête ayant été destinée à être traitée par l'émétique, il eût été illogique d'armer son bec d'un crochet qui n'aurait pu que contrarier l'effet du vomitif. Quelques ornithologistes distingués révoquent en doute la lâcheté du fou, et le représentent comme victime d'une indigne calomnie. Je respecte cette illusion candide, mais ne la partage pas.

Le pélican n'est pas de France; ce qui m'a fait renvoyer son histoire d'un intérêt immense à un autre volume.

Genre Cormoran. Trois espèces : le grand Cormoran Noir, le Cormoran Nigaud, le Cormoran Pygmée. Aucune de ces espèces n'est commune sur nos fleuves, et toutes ont été réduites à chercher un refuge vers la mer.

Le grand cormoran noir, dont la robe moirée à reflets verdâtres semble couverte d'écailles de poisson, est un superbe oiseau de la taille du canard de Barbarie, haut de col, bas sur jambes. Ses joues sont dénudées ainsi que le dessous de la gorge. Le mâle adulte porte à l'occiput une huppe fuyante; de légers filets de duvet blanc argentent sa chevelure et la partie supérieure de son cou, noires comme le reste du manteau, et lui donnent un faux air de vieillard coiffé d'une perruque à frimas. Cette coiffure ridicule est sa parure de noces ; elle tombe à la mue d'été, et l'oiseau redevient noir.

La couleur varie dans cette espèce avec le sexe et l'âge. On trouve des cormorans de toutes les nuances, pommelés gris, pommelés noirs, noirs parfaits. Un caractère fort remarquable chez les cormorans est la longueur et la rigidité des pennes de la queue. On sait que cet appendice fait défaut à la plupart des oiseaux nageurs et plongeurs, ou du moins n'existe chez eux qu'à l'état rudimentaire.

L'attitude du cormoran à terre est presque constamment verticale. Il a beaucoup de peine à se mouvoir sur le sol et à prendre son essor à raison de la brévité de ses jambes, ce qui est cause que de pauvres observateurs qui n'avaient pas mis leurs lunettes l'ont accusé de se laisser approcher à bout portant par l'homme, et de se faire tuer par paresse et par stupidité. Ainsi l'homme de la civilisation se condamne lui-même, décernant le titre de stupide à toute bête innocente qui ne se défie pas de lui !

Le cormoran n'est rien moins que stupide, ou alors il aurait la physionomie bien trompeuse. Il ne va pas à terre pour son plaisir, mais bien quand les devoirs de sa charge maternelle ou paternelle le commandent ; et c'est en prévision des dangers que cette grande difficulté de se lever de terre lui ferait courir que la nature a armé ses doigts d'ongles crochus pour lui permettre de percher et de se reposer ailleurs. C'est encore pour lui fournir un point d'appui dans sa station verticale qu'elle lui a fait don d'une longue queue formée de baguettes rigides. Le cormoran s'appuie sur ces baguettes comme fait le pivert, qui est condamné à gravir le tronc des arbres par de perpétuelles escalades.

Le cormoran vit parfaitement en domesticité, mais il est cependant facile de voir à ses bâillements multipliés et à son attitude morose que l'oisiveté lui fait honte, et qu'il s'indigne mentalement de voir que l'homme méprise ses services et refuse toujours de mettre sa bonne volonté à l'épreuve.

Le grand cormoran nichait autrefois sur les arbres des forêts voisines des étangs dans toutes nos contrées de l'intérieur. Il faut aller aujourd'hui demander sa demeure aux falaises de Dieppe, d'Étretat et de la mer Terrible.

Le cormoran nigaud, qui n'a jamais justifié son titre, n'habite guère que les côtes maritimes de la Picardie, de l'Artois, de la Flandre. C'est un oiseau porteur d'un manteau noir à reflets verdâtres et d'une queue arrondie, composée de douze pennes. Sa taille est celle du grand corbeau. Le cormoran pygmée, de la taille du choucas, est un pêcheur très-connu sur tous les fleuves de Russie, voire sur le Danube, mais qui ne fait que de loin en loin son apparition sur nos fleuves.

Groupe de la Dactylirémie. — Sept genres : Harle, Oie, Cygne, Tadorne, Canard, Fuligule, Plongeon ; quarante espèces.

L'histoire de ce groupe a pour nous un intérêt immense, puisque c'est lui qui nous fournit la plupart des espèces rémipèdes ralliées, plus toutes les espèces qui se mangent et qui se chassent. Nous avons exposé déjà les principaux caractères du groupe ; nous ne nous répéterons pas.

Genre harle. — Trois espèces : Le Harle Huppé, — le Harle commun, — le Harle Piette.

La Dactylirémie qui débute par des oiseaux plongeurs et pêcheurs finit de même. Le premier moule du groupe, le harle est un pêcheur et un plongeur hors ligne comme le cormoran, dont il dérive et auquel il ressemble fort d'allures et de physionomie. Le dernier moule, le plongeon qu'il ne faut pas confondre avec le grèbe, est aussi un oiseau plongeur qui passe la moitié de sa vie au fond de l'eau comme le harle et qui vit largement de sa pêche. Seulement le harle possède mieux que la faculté de voler entre deux eaux, à l'instar du plongeon, il a en outre celle de naviguer le chef hors de l'eau comme le cormoran et d'arpenter les airs comme le canard. Le harle est ambigu parfait entre le cormoran et l'oie.

Le harle est un pêcheur de rivière d'une habileté excessive et qui ne reconnait d'autres maîtres dans son art que les Pollicirèmes, dont il cherche à se rapprocher par tous les moyens physiques. Son bec long, effilé, conique, terminé par un crochet aigu, est déjà parfaitement semblable à celui du cormoran, et n'a rien de commun avec celui des Canards que la dentelure des mandibules. Son pied vise à ressembler à celui du cormoran par la longueur du doigt externe, qui lui donne presque la même facilité de virement rapide que la troisième rame de celui-ci. Il a adopté également la coiffure du cormoran, porte volontiers la huppe, adore comme lui les anguilles et fournit une chair non moins rance, huileuse et coriace. Il ne s'en faut enfin que de quelques pouces d'envergure, d'une membrane au talon et de deux ongles un peu plus crochus, pour que le harle atteigne la ressemblance parfaite avec son modèle et mérite par là que l'homme le prenne à son service. Malheureusement il ne se marie pas comme le cormoran ; il abandonne lâchement sa femelle dès qu'elle se met à couver, et il me semble bien difficile que l'homme puisse s'entendre avec un oiseau coupable de telles indignités.

Les harles mâles attachent, comme tous les plongeons, une immense importance aux choses de la toilette ; ils se couvrent d'atours dans la saison des noces. La femelle couve durant cinquante-sept jours ; et, comme les bonnes mères qui s'attachent à leurs petits en raison de la peine que leur éducation leur a donnée, celle-ci pousse la tendresse pour les siens jusqu'à les suivre dans la captivité. Les harles nichent dans les roseaux et quelquefois dans des trous d'arbre.

Les harles ont, comme le cormoran et le martin-pêcheur, et beaucoup d'autres piscivores du reste, l'habitude de rejeter les arêtes de leurs poissons en pelotes, comme les hiboux les os et la fourrure de leurs souris.

Le harle huppé à plastron rose, plus grand que le canard, a tout le devant du corps et les couvertures des ailes colorés d'une magnifique nuance, rose tendre, qui n'est pas bon teint par malheur et qui passe immédiatement après la mort, ce qui est cause que l'oiseau empaillé ne donne qu'une idée incomplète de l'oiseau vivant. Le miroir des ailes est blanc, la tête et le manteau d'un beau noir velouté, l'iris rouge sanglant, les pieds rouges. Cette espèce, assez rare en France dans les années ordinaires, abonde au contraire dans nos eaux vives par les hivers neigeux et débordants comme ceux de 1836 et de 1838. Le harle à plastron rose devient alors l'occasion de nombreux désappointements pour les chasseurs de rivière qui le tirent pour canard, mais ne peuvent ni le vendre ni le manger comme tel. J'ignore si c'est à cette espèce qu'on a donné le nom de grand.

Le harle huppé vit parfaitement en domesticité au Jardin des Plantes, et j'ai pu juger par de nombreuses visites à cet établissement qu'aucun autre oiseau d'eau ne manœuvre sur un bassin avec la même rapidité que lui, ne vire de bord avec plus de prestesse, ne se saisit de sa proie avec plus de dextérité et ne l'absorbe avec plus d'aisance. Le harle huppé est un accapareur d'ablettes et de goujons, d'une voracité si insatiable que je le crois capable de tenir un pari avec un pélican ou un phoque à qui en avalerait le plus de douzaines. J'ai cru reconnaître dans cette fringale et dans cette prestesse de bec incomparable du harle huppé les indices de sa domesticabilité. L'affamé est enclin au joug, chez les bêtes comme chez l'homme.

Le harle commun, qui est peut-être le grand harle, est un oiseau de la taille du précédent, avec un col roux, une tête brune et une crête fuyante de même nuance. C'est celui qu'on tue le plus communément l'hiver.

Le harle piette, qui est très-commun dans les environs de Paris, et qui niche sur tous les étangs et sur toutes les rivières, est un fort bel oiseau dans son costume de noces. Ce costume est d'un blanc parfait sur lequel se détachent avec distinction une certaine quantité de taches et de lignes noires ; bec noir, huppe blanche, chignon noir, iris rouge encadré d'une large tache noire, cordon noir sur les épaules, tarses et pieds noirs. Le harle piette, qu'on appelle vulgairement la Piotte, est un peu plus gros que le grèbe castagneux, et les chasseurs ignorants confondent parfois les deux espèces.

Genre Oie. — Six espèces : Oie du nord, — Oie première, — Oie sauvage, — Oie à front blanc ou rieuse, — Bernache ou Oie armée, — Cravant.

Aucune de ces six espèces n'est indigène de nos contrées. L'oie sauvage elle-même, qui descend tous les hivers par vols nombreux sur nos pays de plaine, a cessé de nicher en France depuis la fin du siècle dernier. L'oie domestique, qui dérive de l'oie première et la Bernache, sont les deux uniques espèces qui se reproduisent chez nous, mais en domesticité seulement.

Les oies diffèrent des canards par la forme de leur bec beaucoup plus cylindrique, plus étroit, plus développé en hauteur, plus semblable à un nez humain. Les oies vivent plus à terre que sur les eaux, se nourrissent presque exclusivement de la tige des végétaux qu'elles tondent comme les brebis. Elles sifflent à la façon des reptiles. Les mères s'associent pour l'éducation de leurs couvées, et, quoique vivant sous les lois de la polygamie, les mâles ne demandent pas mieux que de se mettre à la tête de ces associations, comme font les étalons dans les steppes. Il y a ici un progrès véritable dans les mœurs, progrès dû à l'influence amélioratrice de la nourriture végétale. Les oies nichent à terre à la façon des canards. L'oie donne un *duvet* beaucoup plus fin que le canard, qui ne donne que de la *plume*, et si sa chair n'a pas la finesse de celle du rouge ou de la sarcelle, du moins a-t-elle encore une très-haute valeur culinaire; car je ne connais que le pâté de foies d'oie de Strasbourg qui puisse lutter avantageusement contre la terrine de Nérac. C'est l'oie qui remplaça jadis le paon et le faisan comme rôti d'honneur sur la table de nos pères: elle a dû céder à son tour cet emploi glorieux au dindon, précieux cadeau du nouveau monde, qui trouvera bientôt, je l'espère, par un juste retour des choses d'ici-bas, des rivaux plus heureux. Je fais, en m'exprimant ainsi, allusion au coquard, métis du faisan et de la poule domestique, qui me semble appelé aux plus hautes destinées culinaires. Remémorons-nous à ce propos les grands principes de la vraie esthétique.

La Nature est le domaine de la Création divine, impersonnelle, immuable; l'Art est le domaine de la création humaine, personnelle, variable et infinie. L'art culinaire est l'une des branches les plus importantes de l'art universel. L'homme a créé, en matière de grains, de fruits, tout ce qu'il y a de plus délicieux sur la terre, le blé, la pêche, le chasselas, la reine-claude, et il est tenu de continuer son œuvre de l'*incarnation de l'idéal* dans les moules animaux. C'est ce qu'il fait quand il obtient par le croisement des races des métis dont la chair est supérieure à celle de leurs auteurs. Or, par cette raison bien simple que les meilleurs des fruits et les plus belles des fleurs sont des fleurs et des fruits de création humaine, c'est-à-dire des produits de l'art, il est fatal que l'emploi de rôti d'honneur soit rempli par un gibier créé ou amélioré par l'homme et non par un gibier de création naturelle. Et remarquez que ce rôle est déjà assigné dès aujourd'hui au coquard, au mulard, au chapon, à la poularde, qui sont des créations de l'homme, et que les ortolans, les grives, les carpes, les saumons, les truites, etc., ont essentiellement besoin de l'intervention de la science du croisement des races et de l'engraissement des individus pour valoir tout leur prix. J'ai sous les yeux le menu d'un banquet d'Harmonie offert par les hauts gastrosophes de la phalange du Faisan Doré de Bougival aux gastrosophes de cent autres phalanges d'Angleterre et de France ; j'y cherche vainement parmi les mets d'honneur un seul ouvrage sorti des mains de la nature.....

On parle trop de la puissance de la nature. Cette puissance est, en effet, immense quand la nature travaille sur son terrain ; mais sortez-la de ses attributions et demandez-lui de vous confectionner une pêche de Montreuil, elle vous avouera sans rougir sa maladresse et son incapacité. Tous les fruits supérieurs de nos jardins sont des fruits métis ou bâtards provenant de fabrique humaine et que la nature cherche vainement à copier. Il en est de même du mulard, du coquard et de la poularde, qui sont des moules de création humaine que la nature est complétement impuissante à tailler.

C'est parce que les moules de la nature sont bornés et parce qu'ils peuvent se reproduire indéfiniment par le semis que ces moules ont si peu de valeur. C'est, au contraire, parce que les œuvres de l'homme sont enfantées par l'imagination, la science et le caprice, parce qu'elles portent le cachet de l'individualité et ne sont pas multipliables par la voie naturelle, que ces œuvres ont tant de prix. Les Harmoniens, qui ont reculé les limites de l'art au delà de nos aspirations les plus idéales d'aujourd'hui, ont trouvé le secret de métisser et de chaponner dans l'œuf les coqs, les faisans, les becfigues, les sterlets, les saumons, les truites. Ils ont gagné à cela de doubler et de tripler la taille de ces espèces en perfectionnant leur saveur. Ce n'est pas la nature que l'on dit si puissante qui ferait de ces miracles. La nature ressemble aux enfants; elle adore les fruits aigres, et si on la laissait faire, elle détruirait en un quart de siècle tous les monuments de la sculpture, de la peinture et de l'architecture; elle remplacerait la rose double par la simple et la pêche par l'amande amère. Ce malheureux Jean-Jacques a donc formulé la plus sotte et la plus dangereuse de toutes les propositions, quand il a dit que tout était bien *sortant des mains de la nature.*

La chair des six espèces ci-dessus mentionnées est de beaucoup inférieure en général à celle de l'oie domestique, qu'il est facile de charger d'embonpoint, à l'aide des moyens les plus naturels et sans recourir à des procédés barbares. Les oies sauvages ont pour ennemi principal le pygargue à tête blanche, qui les accompagne d'habitude dans leurs pérégrinations hivernales.

Le genre Oie confine au genre Cygne, son supérieur immédiat, par l'oie *tuberculée*, qui porte un casque au front comme le cygne et l'égale presque en grosseur.

GENRE CYGNE. — Trois espèces.

Les oies sont des herbivores qui fauchent l'herbe des champs; les cygnes des herbivores qui extirpent l'herbe du fond de l'eau. On pourrait au besoin distinguer les deux genres par les noms de *Faucheurs* et d'*Extirpateurs*, mais il serait encore bien plus simple de les distinguer par les titres analogiques de *Manant* et de *Gentilhomme*.

Le cygne est la plus magnifique expression de la Rémipédie ; la navigation mixte, c'est-à-dire à hélice et à voile, n'a pas de plus parfait modèle. Le col de l'oiseau de Léda, qui sert d'ornement obligé à tant de fontaines publiques, a été consacré par l'usage comme un type souverain de grâce. L'élévation morale du cygne est au niveau de sa blancheur immaculée et de son élégance suprême ; il aime et se marie, bien que cet amour se ressente encore de la barbare influence du milieu aquatique. Le cygne, en effet, ne se marie que pour un an quand il est libre, et le choix des femelles donne lieu chaque année, sur les eaux douces du Nord, à des combats mortels. La femelle est toujours le prix d'une victoire sanglante et chèrement disputée. Dans l'état de captivité, le cygne, qui n'a pas à choisir, est fidèle ; mais, par contre, la violence de ses passions jalouses atteint au diapason des fureurs médéennes et le pousse à l'infanticide, lui faisant voir un rival dans chacun de ses fils.

L'importance de ce moule, qui est aujourd'hui le seul oiseau de France rallié à l'homme à titre d'auxiliaire, sans que l'homme s'en doute, exigeait que j'écrivisse son histoire avec de larges développements. J'ai donc traité le sujet avec luxe et amour, avec tant de luxe même que le texte n'a pu tenir dans le présent volume.

Le cygne domestique à bec rose est le seul qui niche en France, mais il serait facile d'y faire nicher les deux espèces de cygnes sauvages du Nord que les grands froids d'hiver amènent tous les ans sur nos côtes maritimes. Ces deux espèces, qui ont été considérées longtemps comme n'en faisant qu'une seule, qu'on appelait le Cygne à bec jaune, diffèrent l'une de l'autre par la taille et par la disposition de la membrane jaune qui couvre la base du bec. Elles ont pour patrie tous les grands lacs du Nord et particulièrement les eaux douces de l'Islande. Elles ont, dans la personne de l'aigle de mer, l'ancienne orfraie, le pygargue à tête blanche d'aujourd'hui, un ennemi acharné.

Les mariages sont faciles entre les cygnes des espèces privées et sauvages. Le cygne domestique ne craint même pas de se mésallier avec l'oie. La chair de cet oiseau, quoique mangeable, manque de plusieurs conditions d'excellence, et je crois qu'un obstacle majeur s'oppose à ce que l'homme la raffine considérablement par un régime diététique quelconque. Cet obstacle viendrait, suivant l'analogie, de ce que ce moule supérieur aurait été créé par la nature pour de plus hautes destinées que le canard, et de ce que sa mission spéciale est d'embellir et d'assainir les demeures de l'homme. Le cygne, en un mot, relève du département des beaux-arts et non de celui de la cuisine.

Dieu n'a pas prodigué cette brillante famille sur la terre, car je ne connais plus que deux autres cygnes dans le monde en dehors des trois que je viens de nommer; mais il est à remarquer qu'il en a réparti les divers membres sur les deux hémisphères avec une égalité louable. Il a donné à l'hémisphère du Nord les cygnes blancs à bec rose et à bec jaune, à l'Australie le cygne noir à bec

L'amour du pain a été le commencement de la sagesse pour les espèces dociles; et il n'y a pas jusqu'aux espèces les plus carnivores et les plus rebelles par nature à la frugivorie, comme le chien et le chat, que l'homme n'ait pliées à ses propres appétits par la puissance lénitive du pain. Ce phénomène jette un grand jour sur la loi des rapports moraux de l'homme et de la bête. Mais l'amour du grain ne suffit pas dans la Rémipédie pour constituer la pleine condition de domesticabilité; il faut que le rémipède cumule encore avec cette disposition la solidité des chaussures. Il est presque impossible de rallier l'oiseau nageur, qui ne peut pas marcher sur le gravier sans se blesser.

Caractères généraux du genre. — Pieds fortement palmés à l'avant, pouce superflu, tarses vigoureux et courts, sortant de l'abdomen à la hauteur de la partie médiane, disposition qui rend la marche à terre possible, quoique peu gracieuse, en répartissant le poids total du corps d'une façon plus équitable que chez les plongeurs. Attitude horizontale et non plus verticale; le plastron large et proéminent, taillé sur le patron de la proue du navire, comme le col sur celui du mât. Ailes plus ou moins aiguës; queue généralement rudimentaire et relevée à l'arrière. Bec décrit tout à l'heure, la langue barbelée latéralement comme le bec. Toutes les espèces du groupe sont éminemment voyageuses; elles ont pour principale patrie dans les deux continents les grands lacs des contrées du Nord, d'où elles descendent vers la fin de l'automne sur les contrées du Midi en bandes nombreuses volant dans l'ordre triangulaire. Vol sibilant et rapide, voix perçante à timbre métallique. Tous les canards, à de rares exceptions près, granivores, glandivores, sont polygames, et muent deux fois par an; piscivores par occasion seulement. La plupart délicieux à la broche, supérieurs encore en salmis. Espèces fécondes, recherchées pour l'excellence et la tendreté de leur chair par tous les carnivores de la terre et des cieux.

Les espèces du genre Canard se distinguent de celles des genres Oie et Cygne par la forme de leur bec, dont les deux lames sont beaucoup plus aplaties et plus horizontales, et dont l'aspect est beaucoup moins monumental et moins majestueux. Quelques canards ont encore conservé l'habitude d'aller chercher leur nourriture au fond de l'eau comme les plongeurs, tandis que l'habitude a disparu chez l'oie et chez le cygne, qui ne plongent plus que du bec dans les circonstances ordinaires de la vie, et n'ont recours à l'immersion totale que pour se soustraire aux attaques de quelque formidable ennemi. Les canards sont en outre de beaucoup inférieurs pour la taille aux oies et aux cygnes. Ils nichent volontiers en terre ferme, dans les blés, dans les bois.

Il est à remarquer qu'aucun canard d'Europe ne perche et que tous ceux d'Amérique jouissent de cette faculté. Cette différence dans les habitudes a été attribuée avec juste raison à une nécessité provenant de la prodigieuse quantité de serpents qui infestent les eaux de l'Amérique. Ces serpents auraient fait l'existence trop difficile au canard, si la Providence n'avait octroyé à celui-ci un moyen de se mettre à l'abri du reptile avivore.

Le canard sauvage, qui est le type et le père de notre canard domestique, peut être considéré comme le pivot du genre auquel on donne son nom.

Le Canard de Barbarie. — *Canard musqué*, *Canard d'Inde*. Trop connu pour avoir besoin d'une ample description. Le canard de Barbarie a longtemps passé pour un canard originaire d'Afrique et acclimaté dans le midi de la France depuis l'invasion sarrasine. De célèbres ornithologistes l'ont tiré aussi de l'Asie ; mais il paraît aujourd'hui démontré que sa vraie patrie est le Brésil, le pays où coule l'Amazone. La taille du canard de Barbarie est voisine de celle de l'oie. Il est porteur d'une queue assez longue, à l'encontre des habitudes de l'espèce. C'est une nature impétueuse et volcanique, désagréable dans ses rapports journaliers avec les autres habitants de la basse-cour. Sa sensualité est écrite dans les enluminures et dans les végétations vermillonnées de sa face. Le canard musqué est de sa personne peu estimable, au point de vue gastrosophique, à cause du haut goût de sa chair; mais il a l'immense avantage de produire par le croisement avec la cane domestique du Midi un métis d'une valeur culinaire sans égale, qu'on appelle le *Mulard*. Le mulard, création de l'homme, de beaucoup supérieur à tout ce qu'a fait la nature, est le moule précieux qui donne ces énormes foies de canard du poids d'un kilogramme et plus. Le foie de canard est, à mon sens, la merveille des merveilles culinaires. Je suis plus fier d'être Français quand je considère un pâté de foies de canard que quand je regarde bien d'autres choses.

Le Souchet. (*Rouge de rivière, bec en cuiller.*) — Le plus délicat de tous les gibiers d'eau, un peu moins gros que le canard sauvage. Bec noir, très-élargi et arrondi à son extrémité. Tête et col verdâtres, poitrine blanche, ventre et flanc roux, miroir vert. Omnivore; niche en France.

Le Canard sauvage. — Type et souche du canard domestique avec lequel il continue ses relations de parenté. Le mâle se distingue de la femelle, non-seulement par le volume de la taille et par l'éclat du plumage, mais encore par une plume frisée et recourbée qu'il porte sur la queue. La femelle est dite *Cane;* le jeune *Albran*, et mieux *Halbran*, attendu que le nom vient de l'allemand *halber ente*.

qui veut dire *demi-canard*. Le canard sauvage est au canard privé ce que le sanglier est au porc. Il n'est pas plus difficile de réduire le canard sauvage à la domesticité que de faire reprendre la vie sauvage au canard domestique. Les deux espèces s'accouplent encore et vivent fraternellement ensemble dans une foule de localités désertes et marécageuses. Elles viennent à la voix l'une de l'autre, et les femelles de l'espèce ralliée servent d'appeaux pour l'espèce libre. Le canard est omnivore comme le porc et fait ventre de tout; il barbote dans les eaux vaseuses et s'accommode de tout ce qu'on y rencontre, grenouilles, vers ou mollusques. Il est friand de grains et vague par les récoltes. Il n'est pas jusqu'au gland, nourriture favorite du porc, qui n'ait pour lui des charmes; pour quelle cause il n'est pas rare de le rencontrer l'hiver dans les forêts de chênes. Enfin, il s'abat en grandes bandes sur les plages maritimes, quand le froid a solidifié la face des étangs et des lacs, ses demeures favorites. Un des caractères les plus intéressants que présente l'espèce est la solidité de sa chaussure.

La dureté du pied, comme je l'ai dit plus haut, est la première de toutes les conditions de domesticabilité pour les oiseaux aquatiques; la granivorie ne vient qu'en seconde ligne. Le cygne, l'oie et le canard, qui sont les espèces rémipèdes les plus anciennement ralliées à l'homme, ne doivent cet avantage et cet honneur qu'à la supériorité de leur chaussure. Il y a des siècles que l'homme eût domestiqué toutes les autres espèces, n'eût été l'impossibilité de leur faire une existence tolérable en terre ferme. Beaucoup de ces espèces et des plus estimables sous le rapport de la beauté du plumage et de la bonté de la chair ont tenté d'imiter l'exemple du canard; mais une excoriation rapide des doigts et des membranes qui leur rend, au bout de quelques jours, la marche et la station douloureuses, les a toujours contraintes de renoncer à la tentative. Tous les palmipèdes de l'ancien groupe des Lamellirostres peuvent être domestiqués, mais à la condition préalable que la basse-cour sera métamorphosée en bassin de Neptune et que les eaux de cette pièce ne gèleront jamais. Les Anglais, qui sont d'excellents expérimentateurs en matière de domestication et d'acclimatation des volatiles, ont donné un magnifique spécimen de la conduite à tenir vis-à-vis de cette famille éminemment sociable. Tous les amateurs, curieux d'augmenter le nombre des rémipèdes domestiques, doivent commencer par prendre pour modèle la création de la rivière Serpentine de Hyde-Park, où vivent doucement, sous la protection du constable et des mœurs, une foule de milouins, de sarcelles, de morillons, de siffleurs, etc., quasi-privés, et qui ne paraissent aucunement désireux de changer leur existence contre une autre. L'adjonction d'une semblable rivière au Jardin des Plantes fut dans les vœux de Geoffroy Saint-Hilaire, qui mourut avant d'avoir vu se réaliser sa modeste utopie. La cité parisienne possède aujourd'hui à sa porte un domaine magnifique, l'ancien parc royal de Neuilly, dont il serait facile de faire le plus charmant jardin zoologique du monde, et où les eaux vives ne manqueraient pas plus aux palmipèdes que les prairies aux bisons, aux élans, aux axis. A qui ne sourirait l'idée de voir les îles et les canaux de ce riant domaine, embellis par la présence du flammant rose, de l'ibis rouge, du grand pélican blanc, du phoque et de l'hippopotame? J'appelle sérieusement sur ce point l'attention de la Grande Maîtrise des Monuments et des Plaisirs publics. On ne saurait trop multiplier les jardins des bêtes et les jardins des plantes. On ne saurait faire vivre les gazelles et les cerfs trop loin des lions et des tigres. Je crois même qu'à faire de Neuilly une école d'acclimatation pour le *Fauve exotique* et une faisanderie pour toutes les espèces de volailles, il y aurait quelques millions à gagner.

L'auteur a vu depuis quelques années la moitié de ses vœux réalisée par la création de la rivière artificielle et des lacs du bois de Boulogne. Il est heureux de cet emploi intelligent des richesses de la cité. Il adresse ses félicitations aux édiles qui ont si largement compris les besoins de la société nouvelle, et il espère que le succès de leur première tentative leur sera un encouragement à entrer plus avant dans cette voie du *bien* pour le *beau*.

On me dispensera, je suppose, de faire l'éloge des vertus culinaires du canard, dont le pâté d'Amiens et la terrine de Nérac ont porté la renommée jusqu'en Chine et en Californie.

On dit bête comme une oie, et l'on a très-grand tort. L'oie n'est pas aussi bête qu'elle en a l'air; elle est même l'emblème du paysan rusé. On ne dit pas bête comme un canard, et l'on a parfaitement raison; car le canard est un animal plein de ressources et de malices, et qui cache parfaitement son jeu lorsqu'il a intérêt à le cacher. Je l'ai vu nicher sur les chênes quand il trouvait à sa convenance un bon nid de corbeau qui lui épargnait la peine d'en construire un de son propre bec; et dans ce cas, il n'est aucunement embarrassé de mener ses petits à la mare ou à la rivière : la mère les prend délicatement par la peau du cou et les transporte à l'eau l'un après l'autre. On sait que dans cette espèce, c'est la femelle qui porte les culottes, et que le mâle se contente de jouer le rôle du mari ensorcelé. Le mariage, du reste, est un contrat qui n'engage aucun des contractants, et le mari profite habituellement de la liberté que lui accordent les mœurs pour s'affranchir de tous les embarras du ménage.

Le canard est un goinfre de la famille du porc; il a un appétit qui lui sert de chronomètre et lui fait dire à la minute près les grandes heures du jour, c'est-à-dire les heures où l'on dîne. La montre du renard lui-même, qui est excessivement soigneux de ces détails, retarde presque toujours sur celle du canard, et l'oiseau est bête à en revendre au quadrupède en matière d'imposture.

On sait qu'un blaireau ou qu'un renard qu'on tire vivant du terrier fait volontiers le mort pour qu'on ne l'achève pas, et réussit parfois, au moyen de ce mensonge, à tromper le chasseur novice. On n'est pas sans avoir entendu parler non plus du procédé suprême qu'emploient les chasseurs d'ours qui ont manqué leur coup, et qui consiste à jouer aussi le personnage de cadavre et à se laisser retourner sans mot dire par la bête. Ces ruses, qui le croirait? sont familières au canard cauteleux, comme il sera prouvé par l'histoire qui suit :

Un monsieur avait un furet qui s'ennuyait d'être seul; il lui apporta un jeune canard pour lui tenir compagnie. La bête scélérate s'avance aussitôt vers l'étranger pour lui souhaiter la bienvenue d'usage en lui ouvrant la jugulaire d'un coup de dent, d'après la méthode mustélienne. La pauvre volatile, que ce début chagrine, essaye d'éviter l'accolade et fuit d'abord dans toutes les directions; puis, s'apercevant que toute tentative d'évasion est inutile, elle change de batterie, s'arrête tout à coup, feint de subir une attaque d'apoplexie foudroyante, et s'étend tout de son long sur le carreau comme une masse inerte. Le furet s'approche de la défunte, la flaire dans tous les sens, constate le décès et, dédaigneux de la chair, se couche auprès et se rendort avec la stoïque insouciance particulière à son espèce. A peine a-t-il fermé les yeux que la morte ressuscite et relève la tête pour juger de la situation; mais le mouvement qu'elle a fait a suffi pour troubler le sommeil léger de son argus, à qui l'aspect de cette tête dressée rend l'espoir d'une saignée copieuse, idée fixe des furets. Il est sur son sujet d'un bond, et se met en devoir de pratiquer l'opération. Désappointement nouveau, désillusion cruelle; la tête s'est détendue machinalement et s'est roidie en retombant lourdement sur le sol, preuve que l'apoplexie n'était pas simulée et que le col ne s'était redressé que sous l'effort d'une convulsion dernière. Et le praticien trop expert de regagner sa paillasse pour reprendre son somme. Ce que voyant, le propriétaire, qui observait le débat par le trou de la serrure, entre-bâilla la porte pour abréger l'expérience, et le canard, profitant aussitôt de la voie de salut qui lui était offerte, s'esquiva vivement, abandonnant le furet mystifié à ses réflexions amères.

Or, voici en deux mots l'explication du mystère : les furets comme les fouines sont des bêtes qui n'aiment que le sang, et qui savent par expérience que ce liquide ne coule pas de la saignée après la mort. Voilà pourquoi elles méprisent souverainement le cadavre, et pourquoi, dans l'espèce, notre canard fut sauvé. Maintenant qui avait pu révéler à l'innocente volatile, dans un âge aussi tendre, les mystères les plus profonds de l'organisme et le secret des secrets du furet?

LE PILET. — *Canard à longue queue.* Espèce unique, connue sur toutes nos rivières et nos étangs. Omnivore, niche en France.

LE CHIPEAU ou le RIDENNE. — Espèce unique. Moins fort que le canard, plus évidé, plus mince. Bec, tarses et doigts orangés, membranes noires; la tête enveloppée d'un filet à mailles noires sur fond gris; petites couvertures des ailes roux-marron; grandes couvertures, croupion et dessous de la queue noirs; miroir de l'aile blanc pur; plastrons et flancs rayés de zigzags blancs et noirs : bon à toutes les sauces; passager.

Le Siffleur. — Deux espèces : *le Siffleur* proprement dit, moins gros que le canard, plus ramassé, plus court, bec bleu, noir à la pointe, pieds plombés, front blanc, tête et col roux marron; gorge noire; poitrine lie de vin, ventre blanc; miroir à trois bandes, celle du milieu verte et les latérales noires. Très-connu en France l'hiver, rare l'été.

Le Siffleur huppé.—De même taille que le précédent; huppe noire, bec rouge, tête et col rouge-brique, miroir blanc encadré de noir. Très-rare en France, excepté dans les rudes hivers; originaire du Volga et du Danube.

Ces deux espèces se distinguent parfaitement de toutes les autres par leur voix aigre et sifflante qui rappelle celle des pluviers. Omnivores de passage; relégués au troisième ou quatrième rang comme rôti.

La Sarcelle. — Deux espèces, la Sarcelle d'hiver (Arcanette), moule le plus réduit du canard; taille de la perdrix, tête et joues d'un roux marron brillant; miroir vert, azuré et noir. La Sarcelle du midi ou d'été, plus petite encore que la précédente, bec bleu cendré comme la sarcelle d'hiver, la tête et le cou d'un roux clair, une raie blanche au-dessus et au-dessous de l'œil, le dessus du corps roux cendré, le ventre émaillé de taches noires, miroir vert. La sarcelle ordinaire, qui approche du souchet pour la délicatesse de la chair, et qui tient le second rang comme rôti parmi les espèces rémipèdes, est après le canard sauvage le plus connu de nos oiseaux d'eau. Elle niche dans le voisinage de tous nos grands étangs de l'intérieur et plus particulièrement dans les mares des bois. Elle s'abat fréquemment sur les plaines et se nourrit de grains. La sarcelle s'apprivoise avec facilité et fait l'ornement des basses-cours et des jardins publics : elle a comme le héron, la grue et la cigogne, l'attention délicate de porter son grain à l'eau pour l'amollir.

Variétés.—Le Canard de Pologne à bec recourbé, dont le plumage est d'une entière blancheur, semble être une création de l'homme; car on ne le retrouve nulle part à l'état libre. Ce serait dès lors une variété et non un genre, et l'espèce qui porte la huppe et qui est connue dans nos basses-cours serait une variété de cette variété. A tort ou à raison, j'ai pensé ne devoir mentionner que ces deux seules variétés parmi toutes celles que l'homme a obtenues depuis des siècles dans cette famille. On sait que le canard domestique ordinaire, abandonné à lui-même, ne tarde pas à reproduire, comme le coq et le chien, le type primitif de la race : tête et col d'un vert velouté à reflets métalliques, plastron lie de vin séparé du col par une zone blanche en forme de collier.

J'aurais eu le droit de faire figurer dans cette nomenclature le plus joli de tous les canards du monde, le canard percheur de la Caroline, qui se reproduit parfaitement au Jardin des Plantes de Paris, et qui ne tardera pas à s'acclimater en France. Attendons, pour bien faire, que cette heure soit venue.

Égarés.—J'ai dit que les hivers exceptionnels amenaient sur nos côtes, et dans nos eaux de l'intérieur, quelques rares individus d'espèces appartenant aux régions les plus hyperboréennes du continent d'Asie et du continent d'Amérique, et que telle de ces apparitions demandait quelquefois un demi-siècle pour se renouveler. J'ai ajouté que les débordements extraordinaires de nos fleuves du Midi stimulaient de temps en temps la gourmandise et la curiosité de quelques espèces africaines. Je désigne sous le nom d'*Égarés* ces hardis navigateurs battus par les tempêtes ou détournés de la voie de leurs pérégrinations normales par des intempéries outrées, par la curiosité, par la faim, par un motif accidentel quelconque. Au nombre de ces rémipèdes égarés figureront la macreuse d'Amérique et la macreuse couronnée de la Sibérie, le canard à collier du voisinage d'Archangel, le canard à longue queue de Terre-Neuve, la sarcelle d'Égypte à iris bleu, marquée d'une tache blanche sous le bec, et enfin l'eider, qui fabrique l'édredon.

Genre fuligule. — Six espèces : Morillon, — Garrot, — Milouin, — Milouinan, — Macreuse, — Double Macreuse.

Toutes les espèces de ce genre ont les allures et la physionomie du canard, et la bordure membraneuse du pouce est le seul caractère qui les en distingue. Mais cette simple diversité de conformation de l'appareil natatoire a suffi pour introduire dans le régime diététique des deux genres des différences notables, et la chair des fuligules s'est ressentie d'une manière fâcheuse de leur retour vers la piscivorie.

Le Morillon. — Espèce unique. Un des plus petits rémipèdes, remarquable par sa huppe de plumes longues, effilées et noires, à reflets bronzés ; bec bleu clair, à onglet noir, iris jaune, tarses et doigts bleus, membranes noires en dehors, rouges en dedans ; ventre et flanc d'un blanc pur, domino noir. Le morillon s'apprivoise, mais se blesse en marchant. Plongeur intrépide ; passager.

Le Garrot. — Espèce unique, de la taille du siffleur ; remarquable par son bec très-court et par ses deux larges taches blanches situées de chaque côté de la racine du bec, et qui se détachent vivement du fond de couleur vert foncé, pourpre, qui couvre la tête et la partie supérieure du corps. Iris jaune, tarses et doigts de la même couleur. Connu sur toutes les eaux vives à l'époque des passages ; se blesse en marchant ; passager.

Le Milouin. (*Rouget, Rougeot.*) — Taille du canard sauvage. Bec noir à la base et à la pointe, traversé dans son milieu d'une bande bleu foncé, iris rouge, tarses et doigts bleuâtres, membranes noires, tête et col roux rougeâtre à reflet ; dos, poitrine et croupion noir mat ; flanc, cuisses et abdomen cendré clair. Niche en France, est connu sur toutes les eaux stagnantes du Nord et du Midi. S'apprivoise facilement, préfère les vers aux grains et suit le jardinier pour se saisir des lombrics que le fer de la bêche ramène à la surface. Il pêche malheureusement par la délicatesse de la chaussure et la sensibilité des pieds. Se mange à défaut de sarcelle ; est passable en salmis.

Le Milouinan. — Même taille que le milouin ; bec bleu clair, narines blanchâtres, iris jaune ; tarses et doigts cendrés, membranes brunes ; domino noir à reflets verdâtres, taillé en rond sur la poitrine. Niche en France, moins connu que le milouin ; bec plus court et plus large.

La Macreuse. — Deux espèces : la Macreuse proprement dite et la Double. Les macreuses appartiennent beaucoup plus aujourd'hui à la Rémipédie pélagienne qu'à la fluviatile ; car elles passent les trois quarts de leur vie sur la mer, au-dessus des bancs de mollusques, où elles s'en vont chercher leur pâture en plongeant. Là n'était pas cependant leur véritable place dans le principe, la nature les ayant appelées à vivre des mollusques et des vermisseaux des eaux douces. Il est à croire que les macreuses ne se sont décidées à faire élection de domicile sur la mer, qu'à la suite des persécutions qu'elles auront éprouvées de la part des humains.

La Macreuse proprement dite est un grand canard à manteau sombre uniforme, qui vit d'huîtres et de moules et ne s'égare que très-rarement dans les eaux de l'intérieur. La Double-Macreuse a la taille encore plus forte et voisine de celle des canards de Barbarie; mais c'est la seule différence qui existe entre les deux pièces. Leur chair est un piètre régal et peut se manger sans péché dans les jours d'abstinence.

Genre Plongeon. — Trois espèces: le Plongeon Imbrin, le Plongeon Catmarin, le Plongeon Lumme.

Caractères généraux. — Pieds palmés à l'avant, pouce membrané, tarses tranchants insérés à l'arrière, col long et effilé, bec long, étroit, légèrement arqué dans sa partie médiane et se terminant en pointe; ailes courtes, mais assez longues cependant pour permettre des déplacements considérables; piscivores, immangeables. Monogames.

Les plongeons sont habitants des lacs qui sont de petites mers d'eau douce et qui forment pour ainsi dire un milieu ambigu entre l'océan et le fleuve. Ils nichent à terre sur les îlots et les rives couvertes, y passent la saison des amours et descendent l'hiver sur nos côtes. Ils ont la brévité des ailes, l'attitude verticale et les habitudes sous-marines des plongeurs tridactyles qui leur font vis-à-vis dans la série ascendante. Ils en diffèrent par la pureté des mœurs et par leur supériorité dans l'industrie architecturale. Le nid du plongeon est une véritable œuvre d'art.

Les plongeons ou plongeurs tétradactyles sont originaires des grands lacs du nord de l'Europe; ils descendent fréquemment sur nos côtes maritimes, et c'est presque toujours sur la mer qu'on les tire, ce qui les a fait prendre très-longtemps pour des amis exclusifs de l'eau salée. J'ai dit leur patrie véritable qui est le lac et non le fleuve. Les plongeons ne muent qu'une fois par an; ils émigrent quelquefois très-loin, et ne craignent même pas de transhumer de la mer de Norwége à celle de la Corse en passant par le continent. Ils prennent étape en ces longues traversées sur certains grands étangs de France ou sur les lacs de la Suisse, dont ils savent le gisement par ouï-dire. Mais il arrive fréquemment que, faute d'expérience ou de renseignements suffisants, les pauvres voyageurs tombent au milieu des terres au lieu de tomber sur les eaux. C'est ce qui arriva à ma connaissance, en 1838, je crois, à une forte compagnie de plongeurs imbrins qui, pour avoir mal pris leur point, allèrent donner de la tête dans les jardins d'une petite ville de la Côte-d'Or, croyant descendre sur la Saône: beaucoup furent empaillés ou cuits par suite de cette erreur.

Le grand plongeon Imbrin est un oiseau d'une taille avantageuse, richement couvert et d'un aspect imposant. Il mesure plus de deux pieds de hauteur de la base au sommet; son manteau, gris ardoisé, historié de larges taches blanches rectangulaires, tranche par sa gaieté et par son émaillure sur les costumes des espèces voisines. La partie supérieure de la tête, du cou et de la gorge est teinte en noir, le dessous du corps gris argenté d'une seule nuance. Le plongeon Lumme, beaucoup plus petit que l'Imbrin, et qui ne dépasse que faiblement la grosseur du canard, porte un uniforme tout semblable. Le Catmarin des pêcheurs de Picardie, plus commun et plus connu que les deux autres, approche du volume de l'oie; la couleur rouge brun de sa gorge ne permet pas qu'on le confonde avec ses congénères. Ces trois espèces, qu'on rencontre beaucoup plus fréquemment sur les côtes d'Angleterre que sur celles de France, nous visitent surtout pendant l'hiver. Elles ne reviennent aux eaux douces qu'à l'époque des amours.

La tribu des plongeons ou des grands plongeurs des lacs donne la main à la série des *Fissirèmes*, plongeurs de moule réduit, exclusivement fluviatiles et qui terminent l'ordre.

Groupe de la Fissirémie.—Un seul genre.

Genre Grèbe.—Quatre espèces : le grand Grèbe ou Grèbe Cornu, — Jougris, — Oreillard, — Castagneux.

Les grèbes, qui ressemblent aux plongeons par le bec, par les ailes et par les habitudes piscivores, s'en distinguent facilement par la forme de leurs pieds, dont les doigts de devant sont enveloppés d'une membrane libre qui déborde à droite et à gauche. Ils habitent de préférence les eaux douces, surtout celles des étangs et des fleuves ; ils se réfugient l'hiver sur les grands lacs, rarement sur la mer. Les aîles des grèbes sont fort courtes, comme celles des plongeurs tridactyles, et ils n'aiment pas à s'en servir, parce que l'on ne fait avec plaisir que ce que l'on fait bien.

Or, les grèbes ne peuvent pas même quitter l'eau quand ils prennent l'essor ; leurs pieds pendants en rasent la surface, et la sillonnent d'une blanche traînée d'écume. Lorsque le froid de l'hiver les oblige à quitter leur patrie, ils émigrent en nageant et non pas en volant, et cette difficulté qu'ils éprouvent à se transporter d'un lieu à un autre est cause qu'ils affectionnent particulièrement les petits cours d'eau qui ne gèlent pas, et qu'il en reste un grand nombre sur nos grandes rivières par les froids les plus rigoureux. La nature a compensé ce désavantage des ailes courtes, qui ne permet pas aux grèbes de voler dans les airs, par la faculté de *voler sous les eaux* et de traverser ainsi de longs espaces sans être obligés de remonter à la surface. Les tarses sont taillés en lames de couteau comme le bec du macareux. Les pieds, étant placés à l'arrière du corps, comme chez les pingouins, remplissent à la fois l'office de gouvernail (queue) et d'agents propulseurs, et communiquent au mouvement d'immersion une énergie extrême que favorisent d'autre part la forme conique de la partie supérieure du corps, un long col effilé, une tête fine terminée par un bec droit et pointu, de dimension moyenne. Le système des cavités aériennes est en outre plus développé chez cette espèce et ses congénères que chez tous les autres oiseaux, ce qui s'explique par le besoin qu'ont les oiseaux qui plongent d'emmagasiner une plus grande quantité d'air que les autres. Triste avantage, hélas! si l'on se souvient de ce que j'ai fait remarquer au quatrième chapitre de ce livre, que cette faculté d'emmagasiner de grandes provisions d'air entraînait comme conséquence fatale la facilité de dépouillement. De plus, si l'on observe que la robe des grèbes est une véritable douillette de duvet qui remplit toutes les conditions de la bonne fourrure, on comprendra aisément que ces deux circonstances réunies aient influé d'une manière désastreuse sur le sort de l'espèce. Tous les malheurs du grèbe lui viennent de ce que sa dépouille vaut un peu mieux que sa chair, qui est un des plus détestables morceaux que je connaisse et qui se défend toute seule.

Le grèbe est à coup sûr l'espèce volatile qui a eu le plus à souffrir de la funeste invention du fusil à piston, ainsi nommé de ce que le fusil (silex) et le piston sont totalement étrangers à cette arme. J'ai vu dans mon enfance le grèbe castagneux (plongeon vulgaire), très-commun sur la Meuse, se rire du fusil à pierre et se faire un malin plaisir d'épuiser la patience et les munitions du chasseur; mais, depuis quarante ans, les beaux jours de l'ironie sont passés pour le grèbe.

Les grèbes sont exclusivement piscivores. Leurs migrations en France ne vont guère plus loin que les lacs salés du Midi. Ils muent deux fois par an, comme la plupart des oiseaux d'eau, et les mâles affectent, en matière de costumes d'amour, les goûts les plus bizarres. Néanmoins, l'influence du quatrième doigt du pied s'est fait sentir vivement dans les rangs de l'espèce. Le ménage des grèbes offre l'exemple de toutes les vertus conjugales. Le mâle ne se contente pas de pourvoir à la nourriture de la femelle pendant l'incubation, il sollicite et obtient quelquefois l'honneur de la remplacer dans cette fonction délicate. Je ne connais, parmi les oiseaux d'eau, que cette espèce et celle du pélican où le mâle soit admis à de tels priviléges.

Le Grand Grèbe ou Grèbe Cornu. — Taille du canard, col plus évidé, tête plus haute et plus fine, bec un peu plus long que la tête, droit et se terminant en pointe; manteau gris brun lustré; tout le dessous du corps d'un blanc d'argent à reflets satinés, la plus précieuse des fourrures de l'espèce. Commun pendant l'été sur tous les grands lacs d'Europe et sur tous les grands étangs de France où il niche. Les grèbes mettent tout leur luxe dans leur parure de tête. Le costume de noces du grand grèbe se distingue surtout de la tenue de voyage par l'épanouissement d'une vaste coiffe carrée faite de plumes fines et soyeuses, d'une couleur rouge marron légèrement nuancée de jaune à la racine; ladite coiffe se relevant aux angles par des pointes et retombant sur la gorge comme un collier de barbe. De l'origine du bec part une tache noire triangulaire qui va s'épanouissant jusqu'au sommet du front, où elle se relève sous forme de cornes noires à ses deux extrémités. Le cygne n'est pas plus vain de sa beauté que le grand grèbe de ses cornes et de sa cravate, et n'étale pas plus majestueusement sa blancheur immaculée sur le miroir des eaux.

Le nid du grèbe, que le couple compose avec des brins de roseaux desséchés, et qu'il pose sur un lit d'herbes mortes en l'y attachant solidement, est un progrès immense sur les terriers du manchot et du pingouin, et sur le trou de rocher du guillemot, creusé par la nature. C'est une des premières bâtisses confortables qu'ait créées l'amour maternel. La femelle y dépose quatre œufs, qu'elle couve alternativement avec le mâle. Les petits naissent couverts de duvet comme tous les oiseaux d'eau et comme beaucoup d'oiseaux de proie. Ils savent nager et plonger *avant d'être sortis de l'œuf;* le fait a été démontré par des expériences solennelles.

Le Jougris, plus rare que le précédent, habite les grands étangs de l'Est. On le rencontre quelquefois sur la Seine. Son nom lui vient d'une plaque d'une gris métallique qui couvre ses joues et sa gorge. Il a le dessus de la tête noir, le col roux, le dessous du corps grisâtre; sa taille est celle de la poule d'eau.

Le Grèbe Oreillard, comme le grèbe cornu, se trahit par son nom. Commun sur tous les grands étangs de la Lorraine, de la Bresse, du Berri. Taille du précédent; deux bandeaux rutilants en arrière des yeux; iris rouge, cravate noire, plastron roux, pieds noirs; le dessous du corps gris lustré.

Le Grèbe Castagneux, du volume d'une caille, le plus commun et le plus petit de tous les grèbes, se rencontre sur tous les fleuves, sur tous les ruisseaux et étangs, et jusque dans les bassins de la poissonnerie anglaise, rue de Rivoli, à Paris. La tête et le cou du mâle se colorent d'une légère teinte rougeâtre ou plutôt lie de vin dans la saison d'amour.

Le groupe de la Fissirémie qui clôt l'ordre des Rémipèdes et celui de la Rémiptérie, qui le commence, sont dits les extrêmes de l'ordre; et la loi de la série exige qu'il y ait non-seulement *ralliement* entre les extrêmes, mais encore *rapport* de *contraste*.

Or, la méthode de classification des rémipèdes que nous venons d'exposer satisfait largement à cette double exigence.

Des deux côtés absence complète d'ailes ou imperfection déplorable du système alaire; ailerons faits pour *voler sous l'eau;* habitudes infra-natatoires, appétits exclusivement piscivores, confinement absolu au domaine des ondes; chair détestable. Voilà les caractères de ralliement.

Maintenant l'un de ces domaines aquatiques est la mer, la mer antarctique; l'autre est le ruisseau, l'eau douce de l'hémisphère boréal. Le manchot niche dans un terrier, le grèbe dans un nid artistement fabriqué. Le manchot vit sous le régime ignoble de la promiscuité platonienne; le mâle s'est affranchi de tous les devoirs de la paternité. Le plongeon vit sous la loi de la monogamie la plus pure; le mâle dispute à la femelle la charge pénible de l'incubation. Enfin le pied du manchot est, ainsi que nous l'avons déjà dit, le pied ramé qui s'éloigne le plus du modèle de la main de l'homme. Le pied du plongeon est, au contraire, celui qui s'en rapproche le plus, par son ongle quasi-humain. Voilà pour le contraste.

Et ces obéissances heureuses de la classification pédiforme aux lois de la série ne sont pas les seules que présente notre constitution hiérarchique de l'ordre des rémipèdes.

La loi de la série exige que le pivot qui occupe le plus

haut degré de l'échelle, c'est-à-dire le sommet du triangle, se tienne à égale distance des deux termes extrêmes, le point de départ et celui d'arrivée.

Or, voyez que dans notre méthode c'est la Frégate qui est le pivot de série et qui occupe le sommet du triangle, et que la frégate a de si grandes ailes, qu'elle en est condamnée à vivre dans la région des nues, à éviter le contact des ondes et à *prendre le poisson au vol.* Quel moule plus antipodique pourriez-vous opposer, dans tout l'ordre des oiseaux d'eau, aux deux moules extrêmes du Manchot et du Grèbe, que l'imperfection de leur système alaire acoquine au séjour des ondes et bannit de la région des airs et condamne à *voler le poisson sous l'eau !!!*

Quant aux rapports de contraste qui doivent caractériser les groupes qui se font vis-à-vis, remarquez encore que les genres les plus voisins de la frégate (pivot) dans la série ascendante ou pélagienne, Bec en ciseaux, Sterne, Labbe, se distinguent de tous les autres genres, comme la frégate, par l'exiguïté et l'échancrure de leurs membranes natatoires, et sont *minimirèmes,* tandis que les genres opposés de la série descendante, Fou, Pélican et Cormoran, sont principalement reconnaissables au développement exagéré de leur appareil natatoire, chargé de trois membranes, et sont *maximirèmes.* Voyez plus bas que les albatros et les pétrels, qui sont exclusivement piscivores et qui habitent la haute mer, sont en opposition tranchée de mœurs et d'appétit avec les cygnes, les oies et les tadornes, qui sont quasi-exclusivement herbivores et qui s'en vont chercher leur nourriture à terre, etc., etc.

Que personne surtout n'oublie la singularité des quatre ou cinq caractères excentriques que la nature a réunis dans ce moule que nous avons appelé le pivot de série ; ailes démesurées, tarses *minuscules* et à *demi emplumés*, tous les doigts tournés vers l'avant, pieds d'une utilité douteuse; queue *anormale*, pour cause de développement excessif des rectrices *latérales* ou *médianes*, lequel, dans le premier cas, produit la queue *fourchue* de l'hirondelle; dans le second, la queue à brins, à palettes, celle du paille-en-queue, du ganga, du guêpier.

Sur les quatre-vingts espèces rémipèdes que la France nourrit temporairement ou à demeure fixe, cinq seulement sont ralliées à l'homme, le Cormoran, le Cygne, l'Oie, le Canard ordinaire, le Canard de Barbarie: les deux premières à titre d'auxiliaires et les trois autres à titre de domestiques. Le Cygne, l'Eider, les Plongeons et les Grèbes lui fournissent des fourrures. Beaucoup d'espèces, qui ne tiennent pas précisément la tête du gibier-plume au point de vue gastrosophique, n'en sont pas moins des espèces précieuses pour les qualités de leur chair, et dont la chasse, qui offre une source de plaisirs intarissable à des myriades de chasseurs, s'élève en quelques pays de France à la condition de véritable industrie.

Le plus grand de tous les rémipèdes de France est le Cygne du Nord, en l'absence du Pélican et de l'Albatros. Le plus petit est le Grèbe castagneux. J'ai tué à trois lieues de Paris, au-dessus de Choisy-le-Roi, en 1836, un cygne sauvage qui pesait vingt-six livres. Le poids du castagneux ne dépasse pas quatre onces.

CHAPITRE X

Deuxième ordre, Grallipédie (oiseaux de rivage, Échassiers).
Nombre des espèces : 525 environ, dont soixante seulement françaises.

Les premiers oiseaux de rivage, avons-nous dit, ont été créés en même temps que les premiers oiseaux d'eau, parce qu'il fallait bien que ceux-ci attendissent pour venir qu'il y eût quelque part, à portée de leur habitat, un lieu sûr, un îlot, une parcelle de terre ferme où déposer leurs œufs. La preuve de la contemporanéité des rémipèdes et des échassiers se tire de ce fait paléontologique, que la plupart des oiseaux fossiles dont les squelettes gisent dans les calcaires et les gypses d'Italie et de France appartiennent à ces deux ordres primitifs. Il paraît ainsi très-probable que ces deux ordres ont fait leur apparition sur la terre avant les percheurs et les autres, et qu'ils ont sur le corps un déluge ou deux de plus.

En cherchant bien parmi les oiseaux d'eau, nous avons fini par trouver plusieurs couples de vrais amoureux. Nous serons un peu plus heureux dans nos recherches avec les échassiers, parmi lesquels nous rencontrerons de nombreux emblèmes de fidélité conjugale et d'amour maternel, plus un oiseau chanteur. Bien entendu que le chant de ce phénix ne sera pas précisément aussi mélodieux que celui du rossignol, mais enfin ce sera un chant, un véritable chant inspiré par l'amour et qui ne retentira que dans la saison du printemps.

Nous avons vu encore que le plus noble et le plus amoureux de tous les rémipèdes était le cygne, emblème de l'Édile des eaux, l'un des moules les plus magnifiques et les mieux réussis de la création dernière. L'oiseau chanteur, l'amoureux par excellence de la Grallipédie, sera la bécassine ; la bécassine, qu'aucuns regardent comme le premier des rôtis du monde et à qui nul autre gibier plume ne saurait disputer la palme du salmis.

Nous trouvons encore dans les nombreux rangs de l'ordre une foule d'espèces propres à la broche et à la casserole, plus quelques moules ralliables à titre d'auxiliaires.

Puisque l'ordre des échassiers est le second par rang de primogéniture, il faut bien que, comme le premier, il porte témoignage de l'inhabileté créatrice de la nature ; c'est-à-dire qu'il compte encore quelques espèces privées de la faculté de s'élever dans les airs, caractère essentiel de la volatilie. Remarquez seulement que ces espèces disgraciées appartiennent exclusivement à l'hémisphère austral plus jeune que le nôtre, et que l'hémisphère boréal plus raffiné d'aromes est impropre à nourrir ces créations d'essai. Tous les échassiers de notre hémisphère seront donc armés d'ailes et d'ailes assez rapides pour leur permettre de faire deux ou trois fois par an des voyages de long cours. Même quelques-unes des espèces bonnes voilières auront contracté l'habitude de voler dans le vent. Cette habitude, qui tranche avec les coutumes plus passives de l'ordre qui précède et de l'ordre qui suit, est à enregistrer comme caractère séparatif.

Dieu a donné à l'immense majorité des espèces de l'ordre un besoin de déplacement perpétuel, et il a proportionné dans le plus grand nombre des cas la puissance du vol à cette fièvre de mobilité, afin que ces espèces pussent suivre sans effort le mouvement du flot maritime qui découvre et recouvre incessamment les plages pour leur servir à toutes les heures de splendides festins. Les hirondelles et les cailles sont, comme nous l'avons vu, de forcenées voyageuses, aussi bien que les coucous, les loriots et les sansonnets ; néanmoins leurs migrations sont régulières et périodiques, et ces oiseaux voyageurs suivent invariablement la route du pôle à l'équateur ou du nord au midi, et réciproquement. Il y a enfin une époque dans l'année, un trimestre, un semestre, où ils sont sédentaires ; mais la sédentarité semble en dehors des conditions d'existence des oiseaux de rivage qui passent toute l'année, et c'est à peine si les femelles s'arrêtent quelque part quelques semaines pour pondre et pour couver.

Les oiseaux de rivage ont encore pour manie de suivre plus volontiers la ligne parallèle à l'équateur que la perpendiculaire, c'est-à-dire de s'en aller et de s'en revenir de l'est à l'ouest ; et cette fantaisie est cause que sur une trentaine d'espèces maritimes qui habitent nos plages, vingt-cinq au moins se rencontrent à la fois sur toute la périphérie du globe, aux mêmes latitudes, aux parages du Japon et du Kamschatka, comme au littoral de la Caspienne et de la mer Noire, au recto comme au verso de l'Amérique du Nord, en Terre-Neuve et en New-York, tout comme en Orégon et en Californie. Même les espèces paresseuses et brévipennes qui vivent exclusivement dans les milieux herbus des étangs et des eaux douces, sont travaillées comme les espèces pélagiennes grandipennes de la passion du déplacement qui travaille l'ordre entier. Elles ont dans les jambes, comme les autres dans les ailes, une perpétuelle inquiétude qui les pousse à entreprendre les plus longues traversées sous les plus frivoles prétextes. Échassiers, grallipèdes, sont des noms excellents et qui désignent parfaitement l'ordre des oiseaux de rivage ; mais ceux de *court-toujours*, de *mobilissimes* et d'*instables* leur iraient encore mieux, comme à la frégate et au paille en queue ceux de *reste-en-l'air* et de *vole-toujours*.

A ces caractères généraux se joignent ceux que j'ai déjà indiqués, le corps effilé, les jambes maigres et dénudées par le bas, les tarses nus aussi, hauts et minces, le bec plus ou moins long emmanché d'un long cou. Pour une vingtaine d'espèces muettes, l'ordre en compte des centaines à la voix stridente et perçante faite pour dominer tous les bruits. Là se trouvent, je crois, les Stentors de la création. Tous les os, dans cette grande famille, ont été tubulés et pneumatisés avec soin, caractère séparatif excellent pour distinguer l'Échassier du Coureur. Les ailes sont généralement longues, étroites, concaves, la queue rudimentaire, parfois absente, et remplacée en ce dernier cas par les pieds qui s'allongent sous le corps et s'étalent à l'arrière pour faire office de gouvernail. La dimension et la coupe des tarses donnent *à priori* sur les mœurs spéciales de chaque espèce d'utiles renseignements.

L'estomac, qui est multiple et musculeux chez le coureur qui vit de grains, est simple et membraneux chez l'échassier qui vit de poissons et de mollusques.

La polygamie compte peut-être dans l'ordre quelques sectateurs de plus que la monogamie ; mais les plus nobles espèces y marchent sous la bannière de la fidélité conjugale. Or, qui dit polygame dit jaloux, querelleur. La saison des amours est donc pour la moitié de l'ordre la saison des batailles.

Le plus grand nombre des espèces polygames nichent

à terre, et presque toutes les femelles de cette catégorie ignorent l'art de bâtir. Les petits naissent couverts de duvet comme les oiseaux d'eau et se mettent volontiers à courir en sortant de la coquille. La règle est toute différente pour les espèces monogames qui nichent de préférence sur l'eau et sur les arbres, voire sur les cheminées, et nourrissent leurs petits pendant assez longtemps. Toutes les femelles sont forcées de replier sous elles leurs longues jambes pour couver.

Les échassiers comme les rémipèdes aiment à utiliser la largeur de leurs supports pour dormir debout sur une patte, la tête rentrée dans les épaules, sinon couchée sous l'aile et le bec dans le vent. Mais aucune espèce d'oiseau *volant* d'aucun autre ordre ne partage avec l'échassier le bizarre privilége de s'asseoir sur ses tarses. Cette singulière habitude, que je regrette de ne pouvoir caractériser par une expression pittoresque, est encore un des attributs distinctifs de la grallipédie. Ce qui fait que le Serpentaire n'est pas un oiseau de proie mais bien un échassier, c'est qu'il s'accroupit sur ses tarses.

Beaucoup de grallipèdes sont encore piscivores. Quelques-uns font une guerre acharnée aux reptiles, aux serpents, aux lézards, aux grenouilles, aux mulots, et rendent à l'homme, sous ce rapport, d'impayables services. On peut même citer une espèce qui ne craint pas de s'attaquer au crocodile jeune âge, qui le scie en deux avec aisance et le croque bel et bien. Cette espèce magnifique, à qui l'homme devrait ériger des autels, a nom le Baleniceps et vient du Sénégal. Le Muséum d'histoire naturelle de Paris, moins heureux que celui de Strasbourg, ne le possède pas. Mais revenons à la question de l'élément de nourriture, et disons que la vermivorie et la molluscivorie comptent encore assez de partisans dans l'ordre pour lui permettre de fournir un honorable contingent de rôtis généreux : râle, bécasse, bécassine.

La mue est généralement double chez les échassiers, comme chez les oiseaux d'eau. La première a lieu en avril, où les espèces endossent la grande tenue d'amour. La seconde se fait en juillet pour la reprise de la tenue de voyage. Les grallipèdes polygames ne se montrent pas moins affolés de parure que leurs voisins de droite et de gauche, les coureurs et les oiseaux d'eau.

Les échassiers s'assemblent volontiers pour naviguer de conserve, vieux avec vieux, jeunes avec jeunes. Les uns voyagent de nuit et les autres de jour ; les uns suivent dans leur vol l'ordre triangulaire, les autres l'ordre confus. Beaucoup voyagent seuls.

La classification des échassiers a été jusqu'ici l'un des grands embarras de l'ornithologie. D'abord, en raison de ce que l'ordre abonde en moules ambigus, anormaux, excentriques, qui semblent appartenir par certains caractères génériques à deux ou trois ordres à la fois. Ensuite et surtout parce que la classification n'a pas osé encore parquer en des limites fixes chacune de ces grandes divisions.

A quel ordre, par exemple, attribuer la foulque en dehors de ces limites fixes : la foulque rémipède par les pieds et les habitudes aquatiques, grallipède par les tarses et par l'étoffe de sa robe? A quel ordre le flammant, le type supérieur de l'échassier, de qui les échasses posent sur des pieds parfaitement palmés? La question n'en est plus une pour moi en ce moment, mais elle m'a assez longtemps embarrassé dans le passé pour me faire compatir aux tablatures de ceux qu'elle embarrasse encore, et même pour me faire excuser le simplisme et l'erreur de ceux qui ont pu se laisser aller à classer le flammant parmi les rémipèdes.... le flammant aux longues gigues qui se fait de son long col une canne pour appuyer sa marche !

La même question s'est agitée relativement à la nationalité du Serpentaire du Cap, un autre moule magnifique d'échassier, rallié à l'homme, à titre de tueur de serpents, et qu'ils ont fini par loger en tête des Rapaces, sous prétexte de parenté dans le bec et dans les habitudes. Comme si tous les grands échassiers, porteurs de becs solides, n'étaient pas plus ou moins destructeurs de reptiles. Mais *tuer* et *ravir* sont deux.

Je pourrais citer encore parmi les moules de l'ordre difficiles à classer le Cariama de l'Amérique méridionale, un échassier au premier chef, c'est-à-dire par les jambes, mais qui tient en même temps de l'outarde et de l'oiseau de proie. Et aussi l'Agami de la Guyanne, et l'Aptérix de la Nouvelle-Zélande, une sorte de bécasse sans ailes à plumage pileux, montée sur des jambes d'autruche...; spécimen fantastique de quelque création antérieure, sauvé du déluge par hasard.

La cause première de toutes ces confusions est facile à saisir. C'est l'insignifiance absolue des étiquettes adoptées par la science pour la dénomination de ses ordres, *Passereaux*, *Gallinacés* et autres. Du moment que *passereau* n'impliquait aucune condition de forme, de mœurs ni d'habitude, et que rien n'empêchait personne de se parer de ce titre, il était naturel que tout le monde le prît, roitelet, moineau-franc, oiseau-mouche, tourterelle, coucou, corneille, perroquet. Autant ce nom-là qu'un autre; l'homme eût fait pis encore en semblable occasion : il eût anobli le titre avant de le voler. De tout quoi est issue l'anarchie nominale actuelle, digne fille de la licence.

Mais la cause d'un mal, quand elle est bien connue, en

indique le remède. Puisque la confusion est née de l'incertitude des limites des ordres et de la facilité coupable de l'autorité en matière d'examen et d'admission, le remède indiqué est d'abord de déterminer franchement ces limites, en découpant à arêtes vives les premières divisions du règne, et puis de se montrer d'une sévérité excessive pour l'admission des sujets dans les catégories.

Caractérisez tous vos ordres par quelques traits saillants et exclusifs; dites que tous les oiseaux d'eau sont reconnaissables à leurs pieds palmés, à leurs tarses courts et insérés à l'arrière, à leur robe de duvet imperméable, à leur corps épais et trapu — les Échassiers à la hauteur démesurée de leurs supports, à l'habitude de s'accroupir sur leurs tarses — les Rapaces à leurs mains prenantes, armées de griffes — les Coureurs à leurs espadrilles, à leurs instincts pulvérateurs, au privilége qu'ont tous les petits de cet ordre de courir en sortant de l'œuf. Insistez fortement sur ces caractères exclusifs, et le désordre cessera comme par enchantement. Et vous ne serez plus exposés à vous tromper d'enseigne et à faire subir au flammant le désobligeant entourage du petit monde où vous l'avez mis et où sa position rappelle trop celle de Gulliver captif chez les Lilliputiens. Et la question du Serpentaire ne vous embarrassera pas davantage; car, pour contenter tout le monde, vous pourrez faire de l'échassier anguivore le représentant du rapace parmi les grallipèdes, et de l'Agami et du Cariama les représentants de l'ordre des coureurs. Enfin vous appellerez la foulque aux *longs tarses*, au plumage *non verni*, d'un nom de chaînon ambigu propre à relier les oiseaux d'eau aux oiseaux de rivage, et vous répéterez à ce propos que tout se tient dans le système de la nature, les Séries et les Ordres aussi bien que les Règnes.

La méthode que nous recommandons est celle que nous

avons suivie pour notre compte. Trop heureux serions-nous d'avoir su éviter par elle les perfides écueils où déjà nous avions sombré, où tant d'autres, hélas! ont sombré avant nous. Une justice, en tout cas, que nous pouvons dès aujourd'hui nous rendre, est de n'avoir pas ménagé nos peines pour atteindre ce résultat.

Et d'abord nous avons procédé à la division binaire du nouvel ordre en nous appuyant sur le principe de la diversité des chaussures, motivée par la diversité des milieux, comme nous avions fait pour l'ordre précédent; et cette coupe binaire ou dichotomique nous a donné, pour la seconde fois, un partage presque égal des espèces et des genres, ce qui est une présomption en faveur de la bonté du type séparatif que nous avions choisi.

Il y a, en effet, deux rivages comme il y a deux milieux aquatiques. Il y a le rivage couvert et le rivage nu, le rivage qui s'éloigne le moins du milieu aquatique et celui qui s'en éloigne le plus.

Le rivage couvert, c'est la verte savane où se mêlent les eaux de la mer et des fleuves; le milieu ambigu sous lequel paissent et dorment les monstres amphibies : lamantins, hippopotames, tortues, alligators. C'est la bordure des mangles, des tamarins et des palétuviers où s'accrochent les mollusques. C'est la mer de roseaux, c'est le lacis de végétations confuses et de forêts herbacées dont les pieds sont dans l'eau. C'est le manteau de mouvante verdure étendu sur la face de l'onde, et que trouent de distance en distance des éclaircies de nymphéas. Au temps où ce milieu se fit, la puissance créatrice de la Terre, qui se manifestait de toutes parts, se trouvait surexcitée surtout vers ces lieux d'abouchement de la terre et des ondes ; et le spectacle de la végétation fastueuse des savanes de l'Amérique et de l'Amazone d'aujourd'hui ne saurait nous donner qu'une idée imparfaite de ce qui fut autrefois.

L'autre rivage, c'est la bordure des bois, des étangs, des savanes; c'est la prairie noyée, le marais sous toutes ses formes; c'est principalement l'ourlet de vase de la plage maritime que découvre et recouvre incessamment le flot.

La mer est la grande nourricière des espèces grallipèdes comme des rémipèdes.

Mais la simple différence de liquidité des deux milieux devait entraîner une différence correspondante dans la forme du pied des oiseaux créés pour y vivre.

La nature, en effet, pour faciliter à l'échassier de la savane le parcours de son milieu plein d'eau, où l'occasion de nager et même de plonger se rencontrait encore à chaque pas, a substitué la Raquette à la Rame dans l'armature de ses pieds. Elle a étayé la base du support en *insérant le pouce au niveau des doigts de l'avant* et en le faisant *porter sur toute sa longueur*. Pour faire un avantage analogue à l'échassier de la plage, destiné à marcher sur un terrain plus ferme, elle a usé du procédé contraire. Elle lui a dégagé le pied et allégé la marche en le débarrassant de la gène du pouce. Elle a fait de ce pouce un doigt rudimentaire, en l'insérant à l'arrière à une trop grande hauteur et n'a pas même hésité à le supprimer totalement en maintes circonstances.

Or, cette différence essentielle dans le système de la marche de l'échassier nous fournissait un moyen simple et commode de couper l'ordre en deux, ce que nous avons fait en instituant les deux séries de la Pollicigradie et de la Dactyligradie.

Pollicigrades sont les espèces qui appuient sur les quatre doigts en marchant et chez lesquelles le pouce est inséré au niveau des doigts de l'avant, de manière à porter dans toute sa longueur.

Dactyligrades sont les espèces qui n'appuient que sur trois doigts : les tridactyles d'abord qui n'ont pas de pouce, puis les tétradactyles, chez lesquels ce pouce est inséré trop haut et n'est plus qu'un objet de luxe. Au point de jonction des deux séries, sont les espèces ambiguës dont le pouce ne touche le sol que par son extrémité.

Les Pollicigrades sont monogames et amis des eaux douces ; les Dactyligrades sont en majorité polygames et amis des plages maritimes.

Les Pollicigrades nichent volontiers sur les arbres et abecquent longtemps leurs petits. Les Dactyligrades nichent presque tous à terre, et leurs petits à peine éclos sont en état de pourvoir à leur subsistance.

La série des Pollicigrades comprend près de deux cent cinquante espèces, réparties entre vingt-cinq genres et trois groupes.

J'ai nommé ces trois groupes de la *Rémigrallie*, de la *Longidactylie* et de la *Longitarsie* ; Rémigrallie, pour indiquer que le groupe est ambigu entre les Rémipèdes et les Grallipèdes ; Longidactylie, pour caractériser la longueur démesurée des doigts et pour faire opposition au groupe de la Longitarsie, remarquable surtout par l'excessif développement des tarses.

Premier groupe : Rémigrallie, deux genres, PHALAROPE, trois espèces ; FOULQUE, dix.

Les Rémigralles, ambigus entre le premier et le second ordre, ont naturellement le tarse dans celui-ci, le pied dans celui-là. Ils ont en conséquence le tarse plus élevé que les grèbes et les doigts garnis d'une membrane lobée, c'est-à-dire découpée en festons, d'où leur est venu le nom de lobidactyles ou de lobirèmes, qui les désigne parfaitement. Ils ont également conservé en partie les appétits, les mœurs et les habitudes des Fissirèmes.

Les Phalaropes et les Foulques se plaisent, comme les grèbes, au sein des eaux dormantes, parmi les forêts de roseaux où toutes les espèces se donnent le divertissement de la pêche, de la chasse, voire de la cueillette ; où elles courent, nagent, plongent et évoluent de mille façons diverses sur la face des ondes, oubliant toutefois volontiers de se servir de leurs ailes. La pratique de la fidélité conjugale est en honneur chez les Rémigralles comme chez les Fissirèmes. Seulement le système de nidification des deux groupes diffère légèrement. Les grèbes font leur nid sur la terre ferme, parmi les monceaux de glaïeuls et de roseaux desséchés. Les Foulques nichent sur l'eau, parmi les herbes vertes et déposent leurs œufs sur de vastes lits flottants, retenus à poste fixe par des câbles végétaux qui permettent à l'établissement de suivre le mouvement d'ascension ou de baisse des eaux. Les petits se mettent aussi à plonger et à nager en sortant de la coquille, mais ils ne se séparent de leurs parents que le plus tard possible.

On a cru remarquer que les Phalaropes préféraient les eaux saumâtres aux eaux douces. Ces espèces sont piscivores pendant l'hiver et pendant le printemps, herbivores l'été, granivores l'automne.

Les Foulques et les Phalaropes ont le bas des jambes nu, ce qui est un des caractères constants de la Grallipédie. Ils ont les tarses plus élevés proportionnellement que tous les oiseaux d'eau, autre attribut spécial de l'ordre : enfin ils ne portent pas comme ceux-ci, sur leur robe de duvet, un pardessus de plumes vernissées. Leur nationalité est facile à reconnaître à ces signes. Chacun de ces deux genres est représenté en France par une espèce dont on lira plus loin l'histoire.

Deuxième groupe : Longidactylie, six genres : Poule d'eau, Rale, Talève, Tribonix, Jacana, Kamichi. Quatre-vingt-dix espèces, dont sept habitent la France.

Les Longidactyles sont les coureurs de roseaux par excellence, et il est bon de leur conserver ce titre dans la conversation et dans le roman de voyage. Ils marchent sur le tapis vert des conferves avec la même assurance que sur le sol, grâce aux longues raquettes dont leurs pieds sont chaussés. La membrane qui festonnait naguère encore les doigts du lobidactyle ne fait plus que les border d'un ourlet très-étroit.

La masse habite toujours le domaine des eaux et vit parmi les joncs, les roseaux, les glaïeuls : quelques espèces même ont conservé des habitudes de subnatation qui leur servent à se dérober aux poursuites de leurs ennemis. Mais beaucoup d'autres commencent à émigrer vers les prairies humides, vers les marais herbus, les aulnaies, les forêts noyées. La taille s'amincit de plus en plus, le col s'effile, le type de l'échassier se dessine plus nettement ; la forme du pied s'améliore, une espèce a des mains.

Outre le caractère saillant et quasi-générique que j'ai déjà précédemment indiqué, un grand nombre d'espèces ont les épaules garnies de protubérances osseuses, et ces protubérances dégénèrent chez quelques-unes en armes offensives redoutables. Le double éperon du Kamichi peut être comparé, sans trop de désavantage, aux meilleurs poignards de merci.

Tous les coureurs de roseaux bâtissent leur nid sur le modèle de celui de la Foulque. Le mâle partage avec la femelle les charges de l'incubation. La tribu est féconde en modèles de toutes les vertus domestiques, et fournit à l'art culinaire quelques sujets d'élite. Malheureusement la vertu s'arrête aux limites de l'onde et les espèces terriennes paraissent plus jalouses d'imiter les mœurs des coureurs de terre ferme que celles des coureurs de roseaux, récurrence douloureuse et qui donne à penser.

On va voir à ce propos que j'avais bien mes raisons pour insister plus haut sur la grandeur des obstacles que présentait la classification de l'ordre des Échassiers. J'ai déjà besoin, en effet, de m'accuser d'une lâcheté avant de terminer ce chapitre, et cette lâcheté assurément je ne l'aurais pas commise, si la difficulté de la situation ne m'eût forcé la main. Il s'agissait de la classification du genre Râle, genre important qui compte plus de quarante espèces et dont tous les auteurs ont fait une annexe du genre Poule d'eau. Or j'ai bien consenti à maintenir la contiguïté pour faire comme tout le monde et même comme la nature, qui semble avoir uni les deux genres par des nœuds de parenté insécables. Mais ma conscience d'analogiste n'en a pas moins protesté contre la concession, au nom de la supériorité du lien moral sur l'autre, me conseillant tout bas de distraire du groupe des Longidactyles tous les râles *arvicoles* qui portent le pouce relevé et ne se marient pas, pour les transporter bien loin de là, vers l'extrême versant de la série des Dactyligrades dans le voisinage des Glaréoles, des Courvites, et des Cariamas qui annoncent l'ordre des Coureurs. Et si je n'ai pas donné suite à ce projet hardi, je veux au moins qu'on sache que ce n'est pas tant la peur de froisser l'opinion publique sur la question du râle, que le manque de documents suffisants sur icelle, qui m'en a empêché.

J'ai signalé le revers de la médaille du groupe des Longidactyles, qui est l'imperfection déplorable du système alaire, laquelle fait douloureusement expier au coureur de roseaux la supériorité de son système de locomotion pédestre. On connaît des espèces chez lesquelles l'excès du développement des doigts a complétement arrêté le développement des ailes.

Troisième groupe : Longitarsie, seize genres : Savacou, Balenicers, Ombrette, Butor, Garde-boeuf, Héron, Cigogne, Marabout, Jabiru, Bec-ouvert, Tantale, Ibis, Courlan, Eurynorhinque, Spatule, Flammant. — Cent cinquante espèces environ, dont seize habitent la France.

Les Longitarses sont les vrais échassiers, les types populaires et classiques de l'ordre. La plupart ont été coulés dans le moule du grotesque, et quelques-uns aussi dans celui du hideux, chauves, goîtreux, immondes. Ces derniers types se rencontrent plus particulièrement chez les espèces utiles qui partagent avec les vautours l'office de croque-morts et de dévorateurs d'infamies, et méritent à ce double titre le respect et la reconnaissance des humains. La pureté des mœurs est, du reste, universelle dans le groupe, en dépit de la grossièreté des appétits et de la vulgarité des traits ; et l'amour conjugal, générateur de l'amour maternel, y trouve ses plus touchants emblèmes. Le peuple égyptien qui a rendu des honneurs divins à l'Ibis, le peuple hollandais et le peuple hindou qui ont placé la Cigogne domestique et l'Argali sous la protection spéciale de la loi, sont des peuples sages que j'honore à raison de ces actes. Et la justice de ces sages n'aura fait que devancer celle de l'avenir, qui réserve une gloire immense aux grallipèdes longitarses, destructeurs nés des serpents, des crapauds et de toutes les vermines qui infestent la terre.

Les eaux douces, les lacs, les savanes et les rives des fleuves sont les demeures de prédilection des espèces de ce groupe comme de celles du groupe précédent. Elles vivent généralement de pêche, entrant dans l'eau jusqu'à mi-jambe pour guetter leur proie, et la saisissant au passage. Les moules les mieux doués sous le rapport de la puissance des mandibules cumulent les deux fonctions de pêcheur et de chasseur et s'attaquent, comme j'ai dit, aux reptiles de tout genre, le crocodile y compris. Beaucoup, à l'instar des Rapaces, témoignent d'une préférence marquée pour le mulot. Les espèces à bec mou, à robe rose, à tarses longissimes, comme la Spatule et le Flammant, se nourrissent d'annélides, de vers et de mollusques. Disons enfin, puisque l'historien doit tout dire, que l'illustre groupe a aussi ses genres anthropophages. Et ajoutons que si le choléra asiatique, originaire des bords heureux du Gange, a envahi depuis une trentaine d'années toutes les autres contrées du globe, la faute en est un peu à ces dernières espèces et notamment à l'Argali goîtreux qui n'a pas apporté, tant s'en faut, dans l'accomplissement de ses fonctions de croque-mort, tout le zèle et tout l'appétit désirables. La même imputation de négligence pourrait être adressée à ce propos au crocodile. Après cela, l'homme, qui se lasse si vite du pâté de perdrix et du pâté d'anguille, a-t-il bien le droit de trouver mauvais que le crocodile et la cigogne finissent par se dégoûter de cette chair d'homme qu'on leur sert depuis tant de siècles ?

On sait que l'horrible fléau qui fit sa première apparition en Europe en 1832 a pour foyer le Gange et pour causes les émanations pestilentielles des cadavres que la superstition locale charrie journellement aux eaux sacrées du fleuve. Aussi longtemps qu'il s'est trouvé sur les lieux assez de grands estomacs pour servir de tombe à ces restes, la contagion a pu se concentrer autour de son foyer ; mais, du moment que la production du cadavre en a dépassé la consommation, l'irruption du mal au dehors est devenue inévitable, et c'est ainsi que la religion de Brahma a fait sentir sa puissance à tout le genre humain. Or, voulons-nous sérieusement supprimer le fléau, commençons hardiment par en supprimer la cause, forçons l'Hindou à inhumer ses morts ou mieux à les brûler. Le choléra et la peste à bubons sont les meilleurs arguments que je sache, en faveur de la crémation.

La série des Dactyligrades compte environ deux cent soixante espèces réparties entre trente genres et trois groupes.

Les deux premiers de ces groupes ont pris leur nom de la forme de leur bec. *Fodirostrie*, dactyligrades à bec fouilleur; *Crassirostrie*, à bec épais et dur. Le troisième a été nommé de la *Dromigrallie*, dactyligrades ambigus entre l'ordre des échassiers et celui des coureurs.

Premier groupe : Fodirostrie, vingt genres : IBIDORHINQUE, COURLIS, RYNCHÉE, AVOCETTE, ÉCHASSE, HUÎTRIER, BARGE, BÉCASSE, BÉCASSINE, BÉCASSEAU, MAUBÈCHE, SANDERLING, ORÉOPHILE, COMBATTANT, CHEVALIER, TOURNEPIERRE, VANNEAU, PLUVIAN, PLUVIANELLE, PLUVIER. Deux cent trente espèces environ, dont quarante françaises.

Tous les fodirostres ont pour bec une véritable sonde, grêle, longue, effilée et généralement droite, quelquefois recourbée et même retroussée. Ce caractère fort remarquable nous aurait fait le meilleur de tous les qualificatifs pour le groupe, si nous avions osé introduire dans notre nomenclature le substantif générique *sondirostres*, car l'équivalent latin de notre mot français sonde se prêtait peu à la circonstance. *Fistula*, *specillum* n'engendrent pas des mots de bonne société.

Tous les fodirostres sont fouilleurs de vase, à raison même de la forme et de la mollesse de leur bec. Ils se nourrissent principalement des vers et des mollusques qui vivent dans le sein des terres détrempées, et qu'ils savent parfaitement trouver au fond de leurs refuges à l'aide de leurs longues palpes que la nature a douées d'une grande sensibilité tactile.

Par le fait de leur aptitude toute spéciale au métier de sondeuses, la plupart des espèces du groupe sont portées à préférer à tout autre habitat les plages de l'Océan que le flot tient humides et couvre deux fois par jour de reliefs succulents. Telles espèces haut montées et dont les pieds sont encore munis de rames entrent dans l'eau jusqu'à mi-jambe pour avoir la primeur des mollusques les plus tendres; telles autres attendent le retrait du flot pour se mettre en quête de pâture. Celles-ci pétrissent avec acharnement l'ourlet limoneux de la plage. Celles-là, plus délicates, n'estiment que les produits des grèves sablonneuses. Quelques espèces aventureuses s'engagent dans les terres, à la recherche des marais ou à la suite des grandes inondations. D'autres, mais en moindre nombre, vivent solitaires et recluses sous l'abri de la forêt.

Vous pouvez suivre à travers la filiation d'habitats qui précède la progression du raffinement de la chair des espèces. Au plus bas degré de l'échelle gastrosophique du groupe figure la Pie de mer, qui se nourrit exclusivement de mollusques maritimes; au plus haut, la Bécasse amie des grands bois sombres et picoreuse de vers.

C'est aussi parmi ces espèces, acoquinées de naissance aux plages océaniques perpétuellement changeantes, que vous rencontrerez ces natures inquiètes et mobiles qui ne peuvent durer une minute en place, ces forcenées voyageuses dont les tourbillons populeux tiennent noirs des pans de ciel, et qui trouvent leur plaisir à piquer dans le vent. Or, vous savez l'ensemble des conditions physiques que réclame l'état de passeur éternel : ailes pointues et longues, corps léger, pieds légers, provision d'embonpoint pour en cas de misère, voix perçante pour se retrouver et s'entendre à travers la brume et le bruit. Un nombre respectable d'espèces satisfont pleinement aux diverses exigences du programme. On trouve des bécassines et des guignettes grasses presque en toute saison. Fiez-vous plus néanmoins aux becs droits qu'aux becs courbes, et, parmi les becs droits, choissez les plus mous, les plus inoffensifs.

Par opposition aux manières des espèces de la série précédente, graves, compassées, majestueuses et habituées à déployer dans leurs allures une lenteur solennelle, toutes les espèces de la série des Dactyligrades font montre de dispositions remarquables pour la course. A peine trouverait-on à excepter de la règle générale une dizaine de moules anormaux, excentriques, hostiles au progrès, comme l'Avocette et l'Échasse qui s'obstinent à porter des costumes de rémipédie et de longitarsie depuis longtemps passés de mode, à l'instar de ce qui se voit fréquemment parmi nous.

De cette diversité des habitudes corporelles résulte cette autre différence entre les deux séries : Que si celle des Pollicigrades est la plus féconde en types du grotesque et du dégingandé, celle des Dactyligrades est la plus riche en types d'élégance et de grâce.

Mais les grâces de l'extérieur ne sont pas toujours des garanties de la pureté des mœurs ; l'histoire des dactyligrades fodirostres le prouve aussi pertinemment, hélas ! que tant d'autres que je pourrais citer. C'est, de tout l'ordre, en effet, le groupe qui compte le plus grand nombre d'épouses et de mères délaissées, d'amants batailleurs et jaloux, et complétement étrangers aux joies de la famille. Toutes les espèces nichent à terre. Pas une n'est herbivore.

Deuxième groupe : Crassirostrie; huit genres : GLARÉOLE, COURVITE, DRÔME, ÉDICNÈME, ARDÉOTIDE, GRUE, BALÉARIQUE, AGAMI. (Ralligralle?) Quarante-deux espèces; cinq françaises.

La tendance à se rapprocher de l'ordre des coureurs se dessine ici nettement. Déjà les dernières espèces du groupe précédent, les vanneaux, les pluviers avaient en partie déserté les marais pour les terres humides, pour les champs fraîchement labourés. Les espèces du groupe nouveau abandonnent franchement les terres molles pour les sèches. Quelques-unes, comme la glaréole, dédaignent même de chercher leur nourriture sur le sol, et préfèrent voler les insectes ailés à la façon de l'hirondelle. Le bec en prenant de la consistance change peu à peu de forme ; il se rétrécit et se voûte sur le modèle de celui de la perdrix.

On quitte la raquette et la botte de marais pour chausser l'espadrille, résistante et légère. Les échassiers ne se distinguent plus alors de leurs voisins que par la nudité des jambes et la gracilité des tarses ; ce qui est cause que la plupart des classificateurs, et parmi eux l'auteur du *Monde des Oiseaux*, ont buté en ce pas difficile et commis bon nombre d'attributions fautives, rangeant le courvite, l'édicnème et même le pluvier dans l'ordre des coureurs, côte à côte des outardes, sous prétexte de parenté de costume, de conformation des pieds et de façon de vivre. L'erreur est excusable certainement, mais elle n'en est pas moins grave ; car entre échassier et coureur, si pareils qu'ils soient de figure, restent toujours les caractères séparatifs de la jambe et de l'estomac, sans compter une foule d'autres. On sait que le mollet arrondi, le tarse plein, l'estomac musculeux sont priviléges exclusifs du coureur, comme la faculté de poudroyer.

Maintenant rappelons les principes et la loi d'équilibre. Puisque d'après cette loi la puissance du vol est en raison inverse de la rapidité de la marche et réciproquement, il fallait bien que l'acuité des ailes décrût dans le groupe à mesure que s'accroissait la perfection du système de locomotion pédestre. Puisque l'ordre des grallipèdes devait aboutir à celui des dromipèdes, il fallait bien que le moule de l'oiseau transitât sans saut brusque du type *Hirondinien*, représenté par la glaréole, au type du coureur. Et ce qui devait se faire s'est fait, comme toujours.

Alors, l'aile suraiguë de la glaréole s'est émoussée chez l'édicnème, obtusée chez la grue, surobtusée chez l'agami. Après quoi la nature, désireuse d'aller jusqu'au bout et de parfaire la série, a dû nécessairement créer les moules de la grallipédie brévipenne et ceux de la grallipédie impenne. Or, les moules de la grallipédie brévipenne seraient, selon moi, les grands râles de terre à pouce relevé, à manteau isabelle et à mœurs polygames, que tous les auteurs ont fait marcher jusqu'ici à la suite des poules d'eau. Le moule de l'impenne serait l'oiseau de la Nouvelle-Zélande que les savants appellent le galliralle ou l'ocydrome, un échassier coureur, proche parent de l'aptérix, et très-propre à servir de nœud de transition entre le second et le troisième de nos groupes.

Et voilà pourquoi j'ai demandé plus haut, avec tant d'insistance, qu'on retirât ces râles du groupe des Longidactyles pour les loger à la place où nous sommes. Peut-être me demandera-t-on pourquoi je n'ai pas moi-même opéré le triage et classé mes espèces suivant mon bon plaisir? Je réponds humblement que le métier de classificateur demande beaucoup de bêtes et de longues études sur chacune, partant de longs voyages et de grosses dépenses, et que le sort cruel n'accorde pas à tout le monde ces moyens d'instruction. Que n'étant pas suffisamment renseigné par moi-même ou par la science d'autrui sur le compte de ces râles d'Amérique et d'ailleurs, qui portent des robes de soie et vivent de souris, je n'ai pas osé prendre sur moi de trancher à leur égard la question de classement. Il est possible toutefois que cette question s'éclaire au contact de la discussion qui va suivre.

Troisième groupe : Dromigrallie ; deux genres : CARIAMA, SERPENTAIRE, deux espèces.

Dromigrallie, comme j'ai dit Rémigrallie, pour annoncer clairement la nature de ce groupe ambigu de l'échassier ou coureur. Le dromigralle ferme l'ordre qu'ouvre le rémigralle, et la dénomination du premier groupe a naturellement entraîné celle de l'autre ; mais on ne constitue pas un groupe pour deux espèces par simple besoin de symétrie. De plus puissantes raisons m'ont déterminé à cette coupe.

J'ai fait un groupe pour le Cariama et pour le Serpentaire, comme j'en avais fait un pour la Foulque et le Phalarope, parce que le cariama et le serpentaire sont deux espèces d'une haute importance, marquées au coin de l'anormal et de l'excentrique, et auxquelles la nature assignait pour ces causes le poste de l'ambigu. Que le lecteur veuille bien se remémorer à ce propos ce que j'ai dit ailleurs de l'attribut d'utilité suprême qui caractérise dans tous les règnes les moules de l'ambigu, anguille, furêt, guépard, etc., etc.

Le Serpentaire du Cap est un des plus précieux dons que Dieu ait faits à l'homme ; c'est l'auxiliaire qu'il lui a envoyé d'en haut pour l'aider à extirper de son domaine le reptile venimeux. Le reptile venimeux est le moule le plus odieux de la création dernière; il symbolise à ce titre la plus vile des passions humaines, l'Envie, *la sombre Envie à l'œil timide et louche*..., ce besoin de tout haïr qui vous naît au plus bas de l'âme, de la conscience de votre laideur ou de votre incapacité..., et qui vous force de mordre tout ce qui est noble et beau, de baver sur tout ce qui brille; un abcès purulent du cœur qui crève en chantages infects, en calomnies mortelles, comme une poche à venin.

Le serpentaire, docile aux commandements de Dieu, s'est empressé de mettre au service de l'homme son courage et ses facultés. Il l'a reconnu spontanément pour son maître et lui a fait abandon de sa liberté, ne réclamant pour prix de ses services qu'une simple garantie de logement et de nourriture; et le zèle ardent qu'il apporte dans l'accomplissement de ses fonctions pénibles témoigne qu'il n'a pas de regret au marché.

La science a dignement apprécié les bons offices et la bonne volonté du serpentaire du Cap, mais elle a méconnu en lui les attributs caractéristiques de l'ambigu, et cette méconnaissance n'a pas peu contribué à la conduire aux erreurs déplorables qu'elle a commises à l'endroit de la classification du moule.

Je sais une vingtaine de classifications ornithologiques plus ou moins défectueuses. Il n'en existe pas deux peut-être où le serpentaire occupe la même place et réponde aux mêmes voisins. Je crois que Latham a oublié de parler de lui, ne sachant où le mettre. Il *siége* en tête des Rapaces, au Muséum d'Histoire naturelle de Paris, où on l'a représenté accroupi sur ses tarses, singulière posture pour un oiseau de proie. Il y a vingt raisons pour le retirer de ce poste, mais pas une pour l'y garder.

La première de ces raisons est que le serpentaire n'appartient pas à l'ordre des rapaces, puisqu'il n'a pas la main prenante, et cette première raison pourrait me dispenser des autres ; mais je veux bien admettre qu'elle ne soit pas tout à fait péremptoire et je poursuis. Le serpentaire n'est pas plus rapace par les jambes, par les ailes, par le corps, qu'il ne l'est par le pied ; et sa conformation intérieure diffère autant de celle du rapace fin voilier que sa conformation extérieure. Il n'a ni l'estomac à poche, ni les immondes appétits du vautour, auquel on veut l'apparenter de force, et son sternum, presque désemparé de bréchet, le rapproche du coureur. C'est que le serpentaire, en effet, est beaucoup mieux taillé pour arpenter les plaines que pour planer dans le sein de la nue. Tout à l'heure nous dirons pourquoi.

Reste donc l'argument tiré de la conformité du bec, le seul argument qui motive, ou plutôt qui excuse le classement du serpentaire dans l'ordre des rapaces. Mais j'ai déjà démontré en son temps l'insuffisance de la forme du bec comme caractère générique et séparatif des ordres, et si cette insuffisance avait besoin d'une démonstration nouvelle, elle la trouverait sans peine dans l'espèce. Car il est clair que si la science tenait absolument à apparenter le serpentaire par la forme du bec avec un moule quelconque, elle n'avait pas besoin de sortir de l'ordre des échassiers pour trouver à qui l'assortir. Et ce moule, qui aurait fait son affaire beaucoup mieux que le vautour, était l'illustre oiseau célébré par Buffon, le Kamichi, dont la grande voix domine les concerts discordants des échassiers criards et des reptiles croassants, le kamichi au long col et au bec crochu, *comme le serpentaire*, le kamichi tueur de serpents, *comme le serpentaire*, et qui, pour cette fin, porte, *comme le serpentaire*, des éperons aux ailes.... Je défie qu'on me trouve dans tout l'ordre des rapaces une espèce plus voisine du serpentaire par la taille, la forme et les mœurs, que le kamichi, son cousin.

Mais il est ailleurs des espèces encore plus proches parentes du Serpentaire que le roi de la savane américaine, et ces espèces s'appellent le Cariama d'une part, et l'Outarde de l'autre.

En effet, si le Serpentaire, moule élégant, coquet et d'aspect gracieux, n'a rien du vautour croque-mort ni dans la tenue, ni dans les traits, il lui serait plus difficile de nier les liens de consanguinité qui sont entre lui et les grands coureurs, comme l'Outarde du Cap, sa voisine. C'est d'abord, chez les deux espèces, même port, même taille, même couleur pour la robe, même nature d'étoffe, coton gris jaunâtre à longue soie; puis l'anguivore a comme l'herbivore le tour des yeux nu et la paupière garnie de cils, caractère de contiguïté d'autant plus remarquable, qu'il est, je crois, exclusif aux rares habitants des parages où nous sommes. Disons encore que le sternum, cette pièce capitale de la charpente osseuse des oiseaux, semble chez tous deux taillé sur le même patron.....; et enfin que le Serpentaire, similitude bizarre, se bat du pied comme l'autruche.....; que le Serpentaire ne se sert de son bec de rapace en ses grandes batailles que pour achever sa proie, et qu'il commence par briser le reptile du pied et par l'étourdir avec l'aile.

Mais, à ce compte, objectera le critique mal disposé à l'égard de la méthode nouvelle, et qui serait heureux de me trouver en faute; à ce compte, votre serpentaire est un *gallinacé* véritable, et je ne vois pas qui vous empêche de le ranger dans l'ordre de ce nom.

A quoi je réponds avec calme que je ne m'oppose pas à ce que le serpentaire prenne rang parmi les gallinacés que je ne connais pas, mais qu'il m'est absolument impossible de l'admettre parmi *mes* dromipèdes, attendu que tous mes dromipèdes sont essentiellement granivores et le Serpentaire pas....; qu'ils ont le gésier musculeux de même que la jambe, et le Serpentaire pas.....; qu'ils nichent par terre et pondent beaucoup d'œufs, et grattent le sol de leurs ongles, et le Serpentaire pas; et pour mille autres raisons encore qu'il serait trop long de déduire...; d'où je suis forcé de conclure que le Serpentaire du Cap ne peut guère porter d'autre nom que celui d'échassier-coureur, disons de *dromigralle*, et que sa place est bien celle que je lui donne.

Je termine cet exposé des motifs par une considération importante qui me semble justifier, plus scientifiquement qu'aucune autre, la création et la composition du groupe des dromigralles.

C'est que la mission d'exterminateur spécial des reptiles venimeux ne peut être remplie que par un *échassier*, haut monté et armé en guerre.

En effet, le reptile venimeux, qui fait ses coups à la sourdine, ne quitte presque jamais le couvert du buisson et des herbes, où il dort immobile et lové pendant des heures entières à la place qu'il a choisie, et la couleur sinistre de sa robe, qui se marie toujours avec celle du sol, empêche complétement qu'on ne l'aperçoive à distance. Pour ces causes, il ne peut être découvert et atteint que par un ennemi qui le cherche et ne cherche que lui; par un ennemi taillé pour arpenter la plaine d'un pas silencieux et rapide, et assez haut monté pour que son regard puisse dominer l'espace et fouiller en passant tous les dédales sombres, tous les fourrés suspects. A quoi alors pourraient servir, je le demande, en cette guerre de recherches, de coups de main, de surprises, les longues ailes du rapace et ses ongles rétractiles? A gêner sa marche, et c'est tout; à protéger la fuite du reptile. Il est clair que l'aigle au cou court, aux pieds courts, aux ailes traînantes, et qui ne peut que sautiller et se traîner à terre, n'a pas été créé pour vaincre le serpent à la course. La preuve, c'est que l'antiquité, qui le connaissait bien, ne lui a pas érigé d'autels à titre de mangeur de serpents, ainsi qu'elle a fait pour l'Ibis. Or, le Serpentaire du Cap l'emporte sur l'Ibis comme tueur de serpents, autant que l'ibis, le héron et la cigogne l'emportent à ce titre sur tous les rapaces du monde; car il est armé en guerre trois fois plus richement qu'eux tous, et c'est de tous les oiseaux peut-être le plus ralliable à l'homme, à titre d'auxiliaire.

Ainsi, et par cela seul que le Serpentaire a reçu d'en haut la mission d'exterminer les reptiles venimeux, il est impossible qu'il appartienne à l'ordre des rapaces. Mais si sa place n'est pas par là, pas mieux qu'auprès du kamichi, il faut bien que nous nous décidions à le porter ailleurs. Profitons de la circonstance pour le ramener au poste où la nature elle-même a voulu qu'il se tînt : au poste le plus avancé de l'ordre des grallipèdes, entre le Cariama et l'Outarde.

La lectrice sagace a deviné déjà, et sans de grands efforts d'imagination, l'analogie du Serpentaire. Puisque le reptile venimeux est l'emblème de la perfidie et de la calomnie, il est clair que le noble oiseau ne peut symboliser qu'un type glorieux : l'amant passionné de la vérité et de la justice, le réformateur courageux qui vise à l'extinction du tartuffe et du sycophante, l'homme fort qui *écrase* du talon la tête de l'*infâme*. Aussi le Serpentaire porte-t-il la couronne, attribut de l'autorité royale, en signe de sa mission auguste et du rôle suprême que joue la vérité dans les institutions d'Harmonie. Seulement, il est à remarquer que les plumes qui forment aujourd'hui cette couronne sont comme détournées de leur direction naturelle et rejetées vers l'arrière, en façon de toupet ou de huppe fuyante. Il fallait qu'il en fût temporairement ainsi pour donner à entendre que la pratique de la vérité et l'extrême franchise exposent l'homme droit à de nombreux déboires dans les sociétés subversives où règnent l'oppression, la fourbe, la fausse morale et le commerce mensonger. Mais à mesure que la Vérité-reine sortira plus victorieuse de sa lutte avec l'imposture, à mesure que décroîtra le chiffre des engeances venimeuses, sycophantes et reptiles, le monde savant sera témoin d'un phénomène étrange. On verra la couronne du Serpentaire, autrefois tristement inclinée vers l'arrière, remonter progressivement vers le sommet de la tête et finir par s'y épanouir en un disque radieux.

La question du Serpentaire du Cap, que nous venons de traiter sous toutes ses faces, nous mène en pente douce à celle du Cariama du Brésil, qu'on déclare aussi insoluble. Le Cariama est le Serpentaire de l'Amérique : on ne trouve entre les deux espèces que la différence naturelle qui est entre toutes les espèces semblables de l'ancien et du nouveau monde. Le Cariama est au Serpentaire ce que le Lion de sa patrie, le Couguar, est au Lion de la patrie de l'autre. Le Cariama, si vous voulez, sera le Serpentaire jeune âge, le Serpentaire sera le Cariama adulte. C'est la même taille à peu près, la même démarche, la même manière de vivre, les mêmes appétits anguivores; c'est surtout la même robe, faite des mêmes plumes jaunâtres, longues et cotonneuses, à tiges faibles, à barbes lâches comme celles des outardes. Le tour des yeux est nu aussi, la paupière garnie de cils. Je ne sais rien des procédés d'agression du Cariama, à l'égard du reptile; mais j'affirme hardiment, et sans crainte de me tromper, qu'il frappe du pied comme le Serpentaire et le Casoar. Seulement la jambe est moins couverte chez le reptilivore d'Amérique que chez celui d'Afrique, qui porte de vraies culottes descendant jusqu'au tarse ; le bec est moins crochu aussi, il n'est que simplement voûté, et c'est à raison de ces deux dernières circonstances que j'ai placé le Cariama dans le groupe avant le Serpentaire, de façon à ce qu'il pût donner la main à l'Agami, qui siége au dernier échelon du groupe des durirostres. Je suis heureux de pouvoir m'appuyer ici de l'autorité des maîtres les plus célèbres, et notamment de celle de l'illustre professeur Isidore Geoffroy-Saint-Hilaire, qui ont depuis longtemps constaté la proche parenté de formes, de mœurs et d'aptitudes qui est entre l'Agami et le Cariama. Une de ces aptitudes remarquables, ou plutôt de ces tendances harmoniques communes aux deux espèces est celle qui les porte à se rallier à l'homme, à titre d'auxiliaires. On sait que l'Agami, l'oiseau-trompette de la Guyane, s'est offert maintes fois au colon de la Guyane, pour le servir en qualité de conducteur de troupeau ou de surveillant de basse-cour, et que les mêmes offres ont été faites là encore et ailleurs par le Serpentaire et par le Kamichi, ces deux moules supérieurs qui se tiennent de loin par l'armature redoutable des ailes et la forme aquiline du bec. Or, soyons sûrs d'avance que le Cariama, qui touche à chacun d'eux par tant de bons côtés, n'a pas moins de propension à traiter avec nous. Belle conquête à tenter pour de nobles esprits ambitieux de grandes choses !

J'ai à dire maintenant que si l'opinion hardie que j'émettais naguère sur la question du râle avait chance d'être prise en considération par les maîtres en état de la traiter sérieusement, les Agassis, les Verreaux, les Schlegel, ce serait ici même entre l'Agami et le Cariama que je voudrais fixer le point d'insertion de l'Ocydrome et de ses congénères de l'Australie et de l'Amérique du Sud. Pourquoi ici et non ailleurs?—Parce que je crois ces grands râles domesticables, bien que j'ignore complétement leurs mœurs—Parce que ces râles me semblent avoir été créés par la nature pour opérer la transition entre l'Agami et le Cariama, entre les durirostres et les dromigralles; 1° par la forme de leur bec, qui passe par toutes les modifications harmoniques du *bec de talève* de l'agami au bec d'outarde du cariama; 2° par la couleur de leur robe, qui passe par toutes les nuances successives, de la robe noire à reflets verts de l'agami jusqu'à la robe isabelle et soyeuse du cariama.

Mais le Serpentaire et le Cariama placés, notre tâche n'est pas finie encore. Reste à vider la fameuse question de l'Aptérix de la Nouvelle-Zélande, ce moule rudimentaire, excentrique, impossible, échappé du naufrage de l'avant-dernière création.

Presque tous les auteurs rangent l'Aptérix dans l'ordre des *Struthionidés*, dans le voisinage du Casoar et de l'Autruche, en compagnie de l'Epiornis de Madagascar et de quelques autres de ses contemporains de l'époque antédiluvienne. Je suis peu partisan de ces classifications posthumes. Presque tous les classificateurs confessent, du reste, avec naïveté que la classification de ce genre anormal semble présenter des difficultés invincibles.

C'est que rien n'est plus difficile que de rapporter une espèce ou un genre quelconque à un ordre dont on a préalablement oublié de préciser les caractères séparatifs. L'embarras dont se plaignent les auteurs me paraît provenir surtout de cet oubli.

Je ne suis pas mieux renseigné que les savants sur la question de l'Aptérix, puisque je ne sais guère que ce qu'ils m'en ont appris ; néanmoins ma perplexité est moindre que la leur, parce que je m'appuie sur des principes fixes qui laissent peu de chances à l'insolubilité. Mais commençons par lire le signalement du moule pour connaître ses tenants et ses aboutissants :

Tête petite, bec très-long, fait en forme de sonde ; cou de longueur moyenne rentré dans les épaules, dos voûté, ailes rudimentaires, portant en place de pennes un ongle recourbé ; queue absente ; jambes vigoureuses dénudées par le bas et taillées sur le modèle de celles de l'autruche ; tarses hauts, ronds et pleins, non percés de trous à air, et portant sur des doigts d'une épaisseur énorme ; ces doigts au nombre de quatre, le pouce court, relevé et ne touchant pas le sol. Robe de tout point semblable à celle de l'Emeu, faisant à première vue l'effet d'une fourrure de rat d'eau. Taille du faisan commun.

Observations.—L'Aptérix est un oiseau de nuit, qui vit au fond des bois comme chez nous la bécasse ; se servant de sa sonde, à l'instar de celle-ci, pour fouiller la terre humide et en retirer les lombrics dont il fait sa pâture exclusive. Il s'aide en cette opération du concours de ses pieds robustes, dont il bat fortement le sol pour faire sortir les vers. En sa qualité d'oiseau de nuit, il se dispense de bâtir un nid et pond dans un trou sous un arbre. Sa ponte se borne à un œuf d'une grosseur prodigieuse.

Je ne garantis pas que ces renseignements soient complets et que d'autres n'en possèdent pas de plus amples ; mais tels qu'ils sont, je dis qu'ils suffisent pour déterminer l'ordre auquel l'Aptérix appartient, et pour le loger à sa place ; et je tranche la question en quatre lignes, en mode positif et en mode négatif :

L'Aptérix, sondeur, fouilleur et exclusivement vermivore, comme la bécasse ; l'Aptérix qui piétine le sol pour en faire sortir sa pâture à l'instar du pluvier, du vanneau et des autres ; l'Aptérix qui a l'aile armée et le bas de la jambe nu ; l'Aptérix qui a le bec droit, grêle et mou, l'estomac membraneux, l'Aptérix appartient à l'ordre des échassiers.

L'Aptérix, qui n'est pas essentiellement granivore, et qui n'a pas le gésier musculeux ; l'Aptérix, qui n'a pas le bec voûté et qui ne poudroie pas ; l'Aptérix, qui ne pond qu'un œuf, n'a jamais appartenu à l'ordre des dromipèdes, dont l'autruche et le casoar font partie, à titre de coureurs granivores, et c'est à tort qu'on l'y a fait entrer.

La place naturelle de l'Aptérix, si tant est qu'un moule d'une époque antérieure ait droit de réclamer sa place dans un monde nouveau, est un poste de sentinelle perdue, sis bien loin au delà de celui qu'occupe le Serpentaire, lequel n'a de commun avec l'intrus que le titre d'échassier, l'estomac membraneux et la force du pied, plus l'habitude de s'en servir pour se procurer sa proie, etc.

L'existence du genre Aptérix, qui compte aujourd'hui trois espèces, toutes de la Nouvelle-Zélande, n'a été révélée au monde civilisé que vers l'an 1812. Il est plus que probable que ce siècle en verra la fin.

Et maintenant que nous en avons fini avec toutes les difficultés qui hérissaient la classification de l'ordre redoutable, donnons-nous la satisfaction innocente de faire défiler sous nos yeux les bataillons de l'ennemi vaincu.

TABLEAU DE L'ORDRE.

Ordre.	Séries.	Groupes.	Genres.	Espèces.
Grallipédie.	Pollicigradie.	Rémigrallie.	Phalarope,	3
			Foulque,	10
		Longidactylie.	Porphyrion,	18
			Poule d'eau,	11
			Tribonix,	2
			Râle,	12
			Jacana,	15
			Kamichi,	2
		Longitarsie.	Savacou,	1
			Baleniceps,	1
			Ombrette,	1
			Butor,	7
			Gardebœuf,	25
			Héron,	52
			Cigogne,	8
			Marabout,	5
			Jabiru,	2
			Bec ouvert,	2
			Tantale,	4
			Géronte,	19
			Ibis,	5
			Eurynorhynque,	1
			Spatule,	6
			Flammant,	6
	Dactyligradie.	Mollirostrie.	Ibidorhynque,	1
			Courlis,	16
			Rynchée,	4
			Avocette,	5
			Echasse,	7
			Huîtrier,	12
			Barge,	8
			Bécasse,	2
			Bécassine,	20
			Bécasseau,	20
			Sanderling,	1
			Oréophile,	1
			Combattant,	1
			Chevalier,	30
			Tournepierre,	2
			Vanneau,	20
			Pluvier,	70
			Pluvianelle,	1
			Pluvian,	1
		Durirostrie.	Glaréole,	10
			Courvite,	7
			Drome,	1
			Edicnème,	8
			Ardéotide,	1
			Grue,	13
			Agami,	3
		Dromigrallie.	Cariama,	1
			Serpentaire,	1

Total des genres : 52 ; — des espèces : 525.

ÉCHASSIERS DE FRANCE.

Groupe des Rémigralles. — Deux espèces : Phalarope, Foulque.

Le Phalarope. — Taille de la grive; manteau brun fauve, dessous du corps grisâtre; bec arrondi, droit et effilé, légèrement arqué à la pointe. Rare en France, où on le rencontre sur les eaux de la Lys, de la Somme, et dans les grands marais de l'Artois. Le phalarope est un plongeur intrépide, dont le pied offre une certaine différence avec celui du grèbe. La rame, dans celui-ci, est partout d'égale largeur; elle est festonnée chez le phalarope et représente une série d'épanouissements et de rétrécissements de la membrane. La nourriture du phalarope n'est plus exclusivement animale : les graines de certaines plantes y entrent pour une partie notable. Une modification dans la forme du pied, si insensible qu'elle soit, ne peut avoir lieu sans introduire dans le régime diététique de graves changements. Je ne connais d'autres ennemis au phalarope que le brochet et le naturaliste; encore celui-ci ne le recherche-t-il qu'à cause de sa rareté. L'analogie, à qui je suis forcé de m'en remettre pour avoir une opinion sur la chair de ce plongeur, m'en dit fort peu de bien.

La Foulque.—Macreuse, Macroule, Morelle de Lorraine, Judelle de Paris.

La chasse de la foulque s'élève, dans plusieurs contrées de France, dans le nord-est et dans le midi notamment, au rang de plaisir national de première classe. Buffon parle d'une seconde espèce de Foulque ou de grande Morelle qu'il appelle la Macroule. J'ai peur qu'il n'ait confondu cette espèce avec la Macreuse, qui est un véritable canard, et dont il a été parlé dans le chapitre précédent.

La taille de la foulque est un peu inférieure à celle du canard. Manteau noir, bec droit un peu plus long que la tête, remarquable par une protubérance cornée d'une belle couleur blanche, qui remonte du bec sur la partie frontale et la couvre comme d'un casque. Pieds festonnés, nourriture mi-partie animale, mi-partie végétale, dans laquelle le frai de poisson et la graine de la flambe d'eau entrent pour la meilleure part. Commune sur tous les étangs de France, voire sur ceux de Saclé et du bois de Meudon. Le nid de la foulque annonce déjà que des progrès notables sont à la veille de s'accomplir dans l'art architectural de l'oiseau. C'est une couche de joncs épaisse de plus d'un demi-pied, au milieu de laquelle la mère creuse une légère cavité pour y déposer une douzaine d'œufs. La masse demeure flottante, mais elle est attachée aux roseaux voisins par des brins de jonc assez lâches pour lui permettre de monter avec l'eau, mais non de démarrer. La mère a besoin de toute la chaleur et de toute la sollicitude de l'amour maternel pour veiller à la conservation de sa nombreuse famille ; car tous les forbans de la terre et des eaux, le milan, le busard, le brochet et l'homme lui-même semblent avoir conjuré leurs haines contre l'espèce malheureuse et voté son extermination à l'unanimité. Heureusement que la tendresse de cette mère est à la hauteur de sa responsabilité, et que sa fécondité est proportionnelle aux chances de destruction qui menacent sa famille.

La foulque ou la judelle, malgré la pesanteur de son vol, peut entreprendre sans péril de longues traversées. On l'a plus d'une fois rencontrée sur le sommet des Pyrénées et des Alpes, franchissant bravement à tire-d'aile cette barrière de glaces qui sépare la France des contrées sans hiver. Mais le plus souvent les voyages annuels de la foulque française se bornent à une simple transhumation du nord au midi de sa patrie, des étangs de la Lorraine et de la Sologne à ceux des rives de la Méditerranée, depuis Hyères jusqu'à Cette. La chair de la judelle, qui est immangeable pendant la saison d'été, époque où elle se nourrit principalement de frai de poisson, se corrige complétement à l'automne par le fait de la substitution du régime purement végétal au régime animal. J'ai même connu des pays où cette chair devenait tout à fait présentable, et où l'énorme couche de graisse dont elle était enveloppée formait pour l'épinard et pour la pomme de terre un condiment exquis.

Les foulques se marient; les mâles acceptent noblement les devoirs que l'amour et la paternité imposent à toutes les bêtes de bien. Je demande pourquoi les savants et les chasseurs, qui ont donné tant de noms absurdes à la foulque, y compris ce dernier, ont oublié de lui en donner un joli, qui aurait voulu dire casquette blanche, nom indiqué par la nature : *Albirostrie* ou *Galéirostrie*.

Groupe des Longidactyles. — Trois genres : Poule d'eau, Râle, Talève; sept espèces.

Le groupe des Longidactyles de France compte trois genres, parmi lesquels je fais figurer le talève; mais l'existence de ce dernier genre sur le territoire français est plus que problématique. Je l'accueille cependant avec mon hospitalité habituelle, parce que le talève se rencontre assez fréquemment en Sardaigne, et qu'il me semble bien difficile qu'un oiseau curieux qui habite cette île ne traverse pas le détroit de Boniface, rien que pour dire qu'il a vu la Corse. D'ailleurs la faune ornithologique de cette dernière contrée n'est pas encore assez parfaitement connue pour que je prenne sur moi d'affirmer qu'elle ne comprend pas au moins une vingtaine d'espèces étrangères à la France continentale. Selon toute apparence, la plupart des espèces qui sont considérées aujourd'hui comme exclusives aux provinces les plus méridionales de l'Europe, Andalousie, Sicile, Calabres, Grèce, habitent également la Corse.

J'ai déjà dit les caractères généraux du groupe : tarses verdâtres, longs et forts, doigts d'une longueur démesurée ; pollicigrades, brévipennes, efflanqués ; corsage étroit et long, déprimé à l'origine des cuisses ; col effilé, tête fine ; forme du bec variable, suivant les espèces, ainsi que la délicatesse de la chair. Habitants des roseaux, des prairies, des oseraies, des taillis marécageux. Saurivores, piscivores, ranivores, granivores. Les oiseaux qui ne prennent jamais leur essor quand ils peuvent s'en dispenser n'ont pas besoin de gouvernail pour diriger leur vol ; la nature n'a laissé, en général, aux coureurs de roseaux qu'un bout de queue pour la montre. Les longidactyles sont monogames, et forment le personnel d'une chasse spéciale.

Genre Talève. — Au genre Talève appartient la magnifique espèce connue sous le nom de Porphyrion ou de Poule Sultane, qui tenait dans la peinture antique la même place que le faisan doré dans celle des Chinois. La poule sultane remplit admirablement toutes les conditions du moule fantastique par le relief et l'éclat des couleurs de sa robe et par l'exagération de la grandeur de ses pieds. Son uniforme n'a que deux couleurs, mais ces deux couleurs se font valoir étrangement l'une l'autre par leur contraste et leur disposition. Tout ce qui est plume est indigo tendre ; le reste, bec et tarses, carmin, et les doigts de ses pieds sont d'une dimension telle que l'oiseau s'en sert comme d'une main pour ramasser les objets à sa convenance, et les lever à bras tendu à la hauteur de ses épaules. Le bec court et presque carré, largement assis à la base, contribue puissamment à l'étrangeté de cette physionomie. La poule sultane est le type idéal de la série des Longidactyles. C'est un de ces oiseaux dont la mémoire vous reste dans les yeux pour toujours quand vous l'avez vu une fois. La nature l'a destiné, comme le faisan doré, l'ibis rouge et tant d'autres, à embellir la demeure de l'homme, et lui s'est empressé de tout temps de souscrire aux vœux de la nature. Le talève de Sardaigne, celui qui peut se rencontrer en Corse, est un moule beaucoup moins remarquable que le porphyrion, et qui se rapproche plus de la poule d'eau commune, dont il a le volume et la physionomie : manteau vert sombre, col et plastron indigo; bec et pieds rouge tendre; front nu, bec de tous points semblable à celui de la poule d'eau. Le talève nous présente le caractère remarquable de l'aile éperonnée, qui atteste que des liens de parenté éloignée existent entre la famille de la poule d'eau et celle du kamichi, Roi de la savane américaine.

Genre Poule d'eau.—Espèce unique.

Le nom de poule d'eau est un des plus malheureux de l'histoire naturelle, car l'oiseau dont il est ici question ne ressemble en rien à une poule, pas plus au physique qu'au moral. La poule d'eau possédait cependant un caractère fort distinctif au moyen duquel il eût été facile de lui donner un joli nom. Ce caractère est une paire de bracelets ou plutôt de jarretières rouge orangé qu'elle porte au bas de la jambe, à la hauteur de l'articulation que le vulgaire appelle le genou, mais qui n'est que le talon. Un bracelet se disant en latin *armilla,* rien n'empêchait d'appeler la poule d'eau l'*Armillaire*. Dans certains pays de France, on donne à la poule d'eau le nom de *Pattes vertes*, et on applique la qualification aux râles d'eau, ses voisins. On a parfaitement raison : *Pattes vertes*, *Chloropus*, *Viridipèdes*, sont tous infiniment supérieurs à poule d'eau.

La poule d'eau vulgaire est un oiseau long, haut jambé, de la taille d'une perdrix, qui porte un pardessus brun olive, écussonné de taches sombres à franges claires, et dont la robe, depuis la gorge jusqu'à l'abdomen, a l'air d'avoir trop longtemps trempé dans une bouteille d'encre. La couleur blanche n'apparaît, dans tout le costume, qu'à la partie inférieure de la queue. Le bec, large à la base, étroit à l'extrémité, s'infléchit rapidement et se rapproche assez de celui de la judelle ; il est coloré, chez le mâle adulte, d'une jolie teinte rouge orangé qui n'embrasse que la première moitié de ses mandibules. Cette nuance est la même que celle des jarretières qui ornent le tibia de l'oiseau ; elle n'a tout son éclat que dans la saison des amours.

La poule d'eau habite toutes les contrées marécageuses de la France, tourbières, marais, étangs, rives de fleuves, fossés de citadelles ; elle vit d'insectes, de mollusques, de frai de poisson et de grenouilles. Elle mérite une mention spéciale pour l'art qu'elle déploie dans la construction de son nid. Ce nid est un polyèdre régulier à cinq ou six pans, plutôt qu'un cylindre ; il est composé de feuilles sèches de glaïeul, dont l'oiseau multiplie les assises, jusqu'à ce que l'édifice s'élève à la hauteur d'un pied au-dessus des grandes eaux ; la construction est adossée de toutes parts à une forte muraille de tiges desséchées, qui lui sert à la fois de contre-fort et de rempart contre la curiosité du passant. La poule d'eau fait une ponte de huit à dix œufs chaque printemps. Les petits naissent couverts de duvet noir et sortent du nid aussitôt qu'ils sont éclos.

Le mâle aide la femelle dans la construction du nid et remplit dignement tous les devoirs du père de famille. Quand la mère quitte ses œufs, elle a grand soin de les couvrir à l'instar de la perdrix, pour dérober ce fruit tentateur à la vue perçante du corbeau, la bête noire de toutes les couveuses.

La poule d'eau marche avec grâce et court avec rapidité à terre ; elle a coutume d'accompagner chacun de ses mouvements de progression d'une saccade de la queue, comme la perdrix inquiète. Quand elle se promène à travers les roseaux sur les larges feuilles de nénuphar qui tapissent la face des eaux mortes, on dirait qu'elle marche sur l'onde. Plus habile à courir qu'à nager, elle ne se hasarde que timidement à franchir l'enceinte de ses fourrés de roseaux, de joncs et de glaïeuls, et se hâte de s'y réfugier à tire d'aile à la première apparence de péril ; elle nage comme elle marche, par saccades, et vole les pattes pendantes. Elle trahit fréquemment sa demeure, pendant le jour, par un cri de rappel, bref, métallique et sonore, mais elle ne s'aventure en pleine eau que vers la première et la dernière heure du jour. C'est la poule d'eau et non le Blongios, comme je l'ai cru bien longtemps, qui répond par une explosion formidable de cris de fureur à la détonation du salpêtre, et qui met en rumeur tous les échos de la vallée de l'Essonne pour un seul coup de fusil.

La poule d'eau tient l'arrêt comme la caille et plonge très-souvent, au lieu de s'envoler, lorsque le chien la pille. On la prend fréquemment à la main après le premier vol et le premier plongeon. Elle vit parfaitement en domesticité et s'accommode de la société des volailles, pourvu qu'elle ait à sa proximité une mare où barboter à l'aise. Sa chair est presque mangeable en salmis à l'arrière-saison. J'ai remarqué que la robe de la poule d'eau, qui est parfaitement imperméable tant que l'oiseau est en vie, prend l'eau instantanément après sa mort. Toutes les poules d'eau que vous tuez roides sur l'eau et que votre chien vous rapporte sont mouillées.

C'est vers la mi-octobre que les poules d'eau quittent les étangs, les mares, les fossés des châteaux et des places de guerre pour les rives couvertes des rivières et des fleuves où elles passent souvent tout l'hiver, quand le froid n'est pas rigoureux. Il existe un grand nombre de cours d'eau qui ne gèlent jamais et où l'on trouve en tout temps des poules d'eau, des râles d'eau, des grèbes castagneux. Les poules d'eau émigrent vers les grands étangs du Midi et pénètrent jusqu'au cœur des contrées les plus méridionales de l'Europe, quand la gelée menace de solidifier l'eau de nos fleuves; il est probable même qu'elles traversent la Méditerranée et se rendent en Afrique, car j'en ai tué en Algérie, vers le mois de janvier, des masses qui étaient évidemment de passage, puisqu'on en tirait, en un seul jour, une trentaine en des endroits où, quelques semaines auparavant, on aurait eu beaucoup de peine à en voir une ou deux.

La poule d'eau a pour ennemis tous les oiseaux de proie qui rôdent sur les étangs, la loutre, le chien et l'homme.

Le Rale d'eau. — Encore un mauvais nom. Le râle dont je veux parler ici est celui qui a l'iris rouge, le bec long et arqué, la mandibule inférieure rouge obscur. Ce râle-là est évidemment le diminutif de la *poule d'eau*, et le nom de *poulette d'eau*, qu'on lui a donné quelquefois, lui conviendrait mieux que celui de râle. C'est l'intermédiaire parfait entre la poule d'eau et le râle de genêts. Il habite exclusivement, en effet, les marécages, les roseaux, les glaïeuls, et s'embarque même quelquefois à la nage. Le devant de sa robe, de la gorge à la queue, est largement saturé d'encre aussi comme celui de la poule d'eau. La coloration de son bec le rapproche encore de celle-ci; il vit de la même façon qu'elle. En un mot, par tous ses principaux caractères et par ses habitudes aquatiques, ce râle est plus voisin de l'oiseau d'eau que de l'oiseau de terre; mais néanmoins sa parenté avec le râle de genêts est visible, car il porte le même pardessus et voyage de pied comme lui.

Je n'ai jamais trouvé de nid de râle d'eau en Lorraine, où cet oiseau est fort commun en automne et même en hiver, ce qui tendrait à me faire croire qu'il n'est que de passage en France et qu'il niche, comme la marouette, plus au nord. Ce râle d'eau est le plus mince et le plus efflanqué de tous les coureurs de roseaux; il est de la taille du râle de genêts, mais ne prend pas comme lui la graisse: c'est un pauvre gibier. Je l'ai tué en plein cœur de janvier dans ces marécages voisins des bois où l'eau ne gèle jamais et où croissent de petits bouquets d'aulnes.

La Marouette (*Râle tigré*).—Taille de la grive; plumage moucheté par-dessus et par-dessous; le fond du manteau olivâtre; bec jaune, court et quadrangulaire. Gibier de beaucoup supérieur aux deux espèces précédentes. La marouette, qu'il est impossible de confondre avec aucun des genres voisins, est un oiseau de passage qui nous quitte comme les cailles, de la mi-août à la mi-octobre, mais qui s'en revient bien plus tôt, c'est-à-dire dès le 1er mars. Le premier passage dure deux mois environ. La marouette abonde alors, suivant les années, dans les pays d'étangs, dans les prairies marécageuses et dans les mares des plaines. Les marais de l'Artois et de la

Bresse et les rives des cours d'eau de l'est en sont généralement plus fournis que ceux de l'ouest et du centre; car la masse paraît se diriger du nord de l'Europe vers l'Afrique, en passant par l'Italie et les marais Pontins.

Toutes les petites rivières et tous les petits ruisseaux herbeux qui se versent de droite et de gauche dans la Saône et dans l'Ain sont de véritables nids à marouettes vers le 1er septembre, tandis que les affluents de la Loire n'en hébergent qu'un très-petit nombre.

La marouette a besoin de se sentir les pieds frais et ne quitte jamais la terre molle. Elle est si paresseuse à voler qu'elle aime mieux quelquefois traverser un canal à la nage que de le franchir en volant. Elle circule sous le nez du chien avec une vitesse extrême, multiplie les détours et les contre, coule sous les racines des aulnes à la façon des rats d'eau, et ne se décide à prendre l'essor que lorsqu'elle sent sur son dos le souffle de l'animal. Les choupilles, qui ne font que pointer et qui n'arrêtent pas, sont les chiens les plus convenables pour cette chasse amusante. J'en ai connu deux en Bresse, dont le nom ne me revient pas, et qui s'entendaient si bien à bloquer et à happer la marouette, qu'ils laissaient à peine à leur maître l'agrément de la tirer. Ils lui firent rapporter une fois quatre-vingts marouettes d'une seule chasse dans le marais de Poyat, près de Bourg. L'événement eut lieu au mois de septembre de l'an des râles 1841, pour lequel j'avais prédit, dans le *Journal des Chasseurs*, un déluge de marouettes.

Râle Poussin.—Ambigu entre le râle d'eau et la marouette, mais qui se rapproche tout à fait de celle-ci par le bec et les mœurs. Rare en France, exclusif au midi. Devanture de la robe tachée d'encre ; pardessus olivâtre ; taille de l'alouette.

Rale Baillon. — Autre espèce minuscule, moule réduit de la marouette. Plumage noir. Rare en France, mais indigène.

Toutes les espèces qui précèdent ont la chair noire et veulent être mangées en salmis.

Le Rale de genêts. — Quand le roi Charles X, qui s'entendait mieux à tirer un lapin qu'à gouverner un peuple, habitait encore les Tuileries, les gardes de ses chasses avaient ordre de considérer le râle de genêts comme gibier royal de première classe, c'est-à-dire de le réserver pour le fusil du roi et de le détourner comme s'il se fût agi d'un dix-cors. Si bien que lorsqu'il arrivait à un garde de Versailles ou de Saint-Germain de lever un de ces oiseaux, il en observait attentivement la remise, y marquait sa brisée, et faisait immédiatement son rapport. Le roi, toutes autres affaires cessantes, venait, tirait, tuait, et le soir même mangeait sa chasse ; car le râle est un mets de prince, mais qui aime, comme la truite, à être mangé frais. Cet hommage solennel rendu au râle de genêts par un roi de France, qui savait estimer le gibier à sa juste valeur, venge suffisamment cet oiseau de l'affront qu'a essayé de lui faire subir la science en le classant dans sa nomenclature sous le pseudonyme de poule d'eau.

Le râle de genêts (râle roux, râle rouge, roi des cailles) est un oiseau de grosseur intermédiaire entre la perdrix et la caille. Il porte un uniforme d'une couleur à lui, roux-isabelle. Les pennes sont mouchetées de brun foncé en leur partie médiane ; le manteau est plus brun que le dessous du corps, la gorge plus pâle que le plastron et l'abdomen. Le râle a la passion du lézard et prend admirablement la graisse. Sa chair est de la plus entière blancheur et naturellement faisandée, pourquoi elle perd considérablement à attendre et ne se garde pas. Ses pattes ne sont pas vertes comme celles des autres râles, mais blondes; il a le pouce relevé à la façon du coureur de terre. Son corsage conserve sa sveltesse en dépit de son embonpoint. C'est le plus infatigable coureur de nos prairies et de nos plaines; il fait à pied les trois quarts de ses voyages d'Irlande en Afrique, et ne se décide à prendre la voie de l'air que lorsqu'il y est forcé, lorsque, par exemple, il a atteint les rivages de l'Océan, et qu'il s'agit de franchir la Méditerranée ou la Manche. Le râle de genêts a l'aile plus paresseuse encore que la caille, et se montre aussi passionné que celle-ci pour les voyages de long cours. L'espèce est indigène de France, mais sa véritable patrie européenne est l'Irlande. Il passe du 15 août à la Toussaint, après laquelle époque il est presque aussi invisible en France que le coucou. Il habite l'Afrique pendant l'hiver.

Le râle de genêts niche dans les prairies, où il fait entendre au printemps un chant peu harmonieux, qui rappelle assez exactement celui de la crécelle, d'où les savants lui ont donné en latin le nom de *Crex*. On n'a jamais pu savoir pourquoi les mêmes savants qui avaient trouvé convenable d'appeler le râle en latin *crex*, par onomatopée, n'ont pas jugé à propos de l'appeler en français *crécelle*, en continuant la métaphore. Il est certain pourtant que Crécelle des prés eût mieux valu mille fois que Râle de genêts, et surtout que Poule d'eau de genêts; mais le moyen d'obtenir que des gens qui n'en ont pas l'habitude aient raison tout à coup en deux langues à la fois?

Le râle de genêts, indigène des prairies épaisses, se réfugie dans les blés, dans les luzernes, dans les genêts, les bruyères et les taillis herbus aussitôt que les foins sont coupés. C'est là qu'on le rencontre dans la saison des chasses et aussi dans les prés-marais, où l'herbe ne se fauche que très-tard. C'est de toutes les pièces de gibier-plume la plus facile à tirer, mais la plus difficile à lever. J'ai chassé plus d'une fois le râle de genêts avec des chiens courants qui lui cornaient leur musique à bout portant dans les oreilles, et le battaient souvent pendant une heure entière avant de le décider à partir. Rien d'amusant comme de suivre à travers la passée des chiens les savantes évolutions du coureur, qui rebrousse très-souvent sur la meute, au lieu de piquer droit devant elle, et vous part à l'autre bout de la pièce, à cent pas de distance, pendant que vous croyez marcher dessus. Je tiens que le basset est préférable pour cette chasse au meilleur chien couchant, que ce piétinement obstiné fatigue et dégoûte de l'arrêt. Mais n'anticipons pas sur le champ de nos études ultérieures, et hâtons-nous de terminer cette notice.

De nombreux gastrosophes ont assigné au râle de genêts la première place comme rôti. Si le becfigue, l'ortolan, la bécasse et la bécassine n'étaient plus de ce monde, je n'hésiterais peut-être pas à considérer ce jugement comme une sentence sans appel; mais, aussi longtemps que ces quatre espèces existeront pour le bonheur des hommes, je demanderai pour moi et pour les autres liberté absolue des goûts.

Le râle de genêts à manteau isabelle représenterait, en France, le groupe des Dromigralles. Il précéderait les coureurs, et c'est déjà la place que nous lui avions assignée dans notre première édition.

Groupe des Longitarses. — Sept genres : Butor, Héron, Garde-Bœuf, Cigogne, Spatule, Ibis, Flammant; treize espèces.

Le Butor.—Le butor est un oiseau de nuit, dont le

plumage, pour cette cause, a dû revêtir la nuance sombre qu'affectionnent les hiboux. Le butor a le cou et les tarses plus courts que le héron, le corps plus ramassé, le bec moins long, plus large à la base et un peu plus arqué. Le héron fréquente de préférence les gués des fleuves, les plages découvertes et les plaines où l'ennemi se voit de loin. Le butor se plaît au contraire au plus épais des fourrés de roseaux, où il se tient caché tout le jour, attendant pour partir que le chasseur ou le chien lui marche sur le dos. Il niche à terre, non sur les arbres, et en qualité d'oiseau de nuit se dispense de bâtir pour sa famille un domicile confortable. Il ne porte pas de catogan, mais bien une véritable fraise qui s'arrondit en housse circulaire comme celle des combattants et des coqs, et lui donne des attitudes belliqueuses imposantes. Il quitte nos contrées septentrionales pendant l'hiver, et va passer dans les étangs maritimes du Midi la saison des grands froids. Les marais Pontins, qui servent d'asile vers cette époque à d'immenses volées de canards, abritent les butors par la même occasion.

Le butor, comme on le voit, est un fort triste personnage, et dont l'utilité ne m'est pas démontrée d'une façon aussi claire que celle du héron.

Le butor a surtout contre lui son effroyable chant d'amour, qui est tout simplement un beuglement de taureau, lequel a fait croire autrefois à l'existence de certaines cavernes éoliennes situées au fond des eaux, et d'où les vents s'échappaient de temps à autre, vers l'époque du printemps, avec un grand tapage. Aristote lui-même ne sait pas trop comment expliquer ces rumeurs sous-ondines.

Un homme mal embouché, et qui garde son chapeau sur la tête en société, s'appelle en français un *butor*. La grossièreté se traduisant généralement par la hauteur du verbe, le qualificatif a été assez bien imaginé quant à l'homme ; mais il est arrivé que l'acception figurée donnée à l'adjectif hominal a si bien absorbé le sens physique du vocable, que ledit adjectif est revenu de l'homme à l'oiseau, et a fini par placer ce dernier sous le jour le plus fâcheux. Il importe donc de rétablir pour l'oiseau le sens primitif de son nom, *Botaurus*. Un butor n'est pas un oiseau plus mal élevé que beaucoup d'autres; c'est seulement un oiseau qui beugle comme un taureau quand la passion lui parle. Si les savants linguistes qui fabriquent les mots avaient demandé conseil aux gamins de Lorraine pour baptiser le *Butor*, ils l'auraient appelé le *bœuf d'eau*, et la confusion déplorable que je viens de signaler n'aurait pu avoir lieu.

J'ai compris, d'après la lecture de certains versets des Psaumes, que le saint roi David avait fait entrer le butor en même temps que le pivert dans la composition de son pélican ou de son onocrotale, dont la voix désolée emplit la solitude. J'ai déjà fait observer maintes fois qu'ils n'étaient pas forts en Judée sur la zoologie, ce qui s'explique par le commandement que Moïse avait fait à son peuple de *dominer les nations par l'usure*[1]. Le désir de se conformer à la loi sainte a dû naturellement pousser ce peuple à l'étude exclusive des moyens de gonfler sa bourse et lui faire négliger les autres. « Un même serviteur, dit l'Évangile, ne peut servir deux maîtres. »

J'ai tué quelques douzaines de butors dans ma vie, et je ne serais pas éloigné de croire qu'il existe deux espèces de cet oiseau en France, si les différences d'âge et de sexe n'apportaient trop souvent en de pareilles matières des-

[1] Deutéronome, chap. VI, v. 15.

éléments d'erreur. Un fait certain, c'est qu'il m'est arrivé d'abattre dans la même saison des butors de stature fort variable, dont les uns égalaient le grand héron en hauteur, tandis que les autres étaient moins gros et moins hauts d'un bon tiers. Néanmoins, malgré la différence de la taille, la couleur de la robe était la même à peu de chose près. Tous étaient vêtus de la tête à la queue de cet uniforme jaune roux qu'affectionnent les hiboux; le dos était constellé, comme la poitrine, des mêmes *étoiles* ou taches brunes à quatre pointes, qui distinguent cette espèce de toutes les autres et lui ont fait donner le nom de butor *étoilé*.

Un oiseau qui exprime son amour par un mugissement et qui fait ses coups à la sourdine est peu fait pour mériter les sympathies des esprits délicats. J'ai toujours tiré le butor sans remords, sinon sans crainte. La crainte me venait d'avoir vu un de ces oiseaux blessé à mort percer d'un coup de bec le flanc d'un chien qui allait le happer. Donc, assurez-vous bien que le butor que vous avez abattu a rendu le dernier soupir avant de prier votre chien de vous le rapporter.

Genre Héron. — Trois espèces : Bihoreau, Héron commun, Héron pourpre.

Le Bihoreau. — Le bihoreau, qui est un oiseau de nuit comme le butor, porte cependant un uniforme gris perle d'une nuance très-tendre. Il est moins haut que le héron commun, a le cou et les tarses plus courts, la tête plus épaisse et le corps plus ramassé; son aigrette, plus élégante que celle de ses congénères, est formée de trois plumes blanches. Il a le dessus de la tête et le dos noirs, le bec court et légèrement arqué. C'est un des plus rares de l'espèce. On ne le rencontre que dans les grands marais ou lacs de la Bretagne et de la Lorraine, dans ceux de la Sologne et sur les rives du Rhône. C'est le Nictycorax des anciens, sur le compte duquel il a été forgé plus d'une fable insignifiante qui ne mérite pas de place en cet écrit.

Le Héron commun.—Le plus grand et le plus commun de tous les hérons de France, celui de La Fontaine. Oiseau gris cendré, de haute taille, mesurant un mètre environ de l'assise des doigts au sommet de la tête. Bec effilé et menaçant, long de dix centimètres.

Les adultes portent en bas du chignon, en manière d'accroche-cœur ou plutôt de catogan, un léger faisceau de plumes fines, souples et déliées, qui retombent élégamment sur l'arrière du col comme des nattes d'Alsacienne, mais qu'on a tort d'appeler aigrette, parce qu'une aigrette, en français, est une parure de tête qui aspire à monter et non pas à descendre. Le paon et le vanneau ont des aigrettes, le héron et le faisan doré n'ont que des queues de chignon. La natte du héron a pour parure correspondante sur l'avant un fanon ou un rabat pointu de plumes fines roussâtres. La couleur noire et la blanche qui se fondent dans la grise se réveillent de temps à autre sur la robe du héron pour la relever de sa monotonie. La couleur noire encadre élégamment les rémiges, dessine sur la tête deux larges bandeaux qui descendent ensemble et se suivent jusqu'à la nuque ; elle égrène enfin sur la gorge ses mouchetures de jais. La blanche argente les scapulaires, la coiffe et la partie antérieure du col pour aider au contraste.

Le bec du héron est une arme dangereuse, dont l'oiseau malmené se sert pour tenir son ennemi à distance, homme, faucon ou chien. Un des instincts particuliers à tous les individus du genre est de viser aux yeux qui les attaque, et plus d'un braque imprudent a payé sa précipitation à courir sus au héron de la perte d'un œil. L'oiseau dans l'attitude de la pêche tient le bec presque caché dans la profondeur des épaules; il le décoche comme un pêcheur son dard contre le poisson qui passe à sa belle, et manque rarement son coup. La détente de l'arme prend sa force du jeu que lui laisse le brisement d'un long cou replié sur lui-même et lové à la façon d'un reptile. Cependant ce bec à poignard, si étroit et emmanché d'un cou si grêle, peut s'ouvrir pour donner passage à des pièces d'un volume énorme; cette gorge, grosse comme un tuyau de plume, se dilate au besoin comme celle des serpents. J'ai trouvé des poissons de deux livres au bas des chênes de la héronnière d'Écury, dont il va être question, et j'ai connu chez un ami un héron parfaitement privé, et répondant à l'appel de son nom, qui engloutissait avec aisance et facilité des côtelettes de mouton ou de veau de deux à trois pouces d'envergure. L'animal se prêtait avec une complaisance extrême à toutes les expériences que les curieux voulaient tenter sur sa gloutonnerie. Le même était devenu, avec la patience et le temps, d'une adresse sans égale au tir du moineau franc et de l'hirondelle au vol. Il s'était fait un poste d'affût de l'essieu d'une vieille roue de carrosse abandonnée dans un coin de la cour. Caché parmi les rayons de cette roue, il attendait patiemment durant des heures entières qu'une pauvre hirondelle s'aventurât à portée de son trait. L'imprudence commise, le héron lardait l'oiseau au vol, descendait aussitôt de son observatoire, courait les ailes ouvertes vers le baquet où on lui servait ses repas, y plongeait proprement sa proie à diverses reprises, et, après cette cérémonie préalable, l'avalait. Cette habitude de laver sa proie avant de l'engloutir n'est pas particulière au héron. J'ai déjà écrit que le labbe avait grand soin de faire dessaler dans l'eau fraîche les harengs qu'on lui sert; je signale également la grue et la cigogne, proches parentes du héron, comme coutumières du fait. Bien des années, vingt ans peut-être après avoir été témoin oculaire des détails qu'on vient de lire, j'ai mis la main par le plus grand des hasards sur un ouvrage indigeste de Julius César Scaliger, où j'ai retrouvé toute l'histoire de mes observations. Scaliger aussi avait beaucoup connu un héron qui se conduisait absolument comme le mien à l'égard des moineaux francs. La seule différence que j'aie constatée entre les deux personnages est que le héron de Scaliger se permettait le gigot de mouton; le mien n'allait que jusqu'à la côtelette.

Le héron affectionne, comme tous ses congénères, les poses impossibles, tristes et mélancoliques. Une de ses attitudes favorites est la station sur un seul pied, la tête renfoncée dans les épaules, le bec figurant parfaitement un clou pointu qui sort de la poitrine. D'autres fois il s'accroupit sur ses tarses, la paume des pieds en l'air. C'est un prestidigitateur d'une habileté supérieure, qui perd à volonté dix-huit pouces de sa taille. Il vole les jambes allongées sous le ventre, les pieds étendus vers l'arrière en manière de gouvernail. Quand un faucon l'attaque et le force à monter, il commence par se délester de tout ce qui l'alourdit, et l'on voit descendre du ciel, les uns après les autres, serpents, crapauds, mulots, etc.

La Fontaine et la Fauconnerie ont illustré le héron; la nature l'a destiné à jouer un rôle immense dans les fêtes de l'avenir. Comme c'est l'oiseau de nos climats qui monte le plus haut dans les nues après l'aigle et le vautour, c'est aussi celui dont le vol (chasse par le faucon) offre le plus d'intérêt. Rien n'empêcherait dès aujourd'hui de réunir dans un amphithéâtre de la dimension du Champ-de-

Mars un million de spectateurs, et là de leur servir le spectacle attrayant d'un tournoi aérien entre le gerfaut et le héron. La représentation aurait d'autant plus de charme que tout le monde pourrait suivre avec une longue-vue toutes les péripéties du drame, et qu'il est quelquefois possible d'en humaniser le dénoûment en sauvant la victime.

Le héron est le pêcheur de rivière par excellence, le modèle de résignation et de patience, qui entre dans l'eau jusqu'à mi-jambe pour happer le poisson. Il est indigène et sédentaire, habite toutes les contrées de la France et pêche sur tous nos fleuves.

Tous les individus de cette famille, qui s'éparpillent sur la superficie du territoire français après la saison des amours, se réunissent au printemps pour nicher en société en des localités spéciales appelées *héronnières*, et qui sont des massifs de vieux chênes où ces oiseaux reviennent tous les ans à l'instar des cigognes. Ces héronnières sont devenues très-rares depuis un demi-siècle. Je n'en ai rencontré, pour mon compte, qu'une seule dans tout le cours de mes excursions cynégétiques, celle d'Écury, petite commune marécageuse du département de la Marne, distante de quatre ou cinq kilomètres de Jallons, station du chemin de fer de Strasbourg entre Épernay et Châlons. La héronnière d'Écury devait être, d'après mon estime, le domicile d'amour de tous les hérons de dix provinces; car les nids se touchaient sur les arbres, et je crois rester au-dessous de la vérité en évaluant le nombre de ces nids à une centaine. Chacun de ces établissements embrassait une circonférence de trois pieds de diamètre. Chaque ménage se composait de cinq ou six têtes en moyenne, le père, la mère et trois ou quatre petits. La consommation quotidienne qui se faisait là de perches, de poissons blancs, de grenouilles et de couleuvres était prodigieuse, et le voisinage d'une pareille pension serait certainement la ruine de toutes les rivières et de tous les étangs d'alentour, si les hérons étaient plus ménagers de leurs peines. Heureusement que ces bêtes intelligentes comprennent la nécessité de répartir équitablement leurs ravages pour ne pas faire crier. Elles commencent donc par se créer un arrondissement de pêche de quarante à cinquante lieues de rayon, plus ou moins; puis, cette limite fixée, le conseil de la république assigne à chaque couple son canton spécial, ses étangs, ses cours d'eau; à celui-ci le Rhin, ou la Meuse, ou la Seine; à cet autre la Champagne, la Bourgogne, la Lorraine, etc. C'est, sur une plus vaste échelle, l'image de la Commune russe, où chaque individu marié reçoit de la communauté une portion de terrain suffisante pour le nourrir lui et les siens. La république des hérons est, du reste, un excellent sujet d'études pour tous les chercheurs de solutions politiques; elle est bâtie sur le principe de la solidarité universelle des intérêts, et tous les citoyens y sont égaux devant le travail. Chacun y vit des produits de sa pêche, et nul n'y élève jamais l'insolente prétention de prélever une part quelconque sur les fruits de la pêche d'autrui. Il n'est pas difficile de deviner le secret de la prospérité de la république et les causes de l'entente cordiale : les hérons mâles sont tous des modèles de soumission conjugale, de constance et d'amour, dont l'unique ambition est d'être admis, comme l'hirondelle et la tourterelle mâles, aux honneurs de l'incubation. Ne pouvant toujours obtenir de leurs compagnes qu'elles se déchargent sur eux d'une partie du fardeau de la maternité, ils mettent du moins tout leur zèle à leur en alléger le poids. Chacun de ces tendres époux veille avec une sollicitude extrême à ce que le garde-manger de la couveuse soit constamment garni de poisson frais de l'espèce qu'elle aime. L'histoire ne rapporte pas que Philémon lui-même ait jamais eu pour Baucis de pareilles attentions. A peine l'éclosion a-t-elle eu lieu que le père exige impérieusement que la mère se repose pendant plusieurs jours, et il prend généreusement pour lui seul la charge de l'entretien de la jeune famille.

Je viens de dire en termes assez clairs que la république des hérons est assise sur le principe de l'amour le plus pur, lisez sur le principe de la déférence passionnée du sexe masculin pour l'autre. Donnez-moi un oiseau qui aime, et il comprendra tout! m'écrierai-je à mon tour, après saint Augustin. L'état de grâce, vous le savez bien, c'est l'amour. Ce qui fait le plus de tort à la doctrine de la grâce et ce qui l'empêche de pénétrer dans tous les cœurs est d'être prêchée par des hommes qui ne sont pas gracieux; faites-la prêcher par des femmes, et l'harmonie s'établira sur cette terre comme par enchantement.

Le héron est un oiseau beaucoup plus utile que nuisible, qui avale plus de couleuvres, de grenouilles et de crapauds que de carpes, et qui déserte volontiers les étangs et les gués des fleuves pour défendre nos plaines quand le mulot les envahit à l'arrière-saison. C'est un auxiliaire libre de l'homme, un gardien-né de son repos et de ses cultures. Doué d'un tempérament plus robuste que la cigogne, il nous reste quand celle-ci nous fuit. Il n'emploie que pour sa défense les armes puissantes que lui a données la nature. Il tient dans la chasse à l'oiseau le même emploi que le cerf dans la chasse au chien courant. C'est l'emblème inoffensif du pêcheur à la ligne, toujours patient, toujours riche d'espoir, plus léger de butin, et disant par sa maigreur que pour lui le carême dure douze mois par an. Sa chair est immangeable, et l'huile de ses pieds est un mythe. Que pour toutes ces raisons le chasseur respecte les jours du héron.

Le Héron Pourpre. — Taille approchant de celle du précédent. Rare en France; exclusif aux Bouches-du-Rhône et aux rives des étangs salés du Midi; indigène des rives du Danube et des lacs de Hongrie. Le héron pourpre n'est pas rouge, comme semblerait l'indiquer son nom; il est simplement marqué sur le poitrail et sur le dos de belles plaques d'un roux vineux. Il a le dessus de la tête et les plumes du chignon noirs, le ventre roux, le reste du plumage cendré, le bec olivâtre, les pieds roux, le tout de nuances indécises difficiles à caractériser.

Genre Garde-Bœuf.—Quatre espèces : Garzette, Crabier, Garde-Bœuf, Blongios.

Le Héron Garzette, nommé aussi petite Aigrette.— C'est un héron de la taille d'une corneille, dont tout le corps est blanc, le bec noir, les pieds verdâtres, les brides de même nuance. Rare en France. La grande Aigrette, dont la hauteur égale celle du héron commun, est indigène de l'Amérique méridionale. Les jolies femmes d'Europe ornent volontiers leur coiffure des plumes élégantes et soyeuses qui forment l'aigrette de cet oiseau.

Le Crabier, qui est un autre petit héron blanc à poitrine rousse, a les tarses plus courts et perche plus volontiers que ses voisins; il se nourrit indifféremment de coquillages maritimes et fluviatiles. Ces petites espèces sont rares en France, et ne se rencontrent guère que vers les parages de la Camargue, Delta du Rhône.

Garde-Bœuf.—Le héron Garde-Bœuf, presque invisible en France, où on ne le rencontre que vers l'embouchure de ce dernier fleuve, est un charmant oiseau blanc, de la grosseur d'un pigeon, qui suit le bétail dans les champs, et revient avec lui aux étables. C'est le plus doux, le plus familier et le plus innocent de tous les volatiles amis de l'homme.

Sa mission est de servir d'escorte aux troupeaux qui vont paître et de les garder dans les champs. Je ne connais rien de joli comme un groupe de hérons blancs formés en cercle à l'entour d'un bœuf noir enseveli dans l'herbe à l'heure de midi, le veillant, le défendant contre les attaques des insectes ailés avides de son sang, et le débarrassant avec art des tiquets dévorants qui se suspendent en grappes à ses chairs. J'ai souvent admiré ces scènes dans les pâturages de l'Algérie, aux premières années de notre occupation, et plus d'une fois alors j'ai indiqué aux paysagistes amis des bêtes, comme délicieux sujet de paysage, cette défense du patient quadrupède par ses blanches sentinelles. Je regrette qu'aucun artiste éminent n'ait traduit sur sa toile ce petit drame rustique ; car il est possible que les représentations qui avaient lieu fréquemment autrefois aux plaines herbues de la Mitidja, de la Mina et du Chélif soient bien rares aujourd'hui.

En effet, la destruction du héron garde-bœuf, qui n'est pas mangeable, mais qui a le tort de tenter par la blancheur de sa robe tous les porte-fusils assassins, s'opérait déjà de mon temps en Afrique avec rapidité, et pour peu que la contagion de l'assassinat ait étendu ses ravages, la malheureuse espèce a dû être réduite à un chiffre mesquin, et condamnée à demander au désert un refuge contre les barbares de la civilisation.

Ce gardien ailé des troupeaux du cultivateur, qui paye un si lourd tribut de sang à la méchanceté diabolique des hommes, est l'image de l'humble berger, que les prétendues nécessités de la guerre arrachent à une industrie utile pour le faire servir de point de mire aux canons ennemis : triste métier pour l'homme, qui est un animal raisonnable, à ce que dit Cicéron.

GENRE CIGOGNE.—Deux espèces : la Cigogne blanche, la Cigogne noire.

La cigogne des églises figure en tête du groupe des oiseaux du *bon Dieu* ou des auxiliaires libres de l'homme dans la zoologie passionnelle.

Les cigognes diffèrent des hérons par un bec beaucoup plus fort, des ailes plus concaves, un cou plus court. Le pouce porte sur le sol ; mais il est inséré à l'arrière plus haut que chez le héron. Les cigognes, en général, chassent plus qu'elles ne pêchent, habitent la demeure de l'homme, et sont des oiseaux voyageurs.

La Cigogne vulgaire est un grand oiseau de deux à trois pieds de hauteur, dont les rémiges sont noires et tranchent hardiment avec la couleur blanche du reste de la robe. Son bec, ses pieds, ses tarses sont, ainsi que sa peau, d'une belle couleur rose de chair. Le tour des yeux est dénudé chez la cigogne, ce qui indique chez l'espèce une tendance à la calvitie. La viande est immangeable et, pour une multitude de causes, doit nous être sacrée.

La Cigogne noire est un oiseau presque inconnu en France. Elle vit exclusivement de pêche, plonge comme le cormoran et niche sur les arbres. Elle ne vit pas en société comme l'autre et fuit le voisinage des hommes. Je ne sais de son histoire aucun fait à citer. Même taille que la précédente ; tour des yeux nu, manteau noir à reflets verdâtres ; plastron et abdomen blanc pur ; bec olivâtre ; tarses rouge obscur.

Le musée de la ville de Nancy possède une cigogne maguari tuée dans les environs de cette ville au siècle dernier. Comme cette cigogne est exclusive à l'Amérique centrale, rien n'empêche de croire que l'individu tué en

Lorraine provenait de quelque ménagerie. Des faits de cette nature sont arrivés cent fois en Angleterre, où la passion des oiseaux exotiques est commune.

La famille fournit en outre un des moules les plus laids qui soient au monde : la cigogne *à sac* (Marabout du Sénégal, qu'aucuns nomment Philosophe). Le Philosophe est certainement l'oiseau le plus mal habillé qui soit sous la calotte du ciel. Ses vêtements, de couleur sale, sont déguenillés et percés aux coudes ; il est chauve jusqu'à la moitié du col, où il porte un rabat d'hermine. La cigogne à sac a volé au vautour toutes ses laideurs, toutes ses puanteurs et ses habitudes vomitoires. Un ignoble sac nu lui sort du cou comme un goître, simulant parfaitement une besace de mendiant gonflée de toutes sortes d'infamies. Sur son crâne dévasté pousse l'usnée des tombeaux, et le bec ajusté à cette tête semble être un bec fossile, car la nature actuelle n'en fait plus de cette taille ni de cette forme-là. L'âge antédiluvien de la bête est écrit d'ailleurs sur son front. En un mot, le philosophe est le modèle achevé de la laideur volatile ; ce qui n'empêche pas ce véritable ami de la sagesse d'être content de son sort. Que voulez-vous ! il aime, et pour lui, par conséquent, sa femelle est un parangon de beauté, de délicatesse et de grâce, un abrégé des merveilles des cieux. Je sais des hommes de ce nom qui s'entichent aussi follement de leur prétendue science, et qui sont persuadés que le titre de philosophe est le premier de tous. Or, vous savez ce que c'est qu'un philosophe, — un pauvre diable qui prêche à autrui la nécessité de réprimer ses passions pour gagner de quoi donner l'essor aux siennes !

Genre Ibis. — Le genre Ibis, qui compte de si nombreuses espèces dans les cinq parties du monde, n'est pas représenté en France, où il n'est connu que de nom. Il paraît cependant que la tempête jette de temps en temps sur nos côtes du Midi, dans les parages de nos étangs salés, un individu de cette famille. Nous devons d'autant mieux accueillir cet hôte, qu'il ne peut être que l'Ibis sacré de l'Egypte, le même auquel la reconnaissance des indigènes de cette contrée pieuse éleva jadis des autels. C'est, à parler franchement, un assez triste oiseau que l'ibis sacré, un oiseau chauve, gros comme une belle volaille, blanc par-dessus et par-dessous, avec des pieds noirs, un cou noir, un bec noir, long comme une faux. Il ne paye pas de mine; mais il n'est pas le seul dieu des temps anciens et modernes qui ait éprouvé des malheurs et qui ne porte plus sur son front l'empreinte du caractère auguste dont il fut revêtu en des temps plus heureux. Respectons l'infortune de l'ibis, car nul de nous ne sait ce qu'il peut devenir, et rappelons-nous que bien d'autres divinités ont avalé l'encens des hommes qui n'avaient pas gagné leurs autels à manger des serpents.

La Guyane française nourrit un magnifique oiseau qui s'appelle l'ibis rouge, et qui sera l'un des plus beaux ornements de nos pièces d'eau et de nos jardins publics quand on sera parvenu à l'acclimater parmi nous. L'ibis est ami de l'homme, ainsi que la cigogne sa cousine.

Genre Spatule.—Une seule espèce. Très-rare en France; se rencontrant par aventure dans les grands étangs du Midi. La spatule est un grand oiseau blanc de la taille de la cigogne, au bec et aux tarses noirs, et qui porte l'aigrette ou le catogan à l'instar des hérons. Elle est surtout remarquable par la forme caractéristique de son long et large bec aplati à ses deux extrémités en manière de spatule. La famille fournit en Amérique un moule d'une grande beauté, tout rose, couleur qui dit assez l'innocence de ses mœurs. Fiez-vous à l'oiseau rose; la nature ne trompe jamais à ce caractère-là, que du reste elle ne prodigue pas.

Genre Flammant ou Phénicoptère.—Le nom grec du flammant veut dire ailes de feu ; le nom français la même chose.

C'est le type de l'Échassier, le plus petit corps sur les plus hautes jambes. En foi de quoi je lui ai donné dans cet ordre le poste glorieux de pivot de série. Le flammant, qui est un des plus grands oiseaux du globe, n'est pas seulement un moule excentrique et bizarre comme l'avocette, il est pharamineux et caricatural. C'est un canard rose de cinq pieds de haut monté sur des échasses de deux pieds et demi pour le moins, et qui a le cou si long qu'on l'accuse de s'en servir comme d'une canne et de s'appuyer dessus. Il vole les jambes pendantes et le cou tendu, et comme ses ailes sont beaucoup trop courtes pour son corps, il fait de loin à l'observateur l'effet d'une croix de feu qui s'emporte dans les airs. J'ai toujours été tenté d'attribuer à l'espièglerie d'un individu de cette espèce l'apparition du fameux labarum qui versa un si grand courage dans le cœur des soldats du pieux Constantin combattant contre le tyran Maxence, et qui décida le triomphe des chrétiens sur les infidèles. J'ai vu des cerfs-volants bien réussis qui volaient mieux que le flammant et qui ressemblaient beaucoup plus à un oiseau véritable.

Le bec du flammant est une autre plaisanterie. On a eu raison de dire qu'un grand nombre de volatiles avaient été conçus par la nature dans un jour de gaieté. La description de ce bec n'est pas chose facile. Je ne puis mieux le comparer qu'à un superbe bec d'oie qui aurait reçu contre une muraille un renfoncement si furieux qu'il se serait du choc aplati et cassé en deux, si bien que la moitié antérieure serait restée pendante et inclinerait même légèrement à se diriger vers la gorge. La première moitié de la mandibule supérieure est une lame déprimée qui s'emboîte et s'encaisse dans la mandibule inférieure comme un rasoir dans un étui. Enfin les deux lames s'étant disjointes au point de la fracture, il s'est formé en ce dernier lieu une cavité considérable où la langue s'est logée. Cette langue tuméfiée et graisseuse est ce friand morceau dont raffolait l'empereur Héliogabale. Les Égyptiens d'aujourd'hui s'en servent en guise de beurre ou de lard pour accommoder leurs ragoûts. L'histoire des excentricités du flammant n'est pas terminée encore. J'éprouve plus que jamais le besoin de faire faire de ce livre une édition illustrée dans le genre de l'ouvrage d'Audubon.

La nidification et l'incubation sont aussi curieuses que le reste chez ce moule fantastique. La femelle, pour couver à l'aise avec d'aussi longues jambes, a imaginé de se bâtir un cône d'argile d'une élévation correspondante à celle de ses échasses ; elle tronque le cône à la hauteur convenable, et creuse à son sommet une cuvette où elle pond. Cette disposition ingénieuse lui permettra désormais de couver à califourchon, les pieds pendants à terre. Comme les femelles, dans cette espèce, aiment à couver en société, ce doit être un assez singulier tableau que la réunion d'une cinquantaine de ces hauts personnages vêtus de robes roses et assis gravement sur leurs chaises pointues à la façon des sénateurs romains. Je sais qu'il s'est rencontré des naturalistes assez malveillants pour traiter de fable cette histoire des nids en pisé, et pour affirmer *de visu* que les femelles des flammants couvaient comme toutes les autres femelles en repliant leurs jambes sous leur corps ; je n'ai aucune foi en leurs dires. C'est précisément parce que le flammant ne peut rien faire comme tout le monde que je tiens pour prouvé le fait de l'incubation à cheval que de nombreux témoins, du reste, certifient aussi *de visu* sincère et véritable.

Le flammant ne pouvait pas manger comme les autres oiseaux, dès qu'il accomplissait toutes les autres fonctions d'une façon différente. La conformation de son bec lui prescrivait d'ailleurs un mode de manducation tout spécial. Il mange donc *en fauchant*. Il commence par renverser son bec, le fait circuler ensuite dans une position horizontale à l'aide de son long col, et réussit par ce procédé à ramasser au fond de l'eau des brassées de mollusques du milieu desquels il extrait les plus mous qu'il avale de côté. Et voilà comment la nature, à force de génie, finit par se justifier de ses excentricités les plus audacieuses.

Les flammants qui veulent faucher une pièce d'eau se mettent en ligne à l'instar des faucheurs de luzerne. L'homme pourrait parfaitement, à raison de cette habitude, utiliser le flammant en guise de rabatteur de poisson.

L'éducation des jeunes flammants est longue et difficile, et la croissance tardive de leurs ailes les laisse pendant plusieurs mois sans défense à la merci de leurs ennemis naturels. Les adultes eux-mêmes ont chaque année de rudes semaines à passer, à l'époque de la mue. La crise les prend si subitement qu'ils perdent à la fois toutes leurs pennes et demeurent plusieurs jours dans l'impuissance absolue de voler. Malheur à celui qui, dans ce moment de gêne, se trouve avoir affaire à l'homme et à ses chiens !

Le flammant est un oiseau de mœurs fort innocentes qui s'accommode parfaitement de la domesticité à laquelle on l'a soumis dans beaucoup de pays de l'Amérique méridionale. Il est malheureux seulement qu'il ne puisse rembourser par le volume et la délicatesse de sa chair les dépenses de son éducation.

Les os du flammant sont tubulés et évidés au dedans au point d'en être diaphanes comme ceux du pélican, dont le squelette est quinze à vingt fois plus léger que le corps plein. Aussi les anciens tiraient-ils grand parti du fémur du phénicoptère pour la fabrication des instruments de musique. C'est avec ce fémur que se confectionnaient entre autres ces fameuses flûtes dont je ne sais plus le nom, et dont le son était si harmonieux et si propre à exalter les passions amoureuses que les législateurs se virent forcés d'en interdire l'usage.

Le flammant est un oiseau des lacs plutôt qu'un oiseau de rivage maritime ou fluviatile. On le trouve en assez grande quantité dans les savanes de l'ancien et du nouveau continent. La contrée d'Europe où il se plaît le plus est l'Andalousie, et dans l'Andalousie son séjour favori est la région des Marismas, immenses plaines inondées qui s'étendent à droite et à gauche du Guadalquivir, près de son embouchure dans l'Océan. C'est de là et du nord de l'Afrique qu'il vient en France. On l'a rencontré quelquefois en vols assez nombreux sur les rives du grand étang de Valcarès, en Camargue. Comme cet oiseau est assez enclin aux longs voyages, *quoique* ou plutôt *parce que* mauvais voilier, il lui arrive quelquefois de profiter d'une violente tempête pour se faire pousser plus au nord. J'en ai vu deux empaillés dans un café de la ville de Vitry-le-Français, en Champagne, qui s'étaient fait tuer dans la plaine voisine, vers les premières années de la restauration.

Le genre Flammant renferme plusieurs espèces qui diffèrent entre elles par la taille. L'espèce qui s'égare en France est des plus haut jambées.

Série des Dactyligrades. — Groupe des Mollirostres. — Quatorze genres, quarante-deux espèces.

Genre Courlis.—Trois espèces : Le grand Courlis de mer, le petit Courlis, le Corlieu.

Le grand courlis de mer, qu'il n'est pas rare de voir figurer l'hiver au marché de la Vallée de Paris, est un grand oiseau fauve fort remarquable par la longueur démesurée de son bec en faucille. Son plumage, d'une seule nuance jaune terreux, est tout à fait semblable à celui de l'œdienème, vulgairement dit courlis, qu'on rencontre dans les steppes. L'oiseau est assez haut sur jambes et deux fois gros comme la bécasse, avec laquelle le peuple le confond volontiers. Je dirai à ce propos que l'ignorance en histoire naturelle est un des crimes que le gamin de Lorraine émérite pardonne le moins aux gamins de Paris, dont la crédulité passe toute mesure. On ferait un volume très-ridicule et très-gros avec les absurdités et les fables qui se débitent en un seul jour au Jardin des Plantes devant les divers parcs des oiseaux ou devant le palais des singes. J'ai fini par m'expliquer l'étrangeté de certains votes politiques du peuple parisien par son opinion sur l'autruche. L'autruche est, au dire du gamin de Paris, un animal féroce qui combat les cavaliers à coups de pierre, et qui les tue fréquemment de la même façon que David tua Goliath. Pour lui encore, l'hyène, qui s'apprivoise comme un chien, est toujours la bête la plus féroce et la plus sanguinaire de la création, et l'oiseau qui a un grand bec, buttrier ou courlis, est toujours la bécasse. Il n'y a réellement que la crédulité de ce badaud futur qui puisse égaler son aplomb. Le badaud de Paris est le gamin à l'état adulte.

Le grand courlis, comme beaucoup de paludiens de son ordre, traverse fréquemment les terres pour passer d'une mer à l'autre, et comme il s'arrête dans sa route au bord des eaux dormantes, il est peu de chasseurs de marais qui ne l'aient tué.

Les gens qui ont le bonheur d'être dévorés de la passion de la pêche à la ligne savent tous ce procédé pour récolter des vers rouges qui consiste à ficher un bâton pointu en terre et à ébranler circulairement le terrain. Le ver, qui sent trembler le sol autour de lui, s'imagine avoir affaire à la taupe, sa plus formidable ennemie, et se hâte de sortir pour que l'homme le prenne. Je ne sais qui a pu mettre le courlis au courant de ces détails, mais le fait est qu'il se sert de son bec immense pour produire le tremblement de terre comme le pêcheur à la ligne, et que le procédé lui réussit parfaitement.

Le petit courlis et le corlieu, communs sur les côtes de Picardie et de Bretagne, sont taillés sur le même patron, bec, tarses, pied, envergure; seulement le modèle est réduit. L'histoire de ce genre-là offre peut-être des particularités intéressantes, mais j'avoue que jusqu'à ce jour elles ne sont pas venues jusqu'à moi. La chair des courlis n'est que mangeable.

Genre Avocette. — Une seule espèce. L'avocette est un moule bizarre dont la nature n'a voulu tirer que deux exemplaires, pour ne pas avoir l'air de s'insurger contre ses propres lois. C'est le seul oiseau de ce globe dont la courbure du bec rebrousse vers le front et forme crochet par-dessus. Cette disposition étrange qui facilite les tendances à l'écartement et à la disjonction des mandibules, jointe à la faiblesse et à la ténuité des deux branches de cette pince, rend très-difficile à l'oiseau l'acte de préhension, et fait à l'avocette, bien plus encore qu'à l'échasse, une loi impérieuse de chercher sa pâture dans le milieu le moins résistant. Aussi la nature, pour corriger les torts de sa fantaisie et venir en aide à ce moule disgracié, lui a-t-elle accordé de hautes jambes, des tarses tranchants à l'avant et des pieds presque aussi palmés que ceux des rémipèdes. Munie de ce double appareil de sauvetage, l'avocette arpente sans encombre les vases les plus molles et les plus détrempées ; elle fouille dans ce milieu à l'aide de son crochet, et, quand elle a senti quelque proie, comme un ver, elle la fait sauter adroitement en l'air et la reçoit dans son bec. L'avocette est un assez bel oiseau du volume et de la couleur de l'échasse ; elle est un peu moins haute sur jambes et moins fluette de corsage ; manteau noir, gilet blanc, culotte idem. L'avocette est connue de tous les chasseurs de mer depuis le Pas-de-Calais jusqu'à la baie de Gascogne, et depuis la plage de Port-Vendres jusqu'à celle de Saint-Tropez. Polygame ; niche en France. Mangeable comme tous les oiseaux à bec très-fin qui ne peuvent faire leur nourriture que de petits insectes, larves ou vers. Le pouce de l'avocette est presque imperceptible. On a forgé pour ce moule le nom de *Récurvirostre* que j'approuve.

GENRE ÉCHASSE. — Une seule espèce. L'échasse est comme le flammant un des moules-types de l'ordre dont elle porte le nom et ce nom lui convient parfaitement, car c'est de tous les oiseaux peut-être celui à qui la nature a fait don des jambes les plus hautes, proportionnellement au reste du corps. L'échasse a près de deux pieds de hauteur de la paume du pied au sommet de la tête, quoique sa grosseur soit à peine celle du pigeon domestique ; mais son aspect ne réveille aucune des idées disgracieuses qui s'attachent chez nous à ce nom d'Échassier. L'échasse est un très-bel oiseau, d'allures élégantes, noir par-dessus, blanc par-dessous, à la jambe fine et tranchante, au tarse nu, aux grandes ailes ; son bec droit, effilé, est taillé, comme son cou, dans des proportions convenables. Elle entre dans le flot jusqu'à mi-jambe pour chercher sa pâture. C'est une espèce cosmopolite, de mœurs fort innocentes et qui fait peu parler d'elle. Elle niche en France, dans les champs voisins de la mer. La femelle *s'ajouve* (s'accroupit) pour couver. L'ignorance où je suis des vertus de sa chair ne m'en donne pas une très-haute idée. Polygame.

Genre Huîtrier ou Pie de mer. — Une seule espèce. J'aime mieux le second nom que le premier, parce que le premier est menteur, et parce que l'oiseau dont il s'agit a beaucoup de ressemblance avec la pie vulgaire, qu'il dépasse un peu en grosseur, mais dont il porte le costume. Ce nom d'Huîtrier semble vouloir dire mangeur d'huîtres. Or, on sait que les huîtres sont des mollusques peu vagabonds de leur nature, qui meurent volontiers où ils s'attachent, qui passent toute leur existence ensevelis sous les ondes, et ne se risquent guère à flâner sur les grèves pour servir de pâture aux oiseaux de rivage. Si l'on voulait absolument baptiser la pie de mer d'un nom tiré du genre spécial de sa nourriture, mieux valait l'appeler le Moulier que l'Huîtrier, attendu qu'elle peut faire une très-grande consommation de moules et d'autres coquillages de surface et qu'elle n'a, au contraire, que de très-rares occasions de se régaler d'huîtres.

La pie de mer est un assez bel oiseau qui a la partie inférieure du corps d'un beau blanc, le manteau et le plastron noirs, comme la pie, l'iris rouge. Elle est surtout remarquable par son long bec pointu, droit et fort, qui semble fait d'ivoire rose. Ce bec joue à volonté l'office de levier ou de pince; l'oiseau s'en sert pour ouvrir de force les coquillages et en dévaliser l'intérieur. Ses pieds vigoureux et rapides, ses tarses beaucoup moins longs que ceux de l'échasse, sont teints de la même nuance roseclair, ce qui a fait donner à l'oiseau par Linnæus le nom d'*Hœmatopus* (pieds couleur de sang). Il est fâcheux que, depuis ce baptême, on ait trouvé dans la Nouvelle-Zélande un second huîtrier qui n'avait plus les pieds roses ; car, pour ne pas contrarier le grand naturaliste suédois, la classification officielle a dû enregistrer la nouvelle recrue sous le nom d'Hœmatopus à pieds bruns ou noirs, et l'on a eu de cette façon un oiseau à *pieds rouges* qui a *des pieds noirs*. Cette dénomination n'est guère moins malheureuse que celle de *solipède* donnée au cheval par la même classification. Je regrette que les parrains officiels des bêtes n'aient pas pris plus souvent leurs fonctions au sérieux.

La pie de mer est douée en outre d'une voix de sifflet d'une acuité sans égale qui déchire l'oreille à de grandes distances, perce le bruit des tempêtes et le murmure des flots. Son humeur est très-batailleuse en tout temps, mais surtout dans la saison d'amour, et elle ne rachète pas suffisamment ses défauts par la qualité de sa chair dans la saison d'automne. La pie de mer aime et niche en France, erre d'une plage à l'autre, vagabonde, mais n'émigre pas. La nature, qui ne fait rien sans motif, a dû assigner à cet oiseau une mission de guetteur quelconque, en rapport avec la résonnance de sa voix.

Genre Barge. — Deux espèces : la Barge à queue noire, la Barge à queue barrée.

La barge, qu'il est facile de confondre de prime abord avec la bécasse, et qu'on nomme pour cette raison la bécasse de mer, est le plus beau coup de fusil qu'on puisse avoir à tirer dans la chasse des oiseaux de rivage ; car elle joint à la délicatesse de la chair le mérite du volume. La barge est beaucoup plus forte et beaucoup plus haute sur jambes que la bécasse ; son bec est plus long aussi que celui de cette dernière espèce ; il est moins renflé à l'extrémité, et il aspire presque à se relever vers le ciel. Du reste, même consistance molle et quasi spongieuse annonçant que les deux espèces doivent trouver leur vie dans le même élément, la vase plus ou moins détrempée. La barge, moins riche de toilette que la bécasse, et qui se contente pour tenue habituelle d'un simple paletot grisâtre de la nuance la plus modeste, revêt un manteau roux dans la saison d'amour. La barge à queue barrée est un peu plus petite que la barge à queue noire. Pièces de premier choix comme gibier maritime, mais inférieures de plusieurs grades à la bécasse et à la bécassine.

Genre Bécasse. — Une seule espèce. La bécasse, que tout le monde connaît, forme un genre ambigu qui aurait pu aussi bien trouver place parmi les oiseaux des forêts que parmi les échassiers. La bécasse, en effet, a le bois pour patrie ; elle y vit, elle y aime ; mais comme elle ne perche pas, comme elle se rapproche par tous les autres caractères de la famille des Échassiers, j'ai dû la loger dans cet ordre. Elle se distingue de la bécassine en ce qu'elle a les tarses beaucoup plus courts et la jambe couverte de plumes, ce qui indique des habitudes plus coureuses et la fréquentation d'un milieu plus couvert. C'est de plus un oiseau qui ne vole spontanément que la nuit, mais qui marche le jour.

La bécasse habite pendant l'été les plus hautes montagnes du continent européen et aussi le Groenland et l'Islande. Elle en descend avec les grands froids dans les plaines et passe avec aisance d'Amérique en Afrique pardessus l'Angleterre, la France, l'Italie et l'Espagne. Aucun oiseau n'a plus que la bécasse la passion des voyages, ce qui la force à se munir de ces fortes provisions de graisse qui donnent tant de prix à sa chair. Beaucoup hivernent en France aux environs des sources chaudes qui coulent dans nos bois et ne gèlent jamais. Quelques-unes même y nichent et y restent toute l'année. Le nid est une petite cuvette naturelle creusée sous un buisson de houx et à peine garnie de feuilles. La femelle pond dès le commencement d'avril ; sa ponte est de quatre œufs. J'ai pris au nid de jeunes bécasses et les ai élevées heureusement jusqu'à l'état adulte. Elles accouraient à ma voix comme des perdreaux et des faisandeaux, et me suivaient pour un ver à travers chiens et chats. Il était même inutile d'extraire les vers de leur gangue pour les leur donner en pâture. Elles les retiraient parfaitement à l'aide de leurs sondes, et avec une habileté et une rapidité incroyables, de la petite motte de gazon ou d'argile dans laquelle ils étaient enterrés. La bécasse est donc un oiseau éminemment domesticable et sociable, et dont l'éducation peut devenir l'objet d'une riche industrie. Le succès me semble d'autant plus certain que j'ai vu d'autres amateurs réussir comme moi dans l'éducation de cette espèce, et que les cas d'albinisme, qui sont fréquents chez les bécasses, indiquent de leur part une tendance naturelle à se rallier à l'homme.

On a vu dans la mer du Nord des bécasses fatiguées s'abattre en vols nombreux sur le pont des navires, et j'ai cité déjà au cinquième chapitre de ce livre l'histoire des pauvres voyageuses qui, deux fois par an, se cassent la tête aux cages de nos phares maritimes. Ces détails et beaucoup d'autres se retrouveront où j'ai dit.

Les pays de France qu'affectionnent particulièrement les bécasses sont : à l'ouest, la Bretagne, la Vendée et les Landes ; à l'est, l'Alsace, la Franche-Comté, le Bugey et les Alpes ; au centre, le Cantal et les Cévennes. On en trouve partout ailleurs dans le mois de novembre et jusqu'à l'arrivée des froids; mais nulle part on ne les rencontre en aussi grande quantité que dans les environs de Belley et de Grenoble.

La bécasse est un oiseau complétement muet pendant dix ou onze mois de l'année et à qui l'amour seul a puissance de délier la langue. Elle commence à parler vers la fin de février pour rentrer dans son mutisme obstiné avant la mi-avril. Son langage se compose d'une seule phrase, d'un cri d'appel amoureux en trois notes d'un timbre métallique et sonore : *pitt-pitt-corrr*. La note terminale a fait inventer le verbe *croûler* pour exprimer l'idiome de la bécasse et le substantif *croûle* pour désigner un genre de chasse spécial à cet oiseau.

Le manteau de la bécasse, qu'il serait très-difficile de décrire, offre une riche bigarrure de plaques noires et de bandes transversales sur un fond roux qui n'appartient qu'à elle. La tête est sillonnée dans la direction de l'avant à l'arrière par d'élégants bandeaux alternativement noirs et blancs qui encadrent le regard et se retrouvent chez les bécassines. La couleur-type du gibier-plume, s'il en existe une, doit être celle de la bécasse; car je ne connais pas de pièce tuée qui fasse mieux que la bécasse à l'œil et à la main, comme je ne connais pas de rôti qui réjouisse d'une façon plus complète le palais et le nez.

Beaucoup de saints personnages sont friands de la bécasse, qui est l'emblème de la dévote, espèce grassouillette qui donne surtout vers l'arrière-saison.

Genre Bécassine. —Trois espèces : la double Bécassine, la Bécassine, la Sourde.

La double Bécassine. — Commune dans les marais de Russie et de Pologne, niche rarement en France. Elle est intermédiaire pour la grosseur entre la bécasse et la bécassine proprement dite. Elle vole plus droit que cette dernière, part sans pousser le moindre cri et se tient plus volontiers sur les bords de l'eau vive qu'au milieu des marais. Je l'ai tuée plusieurs fois au bois, dans les taillis mangés par la bruyère et même dans les chaumes en plein champ.

La Sourde (bécot, bécasseau, jacquet). — Ainsi nommée parce qu'elle est muette et semble ne pas vous entendre venir, vous partant toujours sous les pieds. De passage plutôt qu'indigène, originaire des grands marais du nord de l'Europe ; arrivant assez tard en France et nommée pour cette cause bécassine *de la Saint-Martin* (11 novembre). La sourde, qui n'est guère plus forte que l'alouette, est moins difficile à tirer que la bécassine ; elle tient l'arrêt comme une caille et se remise volontiers quand on la manque à trente pas de l'endroit d'où elle est partie. On la rencontre aussi fréquemment dans la plaine et dans les bruyères. Son arrivée coïncide avec celle de la bécasse et de la grive mauvis. J'ai cru lui reconnaître, en Algérie où elle est très-commune l'hiver, une prédilection toute spéciale pour le sol des prairies humides fraîchement incendiées. Gibier hors ligne pour la broche comme pour la casserole.

La Bécassine. — La bécassine qui n'a, pour ainsi dire, que trois doigts au pied, *perche*, et, qui plus est, elle *chante*. Ces tours de force merveilleux sont l'œuvre de l'amour qui ne connaît pas d'obstacles. Il n'y a que le mâle qui perche et il ne perche que pour chanter, et bien entendu qu'il ne chante que dans la saison d'amour et pour charmer les longues heures de travail d'incubation de la femelle. J'ai longtemps révoqué en doute la faculté de perchement de la bécassine, mais force me fut bien de revenir de mon obstination, après qu'on m'eut rendu témoin du phénomène et fait assassiner de mes propres mains deux pauvres amoureux sur la plus haute branche du même arbre. Cet arbre était un chêne qui s'élevait au milieu d'une prairie marécageuse du Val-de-Loire.

Le chant de la bécassine est une série de légers bêlements de chèvre qui reviennent de minute en minute et dont les intervalles sont remplis par une chaîne sans fin de *taratatata* monotones que le virtuose récapitule avec une ardeur, une verve et une puissance d'haleine que je n'ai connues qu'à lui. J'ai entendu le mâle de la bécassine chanter deux heures de suite sans faiblir une seconde, sans varier ses intonations d'un demi-bémol, sans augmenter ni diminuer ses intervalles d'un soupir. Et si le dilettante exigeant est en droit de reprocher un peu de sécheresse et de pauvreté à la cantate, en revanche l'amateur d'évolutions aériennes a sujet d'être satisfait; car le vol de la bécassine en amour est un des plus curieux spectacles qui se puissent admirer. Ce vol est une alternance indéfinie d'ascensions verticales et de descentes en parachute dont le nid de la femelle est le point d'arrivée et de départ. Vous venez de voir l'oiseau piquer droit dans la nue à la façon des martinets et des fusées volantes, votre oreille le suit encore, mais votre œil l'a perdu; attendez quelques secondes qu'il ait eu le temps de courir une vingtaine de bordées dans l'espace et de bêler son amoureux délire aux quatre points cardinaux du ciel. Le revoilà, regardez-le qui plonge et qui s'abat sur le sol; il va s'y enclouer tant sa chute de plomb est rapide; heureusement que son parachute s'est déployé à temps et comme il allait toucher terre. Admirez avec quelle grâce et quelle légèreté il se balance sur ses ailes; c'est pour faire le Saint-Esprit sur la tête de la couveuse, c'est pour l'endormir par une passe et pour la tenir encharmée. Après quoi il remontera pour redescendre encore et toujours et toujours..... O heureux par-dessus tous, ceux qui aiment et qui jamais n'ont fini de le dire, le royaume du ciel est à eux.

Le mâle de la bécassine en costume de noces est un très-bel oiseau dont le manteau fond roux est moucheté de taches brunes à reflets vert cuivreux, et dont la queue élégante s'épanouit en éventail sous l'impression d'une sensation profonde. Il n'a toutes ses couleurs qu'à sa troisième mue. La femelle est plus grise ; chez les jeunes, le dos est presque complétement noir, le ventre complétement blanc ; ces jeunes s'élèvent aussi facilement que ceux de la bécasse.

Malgré la puissance de son vol, la bécassine paye un large tribut à la convoitise du hobereau, de l'épervier et de l'émérillon ; car tous ces petits tyrans de l'air ne font pas moins cas de sa chair que l'homme. Le faucon-pèlerin, semblable au chasseur de haut titre, qui est plus glorieux d'un paroli de bécassines que de dix parolis de perdreaux, le faucon-pèlerin, qui chasse pour chasser presque autant que pour manger, renonce à la perdrix ou au canard qu'il est prêt de harponner pour courir à la bécassine. Mais de tous les ennemis de la pauvre volatile, hélas ! le plus terrible est l'homme.

Depuis que la prairie gagne sur le marais et que les digues et les levées s'exhaussent de toutes parts pour dire à l'océan et au fleuve : *Tu n'iras pas plus loin*, la bécassine a désappris la route de la France et, comme le cormoran, elle va demander un refuge aux plages maritimes. Mais où seront les plaisirs de la chasse et les joies de la table, quand la bécassine ne sera plus !

Genre Bécasseau. — Ce genre, auquel nous avons adjoint l'ancien genre Maubèche, renferme une dizaine d'espèces, parmi lesquelles le Bécasseau pygmée, le plus petit des oiseaux de rivage. Le nom du Bécasseau échasse s'explique de lui-même.

Le bécasseau, la maubèche composent, avec l'espèce voisine, le Sanderling, cette nombreuse famille d'échassiers mignons qu'on désigne indistinctement sous le nom commun d'alouettes de mer, et qu'on voit apparaître sur nos côtes, au printemps et à l'automne, en groupes serrés et tourbillonnants qui ne savent jamais s'ils veulent s'en aller ou rester, s'élever ou s'abattre. Tous ces petits oiseaux-là ont l'amour tapageur et font beaucoup de bruit en avril sur la plage; mais leur chair est excellente à l'arrière-saison et peut devenir l'occasion d'un salmis délectable.

GENRE SANDERLING. — Une seule espèce, tridactyle. Le sanderling est un des plus petits échantillons de l'ordre. Sa taille est celle du chevalier guignette (cul blanc de Paris). Le sanderling a seulement la jambe plus haute et le manteau plus brun. Bec droit et effilé de longueur moyenne, signalement connu. L'espèce est répandue sur toutes les côtes de France depuis les dunes de Dunkerque jusqu'au bassin d'Arcachon et plus bas; mais sa vraie patrie est la plage hollandaise, ainsi que son nom l'indique. Elle erre en tous temps des parages de la mer du Nord à ceux de la mer du Sud et se croise fréquemment avec la guignette, sur les rives de nos fleuves, lorsqu'elle prend à travers le continent pour économiser quelques étapes.

GENRE COMBATTANT. — Une seule espèce, la plus remarquable de tout le groupe. Le Combattant mérite une place à part parmi les oiseaux de rivage et une notice biographique moins dédaigneuse que celles qu'on vient de lire.

Le Combattant est un des moules les plus intéressants de tout le monde ornithologique, puisqu'il est un de ceux qui démontrent avec le plus d'énergie la vérité de l'aphorisme passionnel que toutes les beautés sont du printemps et toutes les laideurs de l'hiver.

Le Combattant est l'emblème du paladin, mais non du paladin fidèle, du don Quichotte de la Manche ou de l'Amadis de Gaule, qui brûle d'un unique feu et force tous les chevaliers qu'il rencontre à confesser la supériorité des charmes de la beauté qu'il adore. Le modèle auquel il tient le plus à ressembler est le *raffiné* de la cour des Valois ou de celle de Louis XIII, que l'histoire et la peinture nous représentent tout ruisselant de pierreries, de velours, de dentelles, toujours en quête d'un nouveau duel et d'un nouvel amour, la main gauche fièrement appuyée sur la hanche, la droite en route vers la rapière. Cependant, au lieu de lui donner l'un de ces deux noms de Raffiné ou de Paladin, les seuls qui lui convinssent, les savants l'ont appelé le *Paon de mer*, d'autres le *Chevalier combattant*. Les chasseurs de Picardie l'appellent tout simplement Combattant, et ils ont plus raison que les autres, puisque ce nom est pris de sa dominante passionnelle. La première qualification est absurde, parce que l'oiseau dont nous parlons ne porte pas les plus riches pièces de son écrin sur la queue comme l'oiseau de Junon (paon domestique). La seconde est insignifiante, parce que ce titre de Chevalier, qui eût été très-acceptable pour notre paladin si on ne l'eût décerné qu'à lui seul, a été prodigué à un tas d'espèces qui n'ont rien de chevaleresque ni dans le costume ni dans les mœurs. Or, un oiseau de la figure et du caractère du combattant ne peut pas s'appeler comme tout le monde.

Le paladin en petite tenue, c'est-à-dire dans la tenue qu'il porte pendant neuf mois de l'année, de la fin de juillet à celle d'avril, est un oiseau de rivage comme un autre, modeste dans ses goûts, humble dans ses habits et noyé dans cette masse confuse d'oiseaux à manteau brun verdâtre, à plastron blanc virguleté de gris, hautes jambes et long col, qui du matin au soir suivent l'ourlet du flot sur la grève maritime, et dont le chevalier guignette (le cul blanc de la Seine) nous représente le type. Le paladin que nous avons à décrire est deux fois gros comme la guignette, un peu moins fort que la bécasse; mais j'ai déjà dit que le paladin de l'automne ne ressemblait pas plus à celui du printemps que le vieillard à l'adulte. En effet, du jour où la fièvre d'amour entre en lui et l'agite, le moral et le physique du paladin subissent une métamorphose si complète que ses amis les plus intimes ne le reconnaissent plus au bout d'une semaine.

Et d'abord ce n'est plus un oiseau au teint pâle et à la poitrine évidée que nous avons sous les yeux; c'est un oiseau de couleurs voyantes, jaune-roux, blanc ou noir, aux nuances accusées, aux formes athlétiques. Le paladin amoureux commence par se cravater le col d'une fraise resplendissante dont les dentelles débordent sur sa poitrine, envahissent peu à peu les épaules, la tête, et finissent par couvrir tout le devant du corps d'une housse mobile, inquiète, animée, frissonnante : c'est la cotte de mailles du nouveau chevalier, c'est son armure de corps; il en tire des effets et des poses martiales d'une crânerie indicible. Quant à la couleur du costume, pleine liberté de goûts; chaque individu se taille son pourpoint à sa mode dans l'étoffe de la fantaisie, conformément aux traditions de la chevalerie antique où chaque paladin se parait des couleurs de sa belle. Après le choix de la couleur de l'armure de corps vient celui de l'armure de tête, du casque et du panache, et c'est ici surtout que la folle du logis fait des siennes. Il ne m'est pas prouvé que le génie de l'amour et de la mascarade ait fourni plus de types excentriques aux paladins de l'Arioste qu'aux paladins emplumés des grèves de la Manche. De cinquante chevaliers parés pour le tournoi, vous n'en trouverez pas deux vêtus de même sorte, et la plupart se croiraient déshonorés de porter le même costume pendant deux saisons de suite. J'ai cru remarquer que la couleur de favoritisme, qui est le noir velouté, était la mieux portée.

Une chose qui m'a toujours vivement intrigué dans l'étude de ces physionomies étranges, c'est la tendance universelle des gens qui se travestissent à se mettre des cornes sur la tête. Pour s'expliquer cette manie de vouloir ressembler au diable, manie commune à tous les esprits galants et batailleurs, depuis le plongeon jusqu'au faisan; pour comprendre que l'oiseau de guerre éprouve le besoin d'orner son front de cornes menaçantes comme un monstre de tragédie, et que le chevalier de la Table-Ronde et le cannibale du Mexique soient enclins au même travers, il faut absolument admettre que cette coiffure satanique recèle un talisman invincible, et un talisman à deux fins: qui terrifie l'ennemi et fascine la beauté. Je ne veux pas creuser la question plus avant, parce que le temps me manque; mais il est fâcheux que les savants qui ont peu de chose à faire ne l'aient pas encore attaquée.

En même temps que le paladin des grèves orne son chef de l'attribut diabolique et couvre son pourpoint d'une riche cotte de mailles, son caractère subit une métamorphose analogue et vire soudainement du pacifique au rageur. Sa jalousie amoureuse, toujours chauffée au rouge, fait immédiatement explosion à la vue d'un individu mâle de son espèce. Il se précipite de tout son poids et de toute sa vitesse sur le rival inconnu qui, de son côté, se rue à sa rencontre avec le même entrain; et le choc est quelquefois si terrible que les deux champions roulent du coup sur la molle arène, étourdis et sans pouls. Les mêmes scènes se renouvellent plusieurs fois chaque jour pendant huit à dix semaines, après quoi les combats finissent faute de combattants.

L'attitude de bataille de ces oiseaux, ce qu'on appelle la garde en argot de salle d'armes, est la même que celle du coq domestique : la tête basse, le corps horizontal, la collerette hérissée, le bec tendu, la pointe à la hauteur de la poitrine de l'adversaire. Ce bec, qui ressemble étonnamment à un fleuret démoucheté, est leur seule arme offensive ; elle suffit pour ensanglanter chaque rencontre, pour crever un œil à celui-ci, pour démonter celui-là d'une jambe ou d'une aile. Tant il y a que les rivages de la mer du Nord, où ces tournois se tiennent, fourmillent au mois de mai de paladins éclopés, boiteux d'un tarse, manchots d'une voile, et dont l'état piteux inspirerait infailliblement à un Indou l'idée d'un hospice d'invalides.

Le combattant ne quitte presque jamais les plages de l'Océan, où il trouve abondamment à vivre, à aimer, à se battre. Un grand nombre de héros de cette famille désertent chaque année les côtes de Picardie, de Normandie, de Bretagne, pour aller passer en Angleterre la riante saison des amours, des fêtes, des batailles. Revenu à résipiscence et à des habitudes plus pacifiques après la perte de son costume de noces, le paladin finit par fournir à l'arrière-saison un gibier très-passable. Ainsi Renaud de Montauban, le plus célèbre des quatre fils Aymon, pour racheter ses erreurs, se fit sur ses vieux jours porte-mortier des maçons qui construisaient la cathédrale de Cologne.

Le combattant vit parfaitement en domesticité pendant un an, mais à la condition qu'on ait soin de lui donner des compagnons de servitude avec lesquels il puisse échanger de temps à autre un coup de bec.

GENRE CHEVALIER.—Onze espèces; les plus grosses avoisinant la bécasse, les plus petites, l'alouette; toutes parfaitement reconnaissables à la marque qui leur a donné leur nom. Chevalier semi-palmé,—gambette ou à pieds rouges,—à pieds verts,—arlequin,—à longue queue,—cul blanc, — sylvain ou des bois, — à bec retroussé, — aboyeur, — guignette (cul blanc de Paris, *gravier* de Champagne).

Le genre Chevalier se distingue des genres précédents en ce que la plupart des espèces ont les pieds à demi palmés et le bec plus long. Les chevaliers ont la double mue comme les combattants, et leur verbe ne manque pas d'éclat dans la période d'amour; mais leur costume de noces n'est guère plus brillant que leur costume de voyage. Le gris, avec l'amour, prend une teinte un peu plus foncée; le blanc devient un peu plus clair : c'est toute la différence. Les chevaliers se font de temps en temps tirer à l'intérieur sur les berges des fleuves et sur les rives des étangs; ils s'abattent même volontiers sur les mares des plaines. Le chevalier sylvain, ambigu comme la bécasse entre les oiseaux des bois et les oiseaux de rivage, se rencontre quelquefois comme la bécassine dans les jeunes taillis des forêts inondées. Les guignettes, qui s'en viennent de l'Égypte et de l'Afrique en Europe au mois de mai, et qui s'en retournent au mois d'août, opèrent leur double traversée en suivant la route des fleuves. Ce double passage procure aux riverains l'agrément d'un intermède de chasse qui a d'autant plus de charmes qu'on a peu de chose à chasser à l'une et l'autre époque, que le gibier est délicieux d'ailleurs et de plus difficile à tirer.

GENRE TOURNEPIERRE.—Espèce unique. Taille du vanneau; bec noir, pieds rouges; tarses courts; doigts libres, pouce invisible; manteau noir teinté de blanc et de gris, la partie supérieure du col et la tête noires, le dessous du corps d'un blanc terne. Le nom de cet oiseau indique suffisamment l'industrie dont il vit : c'est une espèce de dépaveur qui se sert de son bec comme d'un levier pour dépaver les petits cailloux des bords de la mer et faire main basse sur les vers et les larves qui ont l'habitude de se loger sous cet abri. Le tournepierre, qui se rapproche assez du vanneau pour la couleur et la taille, et qui est vermivore comme lui, n'en doit pas différer sensiblement quant à la chair.

Genre Vanneau.—Deux espèces : le Vanneau Couronné, le Vanneau Suisse (Squatarole).

Les vanneaux sont de jolis oiseaux, à manteau de couleur verte changeante, à plastron noir, à ventre blanc. Ils ont reçu leur nom du son que produit le battement de leurs ailes et qui, dit-on, imiterait le bruit du van. Les vanneaux sont d'infatigables voyageurs qui émigrent du Nord dans la saison des pluies, en même temps que les pluviers, et dont les émigrations ont lieu à des époques si régulières qu'elles ont pu servir à fixer des dates, et que le mois d'octobre a reçu au Kamschatka le nom de mois des Vanneaux. Ils retournent au printemps vers les régions du Nord où ils nichent. Beaucoup ont la France pour patrie ; mais leur contrée de prédilection en Europe est la Hollande.

Les vanneaux sont encore les amis des terres molles qui bordent les marais ou que la mer recouvre ; mais la mollesse de leurs mandibules ne les attache pas au rivage comme les chevaliers et les espèces précédentes. Les terres fraîches, remuées et cultivées, leur conviennent tout aussi bien, et si l'homme leur faisait moins peur et les traitait avec plus d'égards, on les verrait marcher dans le sillon à la suite de la charrue, à l'instar des corneilles, des pies, des étourneaux. Ils s'abattent sur les guérets de l'automne par grandes masses pour y déterrer les lombrics dont ils font leur pâture et ne retournent au marécage que pour se laver les pieds. Cette ablution, qu'ils pratiquent deux ou trois fois par jour avec une régularité minutieuse, est nécessitée par les inconvénients du procédé qu'ils emploient pour faire sortir les vers et qui consiste à piétiner obstinément la terre, à la façon de l'aptérix.

On sait, par l'expérience de la bécasse et de la bécassine, à quel point la vermivorie réussit à raffiner la chair. Elle profite aussi au vanneau, mais dans des proportions beaucoup moindres. Tout le monde connaît ce dicton culinaire : « Qui n'a goûté ni pluvier ni vanneau ne sait pas ce que gibier vaut. » Le pluvier et le vanneau sont assurément deux gibiers estimables aux environs de la Toussaint, et je serais désolé de leur dire quelque chose qui pût les humilier ; mais franchement le préjugé populaire leur a fait une réputation plus haute que leur mérite. L'adulation exagérée est un poison qui gâte tout ce qu'il touche et qui dessert toujours ceux qu'on voudrait servir. Quand on connaît la grive, la caille, la bécasse, l'ortolan, le rouge-gorge, le becfigue et vingt autres, on n'a pas besoin d'avoir tâté du pluvier pas plus que du vanneau pour savoir ce que gibier vaut. Disons toutefois, en passant, puisque nous y sommes, que les vanneaux de la Toussaint ont le droit d'aspirer aux honneurs de la broche, mais non ceux du Carême..... Le vanneau de Carême est maigre. Dieu ne le défend pas.

Le vanneau ne se contente pas de servir à l'homme un rôti passable en octobre ; il lui donne encore au printemps des œufs d'une délicatesse exquise dont on fait commerce en Hollande. J'ai ouï dire, et je le crois sans demander de preuve, que l'art de la chimie est parvenu à falsifier ce produit alimentaire comme tous les autres. Mais je me féliciterais sincèrement, cette fois, des progrès de la science, si cette falsification avait pour résultat de forcer les chercheurs d'œufs de vanneaux à renoncer à leur criminelle industrie ; car le vanneau est un des grands protecteurs de la sécurité de l'homme en général et du Hollandais en particulier, et si l'homme et le Hollandais pouvaient prêter l'oreille aux conseils de la sagesse, la sagesse leur dirait que le vanneau mérite d'être placé sous la protection spéciale de la loi, au même titre que la cigogne, attendu que c'est lui qui défend les digues de la Hollande contre les ravages des insectes qui ruinent ces constructions par leurs menées souterraines, et que c'est uniquement pour vaquer à cette œuvre qu'il a fait des polders ses demeures de prédilection.

Ainsi le vanneau ne se borne pas à offrir à l'homme le plaisir de la table après sa mort. Vivant, il lui procure celui de la chasse sur la plus grande échelle ; il lui est de plus auxiliaire intelligent et dévoué. Captif, il embellit les jardins des grâces de sa personne et fait aux limaces, aux lombrics et aux jeunes escargots une guerre acharnée. Remarquons enfin que lui seul, lui seul de sa famille, a osé rompre en visière aux habitudes immorales de ses proches et arborer la noble bannière de la monogamie.

J'ai cherché à vous donner tout à l'heure une idée pittoresque des évolutions de la bécassine amoureuse ; le vol du vanneau enflammé n'est pas moins émaillé de culbutes et de cabrioles audacieuses que celui de la bécassine, et si le vanneau ne bêle pas comme la chèvre, il miaule comme le chat.

Les analogistes prétendent même que l'aigrette du vanneau couronné n'est qu'une sorte de prix Monthyon qui lui a été décerné en récompense de sa belle conduite en ménage et des services nombreux qu'il rend à l'homme, en mode composé.

Genre Pluvier. — Cinq espèces : le grand Pluvier de terre, le Guignard, le Pluvier à collier, le Pluvier à collier interrompu, le Pluvier doré.

L'histoire des vanneaux se lie intimement à celle des pluviers. Voisins de chasse, voisins de broche, voisins de forme, de famille, d'appétits, d'habitat. Le vanneau porte quatre doigts au pied, le pluvier trois seulement; mais les deux genres s'unissent par un moule intermédiaire, le vanneau suisse, qui dissimule si habilement son pouce imperceptible qu'il est très-difficile de découvrir cet appendice microscopique à première vue. Ajoutez que le vanneau suisse ne porte pas d'aigrette comme le vanneau proprement dit, mais qu'il a en revanche le plastron noir du pluvier doré, qu'il est de la même taille que celui-ci et lui ressemble par les traits du visage. Jamais parenté de genre ne fut mieux établie.

Les pluviers sont des oiseaux qui ont les ailes aiguës et le pied léger, et qui sont aussi bien taillés pour le vol que pour la course. Ils ont des espèces pour la steppe, pour les champs cultivés et pour tous les marais. Ils vivent exclusivement d'insectes et particulièrement de vers de terre qu'ils font sortir de leurs trous en piétinant le sol, habitude qui leur est commune avec les vanneaux et qui aurait pu les faire appeler les *batteurs de terre*. Les pluviers n'ont pas la physionomie heureuse ; leur tête est beaucoup trop volumineuse, leur œil trop grand, leur bec aussi trop court et inséré trop bas et trop à angle droit dans le crâne. Ce bec est noir, court, arrondi à la base, renflé à son extrémité. Ils portent pour la plupart un manteau jaune verdâtre, émaillé de mouchetures brunes, plus force colliers noirs et plaques d'ordres sur la poitrine. Le sentiment de fraternité est très-développé chez eux. Quand un pluvier est abattu, tout le vol revient sur lui pour le secourir, et il est arrivé plus d'une fois à un chasseur d'exterminer toute une bande de guignards sans bouger de place. Les pauvres bêtes, qui payent cruellement la faute de leur tête trop ronde, ont aussi la bonhomie de croire à l'innocuité des gens ivres, et se laissent approcher facilement par quiconque fait semblant de ne pouvoir se soutenir sur ses jambes. Religieux observateurs de la loi musulmane, ils pratiquent la polygamie, et se rendent au bord des eaux deux ou trois fois par jour, à des heures régulières, pour faire leurs ablutions et se laver les pieds. Presque tous sont indigènes des régions septentrionales de l'Europe, d'où ils émigrent à l'approche de l'hiver pour traverser tout le continent et se rendre en Afrique. Ils ne sont que de passage en France, où ils arrivent vers la saison des pluies, ainsi que leur nom l'indique. Les espèces de pluviers qui sont armées n'appartiennent pas à l'Europe. Les pluviers sont de grands ennemis de la stabilité ; ils muent deux fois par an, et figurent avec distinction dans les fastes de la cuisine et de la cynégétique françaises. C'est un pluvier qui a commencé la gloire et la fortune de la pâtisserie de Chartres.

Le grand Pluvier de terre. — Très-rare et de passage en France; taille de l'œdicnème ; manteau brun-cendré, poitrine d'un blanc sale, large collier noir et ceinturon de même nuance, la pointe du bec noire et le reste orangé, pieds rouges. Oiseau solitaire qui fréquente les hautes terres, et se fait tuer sur le bord des grands étangs et des fleuves où il vient se laver les pieds.

Le Guignard.—Taille du merle; manteau gris-roux, plastron roux cerclé d'un large bandeau noir dans la saison d'amour, une tache noire ovale sur le ventre. Le guignard apparaît aux environs des deux équinoxes de mars et de septembre dans les plaines découvertes de l'Artois, de la Beauce, de la Vendée, de la Champagne et dans les plaines arides du midi. Il rase le sol en vols nombreux, tourbillonnants et rapides. C'est de tous les pluviers celui qui a la tête la plus forte et la plus ronde, ce qui ne veut pas dire qu'il y loge une plus grande quantité de cervelle, au contraire; car c'est de tous les pluviers le plus crédule à l'endroit de l'homme ivre et le plus obstiné à revenir sur le chasseur. C'est ce même guignard, jadis très-commun dans la Beauce, qui fut l'élément primitif du fameux pâté de Chartres. Il habitait alors le canton de Bonneval, et dans ce canton la commune de Neuvy en Dunois, où se trouve un dolmen druidique; il y reparaît encore de temps à autre aux environs des équinoxes de septembre et de mars. C'est sa gloire qui l'a perdu, le succès du pâté ayant naturellement poussé à la consommation et celle-ci à la destruction de l'espèce. La pâtisserie, comme toujours, après avoir mangé son revenu, n'a pas tardé à attaquer son capital, si bien que la source de ce revenu magnifique est aujourd'hui presque entièrement tarie, et que les pâtissiers chartrains ont fini par remplacer le guignard absent par la perdrix, la caille et l'alouette. Ainsi le gaspillage et l'imprévoyance engloutissent les trésors des peuples et préparent aux générations de l'avenir des regrets éternels!

Le Pluvier a collier. — C'est un joli petit oiseau de la taille de la guignette, au manteau gris-perle, au collier noir, le même qui piétine si rapidement sur les grèves de la Loire au printemps, et qu'on cesse d'apercevoir aussitôt qu'il s'arrête. Je ne connais pas un oiseau dont l'iris ait autant d'éclat que celui du pluvier à collier, et pour cette raison, autant que pour le distinguer des espèces voisines qui raffolent toutes de colliers, j'aurais voulu qu'on le nommât le pluvier aux yeux d'or. Il est indigène de France, et j'ai bien des fois trouvé son nid dans ces dunes de sable fin émaillé de jard que les crues de la Loire déposent en se retirant sur ses rives.

Le pluvier aux yeux d'or n'a jamais beaucoup fait parler de lui dans les traités de chasse et de cuisine ; mais la thérapeutique d'autrefois a cité son nom avec éloge. Il fut une époque, en effet, où ce petit oiseau guérissait la jaunisse, et où il suffisait au malade de le regarder fixement dans ses prunelles d'or et avec une forte volonté de lui repasser son mal pour que la guérison radicale s'accomplît instantanément. La malheureuse bête comprenait si bien d'avance le sort qui l'attendait qu'elle tremblait de tous ses membres à l'approche de l'ictérique et ne pouvait supporter son regard. Heureusement pour l'oiseau que la jaunisse, inconstante comme toutes les affections de l'homme, a cédé à l'empire de la mode et ne veut plus aujourd'hui être guérie que par la carotte.

Le Pluvier a collier interrompu. — Plus petit que le précédent ; même couleur ; taille de l'alouette ; collier cassé en deux. C'est cette espèce-là ou l'autre, ou une espèce voisine, qui entretient commerce d'amitié avec le Crocodile du Nil et lui sert de cure-dent après ses déjeuners. Comme le crocodile n'a pas de langue mobile pour se rincer la bouche à l'instar des autres bêtes, il a grand besoin de l'aide d'un plus petit que lui pour se désobstruer les molaires à la suite de ses repas. Il a donc confié cet office de curage à un petit oiseau que les Arabes nomment le *fouilleur*, et qui fréquente les égouts des cités et les berges des fleuves où il a chance de rencontrer son pourvoyeur. Aussitôt que le crocodile qui l'attend l'aperçoit, il ouvre sa large gueule comme fait le patient pour son opérateur, et tient complaisamment ses mâchoires entr'ouvertes tant que dure l'opération, ayant grand soin de ne pas les refermer que l'oiseau ne soit dehors. Le fait avait été observé par Hérodote, il y a près de trois mille ans, et consigné par lui dans ses intéressants récits sans que personne voulût croire à sa véracité, tant l'esprit des mortels est rebelle aux enseignements de l'histoire; et il a fallu pour vaincre l'incrédulité des modernes qu'un savant de nos jours, que l'illustre Geoffroy Saint-Hilaire, eût vérifié de ses propres yeux l'exactitude du témoignage d'Hérodote. Si le Directoire n'eût pas décidé l'expédition d'Égypte, et si Geoffroy Saint-Hilaire n'eût pas fait partie du corps savant destiné à accompagner l'armée expéditionnaire, le monde savant en serait encore à cette heure à douter de la sincérité du père de l'Histoire, et voilà à quoi tient la réputation des grands hommes!

Or, depuis que Geoffroy Saint-Hilaire a réhabilité Hérodote sur la fameuse question du Trochilus si vivement agitée dans le siècle dernier, des curieux ont voulu tenter la même expérience sur le Caïman des Antilles et voir si celui-là se conduirait comme le Crocodile de l'Égypte. L'observation américaine a confirmé de nouveau la version d'Hérodote. Le Caïman de Saint-Domingue a recours, comme tous les individus de sa race, aux bons offices d'un petit oiseau pour le curage de sa mâchoire. Seulement ce dernier n'appartient plus à la famille des Pluviers, mais à celle des Todiers.

Le Pluvier doré. — Celui-ci est le plus connu et le plus populaire de tous les pluviers de France. Il abonde sur tous les marchés de la capitale en Brumaire, Pluviôse et Ventôse, et pénètre même par rares échappées jusque dans les cuisines du quartier des Écoles. Sa taille est celle de la tourterelle. Son manteau et le dessus de sa tête, ainsi que les couvertures de ses ailes, sont colorés d'une teinte uniforme, formée de mouchetures d'un brun foncé sur fond jaune verdâtre. Il porte une écharpe noire sur la poitrine dans la saison d'amour; les plus vieux, à cette époque, ont le plastron presque complétement noir.

Les pluviers dorés sont des voyageurs infatigables à l'aile pointue, au vol rapide, qui émigrent du Nord au Midi en nombreuses colonnes, traversent la Méditerranée d'une seule traite, et s'abattent tumultueusement sur les champs de l'Algérie aux premières pluies d'octobre. La venue de ces pluies qui détrempent les terres et font sortir les vers qui servent de pâture aux pluviers annonce l'époque de leur arrivée; les gelées qui durcissent le sol les forcent à déguerpir. Ils sont généralement accompagnés dans leurs expéditions lointaines de nombreux vols de vanneaux et d'étourneaux qui vivent comme eux de vers et ne sont pas moins tourmentés du besoin de déplacement. Les pluviers dorés voyagent en trombes tourbillonnantes, drues, serrées, innombrables, plus larges que profondes, qui s'annoncent de loin par d'aigus sifflements, rasent le sol comme les hirondelles, se redressent tout à coup dans les airs avec la prestesse d'un ressort, disparaissent et réapparaissent aux regards avec l'instantanéité de l'éclair, et franchissent en quelques secondes les limites de l'horizon visuel. La funeste habitude qu'ils ont prise de raser le sol et d'annoncer de fort loin leur approche facilite singulièrement la cruelle industrie des tendeurs et des chasseurs qui font à cette espèce une guerre acharnée, rien n'étant plus aisé que d'imiter ce sifflet et d'attirer sur soi le vol tout entier par un appel perfide. Or quand on est lancé à fond de train et d'une vitesse minima de trente lieues à l'heure, il est bien difficile de se détourner à temps de la voie scélérate où le drap de mort est tendu; de même qu'il est bien difficile que tous les grains du coup de fusil ne portent pas et n'opèrent pas dans vos rangs un affreux vide quand vous voyagez en masses si serrées que tous les coudes se touchent. J'ai vu des tendeurs en Champagne prendre cent pluviers d'un coup de filet, et des chasseurs en tuer vingt et vingt-cinq d'un seul coup de fusil. On peut calculer par ces deux chiffres ce qu'il doit manquer d'émigrants au retour de ces expéditions d'outre-mer. Comme les cadavres des croisés marquaient le chemin du Saint-Sépulcre aux époques de foi, ainsi le fumet des pluviers dorés qui rôtissent pourrait dire chaque automne la route qu'ils ont suivie.

Le pluvier doré parcourt de préférence les plaines basses, humides et fertiles, et les champs cultivés où abondent les lombrics. Il piétine le sol avec rage pour forcer ces vers à sortir, et c'est uniquement pour se laver les pieds crottés à ce travail qu'il descend au marais deux ou trois fois par jour.

Groupe des Durirostres. — Quatre genres : Glaréole, Courvite, Œdicnème, Grue. — Cinq espèces.

Genre Glaréole. — Deux espèces : la Glaréole, la Giarole.

Ce genre a été nommé *perdrix de mer*, par suite de l'habitude naturelle qu'avaient dans le principe les hommes d'appliquer les noms des bêtes qu'ils connaissaient à celles qu'ils ne connaissaient pas, d'après certains traits de ressemblance. Après le nom de Poule d'eau, attribué à l'oiseau qui le porte aujourd'hui, sous prétexte de ressemblance avec notre poule domestique, je n'en vois guère de plus malheureusement choisi que celui de perdrix de mer, pour désigner la glaréole. La Glaréole est un oiseau de rivage taillé sur le patron de l'hirondelle, non sur celui de la perdrix; grandes ailes, queue fourchue, tarses courts. C'est même la seule espèce de l'ordre des Échassiers qui représente le type hirondinien, pour quelle cause j'ai essayé courageusement mais vainement d'en faire le pivot de série de cet ordre. La glaréole vole donc plus souvent qu'elle ne court. Elle ne gratte pas non plus la terre et n'a d'autre trait de ressemblance avec la perdrix que la forme voûtée du bec. Maintenant l'espèce gallipède dont la glaréole se rapproche le plus par les mœurs, la couleur et la taille est le pluvier doré. Elle porte sur le dos un manteau isabelle et sur le devant du corps un plastron jaune décoré d'un liseré noir.

C'est un oiseau rare sur nos côtes, mais commun, au contraire, sur les rives du Don, du Volga, de la mer Noire et de la Caspienne. On le rencontre aussi sur celles des grands lacs de Hongrie, sur les bords du Danube et de ses affluents, d'où il s'échappe de temps à autre pour visiter les grèves de la Méditerranée et du Rhône. Jules Verreaux a observé que la glaréole était très-friande des sauterelles vertes, dont elle pompait la substance avec une délicatesse remarquable. Il ajoute qu'un de ses grands bonheurs est de donner la chasse à ces insectes ailés qu'elle capture au vol. Rien d'extraordinaire dès lors à ce qu'elle s'égare quelquefois dans nos plaines, à la suite d'une invasion du fléau redoutable.

La Giarole est une espèce de petite glaréole, coulée comme celle-ci dans le moule de l'hirondelle et très-semblable de taille et de couleur au petit pluvier aux yeux d'or. Elle chasse aussi en volant et court avec rapidité sur les grèves et sur le sol nu des garrigues et des grandes routes. Ses tarses courts et ses doigts déliés indiquent que l'oiseau préfère le sable à la vase. La giarole est indigène de l'Asie et n'est jamais qu'égarée en Europe.

Remarquez que les vanneaux qui ont émigré les premiers de la vase aux terres fraîches ont entraîné à leur suite les pluviers, dont quelques espèces ont été jusqu'à faire élection de domicile dans les steppes les plus arides. Les préférences arvicoles se manifestent plus franchement encore chez les glaréoles qui craignent de se mouiller les pieds et qui empruntent à l'ordre des Coureurs la forme de leur bec. Cette modification rostrale, qui implique scission dans les goûts, les appétits, les mœurs, ira se continuant chez les espèces qui vont suivre, jusqu'à atteindre chez la dernière la courbure menaçante du bec de l'oiseau de proie. Ce qui nous porte à conclure que nous n'avons fait qu'obéir aux prescriptions de la nature, en fixant à la place où nous sommes le point de séparation des deux premiers groupes de la série des Dactyligrades et en prenant le genre Glaréole pour premier terme du second de ces groupes.

Genre Courvite. — Espèce unique. Le courvite est un véritable échassier, exclusivement vermivore et insectivore, et dont la nationalité est facile à reconnaître à ses jambes dénudées et maigres; pour quelle cause tous les auteurs ont eu tort de le ranger dans l'ordre des Coureurs, à la suite des outardes. Je suis d'autant plus dans mon droit de me plaindre de l'erreur de mes maîtres que je me suis laissé égarer par leur faux témoignage et que j'ai péché avec eux. Et plût au ciel que je n'eusse pas sur la conscience de plus grand crime, hélas! Le travail, qui est le plus noble exercice des facultés humaines, celui de la classification notamment, a cela de bon, en outre de ses autres enseignements, qu'il vous apprend à être modeste pour vous-même, doux et indulgent pour autrui. J'avoue que toutes les fois qu'il m'arrive d'être forcé de confesser une erreur, j'éprouve le besoin de demander pardon de mes offenses à tous ceux que j'ai offensés.

Le courvite est un bel oiseau trydactile de couleur isabelle, de la taille du pluvier doré, mais monté sur des jambes plus hautes. Il a l'attitude verticale, la taille grêle, élancée. Son bec voûté, ses ailes suraiguës, la couleur de son manteau et l'habitude qu'il a de porter l'ordre dont il est décoré en sautoir, le rapprochent de la glaréole dont il doit partager les appétits et les mœurs. Il est comme elle originaire des contrées les plus arides de l'Orient et ne se voit guère en nos plaines qu'à la suite de quelque accident météorologique. Peut-être s'égare-t-il comme la glaréole à la chasse des sauterelles. J'ai eu des amis de chasse qui avaient tué des lions, des éléphants, des tigres et des hippopotames; on m'a fait voir à Marseille des gens qui avaient tué de tout, même des pigeons ramiers, mais je n'ai jamais rencontré quelqu'un qui eût tiré un courvite.

Genre Œdicnème. — Espèce unique. Taille du corbeau; manteau jaune terreux d'une seule nuance, à part les bordures extérieures des pennes teintées de noir; tête beaucoup trop forte pour le cou; gros yeux; iris d'or; bec droit et quasi-camard, renflé à son extrémité supérieure, caréné en dessous; physionomie stupide; hautes jambes, doigts courts, ailes longues, mais simplement aiguës; vaguant de nuit comme de jour.

L'œdicnème, ainsi nommé de l'enflure de ses genoux, m'a paru autrefois être un moule de transition parfait entre les pluviers que nous connaissons et les outardes que nous ne connaissons pas encore. S'il tient aux pluviers, en effet, par la figure et par les ailes, il tient à la petite outarde par des liens de parenté qui semblent plus prononcés encore, parenté de plumage, d'habitudes et d'allures. Malheureusement l'œdicnème est un échassier qui vit exclusivement de chair, qui a le bec droit, qui ne poudroie pas et qui n'a pas l'estomac musculeux, etc., etc. Et alors je n'avais pas le droit de le ranger dans l'ordre des Coureurs, comme j'ai fait.

Les mêmes gens qui ont si malencontreusement baptisé tant d'oiseaux, ont été bien inspirés à l'endroit de l'œdicnème, qu'ils ont appelé *courlis* de son nom véritable, indiqué par le cri plaintif et retentissant que cet oiseau fait entendre chaque soir et toutes les fois que le temps veut changer : *Turrlui*, *Turrlui*, *Turrlui*. L'œdicnème pendant le jour arpente de ses pieds légers les hautes terres, et ne se livre spontanément à l'exercice du vol qu'après le coucher du soleil.

C'est un demi-oiseau de nuit, qui, en cette qualité, se dispense de construire un nid pour sa famille. Il se borne à creuser dans le sable un entonnoir peu profond dans lequel il dépose deux œufs fort gros de la couleur de ceux de la caille. Je l'ai vu plus d'une fois défendre vigoureusement son nid contre le passage du troupeau et des chiens. Les petits, à peine éclos, sont aptes à courir ; mais la croissance de leurs ailes est loin de marcher aussi vite que celle de leur corps, et celui-ci a atteint tout son développement bien avant que celles-là ne soient en mesure de le soutenir dans les airs. Ce retard anormal est cause que les chiens d'arrêt forcent chaque année, dans les mois d'août et de septembre, un grand nombre de jeunes œdicnèmes âgés de trois mois et plus.

L'œdicnème est connu sous son nom naturel de courlis dans tous les mauvais pays de France, notamment dans les steppes de la Champagne, de l'Artois, de la Vendée, du Berry, de la Touraine. On le trouve partout dans les terrains en friche et jusque dans les clairières stériles de la forêt de Saint-Germain, aux portes de Paris. J'en ai tué de grandes quantités à l'aide du char-à-bancs dans les plaines crayeuses de la Marne, où ce léger véhicule circule à travers champs le plus commodément du monde, et où les chemins sont de luxe. Le courlis, si défiant vis-à-vis de l'homme comme l'outarde, a toujours besoin de croire comme celle-ci à la loyauté du cheval.

Je reproche à l'œdicnème, qui a pris tant de choses au pluvier et à la canepetière, de ne pas leur avoir emprunté par la même occasion un peu de l'excellence de leur chair. Le jeune œdicnème est mangeable, mais le vieux a contre lui la consistance et l'odeur de ce bifteck célèbre que Robert-Macaire vit tailler dans la culotte de peau d'un gendarme.

L'œdicnème est répandu par grandes masses sur toute la surface de la zone tempérée de l'ancien continent. On le trouve en Poméranie, en Algérie, au Japon, à la Chine, en Allemagne, en France, en Espagne, en Italie. Il vit dans la société des canepetières dans tout le nord de l'Afrique, y compris le Maroc, l'Égypte et la Cyrénaïque. On le tue, mais on ne le chasse pas. C'est un résultat glorieux pour l'agronome que d'avoir chassé l'œdicnème de ses terres et de l'avoir remplacé par la caille ; car la caille est amie des céréales et des prairies artificielles, tandis que l'œdicnème partage l'horreur de la perdrix rouge et de la bécassine pour les améliorations agricoles.

L'œdicnème, qui a le bec plus droit en-dessus qu'en-dessous, a pour parents en Australie des œdicnèmes plus grands que lui et qui outrent ce caractère de Rectirostrie jusqu'à se confondre par ce caractère avec la famille des grues. Les grues sont, en effet, les plus proches parentes de l'œdicnème, et le moule de transition destiné à unir les deux familles s'appelle l'Ardéotide ; encore un mauvais nom.

J'écrivais autrefois :

« L'œdicnème est le seul individu de l'*ordre* qui ne fasse

« pas bien à la broche. J'ai mainte fois demandé à l'ana-» logie le motif de cette exception fâcheuse. L'analogie « n'a pas encore jugé à propos de me répondre. Peut-être « l'œdicnème vaut-il mieux que sa réputation. »

Vous savez maintenant pourquoi l'analogie était muette. L'analogie ne m'a pas répondu parce qu'elle ne pouvait pas me répondre, parce que j'étais dans le faux, parce que l'œdicnème ne pouvait pas faire exception, par l'indélicatesse de sa chair, à la règle générale d'un *ordre* dont il ne faisait pas partie.

La Grue. — La grue est déjà ambiguë entre les échassiers et les coureurs. C'est une des familles les plus difficiles à classer. Elle a des échassiers les hautes jambes, le haut vol, le long cou, le long bec ; des coureurs, les habitudes arvicoles et les goûts herbivores, bien qu'elle préfère de beaucoup les mollusques des champs, le mulot, la grenouille. Si je la fais figurer parmi les échassiers, c'est parce que sa conformation générale la rapproche plus de cet ordre que de l'autre, et parce qu'il m'a paru souverainement impossible de traiter des échassiers sans parler de la grue. Ce n'est pas de ma faute si la nature a ménagé avec tant de luxe la transition entre ces deux ordres.

La grue est un oiseau célèbre dans les fastes de l'analogie, de la mythologie, de la vénerie et de l'histoire. Il fut même à Rome une époque où elle acquit le lustre gastrosophique, et figura avec honneur sur la table des riches au lieu et place de la cigogne. Fermons les yeux sur ces déplorables aberrations du palais et de l'art culinaire, et occupons-nous de sujets plus dignes. Reconnaissons d'abord que la grue est à la hauteur de la considération qu'on eut pour elle dans tous les siècles.

La grue est un des plus grands et des meilleurs voiliers que l'on connaisse ; elle accomplit deux fois par an un voyage de deux mille lieues d'un hémisphère à l'autre. Les régions les plus septentrionales de l'Europe et de l'Asie sont ses demeures d'été; l'Afrique équatoriale, le Sénégal, l'Abyssinie, sont ses quartiers d'hiver. On assure qu'elle fait une ponte dans chacune de ses patries. Le fait *à priori* me semble très-douteux.

La grue vole lentement, mais longtemps, ne faisant guère plus de vingt lieues à l'heure; elle met une trentaine de jours environ à venir du cercle polaire au tropique. Ses voyages ont lieu à des époques fixes; elle passe sur les terres de France du 15 octobre à la Toussaint pour l'aller, du 15 mars au 1er avril pour le retour.

La grue, qui tient du héron et de la cigogne pour la physionomie, se rapproche beaucoup de l'oie sauvage et du cygne pour les habitudes et les mœurs. Les Grecs l'appelaient la Moissonneuse à cause de sa passion pour le blé. Elle est herbivore et granivore, et s'abat comme l'oie sur les plaines cultivées; elle vole par grands bataillons affectant le même ordre de marche. L'oie, la grue et le cygne habitent la même patrie l'été, et la quittent ensemble à la venue des froids. Les trois espèces semblent également munies d'un porte-voix de métal à retentissement prodigieux; elles recherchent la même nourriture et sont persécutées par les mêmes ennemis.

La grue d'Europe est haute de trois à quatre pieds. C'est un oiseau de noble prestance, aux tarses et au bec noirs, au manteau gris-cendré uniforme, de la même nuance à peu près que celui du héron, plus foncé seulement. Elle porte un collier noir; le sommet de la tête est nu et vermillonné chez le mâle. L'oiseau semble avoir été taillé sur un patron plus avantageux que tous ses congénères; les proportions entre les diverses parties du corps sont plus harmonieuses; la légèreté s'y marie à la force et la grâce à la majesté. Une disposition toute particulière des pennes secondaires, qui se retrouve chez le cygne d'Australie, force l'extrémité de ces pennes à se relever à l'arrière en un somptueux panache qui donne à l'ensemble de la parure un cachet de recherche et de coquetterie. Toute la famille semble, du reste, attacher un haut prix à la question de toilette, ce qui est très-naturel, puisque la danse est le passe-temps favori de la plupart de ses membres. On ne va pas au bal en blouse ni en sabots.

La plus coquette de toutes les grues, celle qui raffole le plus de danse et de colifichets, est la grue du pays des nègres, celle qu'on appelle la Grue Couronnée du Sénégal. Cet oiseau affiche une gaieté folâtre que la captivité altère à peine. Elle aime à se couvrir d'aigrettes et de pierreries (verroteries vaudrait peut-être mieux) ; elle en porte depuis le bout des pennes jusqu'au-dessous des yeux. Néanmoins son goût passionné pour les étoffes voyantes lui fait tort. Le velours et la pourpre, le blanc d'argent et le jaune d'or, se font si souvent opposition dans son costume que ce costume finit par ressembler à un habit d'arlequin et par manquer de distinction, sinon d'originalité. On reproche encore à la grue couronnée d'avoir le nez camard, de se trémousser trop vivement dans ses passes, et d'apporter dans la contredanse des poses risquées et orageuses sentant leur Bamboula. Bien entendu que ce n'est pas moi qui fais entendre ces plaintes, mais les faux moralistes qui voient du mal partout.

La Demoiselle de Numidie a plus de monde, plus de retenue et de décence, et elle sait allier la souplesse chorégraphique et la grâce des poses à la dignité du maintien. C'est une grande dame du siècle de Louis XIV qui affectionne par-dessus tout le menuet, et méprise souverainement le galop et la valse qui chiffonnent les robes. Sa mise, très-recherchée sans en avoir l'air, est un modèle de bon goût et de simplicité. Les Demoiselles aiment à contempler leur portrait dans le cristal des ondes et aussi dans les miroirs de Venise. J'approuve d'autant plus ce goût, qui ne fait de tort à personne, que les motifs de cette coquetterie apparente sont presque toujours très-louables. En liberté, les Demoiselles se mirent pour voir si chaque pièce de leur uniforme est bien exactement à sa place, et on saura tout à l'heure la raison de ce respect méticuleux de la tenue ; en esclavage, elles sont heureuses de retrouver dans leur image celle de compagnes chéries dont elles pleurent l'absence ; car l'amour de ses proches est une des vertus de la famille.

Aristote raconte que les Demoiselles sont tellement passionnées pour la danse qu'elles en oublient quelquefois le sentiment de leur conservation personnelle, et qu'elles se laissent souvent surprendre par l'ennemi au milieu d'une figure. *Elles aiment trop le bal*... On croit que leur nom de Demoiselles leur vient de l'habitude qu'elles ont de se rengorger quand on les examine, à l'instar des jeunes filles de province qui passent sous le feu des regards d'un régiment au sortir de la messe. Des barbares ont exploité autrefois, à ce qu'on dit, la passion des pauvres bêtes pour la parure et pour les ablutions de toilette en leur tendant un piége indigne. Le procédé consistait à se laver d'abord le visage et les mains à une certaine distance de ces oiseaux qui vous regardaient faire, puis à mettre dans la cuvette, au lieu d'eau, de la glu, et à s'éloigner doucement. Les curieuses, après votre départ, ne manquaient pas de vouloir répéter l'expérience ; elles se barbouillaient de glu le visage, les mains et le poitrail, et ne tardaient pas à devenir victimes de leur curiosité. Si cette fable était une histoire, elle prouverait que l'homme est un être bien méchant et bien peu ingénieux.

Les grues d'Europe et celles d'Asie partagent naturellement la passion de leurs congénères pour la danse. Kempfer a écrit qu'au Japon on les dressait à cet exercice, et que des maîtres habiles leur faisaient exécuter de savantes pantomimes et des rondes merveilleuses. Les personnes qui ont vu des ballets de dindes domestiques ne trouveront rien de surprenant à ce fait. Les dindes domestiques, sans être ennemies de la danse, ont cependant beaucoup moins de vocation que les grues pour cet art.

Le caractère moral qui distingue le genre Grue de tous les autres est le respect de la discipline et de l'ordre qui explique l'importance de la tenue. Rien dans cette république ne se promulgue et ne se fait qui n'ait été délibéré préalablement en séance publique, et l'obéissance à la loi y est considérée comme le premier devoir de tous les citoyens. L'heure et le jour des départs sont réglés par un sénatus-consulte à la rédaction duquel prennent part tous les adultes. Les chefs de l'expédition sont nommés dans l'assemblée à la pluralité ou pour mieux dire à l'unanimité des voix; car il n'y a pas de brigue possible là où l'obtention des grades ne confère d'autre avantage que celui de servir la république au poste le plus périlleux; et alors les suffrages vont tous au mérite et à la capacité, aux ailes les plus vigoureuses, à la vue la plus perçante, à l'érudition géographique la plus consommée. Quand le sort d'une expédition dépend de l'expérience et de la sagesse du chef qui la conduit, on conçoit que le choix de ce chef soit pour tous les intéressés l'objet d'un examen approfondi, et comme ici l'intérêt de tous les associés est le même, on ne voit pas de raison pour que le vote s'égare et aille à un indigne. Le genre Homme est, sous ce dernier rapport, beaucoup moins avancé que le genre Grue ; c'est un aveu humiliant à faire. Le genre Homme a reconnu explicitement, du reste, la sagesse qui préside aux délibérations du genre Grue en donnant à ses assemblées politiques et diplomatiques le nom significatif de *congrès*, qu'il a tiré du verbe latin *Congruere, se réunir à la façon des grues.* Congrès, comme qui dirait l'assemblée par excellence.

L'ordre de vol que suivent les grues dans leurs émigrations périodiques est l'ordre triangulaire, qui était aussi l'ordre d'attaque de la phalange macédonienne. On sait la puissance ordonnatrice du nombre trois et du triangle. Les cygnes, les oies et les canards, et tous les oiseaux lourds qui comprennent la nécessité de ménager leurs moyens, ont adopté comme la grue l'ordre triangulaire, qui doit être le plus avantageux pour fendre l'air, puisque tant d'espèces savantes l'ont choisi.

Cicéron, dans son traité de la *Nature des dieux*, explique d'une façon très-ingénieuse que l'ordre de marche des grues est combiné de manière à ce que l'arrière-garde pousse en avant le corps de bataille. Je ne suis pas bien sûr des raisons du beau diseur, mais il est vraisemblable, d'après les déplacements perpétuels qui s'opèrent dans les rangs de tous les oiseaux dont le vol dessine un triangle ou plutôt un angle aigu, que le poste le plus difficile à tenir est celui du sommet de l'angle. L'oiseau placé à ce poste est un chef de nage qui a pour office de rompre le courant de l'air et de frayer la voie à ceux qui le suivent. Aussi le voit-on, quand ses ailes se sont épuisées à ce travail, céder la place à un autre et prendre position à l'arrière-garde. On a remarqué en outre que les soldats du centre demeuraient étrangers à ces revirements, et on en a conclu judicieusement que les rangs intermédiaires devaient se composer des jeunes de l'année, et que les adultes s'arrangeaient de manière à prendre pour eux toute la peine. Ce n'est pas la seule preuve de fraternité et de sagesse qu'offre la conduite de l'espèce exemplaire dont nous parlons ici.

Les anciens, qui prêtaient beaucoup d'attention aux choses de la nature et surtout au vol des oiseaux, croyaient avoir observé que les grues n'abandonnaient jamais leur ordre de vol triangulaire que devant l'imminence d'une grave perturbation atmosphérique ou l'apparition de l'aigle, leur ennemi redouté, et ils ont forgé à ce propos des contes amusants qu'a ramassés naturellement la crédulité des modernes ; car, tant que la réalité sera laide, il faudra bien que les hommes, qui sont par essence amis du beau, l'aillent chercher dans la fable.

Les Grecs ont raconté, par exemple, que lorsque les grues des environs de la mer Noire approchaient des monts Taurus, qui se trouvent sur la route de la Thrace et de la Scythie à l'Égypte, où elles allaient passer l'hiver, la crainte de tomber dans les croisières des aigles qui peuplent cette chaîne leur faisait prendre des précautions toutes particulières. Un premier ordre du jour prohibait d'abord les voyages diurnes ; un second invitait tous les voyageurs à prendre un caillou dans leur bec pour se tenir la langue captive pendant la route. Au moyen de ces précautions, les traversées s'opéraient sans encombre ; ou si quelque catastrophe arrivait par suite de l'indiscrétion d'une personne de la société, au moins était-il facile de connaître sur-le-champ la coupable ; et comme le châtiment suivait de près la faute, l'exemple guérissait les bavardes de la démangeaison de jaser.

Les Grecs n'ont pas menti en affirmant que beaucoup d'oiseaux peureux intervertissaient leurs heures de départ, quand ils avaient à traverser des parages redoutables. Le fait est vrai pour la grue comme pour l'oie, le canard, la grive et une foule d'autres espèces voyageuses. Il n'y a de controuvé ici que le procédé du caillou.

Ayant observé que les grues avaient emprunté aux guerriers l'habitude de disposer des sentinelles la nuit autour du camp qu'elles ont choisi pour pâturer et dormir, les mêmes Grecs ont également éprouvé le besoin de faire intervenir un second caillou dans l'histoire. Bien que la nouvelle fable ne soit qu'une variante de la première, elle a eu plus de succès encore, tant de succès que la grue est devenue du fait l'emblème officiel de la vigilance, et que la corporation des typographes a fini par l'adopter pour attribut.

J'ai dit l'histoire, voici le conte. Il arriva une nuit que par le défaut de vigilance d'une sentinelle qui s'était endormie, un ennemi féroce, qu'on suppose être un renard, s'introduisit dans le camp et y moissonna largement pour le compte de la mort. Alors, pour prévenir le retour d'un semblable désastre, il fut décidé qu'à l'avenir les sentinelles seraient obligées de se tenir sur une seule patte et d'avoir un caillou dans l'autre pour que la chute de ce corps les réveillât lorsqu'elles seraient sur le point de succomber au sommeil. Et depuis ce jour-là, le signe hiéroglyphique de la vigilance fut une grue en faction tenant en sa patte un caillou. Il y a tel Elzévir *à la grue* qui vaut aujourd'hui des sommes folles.

Au surplus, ce n'est pas d'hier que datent les bons rapports des grues et des lettrés. Une opinion vieille comme le monde ou comme le jeu d'échecs veut que ce soient ces bêtes qui aient soufflé à Palamède l'invention de la lettre V (*n* grec) et celle de la lettre Y (*upsilon*), qui représentent toutes deux l'angle aigu que les grues décrivent dans leur vol. De là le nom de l'oiseau de Palamède décerné à la grue.

La déposition muette que firent les grues dans l'affaire de l'assassinat d'Ibycus contribua grandement aussi à leur popularité. Ibycus était un poëte lyrique qui avait beaucoup d'ennemis, et que ceux-ci occirent un jour qu'il flânait par les champs. Or il arriva qu'un vol de grues passait au-dessus de la scène du meurtre. Alors la victime, prenant ces oiseaux à témoin de la scélératesse des assassins, leur cria : « Soyez mes vengeurs ! » Quoique le crime eût fait beaucoup de bruit, ses auteurs demeuraient toujours inconnus, lorsqu'un beau soir deux étrangers qui se promenaient sur la place publique de Corinthe, apercevant en l'air une troupe de grues, laissèrent échapper cette exclamation imprudente : « Voilà les vengeurs d'Ibycus ! » A ce nom, les voisins se retournent ; le mystérieux propos par eux recueilli est commenté par mille bouches. La foule entoure les deux amis ; le magistrat les fait arrêter, leur applique la question, et si bien que les assassins finissent par avouer tout ce qu'on veut au milieu des tortures. C'est à ce sujet que le sage Plutarque mit au monde le fameux adage : *Trop gratter cuit, trop parler nuit.*

Les démêlés des grues et des pygmées eurent aussi dans le temps un retentissement raisonnable. Pline a essayé de tirer la fable à clair à la suite d'Aristote ; mais les explications des deux grands naturalistes de l'antiquité m'ont semblé si peu satisfaisantes que je ne les reproduis pas. La version la plus probable est que ces petits bonshommes de deux pieds de haut qui vivaient dans des cavernes étaient des singes avec lesquels les grues avaient maille à partir quand elles se rencontraient avec eux au pillage des récoltes de l'homme. Mais cette version, qui serait tout au plus acceptable pour la haute Égypte, pays de singes, ne l'est plus pour la Thrace ni pour les rives de l'Èbre et du Strymon, où les poëtes placent ordinairement la scène du combat, mais où de mémoire humaine on ne vit quadrumanes.

La grue, si intéressante au point de vue de la mythologie, ne l'est pas moins sous le rapport de la fauconnerie. Au moyen âge, en Europe et dans l'Asie, en tout temps, en tout lieu, le vol de la grue a été considéré comme vol royal ou impérial de première classe. Au Japon, où ces oiseaux sont exclusivement réservés à la volerie impériale, on les traite d'Altesses ou d'un titre équivalent. Les Tartares, qui furent toujours d'habiles fauconniers, ne témoignaient pas moins de considération pour cet oiseau.

Mais ce n'était pas assez pour l'ambition de la grue de se faire peindre comme emblème de vigilance et d'être traitée d'Altesse ; elle a voulu figurer en outre, dans les *Traités de la Morale en action* des hommes, comme un modèle incomparable d'amitié et de fidélité, ce qui est cause que j'ai lu dans Paul Jove l'histoire touchante d'une grue du nord de l'Europe qui vécut pendant quarante ans avec un certain philosophe nommé Tomæus Léonicus, et voulut mourir avec lui.

On pense bien qu'un oiseau doué de tant de qualités et de vertus ne pouvait pas être étranger à l'art divin d'Esculape. La grue, à raison de la puissance de son vol, avait donc la propriété de rendre les jarrets infatigables. Atalante et les plus célèbres coureurs de l'antiquité n'ont dû leur illustration qu'à la précaution qu'ils avaient de porter sur eux un os de grue. C'est grand dommage pour notre époque que le secret de la recette soit perdu, comme celui de la fricassée de corbeau qui donnait à ceux qui en mangeaient la faculté de prédire l'avenir et de deviner les quaternes.

La grue, qui n'est plus que de passage en France depuis bientôt trois siècles, et qui a même renoncé depuis peu à pondre en Angleterre, a fait beaucoup moins parler d'elle dans l'ornithologie moderne que dans l'ornithologie ancienne. On ne la chasse pas, on la tue peu, on la mange encore moins en France ; on se contente de la regarder passer, et tout ce que la science d'aujourd'hui sait de plus particulier sur elle, c'est qu'elle a, comme le cygne du Nord, la trachée plus longue que le cou, ce qui l'a forcée de se faire creuser pour cet organe une cage supplémentaire, à l'avant de la carène sternale. Mais le phénomène était connu de toute antiquité, puisqu'on trouve dans Athénée le bon mot d'un brave homme qui conseille aux amis de la dive bouteille d'adopter pour emblème la grue *au triple entonnoir*.

L'opinion analogique du brave homme d'Athénée n'a cependant pas le sens commun. Le buveur a pour emblème la grive, oiseau dodu, cher à Bacchus, grand ami du raisin et des gaies chansonnettes. La grue, buveuse d'eau et montée sur échasses, ne saurait personnifier une race pansue, à courtes jambes, et qui professe pour le cristal des ondes le plus profond mépris. Je ne crois même pas que la grue possède son analogue humain dans la société actuelle ; car cet analogue me paraît être une corporation de fakiresses très-savantes dans l'art des évolutions chorégraphiques, mais sévères sur l'article des mœurs ; un peu sèches et infatigables, et courant le monde en dansant. La grue, vous le savez, est monogame. Fidèle en amour et danseuse, ceci cache un mystère.

Le plus grand des échassiers de France est le Flammant, le plus petit le Bécasseau-Pygmée. La Bécasse, la Bécassine et le Râle des genêts se disputent la palme de la délicatesse.

CHAPITRE XI

Troisième ordre, Dromipédie (oiseaux coureurs, Gallinacés).

Gloire à Dieu qui créa la tribu des Coureurs, charme du palais et des yeux, splendeur des forêts et des plaines, délices de la table, nourrice du riche et du pauvre !

Car nulle autre tribu du règne des oiseaux ne contribue comme elle aux jouissances de l'homme. Nulle autre ne lui fournit un aussi riche contingent d'espèces ralliées et soumises. Nulle autre n'a plus accru le chiffre de ses trésors et n'a plus servi à le racheter de son indigence native. L'Homme et la Femme seraient seuls sur la terre avec la tribu des Coureurs, que le monde ne finirait pas.

Les Coureurs sont pour l'homme dans la Volatilie, ce que lui sont les Ruminants dans la Mammiférie. Dieu a créé le même jour, et dans la même pensée, les Coureurs et les Ruminants des steppes, des prés, des bois, des rochers, de l'abîme. Et il y a eu l'Autruche comme il y a eu le Chameau; l'Outarde comme l'Antilope; la Poule comme la Vache; la Perdrix, le Faisan, le Coq de bruyère comme la Gazelle, le Chevreuil, le Daim, le Cerf. Il y a la Bartavelle et le Lagopède, comme le Mouflon, le Bouquetin et le Chamois. Toutes espèces destinées à embellir et animer la face de la terre; toutes ralliables à l'homme et créées pour l'aimer et le servir ; toutes granivores et herbivores, parce que les viandes faites de graines et d'herbes sont de goût plus délicat et de digestion plus facile ; toutes disposées à prendre graisse, parce que la Nature dans un but trop visible, hélas ! et que personne ne saurait méconnaître, a développé fastueusement chez elles les parties qui se mangent au préjudice de celles qui ne se mangent pas.

La Nature a si bien compris la haute utilité de ces espèces pour l'homme, qu'elle n'a voulu en déshériter ni un seul continent ni une seule latitude. Car d'abord elle a fait presque tous les coureurs *sédentaires*, et quant aux rares espèces voyageuses comme la caille, elle les a forcées de parcourir successivement toutes les contrées du globe et de payer tribut à chacune en passant. C'est ainsi qu'elle a donné à l'Afrique l'Autruche, les Outardes, les Pintades, une foule d'autres ; à l'Amérique le Nandou, le Dindon, les Hoccos, les Marails, etc. ; à l'Australie, les Dromés, les Ménures, les Talégalles, etc. ; à l'Asie le Casoar, le Paon, l'Argus, les Faisans, le Coq, le Népaul, le Lophophore, etc.; à l'Europe enfin, les Tétras, les Francolins, les Perdrix, les Gangas. De plus, pour stimuler les peuples à la conquête des espèces étrangères à leur sol et pousser, en résultat final, au partage fraternel de toutes ces races précieuses entre tous les habitants du globe, la nature a doué la plupart d'icelles d'une facilité de domestication exemplaire et d'une vigueur de complexion sans égale qui leur permet de s'acclimater partout, de suivre partout l'homme. Avant un demi-siècle l'Europe aura vu s'acclimater dans ses principaux États les Pénélopes, les Hoccos, les Pauxis et les Colins d'Amérique, et les Gouras, les Népauls, le Lophophore et l'Éperonnier d'Asie, qui n'ont pas plus de raisons que les Paons et les Faisans pour refuser de traiter avec l'homme. Entre temps, les Français d'Algérie auront domestiqué l'Autruche [1] et peut-être l'Outarde. Et ces résultats que j'annonce n'ont rien de merveilleux, rien qui sente l'utopie. Déjà les Anglais sont tout près d'avoir réalisé quelques-unes de ces impossibilités, et pendant que nous nous acharnons, nous tous tant que nous sommes, braconniers ou chasseurs, à exterminer les derniers chevreuils, les dernières outardes ou les dernières bartavelles de notre triste patrie, ils sont là au Jardin des Plantes deux ou trois naturalistes courageux, MM. Isidore Geoffroy Saint-Hilaire et Florent Prévost entre autres, qui s'attachent avec une persévérance infatigable à combler ces vides affreux par l'acclimatation de magnifiques espèces en ruminants et en coureurs. A la disparition imminente de nos richesses cynégétiques nationales, cerf, daim, chevreuil, bouquetin, isard, outarde, ils répondent par la naturalisation du grand cerf d'Aristote, du cerf cochon de l'Inde, du cerf de Virginie, de l'Axis du Bengale, du Lama, de la Vigogne des Andes, du Dromé de l'Australie, de la Bernache d'Égypte, etc. Vienne une loi raisonnable sur la chasse qui mette enfin un terme à la boucherie des espèces précieuses et qui concilie dans de sages limites l'exercice de la vénerie avec la conservation du gibier-poil et plume, et alors nous verrons tout à coup nos forêts, nos plaines, nos montagnes, pulluler de moules inconnus conquis par la science sur tous les pays du globe ; et tous les vrais amis des bêtes et tous les gastrosophes, m'imitant, béniront dans leur reconnaissance les noms glorieux des hommes que je viens de citer.

[1] Les Français ont, en effet, domestiqué l'autruche depuis que ces lignes ont été écrites. L'honneur de la conquête revient à M. Hardy fils, l'habile et intelligent directeur du Jardin des Plantes d'Alger.

Gloire à Dieu qui créa la tribu des Coureurs !

Les Dromipèdes arrivent immédiatement après les Grallipèdes dans l'ordre de la création. Ils furent les premiers habitants des premières terres assainies, puisqu'ils sont essentiellement herbivores ou granivores, et que l'herbe est la première manifestation de la vitalité de la terre. Leur caractère de primogéniture est d'ailleurs écrit dans les traits de leur physionomie, dans leur forme rudimentaire, dans l'imperfection de leurs ailes, dans le petit nombre de leurs doigts. (L'ordre débute par l'Autruche *didactyle*). L'autruche est un oiseau-quadrupède, comme le manchot est un oiseau-poisson. Elle ne vole pas faute d'ailes. C'est de tous les moules ailés de la création actuelle le seul qui n'ait que deux doigts aux pieds. Tous les coureurs géants qui n'ont guère plus d'ailes et guère plus de doigts que l'autruche appartiennent à cet ordre, et le Dinornis et l'Épiornis aussi qui ne sont plus, et si le monodactyle, l'homologue du cheval, existait, nous pourrions lui assigner en toute confiance sa place en tête du groupe.

Il n'est pas d'ordre plus complet, du reste, plus distinct, plus facile à isoler de tous les autres que celui des dromipèdes ; et je tombe réellement de mon haut quand j'entends Linnæus et Buffon, et tant d'autres naturalistes de mérite éminent, reprocher à la nature de n'avoir pas assigné à cet ordre une ligne de démarcation assez nette. « Chose étrange, s'écriait Charles Fourier dans son humble langage, que tant de philosophes illustres aient manqué la solution du problème des destinées sociales, pour en laisser la gloire à un obscur sergent de boutique ! » Chose non moins étrange, m'écrirai-je à mon tour, que tant d'illustres ornithologistes aient eu les yeux fermés sur l'existence des caractères séparatifs de l'ordre des Coureurs, pour laisser l'honneur de les découvrir et de les signaler à un obscur analogiste passionnel, chasseur de son métier! En effet, là où les maîtres se plaignent de la parcimonie de la nature en caractères différentiels, j'en suis à m'étonner de sa profusion inouïe et de sa prodigalité. Là où ils se disent empêchés de trouver un type générique suffisant, je rencontre ces types en si grand nombre que je ne sais plus lequel prendre. Mon embarras n'est pas moindre que le leur; seulement c'est l'embarras du choix. Procédons méthodiquement à la justification de nos dires.

Le premier de ces caractères génériques de l'ordre, le plus apparent de tous est la majesté de la prestance. Cette majesté unie à l'élégance du port et à la grâce de la démarche est l'attribut de l'immense majorité des espèces, et n'a été refusée qu'aux moules ambigus, aux moules excentriques, mal bâtis d'habitude. La noblesse de la démarche et la majesté de la prestance sont déjà deux caractères exclusifs qui suffisent pour faire distinguer à première vue le Coureur de l'Échassier et du Rémipède. L'Échassier fluet et pointu peut bien atteindre à l'élégance, mais sa maigreur extrême est complétement incompatible avec la majesté. Le Rémipède a les tarses trop courts et trop bas insérés pour prétendre à la grâce. Il a le pied marin mais non le pied terrien; c'est le plus malheureux et le plus empêché de tous les êtres, hors de son élément.

Je signalais tout à l'heure, en traversant le domaine des causes providentielles, les raisons de cette prestance majestueuse dévolue par privilége exclusif à l'ordre des Coureurs. La nature, disais-je, a développé fastueusement chez toutes les espèces de l'ordre les parties qui se mangent, aux dépens des parties qui ne se mangent pas. Or les parties qui se mangent chez l'oiseau coureur sont le gigot et l'aiguillette, et si vous voulez revenir pour un moment à la question de la célérité de la marche, vous comprendrez d'emblée que cette célérité exige impérieusement tout d'abord ce développement fastueux du support et de l'avant-train. Il faut bien, en effet, que le poids du corps porte sur l'avant pour entraîner le reste (nécessité de l'aiguillette). Il faut bien que les jarrets soient richement musclés (gigot) pour soutenir la course.

Maintenant vous savez la loi, et que la perfection d'un système organique quelconque chez les bêtes n'a pu s'opérer qu'aux dépens d'un système opposé. Le Dromipède pourvu de jarrets d'acier n'a donc pas été favorisé de la nature sous le rapport du vol. Il a l'aile ronde et courte, l'essor bruyant, lourd et pénible. Même les plus rapides des coureurs n'ont point d'ailes ; et leurs tarses, qui n'ont pas besoin d'être évidés à l'intérieur, sont plus ronds et plus pleins que ceux des espèces de tous les autres ordres.

Pour ces diverses causes aussi, les Dromipèdes sont presque tous sédentaires. Ils n'ont pas d'inquiétudes dans les membres et ne volent pas dans le vent comme les Grallipèdes. Le coureur, en général, aspire à demeurer comme l'échassier à partir. Aux rares espèces que la nature a faites voyageuses, elle a taillé les ailes en pointe, et chacun peut les reconnaître à ce signe. Ajoutons que l'amour des voyages se concilie parfaitement chez les coureurs avec la passion du *far-niente*.

Le coureur adulte est essentiellement granivore et herbivore, et, par conséquent, ami de l'homme qui fait venir les grains. En conséquence de quoi la nature lui a fait don de plusieurs estomacs, comme au ruminant mammifère dont il est l'homologue, et l'un de ces estomacs est éminemment musculeux. Encore deux caractères importants, le régime diététique et la structure de l'appareil digestif, qui ne permettent guère de confondre le Dromipède avec le Grallipède, pas plus qu'avec le Rémipède. Mais j'ai dit le coureur adulte, et non pas le coureur tout court. C'est pour faire remarquer que les jeunes de nos espèces sont plus friands de larves de fourmis que de grains, surtout dans leur première enfance, et que l'amour de la fourmi est encore un des caractères de l'ordre.

Tous les coureurs grattent la terre de leurs ongles, pour y chercher leur subsistance ou simplement pour faire de la poussière et pour poudroyer au soleil ; et j'admire et je regrette surtout que cette habitude, qui est exclusive à l'ordre, ne l'ait pas baptisé. Je suis persuadé, pour mon compte, que s'il eût passé par l'esprit de Georges Cuvier ou d'un autre de substituer l'étiquette de Pulvérateurs à celle de Gallinacés, cette simple substitution eût suffi pour apporter la lumière là où s'est fait le chaos.

Pulvérateur, en effet, ne rappelait pas seulement une habitude fonctionnelle spéciale à tous les genres de l'ordre dit des Gallinacés, puisque toute espèce poudroie, celle-ci dans les sables brûlants, celle-là dans les neiges, une autre dans les guérets, une autre sous les chênes. Cette étiquette avait encore deux mérites : elle était élégante et douce à prononcer et de loin elle faisait image ; puis enfin il suffit de la prononcer devant vous pour forcer votre pensée de se rabattre sur la perdrix, le faisan, la volaille que vous avez vus mille fois gratter la terre ou prendre un bain de poudre.

Autre caractère exclusif : Dieu devait accorder la fécondité à ces espèces succulentes et dodues si précieuses pour l'homme. La plupart et surtout les espèces les plus délicates (perdrix, caille, pintade) ont été douées de cette fécondité exceptionnelle.

Mais cette fécondité exceptionnelle exigeait à son tour

que les petits fussent en état de courir et de manger tout seuls en sortant de la coquille; car la mère était seule pour soutenir tout le fardeau de l'éducation de la nombreuse famille, et elle n'eût pu suffire à fermer tant de bouches par le procédé d'abecquement. Aussi l'ordre des Dromipèdes est-il le seul qui ne fournisse pas un exemple d'une mère nourrissant ses petits.

Ce caractère séparatif est d'autant plus remarquable qu'à partir de la fin de l'ordre des Dromipèdes, il ne se rencontre plus nulle part. Toutes les mères et tous les pères d'au delà des coureurs sont tenus, en effet, de nourrir leur famille pendant un certain temps, et il n'y a pas d'exception à cette loi universelle, pas même celle du coucou; car le jeune coucou, s'il n'est pas nourri par sa mère, est nourri par une autre. Le fait de l'abecquement subsiste.

La liste des caractères généraux de la Dromipédie n'est pas encore épuisée; mais il est évident que la reconnaissance officielle de ceux qui viennent d'être signalés eût suffi largement pour délivrer le classificateur de toute hésitation et de tout embarras à l'endroit de cet ordre. Sont dromipèdes toutes les espèces essentiellement granivores qui grattent la terre, qui poudroient, et dont les petits courent au sortir de l'œuf. Sont donc dromipèdes: les Autruches, les Ménures, l'Orthonyx, le Mégalonyx, non classés ou très-mal classés, ce qui revient au même. Ne sont pas dromipèdes le Cariama ni l'Agami, qui ne grattent pas la terre et n'ont pas l'estomac musculeux; n'est pas dromipède le Pigeon, malgré son estomac musculeux et ses appétits granivores, parce qu'il ne gratte pas la terre de ses ongles, parce qu'il n'est pas coureur, parce qu'il niche sur les arbres, parce qu'il abecque ses petits. Or jugez, par un seul exemple, de la facilité extrême qu'offre la classification de l'ordre des Coureurs, l'ancien ordre des Gallinacés. Entre cet ordre et celui des Pigeons se trouvent des abîmes, et pourtant les pigeons sont les plus proches voisins, les plus proches parents des coureurs. Reprenons la revue de nos caractères généraux.

L'ordre est régi par la polygamie pour les neuf dixièmes des espèces. C'est-à-dire que les amants fidèles n'y figurent qu'à l'état d'exception minime et n'y passent pas pour jouir de leur complet bon sens. Rappelons-nous tous les caractères constitutifs qu'entraîne ce régime immoral.

Là où la polygamie règne, les mâles sont mieux vêtus et mieux nourris que les femelles. Nous trouverons donc ici des espèces où le coq pèsera jusqu'à seize kilogrammes, la poule cinq ou six au plus (outarde). On sait que dans la plupart de ces espèces, le mâle s'appelle Coq et la femelle Poule.

La jalousie est un des caractères les plus affreux de la polygamie.... Alors nous devinons d'avance que la manie du duel sera endémique dans l'ordre des Coureurs, comme dans la série des Échassiers polygames, et que la lice des tournois y sera ouverte du matin jusqu'au soir dans la saison d'amour. Mais ne nous y trompons pas, la bataille est plus sérieuse chez les coureurs que chez les échassiers, et la nature a pourvu les premiers d'armes plus meurtrières que les seconds.

Notre propre histoire nous a appris aussi que la passion des aventures amoureuses et des duels a pour complémentaire fatale la passion non moins effrénée du faste et du colifichet, et que les Raffinés du Louvre n'étaient pas moins curieux de pourpoints de velours, de fraises et de dentelles, que de rapières bien mordantes et de bottes secrètes. Alors donc nous devrons rencontrer chez les coqs, qui sont les Raffinés de l'ordre des Oiseaux, tous les vices brillants, tous les goûts, toutes les habitudes de leurs homonymes humains. Ainsi, culte frénétique des colliers, des aigrettes, des panaches et des riches atours; affectation de galanterie raffinée et de parler doucereux près des femelles; besoin de s'étaler en public, de faire la roue et d'ébruiter ses conquêtes. Poses de matamore, verbe aigre et cassant entre rivaux, tenue et propos de salle d'armes. C'est là, en effet, tout le coq. C'est pour les moules les plus illustres de l'ordre des Coureurs qu'a été inventé le verbe *se pavaner*. Se pavaner, c'est se mirer dans sa propre splendeur, ainsi que fait le paon, l'oiseau cher à Junon, la reine orgueilleuse de l'Olympe.

L'ordre des Dromipèdes est également le seul où certains genres portent l'épée. Je dis l'épée et non pas l'éperon, parce que l'éperon du coq domestique est une véritable rapière, une arme de spadassin, une franche colichemarde pour se couper la gorge. Aussi toutes les espèces qui portent l'éperon sont-elles reconnaissables à la fierté provocante de leurs allures, à leur habitude de marcher la poitrine en avant, à leur manie de singer toutes les façons de la noblesse d'épée. Et lorsque la nature chausse l'éperon à un coq, elle lui jette en même temps sur les épaules un riche manteau d'étoffe chatoyante *à reflets métalliques;* elle lui couvre le col d'une fraise mobile; elle lui prodigue les crinières excentriques, panaches de l'avant, panaches de l'arrière, les armures de Milan, les lames de Tolède. Enfin, comme conséquence de tous ces armements, elle lui souffle au cœur la passion désordonnée des combats.

Retenez bien ceci : qu'éperon dit pacha, dit harem, despotisme masculin, tenue éblouissante des mâles, douceur, timidité et servage des femelles.

Ce n'est pas tout : ces coureurs de tournois et d'aventures galantes ne se contentent pas de laisser lâchement retomber sur leurs épouses toutes les charges de l'entretien et de la nourriture de la famille, ils poussent l'oubli de leurs devoirs les plus sacrés jusqu'à se faire les bourreaux de leur propre sang, cassant les œufs dans le nid et assassinant les jeunes avec délices, pour reprendre possession des mères. C'est au point que les pauvres mères ont plus à se cacher d'eux que du renard et de l'oiseau de proie.

Heureusement que si le coq est le résumé de tous les vices et de tous les péchés capitaux, Bataille, Orgueil, Luxe, Luxure, Gourmandise, Paresse, Infanticide, la poule est le modèle de toutes les vertus domestiques et spécialement de l'amour maternel.

Contraste frappant dont l'étude approfondie m'a conduit à la découverte de cette magnifique loi de mouvement passionnel : *Dieu livre les bêtes à l'homme par les vices des mâles et par les vertus des femelles.*

Perversité providentielle du coq qui a forcé la poule abandonnée de son protecteur naturel à chercher refuge auprès de l'homme !

Perversité providentielle qui me défend du remords et qui tranquillise ma conscience sur la légitimité de mes appétits de chasseur et de gastrosophe !

Car il est évident que si Dieu a titré tous les coqs en grossier sensualisme, ç'a été principalement dans le but d'affaiblir l'intérêt abusif que nous aurions pu porter à une espèce innocente et féconde qu'il avait destinée à nous servir de nourriture aussi longtemps que la grossièreté générale des aromes de notre planète nous ferait un besoin de la carnivorie. Il est bien évident que si Dieu a fait ces sultans impudiques si voyants et si gros, ç'a été pour attirer sur eux et pour détourner des femelles l'attention du chasseur et de l'oiseau de proie. Or si le Très-Haut et le Très-Sage lui-même a jugé à propos de condamner ces pécheurs aux flammes éternelles (rôti) en expiation de leurs méfaits, nous appartient-il bien d'aller à la traverse de ses décisions? Je ne le pense pas... Et s'il nous a laissé la possibilité d'apprécier encore la délicatesse de la chair là où il nous interdisait d'admirer les qualités du cœur, je dis que c'est à nous de le remercier pour ce don de sa bonté infinie, et puis après de nous résigner philosophiquement à nous faire les exécuteurs de sa sainte volonté à l'égard des coqs pleins de vices, sauf à reporter exclusivement sur les poules vertueuses tout l'intérêt que mérite l'espèce. Ainsi fais-je aujourd'hui et ai-je toujours fait, parce que la raison est dans mon cerveau en même temps que la sensibilité dans mon cœur, et que je sais parfaitement qu'il y a beaucoup d'espèces innocentes en ce monde qui nous mangeraient si nous ne les mangions pas.

Alors que toutes celles qui accusent le chasseur de cruauté native, et qui ne veulent pas croire à la sincérité de son affection pour la perdrix et pour la caille, y regardent désormais à deux fois avant de lui jeter la pierre. Et que le doux génie féminin qui a dicté au chantre de l'*Oiseau* ses plus charmantes pages me relève de la sentence injuste prononcée contre moi en ce livre, à la suite d'éloges trop flatteurs, immérités, hélas, comme ma condamnation !

Parmi les caractères généraux des coureurs figurent encore un bec voûté et court dont la mandibule supérieure couvre complétement et déborde l'inférieure ; des doigts courts et robustes, reliés à leur naissance par une épaisse membrane destinée à assurer la solidarité du système ; un sternum façonné dans les pires conditions pour le vol, faible de ligaments et d'assises et réduit à l'avant par une double échancrure, qui laisse le champ libre aux envahissements de la chair; sternum aspirant vers le sol et dédaigneux des nues. Je ne parlerai pas de l'embonpoint et de l'obésité fâcheuse auxquels une semblable constitution prédispose, puisqu'il est convenu qu'on ne peut s'arrêter à de pareils détails, sans trahir de cruels penchants.

Il est enfin un dernier caractère général qui n'est pas exclusif à l'ordre des Coureurs, mais qui se retrouve chez toutes les espèces granivores et que je veux signaler. C'est la sympathie touchante dont toutes ces espèces sont animées à l'égard des nobles quadrupèdes qui aident l'homme dans ses travaux agricoles. Cette sympathie, qui avait frappé les anciens, est facile à expliquer au moyen du fameux aphorisme de la granivorie.

Il est tout simple, avons-nous dit, qu'un oiseau des champs qui vit de graines ou d'insectes soit ami de la charrue qui ouvre le sein de la terre pour mettre à nu les larves et les vers qui s'y cachent, et pour y déposer le germe des moissons à venir. Or, pour ces oiseaux-là, le véritable nom de la charrue est cheval, cheval ou bœuf suivant les pays, et quand ils voient se diriger sur le terrain du travail un ou deux de ces animaux traînant une charrette ou un véhicule quelconque, ils ne peuvent pas s'enfuir à l'approche de l'attelage; car ce serait faire une impolitesse gratuite à qui ne leur a fait que du bien, et ces façons d'agir ne sont pas dans leurs mœurs; ils aiment mieux le saluer. L'homme exploite bien lâchement cette noble sympathie des oiseaux pour le cheval et pour le bœuf, pauvres bêtes innocentes qu'il associe de force à ses méfaits; mais il n'a pu tarir encore dans le cœur des victimes la source de leur confiance naïve dans la loyauté de leurs amis naturels. Aux premiers temps de notre occupation de l'Algérie, pays où l'indigène était plus charitable aux oiseaux du ciel qu'à ses frères, l'apparition d'une seule charrue suffisait pour amener sur les pas du laboureur des myriades d'oiseaux de tous les points de la plaine. Les plus familiers de la bande, les traquets, les hochequeues, le héron garde-bœuf, commençaient par accaparer les places les meilleures et s'adjugeaient la primeur des mottes retournées. Puis venaient à la suite l'étourneau, le corbeau, le rollier, la pie-grièche, le merle, la perdrix et vingt autres, faisant au travailleur un cortége de fête, amusant ses regards du spectacle de leur fourmillement actif, de leurs querelles bruyantes, de leurs catégories confuses. Dans l'Amérique méridionale, le Gaucho qui a besoin d'une perdrix pour son dîner s'en va tout simplement la chercher à cheval. Il se dirige vers la première qu'il avise et lui passe au col un lacet disposé au bout d'une grande gaule. La perdrix ne bouge pas; elle ne fait que lever la tête pour faciliter l'opération. Voilà quelques siècles déjà que l'âge de ces jeux est passé pour la France, où l'oiseau n'a plus foi en l'homme; mais que de trahisons et de meurtres il en a dû coûter au souverain de la terre pour détruire au cœur des oiseaux cet amour pour sa race que l'auteur de toutes choses y avait si solidement incrusté!

Un jour, quand la vapeur aura enlevé au cheval son dernier instrument de travail, quand elle labourera à sa place, la charrue s'incarnera dans l'esprit de l'oiseau sous la forme d'un panache de fumée qui marche, et l'homme pourra encore abuser pendant un certain temps des remparts de la machine pour assassiner ses amis.

En somme, la définition du Coureur se réduit aux termes ci-après : un pulvérateur qui niche à terre et qui n'abecque pas ses petits.

On s'étonne à bon droit que la classification d'un ordre

si facilement isolable ait pu causer de graves embarras à la science et donner lieu à des divergences d'opinion sans fin. C'est que rien n'est plus difficile que de s'orienter et de naviguer en toute sécurité, sans l'aide de la boussole, sur les mers les plus pacifiques, et que la science a toujours hésité jusqu'ici à se servir de l'instrument sauveur. Mais j'éprouve le besoin d'être indulgent aux dix ou douze ordres de Gallinacés qui existent dans les classifications des maîtres, me rappelant que c'est précisément dans cet ordre soi-disant si maniable et si facilement réductible que j'ai commis mes plus graves erreurs : Pluvier, Œdicnème, Courvite. Il est vrai que tous ces oiseaux-là couraient bien.

Il y a donc des classifications quasi-officielles où l'ordre des Gallinacés compte plus de cinq cents espèces, d'autres non moins bien notées en haut lieu qui réduisent ce chiffre à quatre cents. La classification la plus en vogue porte cet effectif à trois cent vingt au plus. La différence qui se trouve entre les deux termes extrêmes de cette série provient de ce que dans le plus fort total on fait entrer de force le compte des Pigeons, qui ne figure pas dans l'autre. J'en sais encore où les Outardes ont été retirées de la Gallinacie pour être incorporées parmi les Échassiers ; d'autres où le Cariama et l'Agami, en revanche, sont naturalisés Coureurs ; d'autres où les Autruches, les Casoars et tous les oiseaux impennes de l'avant-dernière création et de la dernière, forment un ordre à part dit des Struthionidés.

L'ordre naturel des Dromipèdes doit renfermer quatre cents espèces environ, quoi que puissent affirmer de contraire les classifications empiriques. Je dis modestement *doit renfermer* et non *renferme*, parce que beaucoup d'espèces qui appartiennent légitimement à l'ordre n'ont pas encore été assez étudiées dans le plus profond de leurs mœurs, pour permettre au classificateur hardi mais consciencieux de se prononcer en toute assurance sur elles. Au nombre de ces espèces douteuses sont les Ménures, les Mégalonyx, les Orthonyx, les Chionis, plus une foule de formicivores d'Amérique et d'ailleurs, qui sont pour moi de véritables coureurs, mais que je ne puis déclarer tels de mon autorité privée, malgré toute l'envie que j'en ai. La question de nationalité de ces espèces est, du reste, facile à résoudre d'après les attributs exclusifs que j'assigne à l'ordre des Coureurs. Il ne s'agit que de savoir si tous ces Fourmiliers qui courent déjà mieux qu'ils ne volent, qui ont l'aile courte et ronde, qui sont pulvérateurs et qui nichent à terre, remplissent la dernière formalité exigée pour l'admission dans l'ordre. Qu'il me soit démontré par rapports dignes de foi que tous ces pulvérateurs courent et mangent tout seuls en sortant de la coquille, et je n'hésite pas à les proclamer Dromipèdes. Donc je demande à grands cris à tous les voyageurs et à tous les naturalistes des renseignements privés sur le mode de nidification et d'éducation des espèces en litige, pour savoir à quoi m'en tenir quant au chiffre définitif des familles de l'ordre.

Car, aussi longtemps que cette question si facile à résoudre ne sera pas résolue, la présente classification demeurera comme entachée de provisoire. Puis encore cette non détermination du chiffre de l'effectif peut interdire au classificateur l'emploi de tel procédé de division qui lui était habituel, celui de la dichotomie, par exemple, qui ne peut s'appliquer qu'à un chiffre certain. Néanmoins, ces inconvénients très-réels ne constituent pas des obstacles sérieux.

D'abord il faut savoir que toutes ces espèces douteuses appartiennent à la même série, une série de pulvérateurs sylvicoles, qui compte déjà de nombreux représentants parmi les espèces admises, et que cette série est logée à l'extrémité de l'ordre du côté des Pigeons. Par conséquent, toutes les querelles de chiffres peuvent s'agiter dans son sein, sans que le tapage en retentisse au dehors et trouble le moins du monde le classement des séries précédemment ordonnées. J'avoue ensuite qu'il ne m'est aucunement démontré que l'application de la coupe dichotomique à l'ordre des Dromipèdes soit de nécessité absolue.

Je vois bien, en effet, que cette coupe est d'induction naturelle, quant à la division des deux ordres de la Rémipédie et de la Grallipédie, où les espèces, réduites à opter entre deux milieux seulement, sont forcées de se séparer d'elles-mêmes en deux camps, Pélagicoles ou Fluminicoles dans le premier, Paludicoles ou Palustricoles dans le second. Mais je ne vois plus qu'il en soit de même à l'égard de l'ordre des Coureurs, un ordre précieux par-dessus tous, et dont les espèces ont été semées, comme nous l'avons dit, sur tous les points habitables du globe, en raison même de la succulence de leur chair et de leur utilité. Ce qui me paraît de plus clair est qu'ici la division naturelle exige l'augmentation du nombre des séries qui doivent prendre leur nom des habitats divers.

Or, il nous suffit de notre foi dans la justice distributive de la Providence et de la connaissance que nous avons de la succession géologique des milieux, pour reconnaître *à priori* la marche qu'a suivie l'apparition successive des espèces. S'il est vrai que Dieu ait assigné à chaque milieu son groupe spécial de coureurs; s'il est vrai que les milieux s'engendrent comme nous l'avons dit, la voie de la classification naturelle nous est de nouveau toute tracée. Nous n'avons, pour bien faire, qu'à laisser défiler les espèces *dans l'ordre même où Dieu les a mises*. Autant de milieux distincts, autant de divisions principales. Donc, traçons d'abord tous nos cadres et ne nous inquiétons pas après si deux ou trois restent vides par la faute d'autrui.

Autant de milieux distincts, disons-nous, autant de divisions principales. Or, ces milieux distincts sont au moins au nombre de quatre, si je sais bien compter, et ils s'étagent dans l'ordre ci-après :

D'abord, la plaine aride et nue, le lit des mers anciennes, le steppe, la pampa, le désert ; puis la plaine arable fertile, herbue, buissonneuse, comme la prairie américaine ; puis les hauteurs et enfin les forêts. On pourrait, en cherchant un peu, trouver force ambigus pour relier tous ces habitats, avec une foule de substantifs sonores pour les étiqueter ; mais, comme j'ai reconnu à l'œuvre, et surtout à l'œuvre d'autrui, qu'il était de sage politique, en classification, d'économiser les titres hiérarchiques, je me suis défendu d'attribuer un nom de série à chacun de ces milieux à deux faces, dont je me bornerai à signaler l'existence et l'utilité en passant.

Sera dite Steppidromie, la série des coureurs du steppe ; Arvidromie, de la plaine arable et de la prairie couverte ; Summidromie, de la hauteur escarpée, de la cime des monts ; Sylvidromie de la forêt.

Et comme aux bas gradins de la Volatilie où nous stationnons toujours, la nature n'a pas encore su se défaire de la triste habitude de créer des types anormaux, paradoxaux, excentriques, nous retrouverons nécessairement quelques curieux spécimens de ces imaginations au début et à la fin de l'ordre. Et il faudra bien nous résoudre à attribuer un nom de série quelconque à ces moules d'essai, dût la série ne se composer que d'un seul genre, composé d'une seule espèce. Alors, nous donnerons le titre d'Aptéridromie à la série des grands coureurs privés d'ailes par lesquels s'ouvre l'ordre ; Aptérigrade sera le nom de l'espèce aptère tardigrade qui le clôt. Cette espèce, aujourd'hui détruite, s'appelait encore le Dronte, il y a deux cents ans.

Ainsi, l'ordre de la Dromipédie, *tel qu'il se contient et comporte aujourd'hui*, trois cent vingt espèces environ, se divise d'abord en six principales séries : Aptéridromie, Steppidromie, Arvidromie, Summidromie, Sylvidromie, Aptérigradie.

Première série. — Aptéridromie. Quatre genres : Autruche, Nandou, Casoar, Émeu ; cinq espèces.

Aptéridromie, rudipennie, impennie, mots qui veulent dirent *sans ailes*, valent mieux comme enseignes de séries que Struthionidés, qui ne veut pas dire grand'chose et qui a surtout le tort de ne pas tenir compte de l'absence des ailes chez l'oiseau, caractère cependant fort digne de remarque.

Tous les grands coureurs privés d'ailes dont le plus léger pèse trente livres et le plus lourd quatre-vingts ont été donnés à l'homme en même temps que le chameau, la vache et la brebis, afin qu'il en fît des troupeaux. Les grands coureurs se tondent tous les ans comme les moutons, et payent à leurs maîtres le tribut de leurs œufs, en sus de celui de leur chair.

Je n'ai point à tracer leur histoire, puisqu'ils n'appartiennent pas à la faune de France ; mais j'ai besoin de signaler quelques-uns des caractères généraux de la série, pour bien préciser la date de son apparition en ce globe, et aussi pour faire voir quels liens étroits de parenté sont entre les aptéridromes et les ruminants mammifères, leurs homologues.

Tous les aptéridromes ont les yeux bordés de cils, un plumage à barbes frisées et lâches qui ressemble plus à la toison des bêtes à quatre pattes qu'à la robe des oiseaux.

Ils ont des ruminants le régime herbivore, le sternum plat et sans bréchet, l'estomac multiple, la *vessie*. Ils courent et ne volent pas. Et il y en a qui s'amusent à porter des hommes sur leur dos, à l'instar de certains ruminants !

L'Autruche et ses plus proches parents sont nécessairement étrangers au continent européen, dont le raffinement aromal et l'âge plus avancé ne s'accommodent plus des ébauches et demandent des moules mieux finis. Les espèces gigantesques vivantes encore ou enterrées d'hier, appartiennent presque exclusivement, en effet, à l'hémisphère austral riche en monstres, ainsi que la plupart des oiseaux privés d'ailes, Aptérix, Notornis, etc. Il y a cent siècles environ que l'Europe a vu périr ses types identiques. C'est vers la même époque qu'elle a perdu ses éléphants crépus, ses mastodontes et ses hippopotames. La naissance de l'Autruche porte la même date que celle du Chameau, et toutes deux rappellent une triste catastrophe, la Chute, puisqu'il faut l'appeler par son nom.

L'Autruche n'est pas seulement la contemporaine et la compatriote du chameau. Elle tient de lui pour les traits de la physionomie, les allures, les habitudes du corps et le régime. Or, comme de près ou de loin, toutes les espèces de l'ordre ont la charpente taillée sur celle de l'Autruche, j'ai cru qu'il serait bien de m'arrêter quelques instants sur ce moule-type primitif et d'en comparer l'organisation avec celle de l'Oiseau-Mouche, pour tirer de cette comparaison le secret de la destination providentielle de l'ordre des Coureurs.

Chez l'Oiseau-Mouche, ai-je dit, comme chez tous les fins voiliers, la cavité thoracique (poitrine) est développée outre mesure et la carène sternale fait saillie au dehors comme la quille d'un esquif. Ainsi est bâti le lévrier, qui est le moule idéal de la vélocité parmi les mammifères comme l'oiseau-mouche parmi les volatiles. Or, nous savons qu'en vertu de la loi d'équilibre, ce développement excessif de la poitrine n'a pu avoir lieu qu'au détriment d'une autre partie du corps. Cette partie déprimée, atrophiée, sacrifiée chez l'Oiseau-Mouche, est la région du bassin, celle de l'insertion des membres inférieurs. L'Oiseau-Mouche a de si petits pieds, qu'il est obligé, comme la Frégate et le Martinet, de se reposer sur ses ailes.

Le développement extraordinaire de l'enveloppe sternale est motivé, chez l'oiseau-mouche, par la nécessité d'offrir de vastes et solides points d'attache aux muscles pectoraux qui sont les agents principaux de la locomotion aérienne et de laisser leur jeu aux clavicules qui sont en quelque sorte les détentes de l'arc alaire. Tout est sacrifié à la légèreté et à l'utile ; les muscles de ceinture qui arrondissent les formes, mais qui alourdissent le corps, ont été supprimés ; la poitrine est taillée en lame de couteau, le ventre ravalé, l'intestin court ; bref, toute la puissance musculaire est accaparée par les ailes ; c'est-à-dire que le fin voilier nu ressemble toujours plus ou moins à son squelette, image odieuse qui repousse la pensée du rôti.

Mais démolissons pièce à pièce cette charpente de l'oiseau fin voilier, du rapace ou de l'oiseau-mouche ; mettons le plein à la place du vide, le vide à la place du plein ; prenons, en un mot, le contre-pied de toutes les dispositions anatomiques ci-dessus, et nous aurons le moule exact du coureur. Je ne connais pas dans toute la nature deux êtres de la même famille qui se ressemblent aussi peu que l'Oiseau-Mouche et l'Autruche. Vainement celle-ci voudrait-elle le nier, mais encore une fois elle tient plus du quadrupède que du bipède, à preuve qu'elle porte sur son dos des enfants et des rois d'Égypte.

L'autruche et l'oiseau-mouche formant des termes extrêmes de série sont en rapport absolu de contraste, ce qui équivaut à dire que l'autruche doit être un oiseau-mouche renversé et *vice versâ*. Cette proposition est très-vraie.

L'Oiseau-Mouche était tout ailes, tout queue, tout vol; l'Autruche est toute jambes et toute ventre. Le sternum, chez l'autruche, au lieu de saillir en arête, se trouve réduit à des dimensions ridicules; c'est une plaque osseuse en forme d'écu qui fait *proue* au lieu de faire *quille* et à laquelle l'omoplate s'est soudée par ankylose. Plus d'ailes, par conséquent plus de queue; rémiges et rectrices absentes. Toute la puissance musculaire *active* s'est retirée dans la région du bassin, où elle a été mise au service de la locomotion pédestre, qui exige d'énormes leviers. La charpente de ce bassin a donc été dressée avec le même luxe que celle du thorax chez l'oiseau-mouche; l'ossature y déborde à son tour et fait crête sur l'épine dorsale. La région sacrifiée est celle où s'inséraient les ailes. Les cuisses, les jambes, les tarses, chargés de suppléer celles-ci, prennent les dimensions volumineuses qu'ont les membres correspondants chez les quadrupèdes herbivores. La cavité abdominale s'agrandit considérablement pour loger un intestin que la nourriture végétale a pour effet de distendre. Enfin, comme *la vitesse de la course exige impérieusement que le poids du corps porte sur l'avant*, et comme le développement des pectoraux faisait ici défaut, la nature a été obligée de pourvoir à cette nécessité par un autre moyen. Elle a fait de la plaque osseuse du sternum, qui avait rompu toutes relations avec la région d'en haut, le point d'attache d'une masse musculaire inerte, aspirant vers la terre, et dont l'unique office est de faire poids et de donner de l'abattage au coureur. C'était le muscle supérieur, le muscle pectoral qui prédominait chez l'oiseau-mouche et chez l'oiseau de proie et qui déprimait le muscle de ceinture, le muscle inférieur. Ici, au contraire, c'est le muscle de ceinture qui occupe glorieusement toute la place ; c'est la région d'en bas qui absorbe la vitalité de l'organisme. Mais voici malheureusement ce qui arrive : cette masse de chair, trop éloignée des os et trop pesante pour les deux pauvres ligaments qui la retiennent, ne tarde pas à manifester ses tendances vers une obésité et une rotondité fâcheuses. Bientôt la chair déborde le sternum, et la graisse menace de déborder la chair...

C'est-à-dire que je ne puis m'empêcher d'accuser de cécité les personnes trop sensibles qui ne veulent pas voir ici empreint le doigt de Dieu, indiquant la nature des bons offices que le coureur est appelé à rendre à l'homme.

Un Arabe du désert me disait une fois qu'une bonne autruche, du poids de trente à trente-cinq kilogrammes, rendait communément de vingt à vingt-cinq kilogrammes de gigots et d'aiguillettes de qualité superfine. La vérité était dans les paroles de l'enfant de Mahom; seulement cette qualification de superfine arrachée par l'enthousiasme n'est bien placée que dans la bouche d'un Bédouin vagabond, qui a jeûné souvent. L'aiguillette et le gigot d'autruche peuvent être de délicieux morceaux dans le désert, ils ne sont que bons partout ailleurs; c'est comme le bifteck de chameau. L'autruche est peut-être même de tous ses congénères le moins susceptible d'embonpoint.

La série excentrique des Aptéridromes, en sa qualité d'ambiguë entre les deux ordres de la Grallipédie et de la Dromipédie, possède naturellement une partie des caractères propres à l'un et à l'autre. L'Autruche et ses voisins, herbivores et coureurs au premier chef, conservent donc de nombreux rapports avec les échassiers. Ces caractères de rapprochement sont la longueur des tarses sur lesquels le coureur se repose ; la dénudation de la partie inférieure de la jambe, la dimension exagérée et la nudité du col, plus l'habitude de frapper du pied, à l'instar du Serpentaire et de l'Aptérix. L'Autruche et ses voisins ont encore les paupières bordées de cils comme les grandes espèces qui les précèdent et l'Outarde qui les suit. Enfin, la parenté des aptéridromes et des dromigralles se trahit par l'air de famille, par la similitude des goûts pour les étoffes soyeuses et frisées de couleur isabelle, par une foule d'autres ressemblances plus faciles à saisir qu'à définir. Le régime diététique diffère seul, la conformation de l'estomac, par conséquent, et les mœurs et le reste. Aussi excuse-t-on sans peine tant de savants illustres d'avoir colloqué l'Autruche et ses voisins parmi les échassiers, car il est certain que si le terme d'Aptéridromes n'avait pas été inventé pour désigner la tribu des *coureurs sans-ailes*, *Grallidromes* serait encore celui qui le remplacerait le plus avantageusement.

On sait que la polygamie est la règle des relations sexuelles dans l'Aptéridromie ; mais hâtons-nous bien vite de déclarer que cette polygamie n'offre aucun de ces caractères immoraux et révoltants qui déshonorent ailleurs ce régime immoral. Les femelles des autruches, par exemple, se réunissent pour pondre et couver en commun et les mâles se croiraient déshonorés de laisser retomber sur elles seules le travail de l'incubation. Or, il est très-probable que la participation du mâle à cette tâche pénible est générale dans le groupe ; car il a été observé au Jardin-des-Plantes où les émeus de la Nouvelle-Hollande se reproduisent quelquefois, que c'était le mâle qui se montrait le plus assidu à remplir ses fonctions de couveur.

Deuxième série. — STEPPIDROMIE. Deux groupes : *Tardipennie, Citipennie,* dix genres ; OUTARDE, EUDROMIE, NOTHURE, TINAMOU, RYNCHOTE, TORTICELLE, GANGA, SYRRAPTHE, TURNICIGRALLE, TURNIX. Soixante-quatorze espèces, dont cinq au plus françaises.

Le genre Outarde est, à proprement parler, le premier de l'ordre des vrais coureurs, lequel commence à la Grande Outarde d'Afrique et finit à la *Colombi-Galline* d'Amérique. La grande outarde est le premier terme de l'ordre normal de la Dromipédie comme le Cariama est le dernier de l'ordre normal de la Grallipédie. Les deux espèces, en effet, sont aussi parentes que possible par tous les traits de la physionomie et la similitude des autres caractères. Elles se ressemblent de taille, de visage, de robe et de toilette. Elles ont les paupières également bordées de cils, les jambes dénudées par le bas, le bec coulé dans le même moule; elles attaquent le reptile par le même procédé, le coup de pied, le coup d'aile. Aussi ne sont-elles séparées, dans notre classification naturelle, que par l'interjonction des moules paradoxaux et excentriques qui ont besoin qu'on les place quelque part et qui ne pouvaient être mieux logés qu'entre le cariama et l'outarde.

J'ai à dire, à propos de cette interjonction fâcheuse des moules anormaux, que le premier devoir du classificateur étant d'avoir foi en la justice distributive de Dieu, son premier soin, en se mettant à l'œuvre, doit être d'éliminer provisoirement tous les moules discordants et anarchiques qui semblent contrarier la marche de la distribution harmonique, sauf à les reprendre en sous-œuvre plus tard. Les jeunes classificateurs ne sauraient trop profiter de ce conseil salutaire que mon expérience leur adresse ; ils ne sauraient trop non plus graver en leur cerveau le principe qui suit, à savoir que les ambigus excentriques et anormaux ne sont pas des moules de transition *d'ordre à ordre* dans le même règne, mais bien des moules de transition de *règne à règne*. Combien de classificateurs illustres ont péri et tous leurs travaux avec eux, pour n'avoir pas compris cette distinction essentielle. Combien ont été forcés de tourner bride et de renoncer à la tâche pour s'être fourvoyés tout d'abord dans l'impasse de l'ambigu ! Car l'amour de la classification est un genre de supplice qui compte plus de martyrs qu'on ne pense.

Les moules anormaux, je le répète, sont des moules *hors cadre*, dont le classement doit être ajourné après l'achèvement de la distribution régulière et hiérarchique des espèces normales. Ne vous occupez pas de savoir quelle place l'autruche doit tenir dans le monde des oiseaux, puisque l'autruche est le moule de transition de la Volatilie à la Mammiférie et rien autre, et laissez de côté, pour les mêmes raisons, la chauve-souris, l'aptérix et les autres monstruosités analogues. Seulement, quand votre œuvre de classement sera faite et parfaite, grâce à la suppression provisoire des intermédiaires fâcheux dont l'interposition eût empêché de suivre la sériation des familles naturelles, revenez aux moules oubliés et tenez quelque compte de leurs principaux caractères pour les placer d'une façon convenable. Mettez le Serpentaire, l'Aptérix et l'Autruche entre l'ordre des Grallipèdes et celui des Dromipèdes, puisque tous sont à la fois échassiers et coureurs. *Division hors cadre*.

Les caractères généraux des espèces de la Steppidromie sont l'amour des plaines caillouteuses et stériles, ainsi que leur nom l'indique, plus la passion des colliers, des huppes, des cravates, des fraises. Toutes portent un uniforme jaune terreux virant à l'isabelle, pour mieux dire au caillou brûlé. Elles ne perchent pas faute d'arbres et faute d'une armature suffisante des pieds. C'est la série de l'ordre qui brille le moins par sa fécondité. La majorité pond de gros œufs de couleur verte et vit sous le régime de la polygamie. Comme le désert n'abonde pas en éléments variés de nourriture, ses pauvres habitants sont bien forcés de manger tout ce qui s'y trouve en fait d'herbes, de grillons, de scarabées, de lézards ; même plus d'une grande espèce se trouve quelquefois réduite à s'assimiler le reptile. La chair de toutes ces espèces est une viande de haut goût, volontiers bicolore, qui fait bien en pâté.

La série des Steppidromes, qui se compose d'une masse d'oiseaux très-lourds et non percheurs, compte cependant parmi ses espèces le type hirondinien de l'ordre : ailes démesurées, tarses courts et emplumés ; c'est le syrrapthe, un habitant de la steppe tartare, un cousin de la glaréole, porteur des mêmes habits et des mêmes décorations, et comme elle se plaisant à voler la sauterelle.

Troisième série. — ARVIDROMIE : Deux groupes ; *Ségéticolie*, *Dumicolie* ; huit genres : CAILLE, PERDRIX (grise), PINTADE, PTILOPAQUE, COLIN, ZONÉCOLIN, MASSÉNA, TOCCRO. Soixante-six espèces, dont cinq au plus françaises.

Je ne sais pas assez les mœurs intimes de la plupart de ces espèces pour me croire en droit de leur assigner à chacune une place dans les deux groupes ci-dessus. Je sais seulement qu'il y a à distinguer entre celles qui habitent les champs cultivés et celles qui habitent les pâtures, les maquis, les prairies de l'Amérique du Nord. Si les noms des deux groupes de cette série se trouvent mal choisis à cause de l'inégalité de répartition des genres, on pourrait les remplacer par deux autres tirés de la faculté ou de l'impossibilité de percher.

La longue notice consacrée ci-après à l'histoire de la

Perdrix et à celle de la Caille nous dispense de signaler ici les principaux caractères des Arvidromes.

Quatrième série.—SUMMIDROMIE : Deux groupes ; *Aspéricolie* ou *Rupicolie*, *Sylvicolie* ; cinq genres : BARTAVELLE, LAGOPÈDE, TETRAS, GELINOTTE, LERWÉE. Vingt-sept espèces, sept françaises.

Je renvoie comme ci-devant l'exposé des caractères généraux de la série à l'histoire détaillée des espèces de France.

Cinquième série. — SYLVIDROMIE : Deux groupes ; *Ensitarsie* ou *Plectronitarsie*, *Nuditarsie*. Vingt-huit genres, sans compter les absents : FRANCOLIN, NIGELLE, ROULOUL, PLECTROPÈDE, EULOPHE, THIBÉTAIN, FAISAN, HOUPPIFÈRE, TRAGOPAN, COQ, LOPHOPHORE, ÉPERONNIER, PAON, DINDON, PÉNÉLOPE, HOCCAN, HOCCO, PAUXI, HOAZIN, ARGUS, MÉSITE, ALATHÉLIE, MÉGAPODE, LEIPOA, MALÉO, TALLÉGALLE...... COLOMBIGALLINE, SAMOA. Cent-cinquante espèces, dont sept seulement naturalisées en France ; pas une seule indigène.

C'est à la suite du Tallégalle et dans l'intervalle signalé par des points qu'il convient de loger la longue tribu des Ménures, des Selérures, des Mégalonyx, Orthonyx, Fourmiliers, etc., dont la nationalité n'a pas été encore officiellement reconnue. Je présume que le nombre de ces espèces douteuses s'élève à une centaine. Ce chiffre de cent, s'il était joint à celui que nous venons de donner, porterait donc à plus de deux cent cinquante l'effectif des membres de la seule série des Sylvicoles. Or, on comprend que dans le cas d'adjonction, il y aurait lieu de retoucher à la division primordiale de la Dromipédie, pour ne pas laisser subsister une inégalité de répartition aussi choquante. Peut-être alors la classification serait-elle obligée de reprendre pour sa première division sérielle la coupe dichotomique, dont la série actuelle pourrait sans changer de nom former l'une des moitiés.

Sixième série. — APTÉRIGRADIE : une seule espèce, éteinte, le DRONTE de Maurice.

Le Dronte de l'Ile-de-France et de l'île Bourbon, était encore de ce monde il y a deux cents ans. Sa mort date de la fin du règne de Louis XIV. Il est donc juste de l'inscrire sur le catalogue des bêtes de la dernière création.

Deux pattes et un bec en très-mauvais état sont tout ce qui reste aujourd'hui de ce moule remarquable. Ces débris précieux appartiennent au musée d'Oxford, ville savante d'Albion.

L'histoire du Dronte est une des plus amusantes qui se puisse lire, je veux dire l'histoire posthume, car l'infortuné bipède a plus fait parler de lui après qu'avant sa mort, et pas un de ceux qui l'ont vu et connu, historien de bêtes ou peintre, n'a jugé à propos de décrire ses mœurs ou de peindre ses traits. Et, comme si ce n'était assez du silence unanime de ses contemporains, pour laisser planer sur le Dronte, une obscurité éternelle, voici que les savants de nos jours se sont emparés de ses restes, comme d'une inscription égyptienne, pour en faire le sujet de vingt systèmes confus et d'autant de volumes. Il s'est dit, dans le temps, que M. de Blainville, qui fut une des lumières de la zoologie, avait médité de longues années sur ce bec et ces pattes avant d'arriver à conclure que le Dronte était un vautour : oubliant, le savant illustre, qu'un vautour est un croque-mort à qui font besoin les grandes ailes plus qu'à tout autre volatile, pour se porter en un clin d'œil en toute place où tombe un cadavre. J'ai lu le mémoire de Blainville où était démontré la parenté du Dronte et du Vautour et j'ai dit comme Brutus, à la dernière page : Science, tu n'es qu'un nom.

Un autre savant non moins illustre, par lequel pendant quarante ans l'ornithologie a juré, le Hollandais Temmynck, qui a baptisé de son nom tant de bêtes, le Hollandais Temmynck a fait du même dronte un manchot, probablement pour ne pas dire comme l'autre. Lesson, désireux au contraire de rester bien avec tout le monde, n'est pas très-éloigné d'accepter le moule en litige pour un vautour, un STRUTHION ou un... dinde. Gray en fait une... colombe et Latham une... autruche. Le plus avisé de tous est Cuvier qui le range dans son ordre des Gallinacés. Bien fin qui interdirait à une bête le droit de s'abriter sous ce pavillon neutre qui couvre la marchandise.

Le dronte ne fut, de son vivant, ni manchot, ni vautour, ni struthion, ni colombe. Ce fut tout simplement un coureur tétradactyle sans ailes à qui la nature avait donné mission de se tenir à la pointe extrême de son ordre pour faire pendant à l'Autruche et opérer le ralliement des extrêmes. Voilà la vérité et toute la vérité !

Nous plaçons ici sous les yeux du lecteur le tableau général de l'ordre avant d'aborder l'histoire des espèces de France.

3e ORDRE. DROMIPÉDIE (GALLINACÉS).

SÉRIES.	GROUPES.	GENRES.	Espèces
APTÉRIDROMIE	....	Autruche,	1
		Nandou,	2
		Casoar,	1
		Émeu,	1
STEPPIDROMIE	Tardipennie ..	Outarde,	10
		Eudromie,	3
		Nothûre,	5
		Tinamou,	16
		Rynchote,	2
		Torticelle,	1
	Citipennie....	Ganga,	12
		Syrrapthe,	2
		Turnicigralle,	1
		Turnix,	22

SÉRIES.	GROUPES.	GENRES.	Espèces.
ARVIDROMIE.........	Ségéticolie...	Caille,	15
		Perdrix,	12
		Pintade,	3
	Dumicolie....	Ptilopaque,	1
		Colin,	15
		Zonécolin,	6
		Masséna,	2
		Toccro,	12
SUMMIDROMIE........	Rupicolie....	Bartavelle,	7
		Lagopède,	8
	Sylvicolie....	Tétras,	9
		Gélinotte,	2
		Lerwée,	1
SYLVIDROMIE........	Plectronitarsie	Francolin,	21
		Nigelle,	5
		Roulool,	4
		Plectropède,	3
		Eulophe,	1
		Thibétain,	1
		Faisan,	9
		Houppifère,	13
		Tragopan,	3
		Coq,	12
		Lophophore,	1
		Éperonnier,	6
		Paon,	2
		Dindon,	2
	Nuditarsie....	Pénélope,	24
		Hoccan,	2
		Pauxi,	1
		Hocco,	6
		Hoazin,	1
		Argus,	1
		Mésite,	2
		Alathélie,	1
		Mégapode,	7
		Leipoa,	1
		Talégalle,	2
		Maléo,	1
		Colombigalline,	1
		Samoa,	1
APTÉRIGRADIE........	....	Dronte.	

ESPÈCES FRANÇAISES.

Genre Outarde. — Ce genre ne compte réellement que deux espèces en France, la grande et la petite outarde, dite vulgairement Canepetière. L'outarde Houbara, dont la patrie est l'Afrique, n'apparaît sur notre territoire qu'à la suite de rares accidents. Ce nom d'outarde dérive de deux mots, l'un grec, *otis*, l'autre latin, *tarda*, qui signifient à peu près oiseau lourd. Beaucoup de chasseurs français prononcent la Houtarde, comme on dit la *onzième*, mais cette locution n'est pas pure.

Caractères du genre. — Tridactiles; tarses nus, jambes musculeuses, plastron largement développé, corps pesant, doigts courts et rectilignes reliés à leur base par une membrane étroite qui se prolonge jusqu'à l'ongle; col effilé; bec un peu voûté, mais comprimé et un peu large à la base, et se rapprochant de celui de l'autruche qui est plat et triangulaire; grands yeux, iris jaunâtre, attitude verticale, ailes arrondies, vol saccadé, sibilant, lourd; course rapidissime. Les outardes habitent les plaines découvertes et les terrains les plus secs et les plus arides; leur véritable patrie est le steppe de Russie ou le désert d'Afrique. Leur nourriture se compose de grains, d'herbes, d'insectes, scarabées, grillons. Elles vagabondent plutôt qu'elles n'émigrent, et transhument pendant l'hiver des steppes du Nord à ceux du Midi, ce qui est cause que leur chair est excellente, quoiqu'un peu sèche, et convient surtout au pâté. Ces oiseaux boivent fort peu.

La grande Outarde. — La grande outarde est la plus proche parente de l'autruche en Europe. C'est la plus belle pièce de gibier-plume de France; c'est le plus gros et le plus pesant de tous les oiseaux que nourrit notre patrie. Son poids qui est quelquefois de seize kilos, dépasse de deux kilos celui du pélican et de quatre celui du cygne ; mais cette haute taille et ce poids exorbitant n'appartiennent qu'au mâle.

L'outarde est le plus rapide de tous nos oiseaux coureurs. Par contre, le vol est un exercice très-fatigant pour elle ; aussi, ne s'y livre-t-elle qu'avec une répugnance visible et lorsqu'il y a péril en la demeure. Elle est obligée de courir longtemps sur la pointe des pieds et de s'aider du vent et des ailes, pour prendre l'essor, à la façon des oies privées. La plus légère des avaries dans sa voilure l'expose à de graves désastres. Une fois que des paysans champenois se rendaient de Suippe à Châlons-sur-Marne avant le lever de l'aurore, ils avisèrent à quelque distance de la route un troupeau de bêtes qui semblaient faire d'inutiles efforts pour se détacher du sol ; et, s'en étant approchés pour contempler le phénomène de plus près, ils reconnurent que les oiseaux empêchés étaient des outardes de la plus grande espèce à qui le verglas de la nuit avait si bien cadenassé les ailes qu'elles ne pouvaient plus s'en servir ni pour le vol, ni pour la course. De laquelle position nos barbares pèlerins abusèrent naturellement, comme nous aurions fait à leur place, pour assommer les malheureuses volatiles dont le marché de Châlons, capitale du pays des outardes, se trouva, par extraordinaire, largement approvisionné ce jour-là. L'outarde est un coup de fusil de vingt francs au bas mot.

La fatigue d'amour produit quelquefois chez le mâle le même résultat que le verglas.

Il existe une variété jaune de la dinde domestique dont la femelle donne une idée assez exacte de l'outarde quant à la taille, aux allures, à la couleur du manteau et à la physionomie générale. La différence entre les deux moules consiste surtout en ce que chez la dinde la tête est nue et garnie de caroncules et la gorge fanonnée, tandis que chez l'outarde la tête est parfaitement garnie de plumes et que le mâle remplace avantageusement le fanon de chair rouge par une fraise élégante de plumes barbues et frisées. Pour complément à cette parure de bon goût, empruntée comme toujours au costume des raffinés du Louvre, l'outarde ajoute une riche pèlerine ou plutôt une riche housse de plumes fines d'un fauve rutilant qui lui retombe gracieusement sur les épaules. Le bec est à peu près semblable à celui du dindon, aux dimensions près de la racine, qui est plus large chez l'oiseau sauvage que chez le domestique ; la mandibule supérieure est aussi moins voûtée. La gorge, la poitrine et l'abdomen sont d'une teinte uniforme blanc jaunâtre ; le dessus de la tête et la partie supérieure du corps, les couvertures des ailes et la queue sont striés de barres brunes transversales sur fond jaune. Ces barres transversales, qui ne se continuent pas en ligne droite, mais laissent entre elles des espaces vides, et qui alternent régulièrement dans leur longueur du brun foncé au jaune clair, historient ce manteau d'une maillure élégante. La disposition de ces bandes alternées est absolument semblable à celle qu'on observe chez le dindon. La queue de l'outarde est presque aussi étoffée, mais beaucoup plus courte que celle de ce dernier, dont elle imite les évolutions rotatoires dans les grandes démonstrations de tendresse amoureuse.

Les mâles étant moins nombreux que les femelles dans cette espèce, elle est naturellement régie par la polygamie. Les mâles se constituent un harem à l'instar des coqs d'Inde et des coqs de bruyère, et jettent successivement le mouchoir à chacune de leurs odalisques, qui se retirent dans la solitude aussitôt qu'elles sont fécondées. Les mâles, énervés par l'excès des plaisirs, ne tardent pas à suivre leur exemple, et s'en vont de leur côté demander à quelque Thébaïde bien éloignée du monde un refuge contre les orages de la vie. Nous retrouvons ces habitudes chez le dindon sauvage des forêts de l'Ohio.

La femelle niche dans les blés et dans les étoules des grandes plaines. Son nid se compose de quelques coussins d'herbes sèches déposés contre les parois d'une cavité peu profonde. La femelle y pond en avril deux ou trois œufs seulement, trois œufs verts. On dit qu'elle les transporte en un autre lieu quand elle soupçonne que son nid est connu. Les petits courent en sortant de l'œuf; mais, comme leurs ailes ont besoin d'un long travail pour se développer complétement, les pauvres petites créatures restent pendant les deux ou trois mois que dure leur croissance à la merci des flâneurs, des renards et des chiens. Aussitôt que les petits sont en état de voler, les bandes se reforment sous la conduite d'un vieux mâle et restent assemblées tout l'hiver. Les êtres craintifs qui ont des motifs pour se dissimuler parlent peu; l'outarde est un des oiseaux les plus taciturnes que l'on connaisse.

La Champagne pouilleuse, qui était du temps de Bélon si féconde en outardes et si stérile en productions végétales, est encore aujourd'hui la seule contrée de la France où ces oiseaux se plaisent et consentent à nicher. Mais je ne citerai que deux faits pour donner une idée de la rareté de l'espèce. Beaucoup de chasseurs, moi compris, ont chassé des années entières dans la Thébaïde champenoise sans avoir eu l'occasion de tirer une seule outarde, et Chevet, l'illustre marchand de gibier du Palais-Royal, n'en reçoit jamais plus d'une demi-douzaine par hiver depuis nombre d'années. La grande outarde est passée à l'état de mythe en Artois, en Vendée et en Brenne, et jusque dans les craus pierreuses du Midi, où elle avait l'habitude de prendre jadis ses quartiers d'hiver. Son apparition dans ces contrées crédules est considérée aujourd'hui comme l'annonce de graves événements politiques, bien qu'elle se borne généralement à annoncer le froid.

Le séjour de prédilection des outardes dans le désert champenois était l'espace compris entre les villes d'Arcis-sur-Aube et de Châlons-sur-Marne. On la rencontrait fréquemment aussi dans le canton de Suippe et dans les steppes voisins du fameux camp d'Attila, pays peu ombragé, où l'on voit courir un mulot à cinq cents pas de distance. Le camp d'Attila est situé à égale distance à peu près de Châlons et de Sainte-Menehould. Les nombreuses plantations de pins que l'industrie agricole a créées dans la patrie des outardes, depuis un demi-siècle, ont cruellement rétréci les limites de leur désert, et n'ont pas peu contribué à leur faire évacuer le territoire national. Dieu veuille que la gelinotte, qui est amie des forêts de pins et voisine de la Champagne par les Ardennes, vienne s'établir au moins à la place de l'outarde dans la contrée ingrate ! J'ai dit que la Russie méridionale, pays de plaines rases, et l'Espagne, hostile aux forêts, avaient hérité des dépouilles opimes de nos steppes. Je verserais encore des larmes abondantes sur cette grande infortune, si mes yeux n'étaient secs d'en avoir tant pleuré.

La chair de l'outarde, riche de sucs, moitié noire et moitié blanche, sans être un morceau d'empereur, est un rôti digne d'estime; les artistes culinaires d'Harmonie en font un cas immense, à raison de la taille énorme et de l'incroyable succulence de chair qu'ils sont parvenus à donner à l'oiseau par le procédé du chaponnage *anticipé*. Les phalanges d'Harmonie ont été plus heureuses que les Français et les Russes de Civilisation, dont tous les efforts pour domestiquer l'outarde ont échoué jusqu'ici.

La Canepetière.—Ce n'est pas l'analogie qui a servi de marraine à la petite outarde, car elle l'eût baptisée autrement, attendu que la petite outarde n'a rien de commun avec la cane. Comme elle l'eût baptisée probablement l'outarde à collier, je propose de l'appeler de ce nom, qui joint à l'avantage de caractériser l'espèce celui de faire disparaître du dictionnaire de l'ornithologie française un nom peu poétique. Les braconniers de la Touraine et du Maine, qui appellent la petite outarde *canepétrelle*, disent que ce nom lui vient de la ressemblance de son vol avec celui du canard et de l'habitude qu'elle a de vivre dans les steppes pierreux (pétrelle, de *petra*, pierre). Je serais tenté de donner raison à l'érudition de nos braconniers de l'ouest, si l'explication des anciens fauconniers ne me paraissait préférable.

La canepetière, qui couvrait jadis de ses troupes nombreuses toutes les plaines un peu nues de la France, et qui était moins rare que la caille ne l'est aujourd'hui dans les plaines de Genevilliers et de Nanterre, est aussi une magnifique pièce de gibier-plume. On la volait donc avec amour aux beaux temps de la fauconnerie, que nos neveux verront renaître. Or, quand un oiseau lourd se voit en butte à l'attaque d'un faucon, une des premières opérations que lui conseille la peur est de se débarrasser de son lest pour se faire aussi léger que possible. Ainsi fait l'aéronaute qui veut piquer une tête dans le sein de la nue ; ainsi fait le héron à mesure qu'il s'élève : ainsi fait la petite outarde, qui n'a qu'une médiocre confiance dans la rapidité de ses ailes, et qui sait n'avoir pas de temps à perdre pour mettre ses affaires en règle quand le faucon l'attaque. La petite outarde n'attend donc pas, comme le héron, que la densité de la couche d'air qu'elle traverse décroisse dans telle ou telle proportion pour alléger son poids. Elle se déleste dès le départ ; mais, comme cette opération ne se fait pas sans trouble et s'accompagne ordinairement d'un bruit qui a reçu un nom dans la langue des hommes, les fauconniers, témoins auriculaires de la chose, ont appelé l'oiseau canepetière.

La petite outarde est le moule réduit de la grande. Elle lui ressemble autant qu'il est permis à un oiseau d'un à deux kilogrammes de ressembler à un de seize. C'est le même plumage, le même bec, les mêmes pieds, les mêmes allures, la même physionomie, la même discrétion et la même défiance ; même manière de vivre, de nicher, d'élever la famille. La grande outarde est plus grosse que le dindon, la petite est de la taille du faisan ; voilà toute la différence. Il y a bien quelques légères dissidences de goût entre les deux espèces en matière de toilette, mais cette diversité de goûts ne constitue que des nuances. Ainsi la canepetière ne porte pas, comme la grande outarde, une fraise à la Henri IV dans la saison d'amour ; mais elle remplace avec avantage cet ornement prétentieux par un magnifique collier de velours noir et par une belle écharpe de même étoffe. La disparition de cette double écharpe, après la mue d'été, laisse voir une élégante cuirasse maillée de filets noirs sur fond jaune. Sa queue s'épanouit également en éventail sous l'influence de la passion d'amour, et prend cette disposition tectiforme qui est un des caractères distinctifs de la queue du faisan et de celle du coq domestique.

La petite outarde a encore l'aile moins paresseuse que la grande, et ses mœurs sont un peu moins farouches, parce qu'elle a moins besoin de se cacher. Néanmoins on l'a citée de tout temps pour sa défiance et sa réserve extrêmes, et du temps de Bélon on disait d'une personne d'un abord difficile qu'*elle faisait sa canepetière*, comme on dit aujourd'hui qu'elle fait *sa chipie*.

Le vol de la petite outarde est sibilant comme celui du canard ; elle court pour prendre l'essor, et se laisse approcher par les voitures et surtout par les chevaux. Cette malheureuse confiance dans le porteur de l'homme, qui lui est commune avec la grande outarde, avait été signalée par les anciens veneurs, dès avant l'époque de Pline.

Le temps n'est plus où les innombrables légions de la canepetière obscurcissaient le soleil de la Brie, de la Beauce, du Poitou, du Languedoc. La petite outarde, à l'heure actuelle, est un des oiseaux les plus rares et les plus inconnus de la France, et les braconniers eux-mêmes savent à peine son nom dans les lieux qu'elle habite. Ce coureur des steppes que les paysans de la Touraine appellent canepétrelle n'est autre que l'œdicnème, plus connu du vulgaire sous le nom de courlis.

Les patries de la canepetière étaient celles que nous avons précédemment assignées à l'outarde, les provinces aux grandes plaines. Ses derniers séjours de prédilection sont encore à présent les plaines du Berry et celles de la Vendée, plus la contrée aride et pierreuse qui s'étend à l'ouest de la forêt de Fontainebleau, dans la direction de Milly et de la Ferté-Aleps. La Beauce, l'Artois et la Champagne en voient bien apparaître chaque année sur leur sol quelques couples perdus, mais l'oiseau est si rare qu'il n'a pas même de nom dans ces contrées barbares ; et, comme l'ignorance où l'on est de ses mérites ne permet pas de lui attribuer une valeur vénale, il arrive quelquefois que le braconnier qui le tue le cloue sur un des battants de sa porte cochère comme un oiseau de proie. Si je n'avais été témoin du fait, je ne le dirais pas.

La chair de la canepetière, noire et blanche comme

celle de l'outarde, mérite de figurer à la meilleure table. Un chapon d'outarde à collier, engraissé à l'épinette d'après la méthode harmonienne, damerait probablement le pion à tous les chapons du Maine et même aux poulardes de Bresse.

L'outarde à collier, si rare en France, est encore un gibier fort commun aujourd'hui dans toutes les plaines arides et caillouteuses des autres États voisins de la Méditerranée. Les steppes de l'Adriatique, de l'Espagne et de la Grèce en foisonnent. Les champs brûlés de la Syrie, de la Judée, de l'Égypte, de Tripoli, de Tunis, d'Alger et du Maroc n'ont pas une place nue et plate où la canepetière n'ait le pied. La petite outarde est ce gibier glorieux que nos colons d'Algérie connaissent sous le nom de *poule de Carthage* ou de faisan d'Afrique, et dont ils disent la chair plus délicate que celle de la bécasse. Les steppes de la Crimée, de la Russie méridionale et de la Tartarie nourrissent à eux seuls plus d'outardes grandes et petites que toutes les autres contrées du globe réunies.

Le Houbara. — Le houbara, qu'on a tué quelquefois en France, est l'espèce la plus remarquable du genre par le luxe extravagant de ses costumes de noces. Aucune autre espèce volatile, à l'exception du Combattant, ne porte aussi loin que le houbara le culte de la coiffure et de la cravate. Il ne se contente pas de se barder la poitrine d'une double écharpe de velours comme l'outarde à collier, il éprouve le besoin de surcharger son chef d'une huppe de marabout retombant sur la nuque ; il lui faut de vastes fraises de pareille étoffe qui lui emprisonnent le col de l'oreille à l'épaule, et débordent de droite et de gauche en bossoirs luxuriants. Le houbara est du pays des nègres comme la grue couronnée ; j'ai bien peur qu'il n'ait pris comme elle pour patrons, en matière d'atours, les rois de sa patrie. Il vise au majestueux et n'atteint qu'au grotesque. Le vol du Houbara par le faucon est riche d'incidents curieux.

Le groupe des Outardes, brusquement interrompu en France par défaut d'ambigus, se continue parfaitement dans le cadre général par la tribu des Eudromies et des Tinamous d'Amérique, dont quelques nomenclateurs européens ont eu tort de vouloir faire des perdrix. L'Eudromie, qui est de la taille de la canepetière, est une outarde véritable qui témoigne de son respect pour les traditions de famille en s'habillant des mêmes étoffes que ses parents de l'autre monde. Elle n'a que trois doigts au pied, et son bec ne diffère aucunement de celui des outardes. Les tinamous, tétradactyles, forment un genre intermédiaire entre l'outarde, la caille et la perdrix. Je ne connais pas la chair du tinamou, qui doit être la *poule de prairie* du Texas, mais je désirerais la connaître.

Genre Ganga-Canta. — Espèce unique et rare, exclusive aux déserts caillouteux de la Provence, du Languedoc et des deux versants des Pyrénées. Le ganga-canta tient de l'outarde à collier par le costume et de la caille par la paresse. Il a le bec et les pieds de la même couleur bleue terne que la perdrix grise, le cou court, la tête petite et renfermée dans les épaules comme la pintade, le regard somnolent du crapaud. La partie supérieure du col est teinte de la même nuance que les cailloux brûlés par le soleil, une nuance fauve doré que relèvent de temps à autre des taches écussonnées d'une couleur brune à reflet bleu ou vert. Le ganga, pour signaler sa parenté avec l'outarde, porte un large plastron isabelle, cerclé d'une bordure sombre ; le dessous du corps est gris jaunâtre. Le mâle se distingue de la femelle par deux élégants filets de soie qui terminent les deux pennes médianes de la queue, et qui ont fait donner à l'espèce le nom de ganga *sétile*. Les ailes du ganga sont taillées en pointe comme celles de la caille, car c'est un oiseau voyageur, mais dont la zone de parcours est fort restreinte. Sa taille est celle de la perdrix grise ; mais comme il a les pieds très-courts les ailes quasi-traînantes et la démarche paresseuse, sa vue rappelle involontairement le souvenir de la tortue et condamne l'esprit de l'observateur à des rapprochements disgracieux. Le ganga, qui habite les craus brûlantes de la Provence, du Languedoc, du Roussillon et de la Catalogne, n'avait guère besoin de se couvrir les jambes par précaution contre le froid. Aussi est-il visible qu'il ne porte un pantalon que pour la forme, si l'on peut donner ce nom de pantalon à l'espèce de jambart à plumes courtes et clair-semées qui lui couvre la partie antérieure du tarse.

Les gangas, que l'on retrouve en Algérie, sont des oiseaux éminemment pacifiques et domesticables. Ils errent en vols peu nombreux dans leurs steppes pierreux, où ils passent la plus grande partie du jour à dormir et à poudroyer au soleil, confondus parmi les cailloux. Ils ne commencent à éprouver le besoin de changer de place que lorsque le soleil décline à l'horizon ; alors ils se rapprochent de la rive des eaux. Ils ne perchent pas, n'ayant pas besoin de savoir se tenir sur les branches dans un pays où il n'y a point d'arbres. Leur chair est fine et délicate et bicolore comme celle des outardes. L'espèce est aujourd'hui fort rare en France ; un savant chasseur de Marseille, à qui j'avais eu l'imprudence de demander des renseignements sur le ganga-canta de *Provence*, me demanda à son tour si je ne voulais pas par hasard lui parler de la foulque.

Le Turnix. — Originaire de Sicile et d'Espagne, s'égarant parfois dans les garrigues du Languedoc. Le turnix, que les nomenclateurs officiels appellent *tachydrôme* (coureur rapide), est un petit oiseau tout à fait semblable à la caille de volume et de costume, et ne se distinguant de celle-ci que par le nombre de ses doigts et par une tache jaune qu'il porte sur le sternum. J'ai tué quelquefois le turnix dans les broussailles de l'Atlas, parmi les palmiers nains et les lentisques. Il tient l'arrêt comme la caille, court devant le chien comme le râle, et n'aime pas plus que ce dernier à prendre son essor. Le turnix vagabonde d'une contrée à l'autre, mais entre des limites d'émigration fort restreintes, à l'instar des alouettes. C'est un oiseau de mœurs fort belliqueuses, qui a dans la Chine et dans les îles Philippines des parents qu'on dresse au combat comme le coq, et qui servent à amuser la fainéantise des indigènes. C'était le turnix, dit-on, et non la caille, que les Athéniens de la décadence élevaient aussi pour de semblables jeux. Le turnix répond admirablement par la délicatesse de sa chair aux riches promesses de son titre d'ambigu entre la caille et l'outarde.

Genre Caille. — Espèce unique.

Il y a plus de différence à la première vue entre un cailleteau et sa mère qu'entre celle-ci et le turnix. C'est le même plumage, la même taille, le même oiseau enfin, à part les habitudes et le nombre des doigts du pied. La caille est citoyenne du monde, et voyage deux fois par an du cap de Bonne-Espérance au cap Nord, ne s'arrêtant que là où le grain et la terre lui manquent. Le turnix borne ses pérégrinations aux plaines des péninsules de la Méditerranée.

La caille a le corps épais, le bec court, le tarse nu et couleur de chair, présentant quelquefois les rudiments de la protubérance cornée d'où sortira l'éperon dans les moules supérieurs. Le pied est petit, comme chez les coureurs ; les doigts sont réunis à la base par une membrane interdigitale de faible dimension ; le pouce est inséré trop haut pour aider à la marche. Queue courte, à pennes égales.

La caille court plus volontiers qu'elle ne vole, et malgré l'ardeur de son tempérament, elle préfère la voie de terre à l'autre pour se rendre à l'appel amoureux de la femelle. On ne connaît pas d'oiseau qui aime autant ses aises et qui prenne de lui-même plus de graisse en sa bonne saison. C'est que la nature, comme je l'ai répété si souvent, a destiné la caille aux voyages de long cours. Elle lui a aussi, pour les mêmes raisons, taillé les ailes en pointe. Ce seul caractère suffirait pour la distinguer parfaitement des espèces contiguës.

Il n'y a peut-être en Europe que le coucou et le martinet chez qui la passion des voyages soit aussi prononcée que chez la caille. La caille prisonnière se casse fréquemment la tête contre les barreaux de sa cage, de dépit de ne pouvoir s'embarquer quand vient la saison des passages.

La caille a les habitudes polygames et horizontales du groupe. Elle paresse avec délices. Le plus grand de ses plaisirs est de poudroyer au soleil, la plume ébouriffée, le corps à demi enterré dans la cendre, une jambe étirée et flottant dans le vide. Cette attitude de Sybarite a pour elle tant de charmes que la présence du chien d'arrêt suivi de son chasseur n'a pas toujours puissance de la lui faire quitter aux heures chaudes du jour. Il est vrai que la caille se donne pendant la nuit beaucoup de mouvement.

Les Chinois portent des cailles en guise de manchon pendant l'hiver pour se préserver de l'onglée. On a dit longtemps que les aigles employaient le pigeon de la même manière, et l'épervier le moineau franc. Je n'ajoute pas foi entière à toutes ces histoires de chauffe-main ; mais il est sûr que le moineau franc, le pigeon et la caille doivent avoir le sang chaud.

La caille ne perche pas. Le mâle, dont la voix sonore annonce si agréablement le retour du vrai printemps, ne se distingue pas ostensiblement de la femelle par l'ampleur de la taille, mais bien par la teinte plus foncée de son plumage et par une tache noire qu'il porte sous la gorge, à la manière du moineau franc. Cette double infraction à la règle générale du groupe provient de ce que, dans cette espèce, les mâles sont plus nombreux que les femelles et n'ont pas par conséquent les moyens d'entrenir un harem à l'instar des faisans, des coqs et des tétras. Ce caractère de profusion des mâles veut dire encore bien d'autres choses, et par exemple que l'espèce a été vouée à la broche, car on sait que la nature tient peu à la conservation du sexe masculin.

La caille fait plusieurs couvées par an. La charge de l'éducation de la jeune famille pèse sur la mère seule. Celle-ci se sépare de ses petits aussitôt qu'ils sont assez grands pour voler de leurs propres ailes, et elle ne perd pas de temps pour faire une nouvelle ponte. Chaque ponte est d'une douzaine d'œufs plus ou moins. La pauvre mère couve avec tant d'ardeur qu'elle se laisse faucher sur son nid. On trouve des nids de caille en France depuis le 1er mai jusqu'à la mi-octobre. Les petits s'élèvent parfaitement en captivité et même sans le concours de la poule. On fait éclore les œufs dans des cendres chaudes. La caille blanche s'obtient par la nourriture exclusive du chènevis.

Cette espèce est probablement la plus féconde de toutes

les espèces volatiles, et il ne lui fallait pas moins que sa fécondité extraordinaire pour résister à la guerre d'extermination que lui ont déclarée tous les peuples civilisés et tous les oiseaux de proie de la terre. On peut se faire une idée du nombre prodigieux de victimes que la seule traversée de la Méditerranée coûte à l'espèce par deux faits bien connus et que tous les auteurs citent.

L'évêque de Capri, qu'on appelle encore *l'évêque aux cailles*, se faisait un revenu net de vingt-cinq mille francs par an avec ces volatiles. Ces vingt-cinq mille francs écus représentent cent cinquante mille cailles pour le moins en nature. Capri, l'ex-Caprée de Tibère, est un méchant îlot d'une lieue de long à peine qui gît à l'entrée de la baie de Naples.

Dans certaines îles de l'Archipel et sur certaines côtes du Péloponèse, les habitants, hommes et femmes, n'ont pas d'autre industrie pendant deux mois de l'année que de ramasser les cailles qui leur pleuvent du ciel, de les plumer, de les vider, de les saler et de les encaquer dans des barils pour les expédier ensuite dans tous les grands centres de consommation du Levant ; c'est-à-dire que le passage des cailles est pour cette partie de la Grèce ce que le passage des harengs est pour la Hollande et l'Écosse. Les tendeurs de cailles arrivent sur la plage une quinzaine de jours à l'avance, et numérotent leurs places pour éviter les contestations.

La caille arrive d'Afrique en France aux premiers jours de mai et en repart vers la fin d'août. Le passage dure deux mois et finit en octobre. Les vieilles partent les premières, ainsi que j'ai déjà dit.

La caille habite de préférence les plaines découvertes et fertiles et les prairies herbues. Ses patries de prédilection chez nous sont les provinces du nord, Flandre, Artois, Picardie, Normandie, Ile-de-France, Champagne, Lorraine, Alsace, et parmi les provinces du milieu, la Touraine, l'Anjou, le Poitou, le Berri, la Limagne d'Auvergne, la Bourgogne, la Bresse, le Forez. Elle niche peu dans le midi ; elle se plaît surtout dans les terrains calcaires, et déteste les pays boisés et les plaines siliceuses. Elle s'arrête au printemps dans les prés et dans les blés verts, dans les sainfoins, dans les luzernes. On la trovve abondamment en septembre dans les chaumes de froment, les jeunes trèfles, les étoules et les hautes herbes des étangs desséchés. Elle se tient encore dans toutes les récoltes restées debout, céréales, pommes de terre, sarrasin, navettes d'été, camelines, chanvres. On la rencontre également dans les vignes vers l'arrière-saison ; mais je suis porté à croire que c'est moins le raisin qui l'y attire que le grand nombre de petits escargots jaunes dont ces vignes sont alors peuplées ; car la plupart des cailles tardives qu'on tue dans ce couvert ont le jabot rempli de ces mollusques.

Les départements de France où la destruction de la caille s'opère sur la plus vaste échelle sont nos départements maritimes du Midi, le Var, les Bouches-du-Rhône, le Gard, l'Hérault, l'Aude et les Pyrénées-Orientales, qui sont les stations d'arrivée et de départ de l'immense majorité des cailles appartenant à l'Europe occidentale.

La caille est considérée comme le plus fin et le plus délicat de tous les gibiers plumes par une foule d'autorités respectables, et je ne vois guère, en effet, que deux ou trois espèces qui puissent lui disputer la palme du rôti. J'ai expliqué, au chapitre du voyage des oiseaux, les raisons de cette supériorité d'embonpoint de la caille, je ne me répéterai pas. Je dirai seulement que la fécondité merveilleuse de cette espèce et le fumet exquis de sa chair suffisent à relever le globe de l'anathème impie prononcé par Moïse.

La caille n'a été nommée heureusement dans aucune langue que je connaisse; son nom véritable est Ouin-Ouin.

Ardente, passionnée, sensible à tous les feux et n'arrêtant jamais, la caille symbolise la prêtresse de la Vénus mobile. La déesse avait même autrefois exprimé le désir que son char fût traîné par des cailles; mais la paresse de celles-ci fut plus forte que leur ambition, et leur fit refuser la position brillante qui leur était offerte.

Genre Perdrix. — Quatre espèces : Perdrix grise, Perdrix rouge, Perdrix de roche, Bartavelle; une variété : la Rochassière.

Caractères généraux. — Corps trapu, bec voûté et court; tarses de hauteur moyenne, nus, présentant chez le mâle adulte la nodosité osseuse et d'apparence cornée que nous avons déjà surprise chez la caille. Ailes arrondies, queue courte à pennes égales; vol bruyant, lourd, rapide. Oiseaux paresseux à se lever, agiles à la course. Sédentaires et ne s'éloignant jamais qu'à de faibles distances de leur remise habituelle. Vivant toujours à terre; quelques espèces douées de la faculté de percher, mais n'en usant que dans des circonstances exceptionnelles et graves. Granivores, insectivores et de plus herbivores. Manteaux couleur de muraille; gorge ou plastron orné de riches colliers ou de fer à cheval; riches et élégantes maillures sur les flancs. Attitude gracieuse.

La polygamie n'est plus ici le code des relations d'amour. Les perdrix se marient, et leur union dure une année au moins, quelquefois davantage. Le mâle, une fois apparié, reste fidèle à sa compagne et se tient tapi près d'elle sous la verdure tout le temps que dure l'incubation, c'est-à-dire trois semaines. Il prend la tutelle de la famille, aussitôt que cette famille a vu le jour, et ne montre pas moins d'intelligence et de courage que la mère pour la défendre contre les entreprises de ses ennemis naturels, l'homme, le renard, le chien, la pie et le corbeau.

L'esprit de famille est vivace et persistant au cœur de toutes les espèces de ce genre. Les petits ne se séparent pas de leurs parents, comme font les faisandeaux et les cailleteaux, aussitôt qu'ils peuvent se passer d'eux ; ils continuent à vivre en société intime, à se prêter mutuellement secours et assistance dans toutes leurs traverses, partageant fraternellement les bonnes et les mauvaises fortunes. Ces familles se nomment compagnies ; elles ne se dissolvent que vers la fin de l'hiver, à l'époque où les liens de l'hyménée viennent remplacer les liens d'amitié et de famille.

Les mâles dans cette espèce étant plus nombreux que les femelles, il arrive que beaucoup d'entre eux sont condamnés chaque année au célibat forcé et n'acceptent pas avec philosophie la sentence du sort. De là des querelles acharnées, des tentatives d'enlèvement de Sabines, des attaques sans fin contre l'honneur et la tranquillité des biens nantis du voisinage. Ces bruyants démêlés, que le chasseur novice dénoue brutalement quelquefois en tirant sur les mâles et en tuant la femelle, aboutissent fréquemment à de fâcheux résultats. Il n'est pas rare, en effet, de voir un soupirant évincé et réduit à couver dans son cœur des projets de vengeance, s'insinuer traîtreusement dans le domicile conjugal des époux dont le bonheur l'offense et briser impitoyablement leurs œufs. Voilà pourquoi il importe au propriétaire prévoyant et jaloux de son plaisir de purger chaque printemps son territoire de chasse de tous ces postulants d'amour au moyen de la chanterelle ; voilà pourquoi aussi, la législation de mai 1844, qui régit la matière, a eu tort de prohiber ce genre de destruction qui n'atteint que des surnuméraires dangereux. Les mâles évincés de chaque canton finissent par se consoler et par se réunir en compagnies de célibataires au mois d'août.

Le genre Perdrix a toujours tenu le premier rang sur la carte du gibier-plume de France à raison de son importance et de son ubicuité. C'est le genre le plus précieux pour nos plaisirs et pour notre industrie culinaire. Il y a mieux que la perdrix pour le gourmand, mais non pour le chasseur.

L'habitude qu'ont les perdrix de vivre en compagnie et de se marier pour une année au moins sont des caractères qui ne permettent pas qu'on les confonde avec les espèces voisines. J'ai signalé la nodosité osseuse du tarse, qui révèle, dans toutes les fractions du groupe une tendance ambitieuse à chausser l'éperon.

La Perdrix grise. — Aucun oiseau n'est plus connu que celui-ci, à part le moineau franc et l'hirondelle de fenêtre, qui habitent nos demeures. La perdrix grise se laisse élever avec la plus grande facilité par la poule domestique et se familiarise avec l'homme au point d'accourir à sa voix. Néanmoins, la jeune perdrix élevée à la basse-cour reconnaît à première audition l'accent de sa vraie mère, et se rend à son appel dès qu'elle peut voler.

La perdrix grise est l'espèce la plus répandue en France, la plus féconde et la plus délicate en même temps. Elle est amie, comme la caille, des terres parfaitement cultivées.

La perdrix grise à la démarche gracieuse, le pied petit et léger, la tête haute, les pectoraux largement développés, les ailes arrondies, la queue courte, le vol lourd, bruyant et rapide, le tarse écailleux, dégagé, orné chez le mâle adulte de la nodosité cornée, l'iris noir, l'œil vif, surmonté d'une bande sourcilière écarlate; le bec fort et voûté, arqué dès la base, bleuâtre comme le tarse. Le tour du bec et des yeux est coloré d'une belle couleur orangée pâle; le dessus du manteau d'une couleur roux cendré indéfinissable, pointillé et zébré de fines mouchetures rouge-tuile bordées de filets bruns. Les plumes du plastron sont tintées d'une nuance gris de fer très-franche et striées de délicates rayures brunes du plus charmant effet. Ce plastron est décoré à sa partie inférieure d'un magnifique fer à cheval d'un rouge brun tirant sur le noir et dont la couleur s'assombrit avec l'âge. On comprend à l'inspection de ce plumage que la nature a dû dépenser beaucoup de science et d'efforts pour faire à la perdrix une riche toilette sans sortir de la tonique obscure qui devait régir la gamme générale des couleurs d'une espèce destinée à vivre en plein champ, sous le regard inquisitorial d'innombrables ennemis. Ne pouvant faire don à la perdrix d'une robe trop éclatante et qui l'eût compromise, la nature a voulu compenser dans son œuvre le défaut du coloris étincelant par la douceur des nuances et la délicatesse du dessin. La robe de la perdrix grise n'est pas voyante comme celle du faisan, parce qu'elle habite des lieux découverts et qu'elle n'a pas, comme le faisan, la ressource du fourré pour se dérober à sa gloire; parce qu'elle a besoin, en un mot, que la couleur de son manteau se confonde avec celle du sol. Elle porte son fer à cheval au-dessous du poitrail et le cache en marchant; elle abrite sous ses ailes les plumes de ses flancs où scintillent ses maillures. Elle cèle aux regards tout ce qu'elle a de mieux : la modestie est la vertu des faibles.

L'espèce est monogame pour une saison; les mâles sont

plus nombreux que les femelles, c'est-à-dire que le coq ne se distingue guère de la chanterelle par l'ampleur de la taille et la richesse du costume. L'accentuation énergique du fer à cheval, qui n'est qu'indiqué chez la femelle, et la protubérance cornée du tarse, sont, en effet, les deux seuls caractères qui distinguent les sexes. La bande sourcilière écarlate est aussi plus colorée et plus gorgée de sang chez le coq. *Chanterelle* est le nom vulgaire de la femelle des perdrix.

La fécondité de la perdrix dépasse toute mesure, comme celle des lapins et des lièvres, tant la nature est attentive à multiplier les espèces utiles au bien-être de l'homme. J'ai trouvé une fois vingt-six œufs dans un nid de perdrix grise libre; mais j'ai vu mieux que cela encore dans un nid de perdrix grise captive... quarante-deux œufs que la mère couva avec acharnement pendant vingt jours, et qu'elle eût fait éclore si le nid n'eût été noyé dans la volière par un orage épouvantable, la veille de l'éclosion. Ce malheur irréparable advint en un castel voisin de la ville de Saint-Omer, au mois de juin de l'an 1842.

La fécondité de la perdrix était proverbiale chez les Grecs et chez les Égyptiens, qui cependant ne connaissaient guère que la perdrix rouge, la perdrix de roche et la bartavelle, bien moins fécondes que notre perdrix grise. La perdrix, dans le langage hiéroglyphique, signifiait fécondité.

La perdrix grise habite de préférence les pays de plaine et ne perche jamais. Les persécutions acharnées dont elle est partout l'objet l'obligent trop souvent à chercher dans les bois un asile pendant le jour; mais jamais elle n'y passe la nuit par la peur qu'elle a du renard, et cette peur n'est que trop légitime, car la perdrix grise a pour ennemis mortels tous les carnivores des airs, des forêts, des cités.

La perdrix grise, qui s'apparie dans le nord de la France à la fin de février, ne commence à pondre que vers le commencement de mai et à couver que vers le commencement de juin. Les petits éclosent habituellement à la Saint-Jean d'été, et ne volent guère que vers la fin du mois suivant. Ils maillent en septembre et n'acquièrent tout leur développement qu'après la mue d'octobre. *A la Saint-Remy*, disent les chasseurs, *les perdreaux sont perdrix*.

On dit que les perdreaux sont maillés quand ils sont parvenus à remplacer les plumes grises de leur devanture par ces belles plumes barrées de rouge-tuile qui leur décorent les flancs et les deux côtés du col. Les perdreaux sont perdrix quand ils ont pris l'auréole orangée de la face; mais il faut que les mâles attendent la troisième année pour chausser le corps calleux.

Le nid de la perdrix est une cavité hémisphérique creusée en terre et matelassée d'herbes sèches. La mère y étage ses œufs le long des parois dans un ordre parfait et de manière à pouvoir répartir également sur tous la chaleur de son corps. Elle couvre ce nid d'herbes quand elle le quitte pour aller chercher un peu de nourriture. La fièvre d'amour maternel qui s'empare d'elle à la fin de son travail est si forte qu'elle ne voit pas venir le faucheur et se laisse faucher sur son nid comme la caille. Les Égyptiens, qui avaient fait de la perdrix l'image de la fécondité, en auraient pu faire aussi bien l'emblème du dévouement maternel.

L'époque de l'incubation des perdrix coïncide malheureusement avec celle des premières coupes des prairies artificielles, où ces oiseaux aiment à établir leur domicile d'amour; et il n'y a pas d'année que les faucheurs de sainfoins et de luzernes ne détruisent involontairement quelques milliers de nids. Heureuses les contrées primitives où n'ont pas encore pénétré ces améliorations déplorables, qui débutent par affamer les hommes sous prétexte d'engraisser les bœufs.

Les patries de prédilection de la perdrix grise de France sont nos provinces du nord les moins boisées, les plus fertiles et les mieux cultivées, la Flandre, la Picardie, l'Artois, la Normandie, la Bretagne, l'Ile-de-France, la Champagne, la Brie, la Beauce, l'Orléanais, la Touraine, l'Anjou, le Maine. L'espèce est moins répandue dans les provinces boisées de l'est, où le braconnier, le collet, l'oiseau de proie, la fouine, ont trop beau jeu à la guetter et à lui tendre des piéges. L'empire de la perdrix grise semble avoir pour limite vers le midi la Loire. On voit ses rangs se dégarnir à mesure qu'elle approche des rives de ce fleuve, où commence l'empire de la perdrix rouge. Le Berri et la Vendée, qui renferment de grands pays de plaines, font encore exception à la règle générale ; mais elle est rare dans toute la région du midi et presque inconnue dans les craus du Languedoc et de la Provence.

Si les registres de l'octroi pouvaient donner une idée précise de la consommation annuelle de perdrix que fait Paris tout seul, on verrait jusqu'à quelle hauteur s'élève la question au point de vue de l'alimentation publique. Le pays se ruine à payer chaque année une prime de six cents francs par tête aux matelots qui se livrent à la pêche du poisson salé de Terre-Neuve, une industrie dont le premier inconvénient est de rendre inhabitables les cités où elle fait sécher ses produits. Quand le gouvernement le désirera, je lui indiquerai un moyen beaucoup plus simple et beaucoup moins coûteux de faire un fonds de nourriture populaire deux fois plus important et bien plus parfumé, bien plus fécond surtout en jouissances composées. Il ne s'agirait que de débarrasser le sol de tous les ennemis de la perdrix grise et de la laisser repeupler tranquillement pendant plusieurs années.

Il n'est guère de vieux chasseur qui n'ait tué une fois dans sa vie, dans une compagnie de perdrix grise, une perdrix blanche ou une perdrix simplement panachée. Si ces perdrix blanches ou panachées se mariaient entre elles et conservaient la nuance anormale, on pourrait les considérer comme des variétés et les classer sous ce titre. Mais le fait n'a pas lieu, et l'albinisme n'est jamais qu'un accident dans l'espèce.

Beaucoup de chasseurs superficiels, et qui s'en rapportent plus à l'opinion erronée de Buffon qu'à leur propre expérience, ont parlé aussi de la *Roquette* comme d'une variété de perdrix grise. Je nie formellement l'existence de cette espèce. Ce qu'on m'a fait tuer dix fois dans ma vie pour roquette n'était qu'une perdrix grise. Cette perdrix grise était plus petite que l'ordinaire, parce qu'elle habitait des terres maigres; elle avait l'humeur plus vagabonde, parce qu'elle désirait naturellement changer son ingrate patrie contre une autre. Les perdrix sont comme les poules domestiques et les vaches, dont la taille dépend du régime alimentaire auquel elles sont soumises. C'est même une habitude dans certains pays de France de prendre la taille des perdrix pour thermomètre de la richesse du sol et des progrès de l'agriculture. Dans tous les pays du monde où il y a des perdrix rouges ou grises, on trouve des familles plus cossues, mieux nourries et plus étoffées que leurs voisines. Les cadets d'Albion, qui s'en vont chercher fortune au diable, ont aussi l'abdomen moins préominent que leurs aînés, à qui la loi aristocratique confère l'inique privilége de l'hérédité et de l'obésité; mais ils ne sont pas pour autant d'autre race que ceux-ci. Il en est de même des roquettes.

Les roquettes qu'on rencontre dans les collections d'amateurs sont des produits chimiques qui s'obtiennent au moyen d'un liquide astringent dont on imbibe à l'intérieur des peaux de perdrix grises pour les faire rétrécir. Je voyais une fois l'opération se pratiquer sous mes yeux; et comme je n'avais pu m'empêcher de faire reproche au fabricant du mensonge de son industrie : « On voit bien, me répondit-il, que vous êtes étranger au commerce. Eh! mon Dieu! moi aussi je disais comme vous dans le principe que la roquette était un mythe éclos dans l'imagination féconde de M. de Buffon, et je refusais d'en vendre; mais quand j'ai vu que ces refus me nuisaient dans l'estime de mes clients et qu'ils trouvaient chez mes confrères les pièces que je n'avais pas, je commençai à comprendre les dangers de l'observation trop rigoureuse de la véracité en matière commerciale, et je m'améliorai peu à peu. Aujourd'hui j'en suis venu à considérer les amateurs de roquettes comme de grands enfants gâtés dont il serait imprudent de contrarier les désirs; et attendu que c'est toujours au plus raisonnable à céder, je cède, et toutes les fois qu'on me commande une roquette, je la fais. » Je me retirai sans en demander davantage, suffisamment édifié sur le compte de la roquette et de la morale du commerce.

La caille et la perdrix grise, qui sont les espèces les plus voisines des Tridactyles, sont celles qui conservent avec le plus de fidelité les pures traditions de la Tridactylie. Elles ne perchent jamais.

La Perdrix rouge. — Mêmes allures et même conformation que la précédente. La taille un peu plus forte, le corps un peu plus massif, le tarse plus court et plus robuste, le bec, les jambes et les pieds d'une belle couleur rouge-rose. Un élégant bandeau noir, qui part de l'origine du bec, passe au-dessus de l'œil, encadre les joues et la gorge, et dessine sur le devant du cou un riche collier de jais dont les grains retombent sur le plastron comme une pluie de perles noires. Les joues et la gorge sont blanches; le manteau, le dessus de la tête et les couvertures des ailes sont teintés d'une nuance roux cendré uniforme, sans zébrures; le dessous du corps est coloré d'un jaune-brun orangé d'un ton très-riche; les plumes qui bordent les flancs et les parties latérales du col au-dessous du collier portent des mailles d'un beau rouge de brique cuite bordé d'une fine rayure brune. L'iris est noire et brillante, l'œil surmonté d'un léger sourcil écarlate. La perdrix rouge est un des plus jolis oiseaux de France.

Elle a le vol rapide, mais plus lourd et plus bruyant encore que la perdrix grise; elle est aussi plus difficile à lever et se défend moins bien contre la neige et contre l'oiseau de proie. Elle est également moins féconde. Je n'ai jamais compté plus de seize œufs dans un nid de perdrix rouge; mais j'ai trouvé une fois un de ces nids où une poule domestique venait pondre chaque jour. Le bon accord régna entre les deux femelles aussi longtemps qu'il ne s'agit que de la ponte, mais la mésintelligence survint aussitôt que la grande question de l'incubation s'éleva. Ce fut naturellement à qui des deux mères accaparerait le privilége de la maternité future que chacune voulait pour elle seule. On commença par l'invective, suivant l'usage, puis de l'invective on passa aux coups de bec. Je terminai le différend en éconduisant la poule domestique et l'engageant poliment à aller couver ailleurs, ce qu'elle fit. Et comme j'avais eu soin d'enlever du nid tous les œufs blancs, la perdrix supposa naturellement que c'était sa concurrente qui, cédant aux conseils de la raison et de la justice, avait opéré le déménagement. Alors elle se livra avec enthousiasme à ses fonctions de couveuse, et ne tarda pas à m'amener une superbe compagnie.

La perdrix rouge ne perche guère, à moins d'y être forcée ; mais le cas arrive quelquefois, et alors la pauvre bête demande son salut aux branches touffues du chêne ou du pin maritime. Une fois branchée, elle se croit en sûreté parfaite et paraît s'amuser beaucoup à voir courir les chiens au-dessous d'elle. Elle est souvent distraite de ces récréations par un coup de fusil. Il y a des chasseurs qui ont habité des pays de perdrix rouges pendant des demi-siècles et qui n'ont jamais vu un seul de ces oiseaux branché.

La perdrix rouge, forcée, s'insinue quelquefois dans un terrier de lapin ou dans le creux d'un arbre.

Le mâle se distingue de la femelle, comme dans l'espèce précédente, par l'éclat des couleurs et la protubérance cornée du tarse. La mue des jeunes perdreaux suit les mêmes phases.

Les perdrix rouges vivent parfaitement en captivité. La femelle y pond, mais n'y couve pas. Le mâle y conserve son humeur farouche et indomptable ; il se jette sans provocation aucune à la tête des gens et des chiens. L'éducation des perdreaux rouges présente d'extrêmes difficultés ; c'est la pierre d'achoppement de la faisanderie. La perdrix rouge n'est pas moins difficile à acclimater qu'à élever. Les anciens souverains de France, grands amateurs de vénerie, de fauconnerie et de tir, ont dépensé des millions et fait pendant des siècles de continuels efforts pour acclimater dans leurs tirés royaux les perdrix rouges de la Sologne et de la Touraine; mais la forêt de Compiègne et celle de Saint-Germain sont, à ma connaissance, les seules que ces oiseaux n'aient pas complétement désertées. Les faisans, malgré leurs éperons, sont beaucoup plus disciplinables que cette perdrix désarmée.

Toutes ces difficultés d'éducation et d'acclimatation s'évanouiront un jour avec toutes les impossibilités politiques, quand un système d'éducation rationnelle aura remplacé les barbares systèmes aujourd'hui existants, quand l'étude de la faisanderie pratique fera partie obligée de tous les programmes d'enseignement primaire, quand les enfants rentrés dans la voie de nature s'occuperont un peu plus de greffer les rosiers que de décliner *rosa, la rose*. En ce temps-là, il en coûtera dix fois moins pour peupler nos champs, nos jardins et nos basses-cours de faisans dorés, de perdrix rouges et du reste, qu'il ne nous en coûte aujourd'hui pour peupler toutes nos administrations d'incapables et tous nos salons de benêts.

L'amour de la bruyère natale survit chez cette espèce à tous les déplacements, et de même qu'il est à peu près impossible de lui faire adopter de force une patrie, de même il est très-difficile de la bannir à toujours des lieux qu'elle a habités autrefois. Il n'est pas rare de voir des perdrix rouges revenir après quinze et vingt ans d'absence en des pays d'où on les avait crues exilées sans retour. La perdrix rouge se cantonne aussi plus régulièrement que la grise, tant d'hectares pour chaque compagnie, ce qui est cause que le propriétaire qui la ménage ne tire pas grand profit de sa générosité; ce qui est cause qu'on ne la ménage pas.

Vous voyez que chez les Pulvérateurs comme chez les Ruminants et les hommes, l'amour de la patrie est endémique au cœur des indigènes des régions froides et pauvres, incultes et désolées, et que le mal du pays est surtout le mal des enfants des montagnes. J'ai dit souvent pourquoi, parce que la question touche à celle de l'immortalité de l'âme.

La perdrix grise chérit les plaines grasses et fertiles aux horizons sans fin et les terrains calcaires; la rouge préfère le steppe vierge de toute culture, les gorges encaissées, les terrains siliceux. Ces tristes pays de fièvre que la charrue respecte, ces arides plateaux au sol imperméable dont l'hiver fait des lacs et l'été des chaussées brûlantes, ces landes monotones où de maigres brebis paissent éternellement la bruyère et le genêt nain épineux, sont surtout les demeures favorites de la perdrix rouge. Lande, brande, gatine, garrigue, bruyère, steppe, ainsi s'appellent dans tous les idiomes de la France les remises de la perdrix rouge. Elle se plaît encore aux halliers des ravines, aux versants abrupts des collines rocheuses fourrées de buis, de houx, d'églantiers, de fougères. Son antipathie insurmontable pour les cultures de l'homme cède devant l'attrait de la vigne dont les larges couverts, respectés des chasseurs jusqu'à la saison des vendanges, lui présentent le plus sûr et le plus agréable des refuges. Mais encore a-t-elle grand soin de choisir parmi les vignes qu'elle accepte pour remises les pièces les plus en pente et les plus escarpées, celles ou la négligence du propriétaire laisse végéter avec le plus d'entrain les soucis et les tussilages, et où la main du vigneron a bâti ces monticules de pierre couronnés d'épines noires qu'on appelle *murgets* en Bourgogne, *perriers* ailleurs, et qui servent habituellement de repaire à toutes les mauvaises bêtes, belettes, lapins, vipères.

Les landes et les terrains incultes occupent encore en

France une superficie de cinq à six millions d'hectares. Voilà pourquoi on trouve encore quelques perdrix rouges en France; mais le braconnage, stimulé par la rapidité des communications avec la capitale et la certitude du placement avantageux des produits, ne tardera pas à avoir raison de l'espèce. Aucun gibier n'est plus facile à détruire. Les perdrix rouges ne partent pas en bloc comme les grises, mais bien les unes après les autres, attendant poliment que le chasseur ait rechargé son arme pour prendre leur essor.

Une pratique agricole nouvelle, et qui va se propageant avec rapidité, est en train de porter le coup de mort à la perdrix rouge; c'est le mouillage des semences de froment par le sulfate de cuivre (couperose bleue). De nombreuses compagnies de perdrix rouges qui avaient l'habitude de gaspiller les semailles à l'automne, et qui ne peuvent pas comprendre que l'homme empoisonne de lui-même les grains dont il entend se nourrir, périssent chaque jour victimes de leur confiance dans ce blé empoisonné. L'empoisonnement des perdrix rouges n'est pas le seul inconvénient du procédé en question, car le sulfate de cuivre dont on mouille le grain pour le purifier se retrouve dans le pain et passe de là dans l'homme.

La Sologne et le Gatinais, qui sont des pays de fièvre aussi mal cultivés que possible, sont les séjours de prédilection de la perdrix rouge de France. La Sologne est ce long plateau qui s'étend du Cher à la Loire et sépare le bassin de ces deux rivières. Le Gatinais est le plateau qui sépare les eaux de la Loire de celles de la Seine et que traverse le canal du Loing. La ville de Gien, qui a un pied dans chacune de ces deux régions, peut être considérée comme la capitale de l'empire des perdrix rouges, bien que les perdreaux rouges du Mans tiennent le haut du pavé sur le marché de la capitale. Cet empire, qui s'étend des rives de la forêt de Fontainebleau aux plages de la mer du Midi, ne comprend qu'un très-petit nombre de provinces au nord de la Loire, et entre autres l'Orléanais, la Touraine, l'Anjou, le Maine et la Bretagne. Le Nivernais, la Bourgogne et la Champagne en font également partie. La perdrix rouge est presque inconnue dans toutes les autres provinces d'en deçà du fleuve, excepté aux portes de Paris; elle ne va pas plus loin que les collines d'Epernay à l'est, et n'a jamais franchi la vallée de la Meuse.

La perdrix rouge est plus estimée du chasseur que la grise; c'est l'inverse pour le gastrosophe, qui tient moins à la rareté de l'espèce et à la beauté du plumage qu'à la finesse de la chair; ce qui n'empêche pas que le perdreau rouge de vigne, tué aux environs de la Toussaint et attendu à son point, ne soit un morceau d'élite infiniment préférable à tous les produits des épinettes de la Bresse et du Maine.

La perdrix grise et la perdrix rouge sont, avec la caille et la bécasse, les gibiers que le chien couchant chasse avec le plus d'enthousiasme et qui tiennent le mieux l'arrêt. Les perdrix sont le vrai fond de la chasse de plaine en France.

La Bartavelle. — Le monde est plein de gens qui s'imaginent avoir occis des centaines de bartavelles et qui n'en ont jamais vu voler une seule. La bartavelle est un des oiseaux de France les plus rares; elle s'empaille et ne se mange pas, et on ne la tue plus que dans quelques localités exceptionnelles si connues et si rares qu'on pourrait les marquer toutes sur la carte de France avec une demi-plumée d'encre. Je ne passe guère de jour sans visiter la montre de Chevet, au Palais-Royal, quand je suis à Paris dans la saison de chasse ; j'ai été des hivers sans y apercevoir une seule bartavelle.

La bartavelle, plus grosse et plus ramassée que la perdrix rouge, diffère encore de celle-ci par deux caractères essentiels. Elle porte un collier noir comme l'autre, mais ce collier ne s'égrène pas comme celui de la perdrix rouge : c'est un large ruban sans broderies ni franges. Les maillures des flancs sont d'une teinte plus sombre, et la belle couleur jaune du ventre de la perdrix rouge passe chez la bartavelle au gris ardoisé du ramier. La couleur rouge du bec et du tarse est également plus sombre.

La perdrix grise habite les plaines basses, la perdrix rouge les plateaux et les premiers gradins des montagnes ; la bartavelle établit son domicile aux étages supérieurs, s'élevant quelquefois jusqu'aux extrêmes confins de la région des neiges, patrie du lagopède. Il y a des pays en France, par exemple celui des montagnes qui bordent la vallée de l'Isère, où le partage des gradins entre les quatre espèces pourrait être constaté par un procès-verbal.

La bartavelle est exclusive aux montagnes les plus élevées de la France, les Vosges exceptées. Elle a été assez commune autrefois dans les gorges rocheuses de la Côte-d'Or et du Morvan ; on ne l'y retrouve plus que par des chances extraordinaires. Le Jura, le Cantal, la Lozère, les Alpes dauphinoises, la chaîne des Pyrénées, l'île de Corse, en possèdent encore quelques échantillons. Elle n'est pas tout à fait inconnue dans les vignobles escarpés qui serrent de droite et de gauche les flancs du Rhône, et où l'amour de la vendange et des escargots jaunes la fait très-souvent descendre. Comme elle ne quitte pas le couvert et comme elle a l'aile paresseuse de tous les oiseaux de sa race, elle tient encore mieux l'arrêt que la perdrix grise ; il est plus difficile par conséquent de la joindre que de la tuer. La bartavelle choisit ordinairement pour remise un fortin de broussailles épaisses bien défendu par un rempart de roches et suspendu à la cime de quelque colline escarpée. Elle plonge au départ, pique une tête dans l'abime, s'abat au pied du mont, et remonte au grand galop la hauteur sans perdre une seconde, désespérant chiens et chasseurs par la rapidité de ses évolutions pédestres. La bartavelle, comme la perdrix rouge, cherche parfois son salut sur les arbres.

L'éducation de la bartavelle présente encore plus de difficultés que celle de la perdrix rouge ; la première difficulté de l'entreprise consiste à se procurer des œufs. C'est une espèce magnifique, aussi douce aux yeux qu'au palais, que Dieu avait créée pour être la parure et l'ornement des sols déshérités, et qui va périr en nos mains si l'administration n'y prend garde. Mais, hélas ! pour avoir le temps de s'occuper des bêtes, il faudrait que l'administration commençât par s'occuper un peu moins des hommes.

Le peu qu'on mange de bartavelles à Paris vient de Grenoble et de la Lozère.

Perdrix de roche. — Taille de la perdrix rouge, habitante des rochers à pic qui surplombent l'abime, exclusive à la Corse et aux revers de cette partie des Alpes françaises qui regardent la Savoie. La perdrix de roche, qui est l'espèce la plus commune en Algérie, ne diffère de la rouge que par la couleur de son collier ou de son chapelet, dont les grains ne sont plus noirs mais roux. La teinte générale du manteau tire davantage aussi sur cette dernière couleur. La perdrix de roche est plus rare encore que la bartavelle et un peu moins délicate que les espèces précédentes. Elle perche plus volontiers que les deux espèces qui précèdent ; mais encore faut-il qu'on l'y force.

La Rochassière. — C'est une perdrix *rouge* de roche. Elle a le plumage de la perdrix rouge et les habitudes de la perdrix de roche. On ne la trouve en France que dans les environs de Grenoble. Cette espèce ne peut être considérée que comme une simple variété de la rouge.

Ainsi, sur les quatre espèces dont le genre Perdrix se compose, une est trop rare pour faire nombre, et une autre est en voie de disparition totale. C'est triste. Les perdrix ont perdu beaucoup à ce que je n'aie pas été gouvernement pendant une dizaine d'années ; mais les renards et toutes les mauvaises bêtes y ont beaucoup gagné.

J'ai dit l'emblème de la perdrix après les Égyptiens : Fécondité et tendresse maternelle.

La Pintade. — La pintade est un des oiseaux les plus anciennement ralliés à l'homme. Elle est originaire d'Afrique, d'où elle fut apportée de très-bonne heure en Italie, en Grèce et dans les Gaules. Les Grecs en avaient fait l'emblème de l'attachement fraternel. Les taches blanches et rondes qui perlent en si grand nombre sur le manteau gris-bleu de la pintade étaient l'empreinte des larmes que les sœurs de Méléagre avaient versées sur le corps de leur frère. Par les contes religieux se revèle l'ancienneté des relations établies entre l'homme et les bêtes.

Ces relations que la Rome des consuls et des Césars avait cultivées avec bonheur cessèrent tout à coup vers l'époque de l'invasion des Barbares, et la pintade fut perdue pour l'Europe tout entière pendant près de mille ans. L'histoire ne signale sa réapparition en France que vers le milieu du XVIe siècle. La pintade, malgré sa fécondité extrême, est encore assez rare en France. La monotonie assourdissante de ses réclames et son amour de la bataille et du vagabondage rendent sa société tellement incommode que l'immense majorité des ménagères a renoncé à son éducation. C'est grand dommage, car la chair de la pintade, convenablement attendrie et préparée, est, comme celle du paon et du faisan, un mets de haute saveur, et ses œufs, dont elle n'est pas plus avare que la poule et qui sont excellents, pourraient accroître énormément les ressources de l'alimentation publique. Un jour, quand il n'y aura plus de braconniers ni de renards, quand tous les coteaux de la France seront plantés de vignes et toutes les cimes couvertes de forêts d'*arbres fruitiers*, le chasseur ne pourra faire un pas dans ces couverts sans lever un faisan, un paon, une pintade. En ce temps-là, on aura des vignobles exclusivement consacrés à la nourriture du gibier-plume, et qui seront entrecoupés de champs de millet, de sarrasin et de fraises, et les pierrailles les plus stériles donneront des revenus doubles et triples de ceux de la Limagne d'aujourd'hui.

La pintade est un oiseau tout rond, qui a la tête petite, le bec court, le cou court, les ailes courtes, les tarses courts, la queue courte. Le sommet de la tête est nu comme le cou, mais protégé contre la nudité par un armet osseux taillé en forme de casque ou de mitre d'une couleur bleuâtre qui vire au rouge par places. Le bec, court et renflé, est entouré à sa base d'une membrane qui figure la cire de l'oiseau de proie ; deux barbillons charnus semblables à ceux du coq, mais à peine teintés de rouge, s'échappent de la mandibule inférieure et retombent sur la gorge. Les ailes sont si convexes que l'oiseau, quand il court, ressemble complétement à une boule qui roule. De pareilles allures annoncent un oiseau qui préfère la locomotion pédestre à la locomotion aérienne et quitte rarement le sol. Cependant la pintade qui habite le couvert perche plus volontiers que toutes les espèces voisines. En

Afrique, où elle vit en bandes nombreuses à l'état libre, elle a l'habitude de se brancher à la moindre apparence de péril, et comme elle se croit parfaitement invisible une fois qu'elle est juchée sur un arbre, elle se laisse approcher et tuer avec un stoïcisme égal à celui du faisan. On a cru remarquer que la pintade était de tous les oiseaux de la basse-cour le seul qui ne jalousât pas le paon à cause de sa beauté suprême, et qui lui vînt en aide en ses mauvais quarts d'heure.

Les mâles, dans cette espèce, sont moins nombreux que les femelles. Chacun d'eux possède un harem dont il est occupé sans cesse à rassembler le personnel sans pouvoir jamais réussir dans cette opération. Les soucis de l'amour jaloux le font sécher sur pied. La poule se recèle comme la paonne et s'éloigne à de grandes distances de l'habitation pour pondre, ce qui cause la destruction de la plupart des couvées.

Il existe deux variétés de cette espèce : la pintade blanche, produit de la domesticité ; une autre, la pintade aux barbillons bleus, exclusive à la haute Égypte et à l'Abyssinie. Celle-ci est le véritable oiseau consacré à Méléagre.

Fourier a fait de cette espèce acariâtre, importune, mal mise, et qui combat en fuyant à la manière des Parthes, l'emblème des gens communs.

Genre Lagopède. — Nous venons d'esquisser successivement l'histoire des Pulvérateurs du steppe, de la colline, de la montagne, passons à celle du Pulvérateur des neiges, habitant des zones glaciales et compatriote du chamois.

Le lagopède, dont le nom expressif veut dire pied de lièvre, est un bel oiseau plus blanc que neige, et qui ressemble à s'y méprendre à ces gros pigeons blancs pattus qui ornent nos basses-cours. C'est la perdrix blanche des chasseurs, beaucoup moins rare dans nos hautes montagnes de l'est et dans les Pyrénées que les espèces précédentes.

Le lagopède a l'œil surmonté d'une bande sourcilière écarlate, comme le coq de bruyère. Sa robe n'est pas complétement blanche, même dans son uniforme de petite tenue ou d'hiver. Le mâle a les joues sillonnées d'un trait noir qui part de la naissance du bec pour aboutir à l'œil, et qui s'étend quelquefois jusqu'à l'ouverture des ouïes. Les rémiges les plus externes, dont la tige est noire, semblent pour cette cause bordées d'un filet de cette nuance. Enfin, sur les quatorze rectrices, douze sont noires et simplement frangées de blanc à leur extrémité ; les deux pennes les plus externes font exception à la règle générale et sont blanches dès leur racine.

Les oiseaux les plus pattus que nous ayons inspectés jusqu'ici n'ont les tarses couverts que jusqu'à l'origine des doigts. La garniture de duvet descend, chez le lagopède, jusqu'à la naissance des ongles, et elle ne couvre pas simplement la partie supérieure des doigts, comme chez les hiboux, elle en tapisse la partie inférieure, comme chez le lièvre, ce qui lui a fait donner par Pline l'excellent nom qu'il porte.

J'ai expliqué jadis, au chapitre du lièvre blanc et de l'hermine, pourquoi la fourrure blanche était l'attribut des espèces destinées à vivre dans la neige. La nature, en donnant des gants fourrés et une robe blanche au lagopède, lui a assigné pour patrie les dernières régions de la zone habitable, et lui a fait des attractions proportionnelles à sa destinée. Beaucoup d'oiseaux redoutent la froidure ; le lagopède semble, au contraire, la chérir pardessus toutes choses et ne craindre que les rayons du soleil. Il sourit de pitié aux récits qu'on lui fait des délices des contrées heureuses où l'eau reste toujours fluide, où les arbres sont toujours en fleurs; il ne comprend pas le bonheur dans un autre milieu que la neige, et meurt immédiatement de nostalgie quand on l'arrache à ses déserts de glace pour lui faire un sort plus tranquille dans un séjour plus doux.

Encore une vingtième preuve que l'amour de la patrie est en raison directe de la pauvreté de cette patrie et de la rigueur de son climat, comme l'attachement pour la vie en raison de ses misères. C'est pour cela que ces malheureux civilisés ont une si grande frayeur de la mort, et que le parti de la peur est constamment, hélas! le parti politique qui compte le plus grand nombre d'adhérents.

Le lagopède a d'ailleurs ses motifs pour adorer la neige et pour plaindre les habitants des zones que nous appelons fortunées. C'est ce blanc manteau des hauts pics dont la couleur se confond avec celle de sa robe qui le dérobe à l'œil de tous ses ennemis. C'est la neige qui lui conserve tendres et succulents les gramens dont il vit pendant l'hiver, et qui lui fournit en cette rude saison le vivre et le couvert; car le lagopède a le pied muni d'un ongle tranchant et canaliculé (celui du doigt médian), à l'aide duquel il sait se creuser de chaudes retraites au sein même de cette couche de frimas éternels, dite en style poétique le linceul funéraire des champs. Et puis c'est là qu'il aime, c'est là par conséquent que la nature a dû déployer toutes ses splendeurs et ses magnificences. La preuve sans réplique que l'existence n'a rien d'amer pour le lagopède est dans la bonté de sa chair, qui ne tenterait pas les rapaces ni l'homme, s'il avait le moins du monde à souffrir du froid ou de la faim.

Le lagopède dont nous venons de parler est le lagopède

d'hiver, la perdrix blanche des chasseurs ; mais le lagopède du printemps n'est plus le même oiseau. Quand souffle, vers l'équinoxe de mars, le vent de la molle Italie qui fait crever les cataractes des monts helvétiens, descelle les avalanches et emplit par-dessus les bords les profonds déversoirs des glaciers, le Pô, le Rhin, le Rhône ; quand la neige jaunit et s'affaisse et laisse pointer de toutes parts les îlots de verdure à travers son manteau troué ; quand l'accenteur des Alpes a retrouvé sa voix, sa voix mélodieuse qui retentit par delà les confins du règne de la vie, et force les échos de la région de mort à redire des chants d'allégresse et d'amour ; quand la terre change de robe et s'habille de gazons et de fleurs pour les fêtes du printemps… le lagopède éprouve aussi le besoin de changer de langage, de régime et de costume pour mettre sa tonique d'accord avec l'universelle dominante.

Cependant le costume de noces du lagopède est moins riche à mon sens que sa tenue d'hiver, et je préfère de beaucoup ce dernier uniforme blanc pur qu'accentuent si gracieusement les filets noirs des rémiges et la rouge encadrure de l'œil, au manteau panaché de gris, de brun, de roussâtre, qui va recouvrir les épaules, la tête, le cou et le devant de la poitrine. La couleur de ce manteau est analogue à celle des bécasses, des faisanes et des poules de bruyère ; la nature y a négligé le dessin et l'opposition des nuances, et de cette négligence est résultée une confusion fâcheuse qui ne charme plus le regard. Tout le plumage change, à l'exception des places où il y avait du noir ; le noir est toujours bon teint dans les étoffes dont les oiseaux s'habillent : que n'en peut-on dire autant de celles dont l'homme fait usage, voire du drap de Sedan.

Le lagopède, qui est très-voisin du pigeon blanc pattu par la taille, la couleur et la garniture des pieds, s'en rapproche encore du côté des façons amoureuses. Il persécut sa femelle de salamalecs et de révérences sans fin, et plan en tournoyant au-dessus d'elle, l'invitant chaleureuse ment à céder à ses feux par un langage bizarre qui tient d l'aboiement enroué du chien et du roucoulement du bise

Le lagopède, qui fut chargé par Dieu d'embellir et d peupler les frimas, conjointement avec le chamois et l bouquetin, n'a pas été pétri, plus que ces derniers moule des quatre semences froides. Aucun oiseau n'a le san plus abondant, plus rouge et plus chaud que le lagopède sa chair a la couleur et le goût de celle du lièvre, et s corrompt très-vite.

Le lagopède terre et ne perche pas, puisqu'il n'y a pa d'arbres dans les régions qu'il habite. Il a le pied plu plat et l'ongle du pouce plus long et moins crochu que l gelinotte et l'auerhan.

Le lagopède des Alpes est probablement le même qu celui qui habite les extrémités septentrionales des deu continents; car c'est bien plus l'isothermie que la confi guration du sol qui fait les pays ressemblants. Tel lago pède, natif des hautes Alpes, ne se trouvera pas dépays aux rivages bas et plats de la baie d'Hudson, qui succom bera à la nostalgie au bout de quelques jours sur la crê des monts du Brésil.

Est-il bien sûr que le tétras des saules ne soit pas l même que notre lagopède? Dans le doute, abstiens-toi d classifier, dit le sage. Docile à ce conseil, je m'abstiens.

Le Grans d'Écosse, qui est le Pulvérateur pattu d hautes bruyères, est encore une espèce précieuse de lago pède que Dieu a refusée à la France pour en doter l'An gleterre, ce qui est une injustice. L'Écosse doit à sa pos tion de tête de pont et de promontoire avancé vers le pôl le privilége fructueux de servir de patrie à une foule in nombrable d'oiseaux et de poissons délicats. Je comprends que le tableau des richesses ornithologiques et ichthyologiques de cette île fasse naître de vagues désirs de conquête et d'envahissement dans l'imagination des chasseurs et des pêcheurs de ce côté-ci de la Manche. Il y aurait largement à tailler en Écosse une demi-douzaine de départements français qui pourraient s'appeler du Graus, du Saumon, de la Truite, du Pingouin, du Hareng.

Genre tétras. — Deux espèces.

On n'a jamais bien pu savoir pour quelle raison Aristote, Pline et les modernes ont donné le nom de *tétras*, qui veut dire *quatre*, à divers genres d'une famille dont le principal caractère est de gratter le sol et de porter des pantalons de duvet en place de culottes courtes. Mille fois mon esprit s'est perdu en conjectures absurdes pour deviner les rapports qui pouvaient exister entre ce nom de tétras et les oiseaux qu'il sert à désigner; mais à la fin j'ai dû jeter ma langue aux chiens et renoncer à la tâche. Je suis sûr néanmoins que j'aurais encore eu la lâcheté d'adopter ce terme insignifiant de *Tétras* pour désignation du groupe important de Pulvérateurs à l'histoire duquel nous voici arrivés, si, pour ne pas se départir de ses vieilles habitudes, la nomenclature officielle ne s'était pas amusée à confondre indignement toutes les espèces de l'ordre et à faire entrer pêle-mêle dans ce genre *Tétras*, les perdrix et les cailles qui ont le tarse nu et calleux, avec les coqs de bruyère et les gelinottes qui l'ont garni de plumes, et avec les lagopèdes eux-mêmes qui portent des gants fourrés. Cette confusion incroyable à laquelle ils ont tous mis la main, depuis Aristote et Pline jusqu'à Buffon et Cuvier, est la seule qui m'ait fait expulser de ma classification le vocable tétras, que j'aime pour sa simplesse et sa brièveté. On doit s'estimer si heureux quand les noms adoptés par les maîtres ne sont qu'insignifiants comme tétras et non dangereux ou ridicules comme *méléagride*, *hœmatopus* ou *poule d'eau de genêts !*

M. Valmont de Bomare, auteur d'un dictionnaire d'histoire naturelle tombé en désuétude, après avoir affirmé dans ce gros livre que le paon était le seul oiseau qui eût la propriété de faire la roue, a admis une exception en faveur du dindon. Le naïf compilateur eût pu joindre hardiment à son exception celle de cinquante autres espèces, et notamment une exception en faveur de tous les individus de l'ordre des Coureurs, à commencer par l'outarde et à finir par la gelinotte ; car cette faculté singulière d'étaler sa queue en éventail pour se faire admirer des belles est dans les habitudes galantes de tous les pulvérateurs. Et non-seulement les pulvérateurs pattus font la roue comme le dindon, malgré le peu de développement de leur queue, mais ils ajoutent à ces façons d'agir des agréments d'un autre ordre ; ils accompagnent leur mimique passionnée de fioritures musicales analogues à la circonstance : tel coq imite la scie, tel autre le flageolet ; celui-ci bat la grosse caisse, celui-là parle du ventre ; chacun enfin semble posséder à fond l'art de la mise en scène du grand drame d'amour. C'est-à-dire que le talent des évolutions caudales est si bien caractéristique de l'ordre entier que je l'aurais volontiers intitulé l'ordre des *Rotateurs*, si j'avais trouvé pour exprimer la figure un substantif plus heureux. Je regrette quelquefois de n'avoir pas hasardé le nom de *Pavoniens*.

Il y a deux coqs de bruyère en France, le grand et le petit : le grand qui approche de la taille du dindon et pèse douze livres, le petit qui n'est pas plus gros que le faisan. L'histoire de ces deux moules est à peu près la même.

Commençons par déclarer que coq de bruyère est un nom tout aussi absurde que celui de tétras ou de faisan bruyant donné à cette espèce. D'abord, les deux oiseaux dont il s'agit sont autochthones, c'est-à-dire indigènes des forêts de la Gaule, et puisqu'ils ont deux ou trois mille ans de séjour en ce pays de plus que le coq d'Asie, qui ne s'y est acclimaté qu'à la longue, je ne comprends pas qu'on ait pu attendre la venue de l'étranger pour baptiser de son nom l'indigène.

Le nom de coq appliqué à un oiseau français est toujours un anachronisme; celui de faisan bruyant est vicié de la même impropriété. Quant au qualificatif *de bruyère*, il est insuffisant et trompeur, car je connais en France de vastes étendues de terrain que couvre la bruyère et où les coqs de bruyère n'ont jamais mis le pied; et, par contre, la bruyère végète à peine dans les hautes localités où se trouvent aujourd'hui confinées ces espèces. Si l'on voulait donner à ces deux bêtes un nom convenable tiré du milieu qu'elles habitent, il fallait appeler le grand coq le *Pulvérateur des sapins*, et le petit le *Pulvérateur des bouleaux*.

Les Allemands, qui sont encore plus barbares que les Français en fait de nomenclature, étant plus savants qu'eux, désignent le grand coq de bruyère sous le nom d'*Auerhan*, qui veut dire coq sauvage, ce qui ne signifie pas grand'chose; ils appellent le petit *Birkhan*, ou coq des bouleaux, ce qui est plus hardi. Une perdrix, en allemand, s'appelle un coq de champ. Il est humiliant pour la métaphysique et pour la philosophie de songer que tous ces malheureux savants de Germanie et de Gaule, qui n'ont jamais été capables de baptiser convenablement un oiseau, soient tous néanmoins de force à écrire d'odieux volumes sur l'essence des rapports du *moi* et du *non-moi*.

En ornithologie passionnelle, les coqs de bruyère portent un nom élégant d'une seule pièce qui veut dire *fou d'amour*. Il paraît que ces mêmes Allemands, que j'invectivais tout à l'heure pour vice de maladresse en matière de nomenclature, ont découvert la véritable dominante caractérielle de leur auerhan, puisqu'ils ont fait de ce nom un sobriquet et une épigramme à l'usage des amoureux que leur passion aveugle. Mais alors, mes braves gens, leur dirai-je, pourquoi ne pas traiter d'amoureux fou votre auerhan, puisque vous traitez d'auerhans tous les amoureux fous ? Il faut, en vérité, que le cerveau de tout ce monde soit affecté d'une forte dépression à l'endroit de la logique. Toute l'histoire des coqs de bruyère est contenue dans ces deux mots : fou d'amour.

Le grand tétras est, après la grande outarde, la plus belle espèce de gibier-plume d'Europe. Il fut longtemps l'honneur des monts et des bois de la France ; il avait un nom propre dans vingt de nos patois avant l'invention de la poudre. L'espèce est confinée aujourd'hui dans quelques localités sauvages de quelques départements montagneux, Haut-Rhin, Bas-Rhin, Vosges, Jura, Isère, Alpes et Pyrénées, où l'on compte une compagnie de coqs de bruyère environ par arrondissement. Elle a disparu complétement des forêts de l'Auvergne depuis le commencement du siècle. La fixation du nombre des coqs de bruyère qui foulent encore, à l'heure qu'il est, le sol inhospitalier de la France, de leur pied léger et pattu, n'exigerait donc pas de longs calculs. Mettons une centaine de têtes, deux cents, si vous voulez, mais n'allons pas plus loin. Hélas ! ce chiffre est peut-être supérieur encore à celui des existences de la grande outarde et du daim.

J'ai besoin de beaucoup de philosophie pour ne pas me laisser aller à l'attendrissement et au désespoir quand j'ai à consigner dans un chapitre quelqu'un de ces navrants détails. Je devrais me faire une raison cependant et me dire que nous sommes tous mortels, hommes comme bêtes, et que la Terre finira comme a fini la Lune, et le Soleil comme la Terre, et qu'alors, puisqu'il faut que tout le monde saute le pas un peu plus tôt un peu plus tard, il est puéril de s'apitoyer sur le sort de ceux qui s'en vont les premiers. Tout cela est fort censé peut-être, mais ne n'empêche pas de regretter qu'on n'ait pas servi à la mort les races du renard, de la fouine, du corbeau et de la vipère, avant celles de l'outarde, du coq de bruyère et du daim.

J'ai dit le poids du grand tétras, du mâle adulte. Ce poids est celui du dindon ordinaire, cinq à six kilogrammes. La poule ne pèse guère que moitié du vieux coq. Il y a entre ce dernier et le dindon de grandes ressemblances de taille, de couleur et d'habitudes sylvestres et amoureuses, et je m'étonne fréquemment que les nomenclateurs ordinaires de la Faculté n'aient pas profité de l'importation du coq d'Inde en Europe pour débaptiser ce tétras et l'appeler le dindon des sapins ou le dindon des Alpes. Assurément que le nom nouveau aurait pu jouter pour l'absurdité avec le premier venu, puisqu'il eût voulu dire coq d'Inde des Alpes ; mais il eût toujours valu infiniment mieux pour l'expression et la couleur que celui de coq de bruyère, qui n'est pas moins affecté d'ailleurs du contre-sens étymologique, puisque le coq est un oiseau d'Asie qui n'avait pas plus de droits qu'un oiseau d'Amérique à servir de parrain à un oiseau d'Europe. Les habitants des plaines de l'ouest ont donné à la grande outarde le nom de dinde sauvage.

Cependant, bien que l'affinité consanguine soit plus manifeste entre le coq de bruyère et le dindon qu'entre le coq de bruyère et le coq domestique, il suffit de mettre les deux premiers moules en regard sur une table pour reconnaître à première vue que les deux espèces ne sont encore parentes qu'à des degrés fort éloignés.

En effet, le dindon a la tête petite et dégarnie de plumes, le cou long et chauve comme la tête, la face historiée d'une fraise de verrues, le bec long et quasi rectiligne, couvert d'une espèce d'étui de chair flasque, la gorge fanonnée, l'œil stupide.

Le coq de bruyère a la tête forte et garnie d'une épaisse chevelure, le cou court, le bec robuste à mandibules tranchantes et arqué dès sa base, comme celui des oiseaux de proie. Il a plus de tendance à coiffer la huppe et à porter le collier de barbe qu'à avoir le front chauve. Son regard est plein de feu, d'expression, d'énergie.

Le dindon est monté sur de hautes jambes à tarses nus et éperonnés; le coq de bruyère a les jambes courtes et les tarses couverts de duvet jusqu'à l'origine des doigts; il regarde l'éperon comme un meuble inutile. On ne se ressemble réellement plus quand on diffère par des caractères aussi essentiels, eût-on d'ailleurs un manteau de même nuance, la même corpulence et les mêmes façons d'aimer.

Le grand coq de bruyère est donc un magnifique oiseau noir à manteau lustré, de la taille de deux bons chapons. Ce manteau noir a des reflets verts ou bleus comme celui des coqs russes; il est coupé d'une tache blanche sur l'aile. Épais de corsage, bas sur jambes, richement étoffé des pieds jusqu'à la tête, muni d'un bec tranchant, de doigts pectinés et robustes, cet oiseau porte gravés sur tous les traits de sa physionomie les indices d'une constitution vigoureuse et d'un tempérament orageux. L'accentuation énergique et belliqueuse de cette physionomie lui vient surtout d'une bande sourcilière du plus vif écarlate qui fait briller son œil comme un charbon ardent.

Le costume de la poule est si différent de celui du coq, qu'il est difficile de ne pas considérer *à priori* la femelle comme appartenant à une espèce distincte. Cette femelle, dont la taille, comme je l'ai déjà dit, est inférieure de moitié à celle du coq, porte la livrée générale des poules des pulvérateurs, le manteau jaune terreux de la poule domestique ou de la faisane. Seulement les nuances de l'uniforme sont ici plus accusées, plus opposées, plus vives et produisent plus d'effet. Inutile d'ajouter, après ce simple détail, que les mâles, dans cette espèce, sont moins nombreux que les femelles, et que la polygamie y est le code des relations des sexes.

Le coq de bruyère est probablement de tous les oiseaux celui dans l'existence duquel l'amour tient le plus de place. Le mâle, dans cette espèce, est affecté tous les ans au printemps d'une érotomanie suraiguë qui dure soixante jours de la fin de février à celle d'avril. Et cette folie amoureuse est caractérisée par une succession d'extases dont les accès se renouvellent périodiquement chaque matin et chaque soir. Pendant tout ce temps-là, la pauvre bête est si fort en proie à Vénus, qu'elle en perd le manger et le boire, et jusqu'à la faculté de voir et d'entendre le péril. L'expression poétique que je viens d'emprunter à Racine me fournit l'occasion de m'étonner que la reine de Cythère n'ait pas eu la fantaisie de se donner un attelage de coqs de bruyère.

Aussitôt que le coq de bruyère a ressenti les premières atteintes du mal brûlant qui va le consumer, il commence par chercher dans le canton qu'il habite un local et surtout une tribune convenablement disposée pour l'exercice de la parade amoureuse. Cette tribune est généralement un tronc d'arbre renversé et facilement arpentable de l'une à l'autre de ses extrémités. Une fois en possession de son théâtre, notre amoureux ne tarde pas à en annoncer l'ouverture. Pour ce faire, il se hisse sur la flèche la plus aiguë du plus haut sapin de la montagne, et adresse de là son appel passionné à toutes les poules des alentours. Cette réclame éloquente, que j'aurais beaucoup de peine à écrire en langue musicale, débute par un violent coup de tam-tam assez semblable au glousssement du dindon. Cette note détonnante est immédiatement suivie d'un feu de file d'autres notes grinçantes, stridentes et criardes, douces au tympan comme les gémissements d'une scie qu'on écorche. Après quoi le chanteur s'arrête, pour reprendre haleine d'abord et ensuite pour juger de l'effet de ce premier morceau, et puis il recommence. La durée de chaque séance est d'une heure environ. Celle du matin ouvre avant le lever du soleil; celle du soir se continue un peu après que l'astre est couché. Le même coup de tam-tam qui avait annoncé le commencement des exercices en annonce la clôture.

Pendant qu'il exécute sa cavatine, l'artiste est tellement absorbé par son art et tellement enivré du propre bruit de sa voix, qu'il en oublie l'univers et jusqu'à la méchanceté de l'homme, qui profite de son tapage et de son émotion pour s'approcher de lui traîtreusement et l'occir. *Amour, amour, quand tu nous tiens.*

La raison que donnent les assassins pour justifier leur crime est que l'oiseau qui veut être empaillé doit être tué dans ses plus beaux atours, dans son costume de noces.

J'ai connu des impies et des amoureux fanatiques assez peu soucieux du salut de leur âme pour appeler de leurs désirs une fin semblable à celle de l'Auerhan, et demander à être frappés comme lui d'un coup de foudre dans le sein de l'extase.

Le grand air du coq de bruyère est brodé sur ce motif si connu : que le printemps vient de naître, et que le printemps est la saison d'aimer.

Mais la réclame d'amour a réveillé de leur long sommeil les échos engourdis de la forêt; elle retentit au cœur de la poule attentive qui sort du fourré qu'elle habite, se secoue, bat ses flancs de ses ailes, donne un coup d'œil et un coup de bec à son plumage, et se dirige d'un pas furtif vers l'arbre d'où partent les chants. Elle se croise sur la route avec quelques compagnes empressées comme elle de répondre à l'appel passionné du seigneur de ces lieux. Quand celui-ci, qui les a vues ou les a entendues venir, juge que l'assistance est assez nombreuse, il descend avec calme et majesté les gradins de son arbre, met pied à terre au milieu de ses vassales, les salue courtoisement, et, sans perdre de temps, les conduit vers son estrade, où tout est disposé pour faire valoir ses avantages extérieurs. C'est là seulement, dans la douce retraite qu'il s'est choisie lui-même et dans l'intimité de son harem, que l'illustre sultan aime à se révéler dans sa gloire. Il gravit la tribune, la mesure du regard, se hérisse soudain, se huppe, se rengorge, s'ébouriffe, se gonfle, fait feu de toutes ses plumes pour éblouir sa cour. Sa queue s'épanouit en éventail comme celle du paon, ses ailes traînent et balayent le plancher à la façon de celles du dindon ; il multiplie les allées et les venues, c'est-à-dire les passes et contre-passes magnétiques, recueillant avidement les propos flatteurs qu'il excite et y répondant vivement par des regards de feu et des redoublements de grâces.

Ces premières rencontres, néanmoins, se bornent à des présentations et à des cérémonies. Après la réception et la parade, le maître congédie poliment ses esclaves, et leur donne rendez-vous pour la séance du soir ou pour celle du lendemain. Aucune n'a garde de manquer à sa promesse, car chacune a dans le cœur l'idée fixe d'être promue, par le libre choix du sultan, au rang de sultane favorite. Au bout de quelques jours, les relations deviennent plus intimes; les poules fascinées, entraînées, enflammées par les mâles attraits et les façons galantes du coq, abrégent son martyre et couronnent ses feux.

La lune de miel passée, le coq, qui s'est usé la voix à trop chanter l'amour, éprouve le besoin d'un peu de calme; la poule, qui a terminé sa ponte, se retire tout à fait du monde pour se livrer dans la solitude au grand travail de l'incubation et de l'éducation d'une famille nouvelle. Elle choisit habituellement, pour déposer ses œufs, un lit épais de feuilles sèches, tassées par le vent et la pluie au pied des houx et des genièvres, au fond de quelque creux. Le nombre de ses petits dépasse rarement sept à huit; leur éducation est pénible et féconde en angoisses pour le cœur de leur mère. Comme les perdrix et les faisans, les petits, dans le premier âge, portent la livrée grise des mères, et les mâles ne commencent à prendre leurs belles plumes noires lustrées qu'à l'automne. Le noir est d'autant plus profond, le reflet d'autant plus bleuâtre que l'oiseau est plus vieux et qu'il a moins souffert. Il faut trois ans au coq pour atteindre à l'état parfait.

Mais l'histoire que je viens de raconter est l'histoire du coq de bruyère de la Laponie, de la Souabe, de la Sibérie, de la Bohême, etc., et non celle du coq de bruyère de France, réduit à la continence par la misère des temps, et à qui sa pauvreté ne permet pas d'entretenir le nombre d'épouses légitimes que sa loi autorise. Le coq de bruyère des Vosges s'estime quelquefois heureux de trouver une poule qui réponde à sa voix. On en a vu qui ont prêché des semaines entières dans le désert, et qui sont morts à la peine avant même d'avoir fait leurs frais.

J'ai omis à dessein, en parlant du grand tétras de France, de narrer les combats sanglants que les coqs se livraient entre eux pour l'exploitation théâtrale des cantons les plus avantagés sous le rapport de la population féminine. Il faut être plusieurs pour se disputer et se battre.

Les coqs de bruyère sont à peu près omnivores comme tous leurs congénères. Ils vivent d'insectes au printemps, de fruits rouges l'été, de baies de myrtille pendant l'automne, et pendant l'hiver d'herbes, de chatons de bouleau, de graines de sapin. Le fruit du myrtille, qu'ils préfèrent sagement, ainsi que les gelinottes, est l'ordinaire qui leur convient le mieux et qui donne le plus de qualité à leur chair. Cette chair est noire, pesante et un peu sèche. Elle a besoin de beaucoup attendre pour arriver à son point. Le régime exclusif de genièvre lui communique un fumet peu agréable qui est particulier à tous les gibiers-plumes qui aiment trop les baies de cet arbuste, et que cependant une foule de barbares ne craignent pas de proclamer délicieux.

On a dit du coq de bruyère que l'amour de la liberté était si puissant chez lui qu'il se faisait mourir dans la volière en avalant sa langue. Ce procédé de suicide n'est pas plus dans les habitudes de cet oiseau que dans celles des tribus d'esclaves noirs auxquelles on l'a également attribué. Le coq de bruyère n'avale pas sa langue pour mourir, mais sa langue, quand il est mort, se retire au fond de son gosier, ce qui est une raison pour qu'on ne la retrouve plus dans son bec. Du reste, le coq de bruyère, en sa qualité d'indigène des montagnes, doit être plus sujet à la nostalgie que la plupart de ses congénères des pays chauds et des plaines.

Le petit coq de bruyère.—Tout ce qui vient d'être dit du grand coq de bruyère s'applique exactement au petit. Ce sont les mêmes mœurs amoureuses, les mêmes habitudes, le même régime alimentaire, et presque le même uniforme. Les deux espèces ne diffèrent entre elles que par le volume du corps et la conformation de la queue. Elles habitent les mêmes pays, puisqu'elles vivent de la même nourriture.

Le petit coq de bruyère est un superbe oiseau de la taille du faisan, qui porte aussi son manteau noir lustré à reflets bleuâtres et dont le regard jette des flammes. La poule, beaucoup moins forte que le coq, est vêtue d'une robe régulièrement striée comme celle de la faisane dorée, mais dont la couleur est plus sombre. Le caractère le plus distinctif de l'espèce est la forme de la queue, dont les rectrices extérieures sont plus longues que les médianes et se recourbent à leur extrémité, de manière à figurer une sorte de lyre évasée d'une extrême élégance. La partie inférieure de cette queue est blanche. La belle couleur noir-bleuâtre de la robe semble plus intense chez le tétras à queue fourchue que chez le grand tétras; la bande sourcilière est également plus colorée et plus large, et les taches blanches des joues et de la gorge plus nettes et plus accusées. La chair de cette seconde espèce passe aussi pour plus tendre et plus délicate que celle de la première.

Le petit coq de bruyère n'est plus connu que dans deux ou trois localités de la France : dans les montagnes du Jura, du Bugey et dans les Alpes du Dauphiné. Je crois que la race a complétement disparu des Pyrénées et de l'Auvergne. C'est l'oiseau que les Francs-Comtois de certains districts appellent le faisan de la montagne.

Les grands coqs de bruyère qui parent la montre de

Chevet, au Palais-Royal, proviennent presque tous de Russie, de Suède ou d'Allemagne, où l'on en trouve encore dans les forêts de la Souabe, de la Silésie, de la Moravie, de la Bohême. Quelques-uns arrivent du Piémont.

Les tétras à queue fourchue sont très-communs dans certains gouvernements de Russie et de Pologne, comme en Suède. On les retrouve aussi dans le nord de l'Angleterre, d'où nous vient le très-petit nombre de ceux qui se mangent à Paris.

GENRE GELINOTTE.—Une espèce.

La gelinotte est plus connue des gourmands que des chasseurs ; elle habite cette région moyenne des montagnes où le noir sapin commence à disputer avec avantage la possession du sol aux chênes et aux hêtres. On la rencontre en France dans les grandes forêts des Ardennes et des Vosges, qui sont ses demeures favorites. On retrouve, pour ainsi dire, l'espèce étendue en cordon sur toute la ceinture de nos frontières de l'est, d'où quelques rares familles ont bien pu s'échapper pour gagner les forêts d'arbres verts du Cantal et celles des Pyrénées. Le prix de la gelinotte démontre assez clairement sa rareté. Cet oiseau, qui n'est pas plus gros que la perdrix rouge, coûte plus cher que le faisan, et ne se vend guère que chez Chevet, où je le vois payer communément huit et dix francs la pièce; mais il est juste de dire que l'excellence de la chair de la gelinotte est à la hauteur de son prix. Le nom hongrois de cet oiseau signifie morceau d'empereur, et c'est le seul oiseau, au dire de Gessner, qu'on puisse faire apparaître sous deux espèces sur la table des rois.

La gelinotte tient un peu par le plumage et par la taille de la perdrix rouge et de la bécasse, mais elle ressemble bien plus au colin d'Amérique qu'à aucune autre espèce. Elle porte sur les épaules et sur le dos un riche manteau de couleur feuille-morte comme la bécasse, et toute la devanture de sa robe est d'un blanc sale relevé par de larges mouchetures d'un brun rougeâtre. Le sommet de la tête est noir; les plumes de l'occiput affectent, par leur disposition, une tendance à la huppe. Le mâle se distingue de la femelle, comme dans les espèces du moineau franc et de la caille par une belle tache noire sous la gorge. Les gelinottes ont, comme les coqs de bruyère, l'œil surmonté d'une bande sourcilière écarlate dont la couleur est plus vive chez le mâle que chez la femelle, surtout vers le temps des amours. Elles ont les tarses garnis de plumes courtes, mais seulement par devant; leur pantalon ne descend que jusqu'à la cheville. Les doigts sont remarquables par un caractère particulier qui aurait pu servir encore à spécifier la famille; ils sont pectinés, c'est-à-dire garnis des deux côtés d'une dentelure cornée analogue à celle du peigne (*pecten, pectinipèdes*); le doigt du milieu est tranchant, pour aider l'oiseau des montagnes à fouiller la terre durcie par la gelée et à se creuser des souterrains sous la neige. Le pouce a pris une force et une dimension convenables; on comprend à l'inspection du pied que la gelinotte doit percher fréquemment. En effet, la gelinotte, qui vit à terre comme tous les pulvérateurs, est un oiseau craintif qui a l'habitude de chercher un refuge dans l'intérieur des sapins les plus touffus, à la moindre apparition de chien ou d'oiseau de proie. Elle se blottit là pendant des heures entières sans faire un mouvement, et comme la cachette des branches épaisses de l'arbre vert est pour ainsi dire inaccessible au regard de l'homme et de l'oiseau, il s'ensuit que les colleteurs, race infâme, détruisent beaucoup plus de gelinottes que les chasseurs, qui ne peuvent guère tirer ces oiseaux qu'au départ, ou bien en les faisant venir à l'appeau. L'appeau de la gelinotte est un instrument qui imite le sifflet sonore de la femelle, et par conséquent ne fait tuer que des mâles, comme chez les perdrix et les cailles; mais ces détails ressortent de la question de chasse.

La gelinotte, qui s'est appelée longtemps la poule des coudriers, n'est pas exclusive à ces noires forêts où le vent murmure toujours et qui jamais ne se dépouillent de leur sombre manteau. Elle s'égare volontiers dans les bois de hêtres, de bouleaux, de chênes qui couvrent le pied des monts et s'étendent dans les plaines. Le territoire des Ardennes, qui sépare le plat pays de Champagne du plat pays de Belgique, n'est qu'une série de collines peu élevées où l'arbre résineux est une essence à peu près inconnue. Tout porte donc à croire que la gelinotte ne recherche la société du sapin aux branches ténébreuses que pour des motifs de prudence, et qu'elle serait heureuse de peupler une foule de forêts où elle n'a pas encore mis le pied, pour peu que le gouvernement fît quelque chose pour elle.

Je sais de science certaine que la gelinotte qui peuple en la présente année 1858 une foule de localités boisées de la Haute-Marne et de la Haute-Saône, était complétement inconnue dans ces parages, il n'y a pas vingt ans. Ce qu'il y a à faire pour la gelinotte est d'interdire pendant trois ans le tir et la vente de ce gibier, et de détruire, une bonne fois *pour toutes*, le renard, le colleteur et la fouine. Si j'avais un grand parc à moi dans les environs de Plombières et que la fantaisie me prît d'y attirer une nombreuse société de gelinottes, je commencerais par y créer une forêt dont les principales essences seraient le pommier sauvage, le coudrier, l'alisier et le sorbier.

La gelinotte est frugivore, baccivore, herbivore et insectivore. Elle mange du grain en cage, mais le mets qu'elle préfère à tous les autres est la baie du myrtille, et l'on peut considérer tous les bois où croît cette plante comme des patries naturelles de la gelinotte et même des coqs de bruyère. Elle adore encore la mûre de ronce, les sorbes, les alises, les feuilles du pommier sauvage ; et quand le fruit pulpeux devient rare et commence à s'enterrer sous la feuille ou sous la neige, elle se rabat philosophiquement sur les chatons de bouleau et de coudrier et sur les baies de genièvre, qui constituent le fond de sa nourriture d'hiver, comme les larves de fourmis, les scarabées, les vers, le fond de sa nourriture de printemps et d'été. J'ai déjà dit que la nature prévoyante, qui a destiné ces espèces à être croquées par d'autres, avait varié à l'infini leurs appétits et leurs goûts, pour qu'elles pussent en tout temps trouver un régime alimentaire convenable et se maintenir en bon point. Si je reviens souvent à cette considération de destinée providentielle, c'est que je désire la graver solidement dans l'esprit de mes lecteurs.

La fécondité de la gelinotte égalerait celle de la perdrix grise si tous les œufs qu'elle pond venaient à bien ; malheureusement les deux tiers de ces œufs sont ordinairement clairs, et la compagnie ne dépasse guère sept à huit membres. Les gelinottes se marient, et les noces sont chez cette espèce, comme chez les voisines et chez l'homme, l'occasion de fêtes très-bruyantes et de grandes dépenses de costumes et de galanterie. Le mâle redresse sa queue et l'étale en éventail à la façon du dindon, et la bordure foncée qui termine chacune des pennes caudales décrit sur cet éventail un arc de velours noir du plus charmant effet. Le père et la mère se conduisent parfaitement avec leurs petits pendant leur tendre enfance, mais les associations familiales ne durent guère en forêt, et à peine les petits se croient-ils en état de se passer des conseils et des soins de leurs auteurs, qu'ils s'en séparent pour toujours et cherchent à s'établir pour leur compte. La saison d'amour commence de très-bonne heure pour les gelinottes, et elles n'attendent pas la venue des beaux jours pour aimer. La nature devait bien une compensation de ce genre à la malheureuse espèce qui ne rencontre en ce monde que des persécuteurs acharnés à sa perte, ou des amis trompeurs, pires que des ennemis. J'ai fait dans ma vie beaucoup de comparaisons d'existences d'oiseau, afin de bien savoir lequel je voudrais être. Le sort de la gelinotte est peut-être celui de tous qui m'a paru le plus amer et le moins enviable.

Cependant M. de Buffon a oublié de s'attendrir sur la gelinotte; le même M. de Buffon, qui a si cruellement abusé jadis de ma sensibilité en me faisant répandre de véritables larmes sur les prétendues infortunes du pivert, que j'ai su depuis être un oiseau éminemment espiègle, facétieux et loustic; M. de Buffon, enfin, qui a trouvé un sujet de gémissements et de lamentations jusque dans l'histoire de la grive de vigne, emblème du franc buveur et du gai chansonnier!

Genre Faisan. —Quatre espèces: Faisan doré, argenté, à collier.—Faisan commun. Une variété blanche et plusieurs panachées.

Caractères généraux.—Éperon; huppe fuyante; couleurs fulgurantes, reflet métallique; queue tectiforme horizontale dont les quatre pennes médianes atteignent des proportions démesurées (plus d'un mètre quelquefois). Bec fort, voûté, tranchant, à mandibule supérieure fortement infléchie ; face nue et verruqueuse, injectée de vermillon; ailes arrondies et paresseuses. Vol bruyant, saccadé et lourd; marche rapide, tarse écailleux, robuste, nu, dégagé. Mâles moins nombreux que les femelles, beaucoup plus forts de taille et plus richement vêtus. Mœurs polygames. Moins de tendresse maternelle et d'ardeur pour l'incubation chez les poules faisanes que chez les poules de perdrix et chez les poules domestiques. Tous les faisans sont originaires d'Asie, se plaisent dans les fourrés et les herbes épaisses qui leur rappellent les jungles de la contrée natale; tous se branchent pour passer la nuit. Granivores, insectivores, frugivores, baccivores, mais surtout *formivores* dans le jeune âge.

Le faisan doré.—Le faisan doré, originaire de la Chine, n'a été introduit et domestiqué en Europe que dans le cours du siècle dernier. Aux Anglais appartient l'honneur de la conquête à laquelle le nom de Hans Sloane demeure glorieusement attaché. Le faisan doré se reproduit parfaitement en domesticité et même à l'état sauvage dans les parcs; c'est celui dont l'éducation coûte le moins de peine et de frais. Seulement, comme la mère est mauvaise couveuse, il importe de lui retirer l'administration de ses œufs et de les confier à une poule domestique.

Le faisan doré n'est guère plus gros que la bartavelle; c'est le plus petit de tous les faisans, ce qui ne l'empêche pas de prendre femme dans toutes les espèces du genre et même de se marier avec la poule domestique. Les métis qui naissent de ces mariages forcés sont généralement stériles et plus remarquables par la délicatesse de leur chair que par l'éclat de leurs couleurs.

Le faisan doré est une de ces créatures merveilleuses pour lesquelles la nature semble avoir épuisé toutes ses munificences, empruntant au prisme solaire toutes les notes de sa gamme et à toutes les pierres précieuses le scintillement de leurs feux. Longtemps on ne l'a connu en Europe que par les peintures des Chinois, et alors tout le monde le prenait pour un oiseau fantastique éclos dans le pays des rêves, ou pour la pourtraiture impossible d'un phénix quelconque d'Arabie. En effet, le faisan doré est un oiseau hors ligne, une sorte d'écrin vivant qui ne peut se mouvoir sans faire jouer de toutes parts les rubis, les topazes, les émeraudes, les saphirs dont sa robe est semée. On remarquait à la première exposition universelle de Londres un perroquet de diamant estimé sept millions. Ce perroquet artificiel, que je n'ai pas voulu voir, n'était qu'un moule informe et terne en regard du faisan doré vivant, qui ne vaut qu'une guinée.

Il porte sur la tête une huppe dorée et relevée en forme d'arc dont les filets soyeux retombent gracieusement sur la nuque et s'y fondent avec un charmant camail mobile à fond aurore zébré de stries noirâtres, et échancré sur la gorge dans toute sa hauteur. Au-dessous de cette fraise mobile et impatiente qui s'agite et se gonfle comme la crinière d'un étalon arabe, s'étend une large zone d'un vert sombre à reflets cuivreux qui couvre toute la partie supérieure du corps jusqu'à la naissance des ailes. Le dos, le plastron et l'abdomen sont coloriés d'un rouge vif plus éclatant que celui du prisme, et qui fait avec la note verte contiguë un accord parfait de couleur. Les rémiges sont ourlées à l'extérieur d'un liséré jaune clair ; les grandes couvertures des ailes sont nuancées de noir indigo ; le croupion doré comme la crête.

L'élégance de la taille et la vivacité de la physionomie sont à l'avenant de la richesse éblouissante du costume chez le faisan doré. La forme elliptique du corps, l'admirable proportion des jambes qui le portent, la longueur incommensurable des pennes de la queue que relève une délicate marbrure de filets noirs et de gouttelettes de vermillon alternant sur fond isabelle, l'animation du regard, la prestesse des mouvements, la grâce des attitudes, tout concourt à faire de ce moule un des chefs-d'œuvre les mieux réussis de la création dernière. Le paon et le dindon font la roue avec leur queue, le coq avec ses ailes, le faisan doré joue de la cravate et de la queue pour emprisonner sa femelle dans le cercle magnétique.

Beaucoup de gens estiment que le paon, le couroucou et l'oiseau-mouche ne peuvent disputer au faisan doré le prix de la beauté. Ils disent que le paon n'a pas de rouge, que le couroucou est exclusivement vert et or, et que l'oiseau-mouche n'est qu'une adorable miniature bonne à monter sur bague, mais qui vole trop vite pour qu'on ait le temps de l'admirer. J'ai entendu d'autre part de timides coloristes se plaindre de l'excessive énergie des tons du faisan pourpre. Ce reproche est injuste et dicté par l'impuissance ; car aucun de ces tons n'est criard dans sa mâle énergie. Chaque note a sa complémentaire pour la plus grande satisfaction des yeux. Ce braconnier de ma connaissance était plus juste, qui refusa de tirer sur un faisan doré de la Chine, *de peur de l'abîmer*, et qui eût assassiné sans vergogne une perdrix sur ses œufs et fait de ceux-ci une omelette.

La femelle du faisan doré, un peu plus exiguë de taille que son mari, est un oiseau élégant qu'on citerait avec éloge pour la riche zébrure de sa robe isabelle dans toute autre tribu que celle des faisans. Cette zébrure régulière de barres brunes sur fond jaune terreux est analogue à celle qu'on admire sur le manteau de la bécasse, de l'épervier, de l'autour. J'ai dit que cette espèce était une de celles où l'on voyait s'opérer le plus fréquemment ces incroyables métamorphoses de sexe qui confondent l'imagination et font mentir Blackstone. J'ai dit encore que, s'il était permis aux femelles de se travestir en mâles au gré de leurs caprices, la réciproque était interdite aux mâles, attendu que le féminin est plus noble que le masculin, et que si celui qui peut le plus peut le moins, il ne s'ensuit pas que celui qui peut le moins puisse le plus. On croit que je suis heureux de répéter cette histoire jusqu'à saturation; c'est à tort. Il m'est toujours douloureux, au contraire, de voir des individus du sexe supérieur pousser l'oubli de leurs devoirs jusqu'à répudier le titre de mère, et je n'accepte jamais pour ces résolutions désespérées d'autre excuse que la maladie, force majeure. Je voudrais même jeter le voile sur ces tristes écarts que l'analogie explique, mais qu'elle déplore amèrement, et pour me consoler de la faiblesse de certaines mères coupables, j'ai besoin de songer qu'il est d'autres poules, dans les espèces même les plus voisines de la faisane dorée, qui n'ont jamais donné dans de pareils travers, ni excipé de leurs souffrances pour colorer le scandale de leurs métamorphoses. Tous les jours vous rencontrez jusqu'aux portes des grandes villes de pauvres perdrix grises à qui l'oiseleur inhumain a ravi leur couvée et percé le cœur de sept flèches, mais vous ne m'en citerez jamais une à qui le désespoir ait pris toute sa raison et insinué l'idée de se faire coq.

Les faisanes dorées objectent, pour atténuer leurs torts, que tout n'est pas rose dans le métier de mère, et qu'elles ont beaucoup à faire pour résister aux persécutions de leurs amants, qui, au lieu de les seconder dans leur tâche familiale, cherchent constamment à les détourner de leurs fonctions de couveuses et d'éducatrices, violent souvent leur domicile à main armée et brisent tout ce qui s'y trouve. Ces excuses ne manquent pas de valeur ; le coq, dans cette espèce, est en effet le plus grand ennemi de la famille qui existe. J'en ai vu qui, après avoir assassiné de sang-froid douze à quinze faisandeaux en moins d'une demi-heure, n'avaient pas honte de réclamer de la propre mère des victimes le prix de leur forfait. Que des mères qui ont subi de pareils assauts redoutent de s'exposer à la récidive, on le comprend sans peine ; on conçoit même que la folie s'empare d'elles à la suite de tels accidents, et que cette folie les porte à renoncer pour toujours aux joies de la maternité et à changer de sexe. Alors le moyen de parer à toutes ces éventualités est celui que j'ai dit, de ravir à la faisane dorée aussitôt qu'elle a pondu l'administration de ses biens.

Les jeunes faisans dorés ressemblent naturellement à leur mère dans le premier âge. Ce n'est qu'après la première mue d'octobre que les coquelets (jeunes mâles) commencent à piquer la maille ; mais il leur faut trois ans pour parfaire leur plumage.

Le faisan argenté.—Taille double de celle du précédent, le plus grand de tous les faisans acclimatés en France. Tarse nu et dégagé, démarche fière jusqu'à l'insolence ; rapière formidable, affilée comme une dague ; mœurs difficiles ; mauvais coucheur dans toute l'acception du terme.

Le faisan argenté est originaire, comme le faisan doré, des forêts du Céleste-Empire, et sa domestication remonte, comme toutes les institutions de la Chine, à des âges antéhistoriques. L'éducation des petits de cette espèce ne présente aucune difficulté, et il n'est pas rare de voir des couvées entières réussir. Le faisan argenté adulte brave avec une rusticité sans égale les frimas les plus rigoureux. Il se reproduit dans nos forêts aussi facilement que le faisan commun; j'en ai vu tuer par centaines en 1830 dans les forêts royales de Saint-Germain, de Versailles et de Vincennes. La chair du faisan argenté est aussi délicate que celle du faisan commun.

Les hommes qui ont le sang brûlé par la soif de l'or, et qui ne savent rien de plus beau que ce métal avec lequel tout s'achète en civilisation, ont donné au faisan pourpre le nom de faisan doré. Pour faire pendant à ce nom mal choisi, et parce qu'après l'or ils ne connaissent rien d'aussi beau que l'argent, ils ont donné au faisan noir et blanc le nom de faisan *argenté*.

La nature ayant dépensé follement toutes les couleurs du prisme à peindre le manteau du premier, il ne lui restait plus pour habiller convenablement le second que le blanc et le noir, qui sont en dehors de la gamme. Mais elle a su tirer de ces faibles ressources un parti si avantageux, qu'elle a réussi à faire du faisan argenté comme de l'autre un parangon merveilleux de beauté. C'est au point que le faisan argenté a ses partisans fanatiques qui le proclament sous tous les rapports supérieur à son rival. Des goûts et des couleurs il ne faut disputer.

Il y a blancs et blancs comme il y a noirs et noirs; mais le blanc dont la nature a peint la robe du faisan argenté est un blanc comme on n'en voit guère, un blanc de lait à reflets nacrés. Le noir est un noir sombre à reflets indigo. La disposition hardie des couleurs n'a pas moins contribué à l'effet de magnificence de l'ensemble que le ton même des nuances choisies. Le corps de l'animal est divisé en deux compartiments elliptiques, tranchés horizontalement comme ces terrines de faïence qui représentent un lièvre ou un canard. Toute la partie supérieure, à partir du bec jusqu'à la dernière extrémité de la queue, est blanche, à l'exception du front et du sommet de la tête; toute la partie inférieure, depuis le dessous du bec jusqu'à la naissance de la queue, est noire sans exception. La tête a pour coiffure une huppe noire fuyante, dont les dernières plumes font saillie sur la nuque. Les nudités de la face, colorées d'un vermillon plus vif que celui de la croix de Jérusalem, font à l'œil un cadre sanglant. La passion d'amour appelle à cette partie du visage un tel afflux de vitalité au printemps, qu'elle y fait déborder la chair en deux plaques luxuriantes, qui retombent et s'arrondissent des deux côtés des joues comme les barbes d'une capuche de velours écarlate. Les poëtes et les peintres ne se lasseront jamais d'admirer ce détail. La couleur du bec et des pieds est un rouge rosé tendre qui semble être la sensible du noir sombre du plastron et de l'abdomen. Les couvertures des ailes et la partie du dos la plus voisine du croupion sont vergetées dans le sens longitudinal d'étroits filets noirs parallèles, qui ont l'air d'être mis là pour adoucir le contraste des deux notes principales et les amener à la fusion.

Le costume des femelles ne ressemble en rien à celui des mâles. Le corps est uniformément vêtu par-dessus comme par-dessous d'une robe d'un brun verdâtre obscur strié de filets noirs, dont les détails se perdent. La queue ne s'étend pas comme celle des mâles en longues palmes horizontales, mais se relève seulement en forme de toit ou de chapeau à claque comme celle de la poule domestique. Les petits, comme toujours, portent la livrée de leurs mères dans le premier âge, et les mâles n'endossent la robe virile qu'après la première mue.

Linnæus, qui était poëte, a donné au faisan argenté le nom de *Nyctémère*, mot à mot : *la nuit et le jour*, pour peindre l'opposition tranchée des deux principales nuances de la robe de l'oiseau.

Faisan a collier.—Ce faisan ne se distingue du faisan commun dont nous allons parler que par un étroit collier blanc qui lui ceint les trois quarts de la périphérie du col. Il vit avec lui dans les bois et ne mérite aucune mention particulière. Il a été introduit récemment en Europe par les Anglais et vient de Chine.

Faisan commun.—Taille un tant soit peu inférieure à celle du faisan argenté; le mâle adulte pesant quelquefois un kilogramme et demi. Plumage imbriqué à écailles rutilantes, cerclées de noir et à reflets bleus, les écailles du col ayant le reflet de l'acier brûlé; nudités de la face écarlates; rudiments d'aigrettes cornues; vol pesant; aile ronde; tarse nu, dégagé, éperonné; queue tectiforme formant un arc immense. Le faisan commun est, comme tous ses congénères, une des plus magnifiques formes de la volatilie.

Le faisan commun, originaire de la Colchide, arrosée par le Phase, est connu en Europe depuis la conquête de la Toison-d'Or par les Argonautes, c'est-à-dire depuis trois à quatre mille ans. Les Athéniens, qui entretenaient des relations commerciales très-suivies avec les habitants des rives de la mer Noire, furent les premiers Européens qui tentèrent d'acclimater chez eux cette espèce exotique aussi précieuse par sa beauté que par la délicatesse de sa chair. Les gourmands de Rome le reçurent des Grecs, mais ne l'apprécièrent pas à sa juste valeur. L'oiseau du Phase n'était guère connu que de nom en Allemagne, en Italie, en Angleterre et en France avant l'époque des Croisades. C'est seulement à partir de cette date mémorable qu'on le voit figurer sur la table de l'Empereur comme sur celle du Pape et remplacer le paon dans son rôle de rôti d'honneur. L'histoire nous a conservé le cérémonial usité dans les cours d'Orient pour la présentation et le dépècement de cette pièce pivotale. C'est de la pratique des écuyers-tranchants de Constantinople que nous est venue la singulière habitude de servir le faisan avec sa queue entière et le chef garni de ses plumes. Ainsi la conquête de l'oiseau du Phase par les héros coalisés de l'Europe a été deux fois dans l'histoire, et à quelques milliers d'années de distance, le plus doux fruit, sinon l'unique but, de deux des plus mémorables mouvements d'hommes qui se soient opérés sur la surface du globe. Je veux parler de l'expédition des Argonautes et de celle des Croisades, entreprises grandioses qui ouvrirent tant d'horizons nouveaux à la chasse et aux beaux-arts, à la cuisine, au commerce et à la politique. Le faisan a le droit d'être fier de son illustration historique; car peu de noms réveillent autant de poétiques souvenirs que le sien. Trop heureuse ma patrie, si chacune de ses guerres lui eût rapporté un volatile de ce mérite pour prix de ses sacrifices en hommes et en argent! Mais ma patrie a possédé, hélas! une partie de l'Inde asiatique, Madagascar et Maurice, le Sénégal, le Canada, la Louisiane, Saint-Domingue, sans qu'aucun de ses hommes d'État ait songé à emprunter le moindre Coureur à ces riches colonies, si riches d'espèces domesticables. Elle a reçu le dindon des Espagnols, le faisan doré des Anglais, etc., elle a pris de toutes mains sans rien rendre à personne. Je ne me console pas de cette position d'infériorité humiliante de mon pays vis-à-vis des autres puissances, et je ne saurais me faire à ce dédain stupide pour le seul genre de conquêtes qui puisse légitimer l'ambition d'un grand peuple.

Si j'estime la gloire d'Alexandre de Macédoine par-dessus toutes les autres, ce n'est pas parce qu'il a fondé plus de villes que les autres conquérants n'en ont démoli ou égorgé plus d'hommes que ses rivaux ; c'est avant tout parce qu'il a conquis plus de bêtes qu'aucun de ces grands vainqueurs qui ont marqué d'une longue traînée de sang leur passage sur la terre. La science zoologique et la cuisine moderne ne savent pas assez ce qu'elles doivent de reconnaissance à la mémoire d'Alexandre qui entretenait une armée de chasseurs naturalistes tout exprès pour enrichir les collections d'Aristote de toutes les bêtes de l'Inde et de la Perse, et qui apprit à l'Europe une foule d'animaux et de fruits inconnus. Un fleuron manquera toujours pour moi à la couronne de gloire de l'Empire, qui coûta à la France trois millions de soldats et deux fois autant à l'Europe, parce que je demande vainement à cette gloire le nom du volatile qu'elle nous a rapporté des champs de bataille d'Égypte, de Russie et d'Espagne, pour prix de tant de sang.

Les rois de France, passionnés veneurs et passionnés fauconniers, poussèrent vivement dès l'origine à la propagation du faisan dans les forêts de la couronne. La Noblesse, qui de tout temps se modela sur la cour, n'eut garde de mentir à ses traditions en cette circonstance. Le Clergé, qui sut toujours tempérer les pratiques austères de la vertu et les jeûnes du carême par les récréations innocentes de la table, offrit généreusement l'hospitalité de ses vignobles à l'oiseau réputé la perle des rôtis. Les derniers faisans du Midi appartinrent à des moines ainsi que les derniers serfs, et la première espèce perdit énormément à la disparition des ordres religieux.

L'art de la faisanderie se créa donc de bonne heure en France, et il atteignait déjà sous le règne des Valois à des résultats magnifiques. A cette époque, toutes les forêts du domaine royal, tous les parcs des châteaux du Berry et de la Loire, tous les bois, toutes les vignes des riches abbayes, sont peuplés de faisans. Le coq est assuré de l'inviolabilité par son titre de gibier royal de première classe; des édits très-sévères interdisent formellement le meurtre de la poule. La fortune de l'oiseau s'en va toujours croissant avec celle de la famille des Bourbons, depuis l'avénement de Henri IV jusqu'à la mort de Louis XVI. Après avoir atteint son apogée sous ce dernier règne, elle subit une éclipse sous la Révolution, puis se relève sous l'Empire, héroïque période où tous les hommes en état de porter le fusil sont traînés à la gloire de brigade en brigade, où la guerre d'extermination que se font entre eux les peuples procure quelques moments de répit au malheureux gibier. Cette fortune semble même briller d'un éclat plus vif que jamais sous la monarchie restaurée; mais cet éclat, hélas! n'est qu'éphémère. Bientôt l'expédition de Rambouillet a lieu, et l'inviolabilité du faisan disparaît dans la catastrophe où sombrèrent tant d'autres inviolabilités, où furent découronnées tant de têtes royales. L'expédition de Rambouillet s'appellera dans l'histoire le Waterloo du faisan, du daim et du dix-cors. Ainsi tout fuit, ainsi tout passe.

Le faisan, ne pouvant tenir contre les révolutions politiques dont il sera toujours la première victime, l'espèce est menacée en France d'une disparition prochaine. Déjà l'espace qu'elle occupe est réduit à une misérable superficie qui n'est pas la trentième partie du territoire national. Le centre de cette province privilégiée est Paris; son rayon n'a pas plus de vingt-cinq lieues et se réduit chaque jour. Les faisans ont disparu des contrées de la Garonne et du Rhône; deux ou trois parcs murés de la Touraine et du Berry en conservent encore quelques-uns pour la montre. La race est sur ses fins; le gouvernement et la loi laisseront-ils périr entre nos mains cette dernière richesse ?

Je dirai une autre fois le moyen de propager indéfiniment le faisan à l'état libre, en compagnie du paon, du dindon, de la pintade et de dix autres. J'invite dès aujourd'hui l'administration qui tient sous sa dépendance la régie des forêts du domaine à y interdire sévèrement la chasse, et à consacrer exclusivement le million d'hectares qu'elle possède encore à l'acclimatation et à la propagation de toutes les nobles races de fauves et de pulvérateurs tant anciennes que nouvelles ; à encourager par de fortes primes la destruction de tous les animaux nuisibles, loups, renards, blaireaux, fouines, putois, buses, corbeaux, pies. En Harmonie, où les plaisirs de la chasse et l'éducation des bêtes tiennent une place immense dans la vie des humains, toutes les forêts, tous les jardins, les plaines, les coteaux, les cimes, sont émaillés de myriades de pulvérateurs dont la personne est sacrée pour chacun, parce que chacun sait que le nombre des individus de chaque espèce est en rapport parfait avec les besoins de l'État ou de la commune, parce que la chasse y est l'objet de fêtes solennelles auxquelles toute la population est conviée, et que personne ne voudrait attenter par une jouissance égoïste et individuelle aux jouissances de la masse. L'esprit d'antagonisme universel qui dévore le Civilisé lui fait considérer cet état de choses comme une utopie absurde. Je voudrais être seulement administrateur suprême des eaux et forêts de France pendant une décade pour le faire revenir de son incrédulité. Je tiens même que dans la situation actuelle, avec les seuls moyens de prime dont l'administration dispose et sans moi, il est facile de détruire en un an presque tous les loups, les renards et les blaireaux de France. Quant à la fouine et au putois, au corbeau, à la pie et à la buse, si la destruction de ces méchantes bêtes exigeait quelques années de plus, au moins serait-il aisé d'en supprimer dès la première campagne les trois quarts. Les économistes, qui ont l'air de s'occuper sérieusement des moyens d'augmenter le bien-être universel, ne se font pas une idée de ce que gagnerait la fortune publique à l'extermination des voleurs et des parasites que je viens de nommer.

Le faisan commun, aujourd'hui parfaitement acclimaté en France, est l'honneur des forêts et la gloire des festins. Sa chair, sans être aussi délicate que celle de la bécasse ou de la caille, acquiert par la *faisandaison* un fumet supérieur et une tendreté exquise. Aucune espèce de gibier ne le vaut peut-être pour la confection du pâté. Le coulis préparé avec les os du faisan truffé qui a subi la broche enfante des condiments à faire regretter aux élus le séjour de la terre.

Le faisan est un de ces tapageurs éperonnés dont nous savons les mœurs, provocateurs et superbes à la surface, lâches et craintifs au fond, et ne demandant qu'à servir de cible à la mitraille, pourvu qu'on leur assure jusque-là le vivre et le couvert. La femelle, sans être aussi bonne mère que la dinde et la poule domestique, possède néanmoins à un degré éminent la plupart des vertus de son sexe, la fécondité notamment. Aucune espèce n'a donc été plus visiblement destinée par la nature à servir les plaisirs de l'homme en mode composé. Ajoutons que dans cette famille un coq peut suffire à dix poules, et qu'il importe de limiter le nombre de ces sultans pour garantir les couveuses de leurs obsessions. Pour toutes ces causes, la question du faisan doit revêtir aux yeux de tous les hommes d'État le caractère le plus prononcé d'utilité publique. Quelle gloire pour un Colbert d'avoir descendu le prix du faisan à la portée de toutes les bourses ! Et comme un corps savant qui aurait pour mission spéciale d'accomplir ces grandes choses me semblerait plus utile que l'Académie des inscriptions et belles-lettres fondée pour deviner des rébus égyptiens !

Profitons de la circonstance pour rendre un hommage mérité aux services du savant professeur du Collége de France qui vient de doter sa patrie de la féconde industrie de la pisciculture, art nouveau, art sublime, au moyen duquel toutes les eaux de la France seront repeuplées avant peu d'anguilles, de saumons, de truites, de silures, d'huîtres, de turbots, etc. Honneur et gloire à M. Coste, qui a détourné ses regards de la voûte céleste pour les reporter sur la terre; qui laisse sommeiller dans leur tombe les générations enterrées pour s'occuper exclusivement du sort de ses contemporains et de celui des générations à venir ! Que l'humanité tout entière lui vote sur ma proposition un millier de statues et de couronnes d'or, pour que la récompense soit digne du bienfait, et pour que les lauriers du nouveau Miltiade suscitent un nouveau Thémistocle qui trouve à son tour le moyen de repeupler indéfiniment de gibier les forêts et les plaines !

Le faisan est ami des fourrés, des taillis, des hautes herbes, des glaïeuls desséchés qui forment la ceinture des mares. Insectivore, granivore, baccivore, frugivore, la nature lui fournit pour chaque saison une nourriture nouvelle, afin que sa chair soit en tout temps plaisante et salutaire à l'homme. Là où la forêt manque, ainsi qu'en Angleterre, il s'accommode parfaitement du couvert des récoltes, et ne regrette de ses forêts que les œufs de fourmis. Le grain qu'il affectionne par-dessus tout est celui du sarrasin, grain brûlant qui enivre et pousse à la bataille. Le raisin est encore un des fruits de son goût ; le gland qu'il déterre sous la neige, et qu'il ouvre en quatre d'un coup de bec, le maintient en bon point pendant l'hiver. Quoique sédentaire par nature, il semble éprouver chaque année pendant quelques semaines le besoin de déplacement qui tourmente tant d'espèces. Cette manie de vagabondage, désastreuse pour l'espèce, coïncide constamment avec la venue des brouillards ; la poule paraît en être plus vivement affectée que le coq. A cette époque, les propriétaires des parcs à faisans qui tiennent à la conservation de leur gibier sont obligés de faire battre une ou deux fois par jour les lisières de leurs taillis pour faire rentrer les vagabonds dans le fort des enceintes. C'est le temps où le braconnier fait le plus aisément sa main sur la rive des bois.

La poule domestique donne avec le faisan commun ce métis remarquable dont j'ai déjà parlé, le coquart, produit d'une haute taille et d'une haute saveur, supérieur de beaucoup à ses auteurs pour la délicatesse de la chair. Le coquart, à qui l'analogie assigne dans l'avenir de hautes destinées culinaires, semble avoir compris sa mission, car il ne cherche même pas à se reproduire. Toutes ses tendances sont féminines ; il n'aspire qu'à couver.

Les variétés sont nombreuses dans l'espèce. La première de ces variétés est la panachée, qui ne tarde pas à passer à la variété blanche, laquelle se conserve et mérite par conséquent de tenir une place dans la nomenclature.

Le faisan, plus distingué de tenue et de costume que le coq domestique, plus jaloux de sa liberté, plus réservé dans ses amours, plus digne dans tous ses actes, est le véritable emblème du raffiné de cour, du gentilhomme ami du faste, toujours prêt à se couper la gorge avec le premier venu pour le plus futile des motifs, mais trop fier cependant pour se donner en spectacle au public. Le faisan nous transporte en pleine Civilisation, en ces règnes de corruption élégante et parée où la convoitise et l'égoïsme cherchent à se dissimuler sous un brillant vernis d'urbanité et de grâce. Le mâle s'adonne à la dissipation et à la débauche ; la poule, séduite par les propos galants des beaux diseurs, ne tarde pas à trouver fatigantes les sublimes fonctions de la maternité. Elle commence par se débarrasser des charges de l'éducation de sa famille sur des nourrices étrangères, adopte peu à peu les principes et les allures du mâle, puis finit par se dégrader complétement en empruntant à l'autre sexe son costume et son verbe. Elle y gagne de n'être pas un coq et de n'être plus une poule. Le boulevard et le bois de Boulogne sont pavés de ces espèces-là.

Entre le faisan qui porte un commencement d'aigrette et le paon couronné se glissent plusieurs moules intermédiaires d'une beauté également éblouissante, tous habitant les îles de la Sonde ou l'Asie orientale, tous portant l'éperon, tous excellents de chair autant que riches de parure, tous faciles à domestiquer et destinés à être ralliés par l'Anglais avant un quart de siècle. Du nombre de ces royales espèces sont :

1° Le Népaul Tragopan, superbe Coureur de la taille d'un chapon du Mans, porteur d'un manteau roux brun à reflets de cantharide, parsemé de taches blanches, rondes et cerclées de noir. Le Tragopan, dont le chef est orné de deux cornes à l'instar de celui du bouc, est originaire des montagnes de l'Himalaya ;

2° Le Lophophore, moule merveilleux de la même grandeur, espèce de miroir métallique dont l'irisement perpétuel empêche de distinguer les véritables nuances ;

3° L'Éperonnier, c'est-à-dire l'éperonné par excellence, ainsi nommé de la superfétation ridicule d'ergots dont il arme sa jambe. L'éperonnier est le moule réduit ou plutôt le précurseur du paon ; il a de l'oiseau de Junon les traits, la physionomie, la couleur générale, et déjà même ses tectrices caudales laissent voir, enchâssées dans leur gangue de plumes grises, quelques-unes de ces ocellations admirables velours pensée, or et azur, dont la profusion inouïe va faire de la queue de l'oiseau royal le plus splendide et le plus éblouissant des écrins. Tous ces magnifiques gibiers-là pourraient être aussi communs avant cent ans dans les forêts de l'Algérie et de la France que la grive et le rouge-gorge aujourd'hui.

Genre Paon. — Espèce unique.

Il existe deux espèces de paon, indépendamment de l'éperonnier qui devrait être rangé dans ce genre, dont l'ocellation des tectrices caudales est le caractère typique. Ces deux espèces sont : 1° le Paon domestique, dont l'aigrette se compose d'un faisceau de filets déliés terminés par une palette ; 2° le Paon spicifer ou à épis, dont l'aigrette est composée de plumes allongées et barbues dans toute leur longueur. Cette espèce, plus rare que la première et domestiquée à peine, a pour patries Java et le Japon.

Le paon est la merveille des merveilles de la Nature, quant à la richesse du costume. Il est d'autant plus impossible de lui contester le prix de la beauté suprême que la Nature elle-même le lui a décerné en lui posant sur la tête l'aigrette triomphale. Les Grecs, fins connaisseurs en matière d'esthétique, ont consacré cette royauté en faisant de l'oiseau sans rival l'attribut de Junon, la reine acariâtre de l'Olympe. Personne n'est plus convaincu, du reste, que le paon lui-même de la divinité et de la légitimité de ses droits au sceptre de beauté.

Aucun être sur la terre n'est plus vain de ses dons naturels, ne se mire avec plus d'amour dans sa propre splendeur et ne fait chatoyer avec plus de complaisance et d'adresse les pierreries de sa robe. Il suffit qu'une femme, qui passe auprès de lui, s'extasie un peu haut sur l'éclat de sa parure pour qu'il étale aussitôt l'écrin de ses joyaux et les fasse miroiter au soleil comme pour dire : Admirez. Il fait moins de frais pour les hommes.

Ovide comprenait admirablement le mobile de vanité qui fait agir le paon quand il écrivait ce distique :

> Laudatas ostendit avis Junonia pennas,
> Si tacitus spectes, ipsa recondet opes.

« L'oiseau de Junon aime à déployer ses riches plumes devant ceux qui l'admirent ; il les renferme dans leur étui dès qu'on n'applaudit plus. »

C'est pour la même cause que le paon se retire à l'écart par les temps nébuleux, qui sont peu favorables au miroitement des pierreries ; car il n'aime à se montrer que sous son jour le plus avantageux. L'oiseau de Junon est de l'avis de toutes les coquettes, qui pensent judicieusement que ce ne serait pas la peine que Dieu les eût faites belles, si personne n'était là pour le voir et le dire.

Lorsque la mue d'été l'a dépouillé de son costume de noces, le paon se considère comme frappé de déchéance et cherche la solitude. Après avoir excité si longtemps l'envie, il craint d'inspirer la pitié. L'orgueil n'est pas, comme on l'a cru jusqu'ici, son défaut capital, mais bien la vanité, qui est une dominante opposée à l'orgueil ; car l'orgueil est la satisfaction de soi-même, la vanité est le besoin de l'approbation d'autrui.

De pauvres observateurs, qui ne se doutaient guère des

secrets desseins de Dieu, ont écrit que ce n'était pas la coquetterie toute seule qui poussait le paon à hisser tous les pavillons de sa beauté à la fois, et que l'éventail de sa queue, lui servait aussi de parasol. Cette opinion est tout simplement absurde. Si la Nature avait eu réellement l'intention de faire don à l'oiseau d'un parasol, elle ne lui en aurait pas interdit l'usage pendant les mois les plus caniculaires ; elle n'aurait pas décidé que la saison du printemps, où le soleil est très-tolérable, serait celle où le paon se pavanerait le plus. Quand Dieu fait un oiseau très-beau, c'est pour lui donner les moyens de plaire à sa femelle ou pour qu'il soit un familier de l'homme. La beauté merveilleuse du paon lui a été attribuée pour l'un et l'autre motif.

On a fait courir encore le bruit que la bête avait de vilains pieds, qu'elle ne pouvait les regarder sans rougir, et que la désolation qu'elle éprouvait de cette infirmité était la cause qui lui arrachait de si lamentables plaintes. Aucune de ces sottises, qui sont passées à l'état de préjugés vulgaires, n'a le moindre fondement. Les pieds du paon n'ont rien de disgracieux, et l'oiseau n'a point à cet endroit de mortifications à subir. Ces pieds sont taillés en force comme ceux de tous les Coureurs, mais parfaitement proportionnés au poids et au volume du corps. Plus élancés, ils auraient fait défaut à l'harmonie de l'ensemble, qui exige évidemment un robuste appareil de locomotion pédestre en compensation d'une si lourde queue et de si courtes ailes. D'ailleurs l'oiseau a été créé pour être vu marchant, par conséquent il est impossible qu'il pèche par les pieds. Mais j'avoue volontiers que la clameur du paon agacé par l'orage est l'une des plus détestables criailleries qui se puissent ouïr ; ce qui signifie que cet oiseau n'est pas né pour orner les basses-cours ni pour vivre dans le voisinage immédiat de l'homme.

Ce n'est pas, en effet, pour les salir et les traîner dans la boue fétide des fumiers que la Nature donne aux paons et aux faisans des robes magnifiques et des manteaux à queue brodés de pierreries. Si elle avait voulu faire de ces deux espèces comme du coq domestique des oiseaux de basse-cour, elle leur aurait retroussé la queue comme elle a fait pour le coq, qu'elle a réussi à préserver ainsi de la souillure du milieu où il est destiné à vivre. Le paon ne déchire les oreilles aux gens que pour leur rappeler qu'il a été créé pour l'ornement des parcs et des forêts et non pour l'ornement de l'intérieur; il ne dégrade les murailles que pour avertir qu'il fait mieux juché sur une branche d'arbre que sur un pan de mur. On ne peut pas se figurer jusqu'à quel point tous ces jolis oiseaux, qui savent avoir été mis au monde pour poser et pour se faire voir, tiennent à ces minuties d'encadrement et redoutent de perdre un détail. Le paon se plaint de n'être pas assez en vue sur l'arête de la toiture, parce qu'il y a un côté du bâtiment d'où l'on n'aperçoit pas sa queue; il préfère pour perchoir un fût de colonne ou une simple branche de chêne où il fait tableau de n'importe où. Tous les éperonnés, du reste, sont les ornements naturels des arbres des jardins enchantés, et l'homme intelligent qui sait leur mission et leur rôle est tenu de leur faire des séjours, des perchoirs et des perspectives proportionnels à leurs attractions.

Le cri désagréable du paon est même une punition du ciel, Dieu n'ayant accordé les voix mélodieuses qu'aux seuls amants fidèles. Polygamie et mélodie sont deux choses qui s'excluent chez les bêtes comme chez les hommes. La musique des mahométans est un charivari infernal. On peut aimer vaillamment sans être un ténor de première classe, mais on ne peut pas être un ténor de première classe sans aimer vaillamment. Le merle moqueur d'Amérique, qui passe pour posséder le plus magnifique gosier du monde, est la perle des amoureux.

Le paon vit donc comme tous ses congénères sous le triste régime de la polygamie ; néanmoins ses façons amoureuses n'ont rien de l'emportement et de la brutalité de celles du coq domestique. Il ne demande point à la violence la faveur qu'il peut conquérir par des moyens plus nobles. Sa tactique innocente consiste à enfermer la poule dans un cercle magique pour l'éblouir par ses magnificences et la fasciner par ses passes. La morale la plus rigoureuse n'a réellement rien à reprendre à ces démonstrations délicates qui témoignent d'une ardeur passionnée en même temps que d'un respect profond des droits de la femelle. Malheureusement la véhémence de la passion conduit ce mâle, comme tous les autres, à rechercher le nid de la poule et à lui casser ses œufs pour la détourner de ses devoirs et la retenir indéfiniment sous le joug des plaisirs. Mais elle, qui sait de quels excès les amoureux trop ardents sont capables, emploie tant de détours et de ruses pour cacher sa retraite, qu'elle finit par dégoûter son persécuteur d'une recherche inutile. Comme il s'en faut cependant de beaucoup que le dévouement maternel de la paonne égale celui de la poule domestique, encore moins celui de la dinde, il est prudent de lui retirer ses œufs pour les confier à cette dernière.

On dit que l'ortie, qui est si bienfaisante au dindon et qui l'aide si puissamment *à piquer le rouge*, est funeste au paon. Il serait curieux de savoir si par contre la digitale pourprée, qui est mortelle au dindon, ne serait pas dans certains cas favorable à la santé du paon. L'analogie passionnelle serait heureuse qu'il en fût ainsi ; car le paon symbolise pour elle un valeureux champion d'amour ; le dindon, au contraire, un amoureux transi. Or, il serait logique que l'ortie, qui doit être un puissant tonique, fût bienfaisante au tempérament glacial et funeste au volcanique, et que la digitale, qui est un narcotique, refroidît complétement le transi et calmât l'impétueux.

J'ai dit que le suprême artiste avait mis la beauté de l'argus sur ses pennes secondaires, qu'il avait semées d'yeux comme l'aile du papillon. Ce n'est plus l'aile, c'est le groupe des tectrices caudales et les rectrices elles-mêmes qui deviennent le champ de l'ocellation chez le paon. Chacune de ces pennes et de ces plumes est composée d'une baguette solide à laquelle s'insèrent des barbules frisées d'une couleur indéfinissable, rouge, brun, vert et or. Le feutrage de ces barbules, lâche vers la naissance de la tige, se resserre à mesure qu'il approche de l'extrémité, où il s'épanouit comme un cœur dont le centre est marqué d'une ocellation réniforme de velours pensée autour de laquelle circule une série d'arcs-en-ciel encadrés les uns dans les autres. Le nombre de ces ocellations, qui figurent des soleils tout aussi bien que des regards humains, doit être en rapport avec celui des planètes de notre tourbillon pour des causes que je sais, mais qu'il est inutile de dire. Les Civilisés ne sont pas encore parvenus à produire avec l'outremer, l'indigo et le prussiate de fer, la teinte d'azur profond qui colore chez le paon la devanture de la poitrine et du col ; mais ils ont trouvé le secret de donner à quelques-unes de leurs étoffes de soie le reflet mordoré des plumes qui couvrent les épaules. Ils imitent aussi quelquefois assez bien dans leurs feux d'artifice, au moyen d'une gerbe de fusées volantes qu'ils appellent le bouquet, cette gerbe d'éclairs éblouissants qui jaillit tout à coup d'une queue de paon qui s'ouvre en éventail.

La beauté radieuse du paon n'est pas son seul mérite.

Sa chair est excellente rôtie ou à la daube, et n'a besoin, comme celle du faisan et de la bécasse, que de se faire un peu pour acquérir toute la saveur dont elle est susceptible. Il y a dans la pâtisserie française une superbe position à prendre pour un artiste un peu ambitieux, celle de fabricant de pâtés de paon. L'analogie m'a tenu sur les propriétés merveilleuses de cette invention désirable des propos enthousiastes, et j'ai vu dans ma pratique des estomacs très-faibles se remonter rapidement sous l'influence de certain coulis fait d'os de paon et de queues d'écrevisse de la Meuse, pilés ensemble avec égard et convenablement lessivés de madère. J'éprouve à cette occasion le besoin de déclarer aux pâtissiers de Pithiviers et de Chartres que leurs pâtés de perdrix et d'alouettes non désossées ne sont pas des pâtés, attendu que le vrai pâté doit se trancher à la cuiller comme la terrine de foie gras de Toulouse ou de Strasbourg, et n'admet jamais l'os. La Nature n'a pas fait les os de gibier pour être mangés par l'homme, mais bien pour être convertis en des jus et en des gelées d'une saveur puissante qui doivent servir de gangue et d'enveloppe aux ailes et aux cuisses. Le pâté d'alouettes ou de perdrix non désossées est une mystification coupable et une véritable insulte de la fabrique paresseuse à la consommation trop facile. La révolution est à faire dans le pâté comme partout.

La conquête du paon est une des premières de l'homme et probablement une de celles qui lui ont le moins coûté. Entre l'oiseau désireux de la louange de l'homme et l'homme désireux de la chair de l'oiseau, la connaissance, en effet, ne dut pas tarder à se faire. On ne sait pas au juste depuis combien de mille ans le paon est domestiqué dans l'Inde, sa patrie ; mais il paraît certain que sa domestication a précédé celle du coq, originaire des mêmes contrès que lui. Et pour qu'on lui ait donné place dans l'Olympe, il fallait que sa célébrité fût déjà très-grande, lors de la fondation de cet établissement, qui remonte assez haut.

Les Athéniens, qui étaient des amateurs passionnés d'oiseaux rares, avaient beaucoup entendu parler du paon au temps de la guerre médique ; mais la véritable date de la grande introduction de cet oiseau en Europe, est celle de l'expédition d'Alexandre, dont la mémoire m'est si chère. De la Grèce, où il s'acclimata rapidement, l'oiseau passa en Italie à la suite des triomphes des Flaminius et des Paul Émile. C'était le temps où cette stupide loi Fannia qui proscrivait le chapon et les autres délices de la table n'était plus dans les mœurs de Rome ; c'était l'aurore de la belle époque culinaire latine où Lucullus se montrait plus fier d'avoir conquis la cerise du Pont et la galette de la Cappadoce que d'avoir vaincu Mithridate, l'époque où Métellus Scipion inventait le pâté de Strasbourg. On dit que le premier paon qui fut mangé à Rome le fut à la table d'Hortensius, l'avocat de Verrès et le rival de Cicéron. Le succès du nouveau rôti dut être immense, puisque nous voyons à quelque temps de là un certain Aufidius Lurco qui tire de l'engraissement des paons un revenu annuel de 60,000 sesterces (15 à 18,000 francs). Les Romains, qui ne possédaient pas la vingtième partie de nos ressources en matière de préparations culinaires, et qui n'avaient pas de sucre pour faire les confitures, n'en ont pas moins dépassé de cent coudées les modernes dans l'art d'engraisser les oiseaux et surtout les poissons.

Le rôti de paon régna comme mets d'honneur sur la table de tous les grands d'Europe pendant mille ans et plus, de l'an 400 à l'an 1400 environ. J'ai dit le tort que le faisan de l'Anatolie lui fit vers le milieu du XIIe siècle ; le dindon de l'Amérique l'acheva. Je n'hésite pas à considérer la disparition du paon comme une calamité publique. L'éducation du paon n'est pas plus difficile ni plus coûteuse que celle du dindon, et sa chair a des mérites que celle de l'oiseau des jésuites ne possédera jamais. Mais j'oublie que la propagation illimitée d'un oiseau de cette beauté, de ce fumet, de cette taille, ne peut être qu'une utopie chez les Civilisés.

Fourier a fait du paon l'emblème de l'Harmonie sériaire qui s'appuie sur la Civilisation, phase de laideur morale que figure la laideur physique des pieds du paon. Je n'ose pas accepter l'analogie comme parfaite, malgré le respect dû à l'autorité du maître, parce qu'il est évident que Fourier a cédé sans le vouloir à la pression du préjugé populaire qui a calomnié les jambes de l'oiseau, et ensuite parce que je ne puis admettre comme emblème d'Harmonie une bête polygame douée d'un organe criard. Je suis plus disposé à voir dans l'oiseau magnifique, amoureux de sa propre beauté, avide de louanges et heureux du soleil, un glorieux épris de la fausse grandeur. Je retrouverais volontiers encore dans ce paon natif d'Orient, chamarré de pierreries sur toutes les coutures et léger de cervelle, l'image des souverains barbares ses compatriotes, Grands Mogols, Schas, Nababs, dont la robe vaut des royaumes, dont rien n'égale l'orgueil, le faste et l'insolence dans la prospérité, mais qui s'alarment et se désespèrent à la vue du moindre nuage, et ne savent plus où cacher leur honte quand le vent de l'adversité a soufflé sur leur gloriole et les a dépouillés de leurs vains oripeaux.

Le Coq domestique. — Une espèce ; un tas innombrable de variétés.

Originaire de l'Inde où on le retrouve encore à l'état libre sous deux ou trois types primitifs, coq de Bantiva, coq Lafayette, coq Sonnerat. Le véritable ancêtre du coq de nos basses-cours est le coq de Bantiva, natif de la presqu'île d'au delà du Gange, lequel se reproduit tous les jours sans la moindre altération sous nos yeux. C'est un oiseau un peu plus petit que le faisan commun, assez haut monté sur jambes, éperonné à la première mode, porteur d'un manteau rouge-roux à reflets dorés métalliques. Il a le bec voûté, court et robuste, le sommet de la tête orné d'une crête de chair dentelée, simple et longitudinale, colorée d'un rouge vif, avec un fanon très-court et de même couleur joignant le haut de la gorge au menton, plus deux barbillons écarlates s'échappant de la base de la mandibule inférieure. Son col est couvert d'une housse mobile de plumes rutilantes qui lui retombe sur les épaules et lui couvre la poitrine. Sa queue, inégale, tectiforme, relevée en panache, est remarquable par la dimension et la forme des deux pennes caudales intérieures, qui sont de couleur verte, dépassent considérablement les autres en hauteur et retombent en une courbe gracieuse. Plastron verdâtre à reflets cuivreux. C'est le modèle qui se reproduit le plus fréquemment dans les basses-cours de nos fermes, et il est très-probable que ce costume primitif reprendrait promptement le dessus et redeviendrait rapidement l'uniforme officiel de l'espèce si on la rendait à la liberté. Le coq de Bantiva a considérablement gagné en volume par la domesticité; c'est le contraire de ce qui a eu lieu pour le dindon de l'Amérique. L'oisiveté et l'éducation ont contribué également à développer chez lui la passion du duel, et on l'a vu, sous l'influence de l'excitation de l'homme, chausser une double et une triple paire d'éperons d'une dimension ridicule. Comme si la nature n'avait pas assez richement doté l'animal sous ce rapport, l'homme a cru devoir ajouter à la puissance de son armature en l'enchâssant dans une gaîne d'acier tranchante comme un rasoir.

Le coq Lafayette, originaire de Ceylan, a bien pu mêler son sang à celui de notre race domestique, mais le type ne se reproduit pas obstinément comme celui du coq de Bantiva. Le coq Lafayette a le pennage lancéolé de noir, et paraît être plutôt le père de la poule nègre que de la nôtre. La poule nègre, qui a les os noirs, est l'espèce la plus communément répandue sur tous les rivages de l'océan indien. Quant au coq Sonnerat, originaire des îles de la Sonde, il serait très-difficile de prouver ses liens de parenté originelle avec les espèces domestiques.

Il existe encore dans les régions équatoriales de l'Asie une espèce de coq dite de la Cochinchine, remarquable par la grandeur de sa taille et par l'absence de la queue. Cette espèce, naturalisée depuis longtemps dans le reste de l'Asie et en Europe, paraît être la souche de nos plus grandes espèces.

Il n'est pas d'espèce domestiquée chez laquelle le régime de la servitude ait introduit plus de modifications physiques que chez celle-ci. Les hommes sont parvenus à obtenir du coq qu'il échangeât sa crête de chair vive contre une huppe de plumes. Or, pour se plier à cette fantaisie du maître, il a fallu que la boîte osseuse du crâne de l'oiseau subît une dépression énorme par le fait de la radiculation des plumes de la huppe. L'os s'est donc aminci et déprimé à tel point que les racines des plumes semblent implantées dans les méninges. Mais il est à remarquer que le caractère batailleur du coq a perdu à la métamorphose.

Et de même qu'on a forcé le coq à se défaire de sa crête et de sa queue, on a réussi à lui raccourcir les jarrets et à lui faire abandonner l'éperon pour une garniture de plumes. On a eu de cette manière le coq pattu de Java. Les Chinois, qui sont nos maîtres dans l'art de rapetisser les êtres et de contrecarrer l'œuvre de la nature, ont fini par créer une espèce grosse comme la caille et qui pond pendant l'hiver au rebours de tous les oiseaux. Enfin nous possédons une variété de coq aux plumes retournées et qui se reproduit parfaitement. L'impossibilité de tenir compte de ces variétés innombrables m'oblige de réduire la famille à un genre unique, celui qui se reproduirait tout seul du libre amalgame de toutes ces variétés, au bout d'un siècle ou deux.

L'introduction du coq domestique en Europe a une date presque moderne. Le coq ne se trouve ni dans l'Iliade, ni dans l'Odyssée, ni dans la Bible, qui ne sont pas antérieures de plus de douze et quinze cents ans à l'ère chrétienne. Des auteurs classiques que nous connaissons, les tragiques grecs sont les premiers qui en fassent mention; ce qui donnerait à croire que l'oiseau qu'on a appelé depuis le coq gaulois par la plus déplorable des licences poétiques, n'existait pas même dans les Gaules à l'époque où les héros de cette nation firent leur première apparition sur la scène de l'histoire. Cependant il est démontré que les Chinois et les Égyptiens connaissaient les procédés de l'incubation artificielle des œufs de poule dès les âges les plus reculés, et que bien des siècles avant Aristote les Égyptiens faisaient éclore une centaine de millions de poulets chaque année sans le secours des poules. Du reste, le procédé paraît n'avoir été connu des Romains qu'après la conquête de l'Égypte, car Aristote l'ignore complétement et se trompe grossièrement quand il affirme que les Égyptiens se bornent à enfouir les œufs dans le fumier. L'incubation artificielle se pratiquait au moyen de fours exclusivement consacrés à ce genre d'industrie et dont la construction a été parfaitement retrouvée de nos jours.

On sait que le secret du procédé se perdit promptement à Rome par la faute de l'impératrice Livie, qui, ayant réussi à couver un œuf dans son sein, fit abandonner l'ancien système pour ce dernier, lequel ne conserva pas non plus la vogue très-longtemps, en dépit de l'initiative impériale. De grands efforts furent faits dans l'âge moderne pour retrouver le procédé antique, et les rois chasseurs de France, Charles VIII notamment, ne dédaignèrent pas de s'associer par leur puissant concours à ces louables tentatives qui n'aboutirent qu'à des résultats incomplets. Le véritable retrouveur du système égyptien fut l'illustre Réaumur, qui reconstruisit de toutes pièces l'appareil et indiqua la manière de s'en servir. Deux établissements se fondèrent sur ses indications savantes à Auteuil et à Bourg-la-Reine, et l'incubation artificielle y réussit parfaitement ; seulement l'industrie, qui ne put se développer sur une assez large échelle, ne tint pas contre la concurrence du bas prix de la production naturelle. Il est à regretter que l'État, qui consacre tant de millions à l'encouragement de l'extermination de la baleine, n'ait pas songé à venir au secours d'une institution utile qui eût pu réaliser un accroissement immense dans la production de toutes les espèces de gibier-plume, perdrix, faisans, paons, pintades, hoccos, pénélopes, népauls, etc. Qui créerait aujourd'hui quelques millions de faisandeaux par année ne serait pas embarrassé d'en trouver le placement à 4 ou 5 francs pièce.

J'ai dit la consommation annuelle de Paris en œufs de poule, dix millions de douzaines environ; demain ce chiffre sera doublé. Le littoral français de la Manche en expédie annuellement pour la seule ville de Londres de six à sept millions de douzaines. Je crois rester de beaucoup au-dessous de la vérité en évaluant la production totale des œufs de poule en France au chiffre de deux milliards. Quand la raison sera rentrée dans les conseils du peuple, la statistique de la production nationale enregistrera à côté de ce chiffre qui triplera, je l'espère, un chiffre égal d'œufs de pintade, et les faisandiers de ma patrie pourront se vanter, à l'instar de leurs devanciers de l'ancienne Égypte, de lancer chaque année dans le torrent de la consommation alimentaire cent millions de faisans.

La poule, dont la fécondité prodigieuse constitue, ainsi qu'on vient de le voir, un des plus puissants éléments de la prospérité des empires, est, sous le rapport moral, le modèle de toutes les vertus. Elle unit la patience à la discrétion, la sobriété à la sagesse, le dévouement au courage. L'amour de la famille est le seul qu'elle connaisse; mais ce sentiment est tellement développé en elle, qu'on peut impunément abuser de sa confiance pour substituer à ses œufs tous les œufs imaginables, œufs de perdrix, de caille, de faisan, de canard. Tous les jours on trompe sa tendresse en lui donnant à couver des œufs de plâtre. La poule, pour avoir une famille à aimer, à élever, couverait des œufs de crocodile et réchaufferait volontiers des serpents dans son sein. C'est même sur cette facilité extrême avec laquelle elle se charge de l'éducation des familles étrangères que repose principalement l'art de la faisanderie.

On distingue les œufs qui doivent produire des coqs de ceux qui doivent produire des poules par leur forme pointue. Les œufs à poule sont les plus ronds : la rondeur semble un attribut universel de la féminité. Le sexe est également masculin lorsque le vide qu'on observe dans l'œuf occupe l'un des deux bouts. L'importance de l'œuf comme élément de nourriture, et partant l'importance de la poule doivent aller croissant de siècle en siècle, à mesure que l'humanité se raffinera et se fera plus femme, c'est-à-dire à mesure que l'appétit carnivore diminuera en elle.

Le grand Buffon, qui ne fut pas assez analogiste pour sa gloire, s'était imaginé qu'il y avait généralement similitude entre la couleur de l'œuf et celle du costume de l'oiseau; en foi de quoi il a fait de la poule sauvage un oiseau blanc, parce qu'elle pond des œufs de cette nuance. Le fait est matériellement inexact. La poule primitive est un oiseau gris-fauve, d'une couleur approchant de celle de la poule faisane ou de la poule de bruyère; sa robe, d'une teinte uniforme, est imbriquée d'écussons encadrés d'une bordure plus foncée. Elle porte sur la tête un rudiment de crête, et en bas de chaque joue un essai de barbillon; sa queue, privée des deux plumes médianes retombantes qui sont apanage masculin, est composée, comme celle du faisan et du coq, de deux plans quasi-verticaux, qui se joignent sous un angle très-aigu, et affectent la forme d'un pignon de muraille. Ce type se retrouve fréquemment chez nos poules domestiques. La poule pond des œufs blancs parce que cette couleur lui plaît, étant celle de l'unité, et parce que l'albinisme, de quelque façon qu'il se manifeste, indique en général une tendance de ralliement à l'homme. Et puis la couleur de l'œuf est plus en rapport d'identité avec celle du milieu où l'oiseau fait son nid qu'avec celle de son plumage. Quand cet œuf est déposé à nu sur le sol, il est toujours de la couleur du sable ou de la terre, témoin ceux de l'œdicnème, de la caille, de la bécasse, etc.; et quand les œufs sont blancs, c'est presque toujours un signe que le nid de l'oiseau doit être très-caché. C'est ainsi que presque tous les oiseaux qui nichent dans des trous d'arbre, dans des trous de muraille ou dans des trous sous terre, où nul regard ennemi ne saurait pénétrer, pondent des œufs blancs. Ceci est vrai des pics, des chouettes, des hirondelles, des martins-pêcheurs, de mille autres. La poule, qui a grand soin de dissimuler ses œufs et de les couvrir quand elle les quitte, peut sans inconvénient procéder à l'instar de ces espèces. Si le système de M. de Buffon était fondé, il donnerait raison à cette opinion puérile qui considère comme une des sept merveilles du monde la poule noire qui fait des œufs blancs.

La poule est la principale pièce de ce riche mobilier rural qu'on nomme la volaille. Elle réunit au plus degré les deux conditions essentielles de la domesticabilité, qui sont de pouvoir vivre de tout et partout. La puissance de caléfaction de son estomac est prodigieuse, mais ne va pas cependant, comme le vulgaire le suppose, jusqu'à fondre les métaux. La poule ne digère pas les pièces de cent sous, elle les rogne seulement, et, à force de les user, elle les fait disparaître. L'opération est purement mécanique et nullement chimique; elle se pratique au moyen d'un double frottoir de cailloux, dont la poule a soin de garnir les parois internes de son gésier, et qui fait l'office de dents chez les pulvérateurs. On sait que le gésier est un estomac musculeux doué d'une force de contraction immense. Je n'hésiterais pas, si j'étais joaillier, à employer cette force pour polir les diamants.

Maintenant, si la loi de domestication que j'ai posée est vraie, si Dieu nous livre les espèces par les vices des mâles autant que par les vertus des femelles, il est certain qu'aucune famille n'a dû rechercher l'alliance de l'homme avec plus d'empressement que celle du coq domestique; car si la femelle, dans cette espèce, est le résumé de toutes les qualités sociables, le mâle est, en revanche, le résumé de toutes les turpitudes.

C'est l'Orgueil incarné qui marche la poitrine en avant et la tête en arrière, qui fixe effrontément le soleil et se baisse pour passer sous les arcs de triomphe de peur d'en offenser les voûtes; c'est la Luxure jointe à la Vantardise et à l'Impudicité; car ce sultan brutal ne comprend que la violence comme procédé d'amour, et sonne la fanfare pour chacun de ses honteux triomphes : c'est la Paresse et la Gourmandise en personne; c'est la Jalousie et l'Envie poussées jusqu'à la soif du sang de tous les siens. Toutes les brillantes qualités que l'habitude et la routine ont prêtées au coq, sa galanterie et sa bravoure notamment, sont des cadeaux immérités, sont de pures inventions. Le coq n'est ni galant ni brave de sa nature. Ce n'est pas être galant que de battre ses femelles pour les contraindre à subir ses caresses; ce n'est pas être brave que d'assassiner les poussins sans défense et de poursuivre les enfants pour fuir devant l'oiseau de proie. Le coq montre beaucoup moins de courage contre le renard et contre le chien que la poule. Il est poltron comme le conscrit quand on le laisse faire, et n'est brave qu'autant qu'on l'y force. J'ai dit que l'homme civilisé avait exploité odieusement tous les penchants atroces de cette créature; ces deux êtres étaient bien faits pour s'estimer et se comprendre. L'homme a dressé la brute au métier de gladiateur et de machine à meurtre, et non-seulement la brute s'est prêtée complaisamment à la méchanceté de l'homme, mais elle a fini par se complaire en son ignominie.

Le coq de combat porte avec fierté le poignard gallicide dont son maître l'a armé pour égorger ceux de sa race, et une fois qu'il a mordu au carnage et que l'odeur du sang l'a grisé, c'est une bête enragée qui n'y voit plus que rouge, qui se rue sans rime ni raison, et sans distinction de couleur ni de drapeau, contre tout ce qui se trouve devant elle et retourne même à l'occasion sa fureur contre celui qui l'a dressé. Entre ennemis généreux, la mort éteint la haine; il n'en est pas ainsi entre coqs de combat : leur rage ne s'éteint pas dans le sang de l'ennemi; le suprême bonheur du vainqueur est d'entonner son chant de victoire sur le cadavre du vaincu. Ce vaincu est quelquefois un père, un cousin germain ou un frère; mais le coq ne s'arrête pas à ces considérations vulgaires; son rôle est d'égorger, il égorge; et quant à sa honteuse habitude d'outrager les restes du vaincu, il cite pour se justifier l'exemple de ce misérable Achille, fils de Pélée, qui, après avoir assassiné Hector, traîna le cadavre de ce héros autour des murs de Troie. (Je dis assassiné, parce que le plus brave des Grecs était invulnérable, et qu'un homme qui se bat dans de telles conditions n'est qu'un lâche assassin.) Les coqs se battent avec tant de furie qu'ils ne sentent pas toujours le poignard de l'ennemi leur entrer dans le cœur; et tel entonne son chant de victoire que la mort surprend tout à coup au milieu de son triomphe. Juste vengeance du ciel.

Les dresseurs de coqs de combat, dont la fortune s'étaye sur l'ardeur de tuerie dont sont animés leurs séides, n'ont pas de paroles assez louangeuses pour célébrer les vertus belliqueuses de ces brutes; mais moi et l'honnête homme, nous considérons l'extermination entre frères comme un acte barbare et stupide, aussi déshonorant pour l'esclave qui s'y prête que pour le maître qui l'ordonne, et je félicite ma nation de ce que la passion des combats de coqs ne soit pas dans ses mœurs. Soyons sûrs que l'Anglais, le Chinois et l'Espagnol, qui raffolent de ce genre de spectacle ignoble, ne sont pas intentionnellement éloignés de substituer le combat d'hommes au combat de coqs, et que ce n'est pas la bonne volonté qui manque à ces populations vieillies et dégradées de voir assaisonner leurs tauromachies et leurs boxes de plus de sang humain.

Une preuve sans réplique que tous les vices du coq sont de son sexe, c'est qu'il suffit de le métamorphoser en chapon pour faire s'attendrir sur-le-champ son moral et sa chair. Qui n'a pas vu le chapon, débarrassé de son principe de mal, revenir à la pratique de toutes les vertus féminines, amener à parfaite éclosion une famille nombreuse, l'élever, la protéger comme la plus attentive des mères, et édifier par sa belle conduite la basse-cour qu'il eût scandalisée de ses débordements? Le chapon est l'état parfait du coq, je l'ai dit et le répète.

Cependant, comme ce monde est un océan de mensonges, d'ignominies et de ténèbres sur lequel le flambeau de l'analogie passionnelle n'a répandu encore que de faibles clartés, il est arrivé que la nation française a pris un jour pour emblème national le coq, ce moule impur, ce cloaque d'infamie que je viens de stygmatiser. Dieu sauve du remords éternel les pauvres révolutionnaires qui ne rougirent pas de personnifier le génie de ma patrie dans ce vil gladiateur, et qui bénévolement ramassèrent dans le fumier, pour s'en parer comme d'un attribut glorieux, le sobriquet de *gallus*, que Rome la superbe, qui aimait à voir s'égorger nos ancêtres dans ses cirques, leur avait jeté autrefois en signe de mépris, et pour faire allusion à cette funeste passion du duel qui est dans le sang de notre race.

L'histoire contemporaine a dit ce qu'il était advenu des trois ou quatre révolutions françaises qui se sont placées sous l'invocation du coq gaulois depuis un demi-siècle. L'une a péri sous l'horreur de l'échafaud; l'autre s'est engloutie en un instant dans l'abîme du mépris universel;

l'autre a sombré sous voiles par la faute de l'impéritie et de la timidité des pilotes chargés de la conduire au port. En aucune circonstance le coq n'a tenu contre l'aigle, parce qu'il n'est pas possible qu'un roi de basse-cour tienne contre un roi des airs, et qu'un peuple imbu de chauvinisme et ami de la bataille hésite entre les deux emblèmes, quand il est admis à choisir. Puissent du moins ces tristes leçons de l'expérience profiter aux révolutionnaires à venir !

Pour une nation guerrière, l'attribut le plus glorieux est le gerfaut, type modèle de bravoure, de dévouement et de galanterie ! Mais le peuple supérieur qui aspire au nom de peuple de Dieu, a mieux encore à prendre pour attribut caractéristique dans l'ordre des oiseaux : c'est l'alouette pacifique et amie du laboureur ; l'alouette, qui s'élève en chantant vers le ciel pour reporter à Dieu les bénédictions de la terre. Et cet emblème radieux, hélas ! était précisément celui que les Gaulois, nos ancêtres, avaient choisi entre tous ; car la fameuse légion gauloise, qui vainquit avec César à Pharsale, portait une alouette sur ses casques en guise de cimier, et le nom de nos anciens poëtes, le mot *Barde*, était dérivé de *Bardalis*, nom celtique de l'alouette.

Oh ! comme Benjamin Franklin, qui ravit la foudre au ciel et le sceptre aux tyrans, et qui découvrit aussi l'effet du plâtre sur la luzerne ; comme Benjamin Flanklin, qui est cependant peu connu comme analogiste, comprenait admirablement l'extrême importance du choix de l'emblème national pour un grand peuple ! Que de haute raison, de bon sens, de sagesse, dans la courte protestation qu'on va lire :

« Pour moi, dit ce grand homme, j'aurais souhaité que l'aigle chauve ne représentât pas mon pays ; c'est un oiseau de vilain caractère, sans dignité morale, et qui gagne sa vie d'une manière déshonnête. Voyez-le à la cime de l'arbre mort d'où il surveille le balbusard. Trop paresseux pour pêcher lui-même, il guette le moment où ce pêcheur laborieux va porter à sa jeune famille le poisson qu'elle attend, pour le poursuivre et le dépouiller aussitôt. Et cependant, malgré ses iniquités, l'aigle chauve n'est jamais *bien dans ses affaires;* il est généralement pauvre et souvent même très-gueux, *comme il arrive parmi les hommes à ceux qui vivent d'escroquerie et de vol.* C'est d'ailleurs un vrai poltron, et que l'*oiseau royal*, qui n'est pas plus gros qu'un moineau, attaque avec hardiesse et chasse du district; un lâche audacieux qui convient parfaitement pour représenter ce que les Français appellent des *chevaliers d'industrie*, mais qui ne saurait être l'emblème des honnêtes et braves Cincinnatus d'Amérique, qui ont chassé de leur pays *tous les oiseaux du roi*[1]. »

Or, l'oiseau contre le choix duquel s'élevait en termes si énergiques le Père de la Révolution dans les deux mondes, cet oiseau est un aigle, et le plus puissant et le plus redouté de tous les dominateurs de l'air. Qu'eût dit Franklin de l'emblème ignominieux du coq, moitié soudard, moitié bourreau!

Quelques naturalistes distingués ont cru devoir tenir compte à quelques espèces de coqs des cinq doigts qu'elles ont au pied, trois à l'avant, deux à l'arrière. C'est bien de

[1] Ce passage est extrait du livre d'Audubon, le plus fort et le plus intéressant de tous les ornithologistes de ce temps. Le chasseur américain, que l'étude passionnée de l'ornithologie entraîne vers l'analogie par une pente naturelle, se joint à Benjamin Franklin pour protester contre le choix de l'aigle à tête blanche comme emblème national de sa patrie. Je profite de la circonstance pour recommander d'avance à tous les amateurs de zoologie, curieux de s'amuser et de s'instruire, l'excellente traduction de l'ouvrage d'Audubon par Mme Loreau, qui est sur le point de paraître à la grande librairie Hachette.

la bonté à eux ; il n'y a pas plus de raison pour créer un genre nouveau d'ovipare en faveur du coq à cinq doigts qu'il n'y en a pour créer une nouvelle espèce humaine en faveur du tambour-major, qui porte aussi trois plumets et cinq plumets sur son colbak au lieu d'un seul. Ce luxe extravagant et monstrueux, qui est identique chez les deux races de bipèdes emplumés, constitue des ridicules et non pas des caractères génériques. Le coq est un oiseau tétradactyle. Si la surabondance de nourriture, le luxe et l'oisiveté qui engendrent tant de vices, le poussent à chausser un ergot de plus que tous ses congénères, la science a le devoir de noter l'accident et même le droit d'en rire comme d'un travers d'esprit ; mais ses observations doivent s'arrêter là.

Je crois que Cuvier a classé le coq dans le genre Faisan, en dépit de la disparité des coiffures dans les deux espèces, et bien que le nom latin du coq eût été choisi pour désigner l'ordre entier dit des Gallinacés. Je ne connais pas de pires distributeurs de séries que ces grands hommes de science officielle. Lisez, pour vous édifier à cet égard, les lignes ci-après.

Genre Dindon.—Une espèce. Si l'on eût laissé au premier enfant venu le soin de baptiser le dindon, il est plus que probable que cet oiseau eût été appelé le glouglou, attendu que c'est le nom que lui-même se donne et celui par conséquent qui lui convient le mieux. Mais les choses ne vont pas aussi couramment en histoire naturelle, où les baptêmes sont des cérémonies qui demandent plus de combinaisons, de génie et de temps. Les premiers parrains de la bête, avisant qu'elle avait certains rapports éloignés avec le coq domestique, lui donnèrent le nom de *Coq d'Inde*, pour le distinguer du premier qui venait de l'Inde, remarquez bien, tandis que le nouveau venu avait pour patrie l'Amérique. Mais comme dans ces temps-là l'Amérique passait pour la continuation de l'Inde asiatique et portait le même nom, le choix vicieux de cette qualification de coq d'Inde ne peut être imputé à l'ignorance de quelques-uns, mais à l'ignorance générale. Puis on supprima le coq, et l'oiseau s'appela peu à peu le dindon, puis le dinde. Les gastrosophes de nos jours disent volontiers dinde truffé.

La confusion en est restée là en français, mais elle a fait mieux en latin. J'ai dit que la Mythologie grecque avait métamorphosé les sœurs de Méléagre en pintades, et que les taches blanches et rondes dont la robe de cet oiseau est semée figuraient les larmes que ces demoiselles avaient versées sur le corps de leur frère. Or, comme le dindon d'Amérique a la tête chauve ainsi que la pintade, l'idée vint à Linnæus d'appliquer par analogie au dindon ce nom de *Meleagris*, qui fait bien en nomenclature; et la science moderne ayant consacré l'appellation par son adhésion pusillanime, il s'ensuivit que le nom du beau chasseur grec qui avait tué le sanglier de Calydon se trouva ignominieusement apparenté à celui du dindon d'Amérique, oiseau complétement inconnu de l'antiquité. Encore passe si ce nom de *meleagris* eût été attridué au dindon à raison de sa légèreté à la course, le rapprochement eût été moins barbare.

Le nom de coq-paon, *gallopavo*, imaginé par Brisson, était mieux trouvé que celui de méléagride, car le dindon d'Amérique tient en effet de ces deux espèces par des caractères essentiels; il fait la roue comme l'oiseau de Junon, et ses mœurs ne sont pas moins impures que celles de l'oiseau de Mars (coq). La race du dindon est encore une de celles que Dieu nous a livrées par les vices des mâles et par les vertus des femelles.

J'ai dit la date de l'introduction du dindon en Europe. Cette introduction eut lieu par le fait des Espagnols; mais c'est à tort qu'on attribue l'honneur de l'importation aux jésuites; car cette importation est contemporaine de la fondation de l'ordre, et les Anglais possédaient déjà le dindon en 1524, époque où les révérends Pères n'avaient pas encore eu le temps de conquérir des royaumes en Amérique et attendaient patiemment que les Fernand Cortez et les Pizarre leur eussent frayé la voie. Audubon, qui vient de mourir, est le premier historien qui nous ait donné une monographie complète du dindon sauvage, dont les habitudes et les mœurs nous étaient encore inconnues au commencement de ce siècle. Fourier, qui savait tant de choses qu'il n'avait pas apprises, et qui devinait l'histoire d'une espèce par un seul de ses caractères, a fait du dindon l'emblème de l'amoureux transi. L'oiseau possède en effet la plupart des qualités requises pour justifier ce titre. Il foule aux pieds l'amour qui le tue et l'épuise; mais cette faiblesse de tempérament n'est qu'un de ses moindres défauts. Le dindon est l'emblème de ce grand parti de la peur qui s'intitule volontiers dans le jargon politique le grand parti de l'ordre, le parti des honnêtes gens. M. de Buffon, qui a voulu faire du dindon un brave, cite à l'appui de son opinion ce singulier trait de courage, qu'on a vu quelquefois des dindons *en troupe* entourer un lièvre au gîte et chercher à le tuer à coups de bec. Une foule de héros du grand parti de la peur sont très-capables aussi de ce genre d'héroïsme.

Le dindon est de bien plus bas titre encore que le coq domestique. C'est un goinfre de la pire espèce, faisant son dieu de son ventre, et qui se sait si bien destiné à la broche qu'il prend la graisse de lui-même et sans qu'il soit besoin d'aider à cette disposition naturelle par aucune opération chirurgicale. Sa voracité extrême est cause qu'il s'étouffe souvent en mangeant ; elle lui a fait donner le nom de goulu dans les pays riverains de la Loire. Il porte d'ailleurs tous ses vices écrits sur sa physionomie stupide, et n'a pas l'enseigne menteuse. On dit d'un homme bête et méchant qu'il ressemble au dindon ; c'est un portrait flatté, le dindon est mieux que bête et méchant, mieux que goulu et amoureux transi.

Il est chauve comme tous les viveurs ; il a la face, le front, les joues déshonorés par des grappes de verrues et des chapelets d'excroissances charnues vermillonnées par les excès de table. Ces caractères rappellent la physionomie du vautour, dont le dindon se rapproche par la taille, la couleur, la lâcheté et la voracité. Le vautour est un usurier de haut titre, le dindon un épais Mondor, un parvenu de finance ; il devait y avoir parenté physique et morale entre les deux types. Le dindon porte encore au bas du cou un bouquet de crins noirs, en témoignage de sa fraternité avec le bouc, emblème de luxure et d'impudicité. Ce modèle des gourmands, des ivrognes et des oisifs, a l'humeur irascible comme tous les riches de fraîche date. Vous l'entendez toujours tempêter, glouglouter ; vous le voyez toujours rouge ou bleu de colère.

Le vautour, image de Gobsek, se pare avec amour de ses grègues en loques ; il affiche la misère pour ne pas tenter la cupidité des puissants. Une des manies les plus risibles de Turcaret fut toujours au contraire de singer la Noblesse et de calquer ses travers. Le dindon est superbement vêtu ; il s'habille comme le paon et porte l'épée comme le coq. Mais ces travestissements lui coûtent cher ; car le coq, qui saisit avec ardeur l'occasion de dégainer, avisant le lourdaud armé de sa rapière inoffensive, ne manque pas de le provoquer au combat et souvent lui coupe le cou avant que l'infortuné ait eu le temps de se mettre en garde.

Le pauvre diable n'est pas plus heureux dans ses tentatives obstinées pour éblouir le public et le beau sexe en faisant la roue comme le paon. Il a beau se démener, souffler, se gonfler comme un ballon, balayer la terre de ses ailes, et se trémousser des pieds jusqu'à la tête, ses efforts n'aboutissent qu'à faire sortir un peu de vent de l'outre, et ses poses ridicules provoquent les sifflets des gamins, sifflets qui l'exaspèrent jusqu'à la fureur blanche. Les dindons de la finance ont, comme ceux de la basse-cour, le double tort de prêter à la raillerie par leurs prétentions ridicules et de ne pas vouloir qu'on les raille.

Comme il est de bon air de solder des impures et de manger sa légitime avec les dames des chœurs, le fermier général, qui n'est ni beau ni jeune, se croit obligé aussi à tenir un grand état de petite maison et à se ruiner en danseuses. Ainsi le dindon, qui voit le paon, le faisan et le coq possesseurs de sérails, mais qui n'a pas les mêmes excuses de tempérament que ceux-ci pour motiver son luxe de maîtresses, se croit tenu d'honneur à singer leurs façons et succombe à la peine. La nature, qui a fait de la digitale un poison mortel pour le dindon, a écrit dans l'analogie de cette plante vénéneuse le châtiment qu'elle réserve aux amoureux hors d'âge.

Les guerres que se font les dindons entre eux pour la possession des femelles se réduisent à des prises de bec innocentes, mais il n'en est pas de même des combats qu'ils se livrent à l'arrière-saison sur la question de nourriture. Il n'est pas rare de voir alors deux goulus, allumés par l'ivresse du sarrasin, se colleter des heures entières avec un acharnement sans égal et tomber morts de fureur, d'asphyxie ou d'épuisement. La vraie dominante du dindon, sa goinfrerie effrénée, se révèle dans ces luttes. Les mamelons charnus qui couvrent le derrière de la tête sont d'une teinte blanc livide, tandis que ceux qui s'épanouissent sur la gorge sont injectés d'un sang vermeil, pour dire que la vie chez cette bête n'est pas dans le cerveau, mais bien dans l'estomac.

Comme font tous les lâches, les dindons se vengent sur les faibles des avanies que leur font subir les forts. Qu'un coq devenu vieux ou blessé dans un duel se recèle dans un coin retiré de la basse-cour ou sous la haie du champ voisin, les dindons ne tarderont pas à découvrir sa retraite et à frapper la bête désarmée, jusqu'à ce que mort s'ensuive. L'histoire de toutes les guerres civiles fait foi qu'aucun parti ne se montre plus impitoyable dans ses vengeances que le parti de la peur. Et cette barbarie se conçoit : la peur est un mal si honteux que ceux qui l'ont subi doivent naturellement chercher à anéantir les témoins de leur honte.

De même que les fermiers généraux, les fournisseurs de vivres et toutes les sangsues publiques qui vivent de l'iniquité, aperçoivent un péril dans chaque idée nouvelle et jettent les hauts cris à chaque annonce de projet de réforme qui menace de couper par la racine les abus dont ils vivent... Ainsi le dindon pousse son cri d'alarme à l'aspect de tout objet nouveau et signale un caillou brillant comme une machine infernale. La couleur rouge est particulièrement désagréable à cet oiseau trembleur et rageur ; il ne peut ni la voir ni en entendre parler sans entrer immédiatement en fureur. On profite dans les campagnes de cette horreur instinctive de l'inconnu qui caractérise la gent dindonnière pour retrouver les couteaux.

Tous les vices des mâles heureusement sont rachetés

par la délicatesse de leur chair et par les vertus de leurs femelles. La dinde est la plus courageuse et la plus dévouée des mères. La fièvre d'amour maternel est si puissante chez elle qu'elle se laisse quelquefois mourir d'inanition sur ses œufs plutôt que de les quitter. C'est sur elle seule que retombent les soins de l'éducation de la famille, et aucune espèce n'est entourée dans son enfance de plus de dangers que celle-là. Ces dangers sont si grands et si multipliés pour la famille sauvage que la tendresse maternelle est moins forte quelquefois chez les pauvres bêtes que la peur de la responsabilité que le titre de mère leur impose, et qu'on en voit souvent qui renoncent aux joies de la maternité pour vivre à la façon des coqs. Or, comme les ovaires des femelles disparaissent complétement à la suite de cette résolution, il en résulte que la dinde qui a abjuré les devoirs de la maternité s'est métamorphosée d'elle-même en *dindarde*, et Audubon raconte qu'il a tué de ces *dindardes* naturelles qui pesaient jusqu'à treize livres (anglaises) et dont la chair surpassait en délicatesse tout ce que l'Amérique du Nord nourrit de plus exquis en fait de volatiles. Le poids ordinaire de ces femelles ne dépasse guère neuf livres. Celui des mâles est à peu près le double. Cependant le même auteur affirme en avoir vu un au marché de Louisville qui pesait trente-six livres.

Le dindon est avide de glands comme le porc, qui est un emblème d'avarice et de goinfrerie, parce que le financier tient volontiers du gourmand et du ladre. La vraie hure de sanglier se fait principalement avec des blancs de dinde richement armoriés de truffes et de pistaches, le tout ayant passé un espace de temps convenable dans un large bain chaud de Pouilly fortement aromatisé. Les dindes de trente-quatre livres (dix-sept kilogrammes) qu'on admire chaque année en nos expositions sont de création récente et viennent principalement de la Champagne.

L'analogie passionnelle m'inspire une idée judicieuse à propos du dindon. Cet oiseau, qui habite les grandes forêts de l'Illinois et de l'Ohio dans l'Amérique septentrionale, a de grands rapports de taille, de tempérament et d'allures avec la grande outarde, qui est originaire des steppes de la zone tempérée de l'ancien continent. Les deux espèces sont aussi richement jambées l'une que l'autre et non moins remarquables par leur vélocité, qui est telle qu'on a beaucoup de peine à les forcer à la course avec les chiens courants les plus rapides. Or, il faut savoir que l'outarde est, ainsi que l'autruche, l'emblème de ces grands seigneurs qui doivent leur haute position au hasard de la naissance, mais chez lesquels l'esprit n'est pas à la hauteur de la fortune; et, attendu qu'il arrive fréquemment aux mâles adultes de cette caste de prendre femme dans la finance, je soupçonne qu'il ne serait pas impossible de rallier l'outarde rebelle en employant pour l'amener à composition les artifices et les séductions de la dinde. On objectera sans doute à cette idée que la distance qui sépare l'oiseau à trois doigts de l'oiseau à quatre doigts est bien grande, et que l'union proposée doit rencontrer de ce chef des difficultés excessives. Je ne nie pas l'immensité des obstacles qui s'opposent à ce mariage; mais qu'est-ce qu'un obstacle ou même une impossibilité pour l'amour?

Il existe deux variétés dans l'espèce domestique, la blanche et la panachée. L'espèce sauvage est également représentée par deux moules dont l'un, le plus petit, habite le Mexique et l'emporte de beaucoup sur l'autre pour la richesse de son costume.

Ici finit l'histoire de l'ordre des Dromipèdes de France, qui, sur vingt-trois espèces, en compte à peine quinze indigènes, dont aucune n'est domestiquée. Sur ce chiffre total d'espèces, dix-huit sont sédentaires, cinq au plus voyageuses (caille, turnix, ganga, outardes). C'est parmi les espèces acclimatées et ralliées que se trouvent les types primitifs des variétés infinies créées par l'homme, coq, dindon, pintade, paon, etc. Chacune des espèces libres est l'objet de cinq ou six chasses spéciales et peut servir d'élément capital à vingt éprouvettes gastrosophiques. Je ne tenterai pas d'énumérer les mérites de la volaille, de crainte de rester au-dessous de ma tâche. J'ai souvent écrit et je répète que j'aimerais mieux voir donner des prix de dix mille francs et plus aux éleveurs de perdrix, de faisans, de bartavelles, de gelinottes, de coqs de bruyère et d'outardes, qu'aux éleveurs de chevaux de course, qui ne valent rien rôtis et qui sont des animaux à peu près inutiles à l'homme depuis que le ballon et la locomotive les ont si triomphalement distancés.

FIN

TABLE DES MATIÈRES

FIN DE LA TABLE.

PARIS.—IMPRIMÉ CHEZ BONAVENTURE ET DUCESSOIS, 55, QUAI DES AUGUSTINS.

www.ingramcontent.com/pod-product-compliance
Lightning Source LLC
LaVergne TN
LVHW010117230826
846091LV00001BA/72